Lang Kurt

Arnold Rodewald

**Elektromagnetische
Verträglichkeit**

## Aus dem Programm
## Elektrotechnik

**EMVU-Messtechnik**
von P. Weiß, B. Gutheil, D. Gust und P. Leiß

**Handbuch Elektrische Energietechnik**
herausgegeben von L. Constantinescu-Simon

**Vieweg Handbuch Elektrotechnik**
herausgegeben von W. Böge

## Elektromagnetische Verträglichkeit
von A. Rodewald

**Elektrotechnik**
von D. Zastrow

**Aufgabensammlung Elektrotechnik 1 und 2**
von M. Vömel und D. Zastrow

**Elemente der angewandten Elektronik**
von E. Böhmer

**Elektronik**
von D. Zastrow

**Elektrotechnik für Ingenieure, Band 1, 2 und 3**
von W. Weißgerber

**Arbeitshilfen und Formeln für das technische Studium 4: Elektrotechnik/Elektronik/Digitaltechnik**
herausgegeben von W. Böge

**Elektrische Meßtechnik**
von K. Bergmann

**vieweg**

Arnold Rodewald

# Elektromagnetische Verträglichkeit

Grundlagen – Praxis

Mit 267 Abbildungen

1. Auflage 1995
2., verbesserte und erweiterte Auflage, September 2000

Alle Rechte vorbehalten
© Friedr. Vieweg & Sohn Verlagsgesellschaft mbH, Braunschweig/Wiesbaden, 2000

Der Verlag Vieweg ist ein Unternehmen der Fachverlagsgruppe BertelsmannSpringer.

Das Werk einschließlich aller seiner Teile ist urheberrechtlich geschützt. Jede Verwertung außerhalb der engen Grenzen des Urheberrechtsgesetzes ist ohne Zustimmung des Verlags unzulässig und strafbar. Das gilt insbesondere für Vervielfältigungen, Übersetzungen, Mikroverfilmungen und die Einspeicherung und Verarbeitung in elektronischen Systemen.

www.vieweg.de

Technische Redaktion: Hartmut Kühn von Burgsdorff
Konzeption und Layout des Umschlags: Ulrike Weigel, www.CorporateDesignGroup.de
Druck und buchbinderische Verarbeitung: Lengericher Handelsdruckerei, Lengerich
Gedruckt auf säurefreiem Papier
Printed in Germany

ISBN 3-528-14924-8

# Vorwort

Jede in Betrieb befindliche elektrische Schaltung erzeugt zwangsläufig in einem benachbarten elektrischen System unbeabsichtigt mehr oder weniger hohe Spannungen und Ströme. Diese können unter Umständen ein solches Ausmaß erreichen, daß es zu Funktionsstörungen in der betroffenen Schaltung kommt.

Angesichts dieser grundsätzlich vorhandenen Gefahr für die Funktionsfähigkeit elektrischer Schaltungen sollten Kenntnisse über die angedeuteten unbeabsichtigten elektrischen Vorgänge genauso zum Grundwissen eines Elektroingenieurs gehören, wie die Fähigkeit, elektrische Spannungen und Ströme gezielt zur Lösung bestimmter Aufgaben einzusetzen.

Mit diesem Buch möchte ich Studenten und Studentinnen der Elektrotechnik Grundkenntnisse über die unbeabsichtigten elektrischen Erscheinungen vermitteln. Ich setze dabei die physikalischen Grundlagen und die allgemeine Theorie der Elektrotechnik als bekannt voraus, die etwa in der ersten Hälfte eines Studiums an einer Technischen Universität oder einer Fachhochschule gelehrt werden.

Es kommt den Studierenden entgegen, daß die unbeabsichtigten elektrischen Vorgänge auf den gleichen physikalischen Grundlagen beruhen, wie die absichtlich und zweckgerichtet geformten Strukturen der Elektrotechnik. Sie müssen deshalb auch keine zusätzlichen physikalischen Effekte und Theorien erlernen, um die neuen Erscheinungen zu verstehen, sondern es geht im wesentlichen darum, schon bekanntes Wissen in neuen Zusammenhängen anzuwenden. Aus diesem Grund wird nach meinem Eindruck die Auseinandersetzung mit den unbeabsichtigten elektrischen Vorgängen von den Studierenden häufig auch als nützliche Wiederholung der Grundlagen der Elektrotechnik empfunden.

Meinem Mitarbeiter, Herrn O. Kolb, danke ich für seine wertvolle Hilfe bei der Herstellung von Versuchseinrichtungen, Frau A. Baumgartner für das Schreiben des Manuskripts und schließlich Herrn E. Klementz vom Verlag Vieweg für die vertrauensvolle Zusammenarbeit.

Reinach, im Frühjahr 1995 *Arnold Rodewald*

# Vorwort zur 2. Auflage

Die erste Auflage dieses Buches enthielt hauptsächlich die Beschreibung der Elementarvorgänge, die im Zusammenhang mit elektromagnetischen Beeinflussungen eine Rolle spielen. Viele schriftliche und mündliche Reaktionen von Lesern haben mir gezeigt, dass mit der Art der Darstellung das gesteckte Ziel, Verständnis für die beteiligten elektrischen Vorgänge zu vermitteln, erreicht wurde. Für den ersten Teil der zweiten Auflage ist deshalb diese Schilderung der Elementarprozesse weitgehend unverändert übernommen worden. Sie wurde nur durch kurze zusätzliche Abschnitte über die Abschirmungen gegen elektrische Felder und niederfrequente Magnetfelder ergänzt.

Neu enthält die 2. Auflage einen zweiten Teil mit dem Titel „Schwerpunkte der EMV-Praxis in der Geräte- und Messtechnik". Er ist aus der Idee heraus entstanden, eine Verbindung zwischen dem Grundlagenwissen und der Praxis herzustellen. Angesichts der Breite, in der EMV-Probleme auftreten und gelöst werden müssen – allein die Darstellung der deutschen EMV-Normen erfordert bereits mehr als 5000 Druckseiten – ergab sich dabei zwangsläufig die Notwendigkeit einer Beschränkung. Sie erfolgte in dem Sinn, dass Teilprobleme ausgewählt wurden, die in der EMV-Praxis so häufig vorkommen, dass ihre Beherrschung – genauso wie das Verständnis der Elementarvorgänge – zum EMV-Grundwissen gehört. Dies sind z.B. EMV-gerechte Massestrukturen, die Abschirmpraxis oder die Verfahren zur Entdeckung von Signalbeeinflussungen.

Ich bedanke mich bei allen Lesern, die mir Hinweise auf Fehler in der ersten Auflage gegeben haben, bei meiner Frau Barbara und bei Frau A.-M. Baumgartner für das Schreiben der neuen Texte, bei meinem Kollegen Prof. P. Ganzmann für zahlreiche Fachdiskussionen sowie beim technischen Lektorat und der Redaktion des Verlages für die sorgfältige Ausführung der Zeichnungen, die gute Ausstattung des Buches und die erfreuliche Zusammenarbeit.

Reinach, im Septemer 2000 *Arnold Rodewald*

# Inhaltsverzeichnis

## Teil 1: Grundlagen

**1 Einführung** ... 1

   1.1 Ursachen elektromagnetischer Beeinflussungen ... 2
   1.2 Die Auswirkung elektromagnetischer Beeinflussungen ... 2
   1.3 Unbeabsichtigte Wirkungen elektrischer Felder von Spannungen ... 3
   1.4 Die unbeabsichtigte Wirkung magnetischer Felder von Strömen ... 5
   1.5 Die Störung von Bildschirmen durch die Magnetfelder niederfrequenter Ströme ... 8
   1.6 Beeinflussung durch den unbeabsichtigten Empfang eines Senders ... 9
   1.7 Literatur ... 10

**2 Die allgemeine Struktur elektromagnetischer Beeinflussungen** ... 11

   2.1 Die fünf einfachen Kopplungen ... 12
   2.2 Zusammengesetzte Kopplungen ... 14
   2.3 Die Beeinflussungswege ... 15
      2.3.1 Die allgemeine Struktur der Beeinflussungswege ... 16
      2.3.2 Felder, die von Leitungen ausgehen ... 17
      2.3.3 Abschwächung leitungsgebundener Störungen ($\lambda_{stör} > a$) ... 19
      2.3.4 Abschwächung leitungsgebundener Beeinflussungen über Datenleitungen ... 19
      2.3.5 Abschwächung von äußeren Feldern ... 20
   2.4 Störfestigkeit ... 20
   2.5 Störaussendung ... 22
      2.5.1 Das Frequenzspektrum einer Folge von rechteckigen Impulsen ... 22
      2.5.2 Das Frequenzspektrum von Impulsfolgen mit endlicher Flankensteilheit ... 26
   2.6 Die Rolle der Normen bei der Sicherung der EMV ... 28
      2.6.1 Die Normenorganisation ... 28
      2.6.2 Die zivilen Normentypen ... 29
      2.6.3 Die zivilen Gerätenormen ... 30
   2.7 Ein kurzer Blick in die Theorie der Elektrotechnik ... 33
      2.7.1 Spannungen und Potentialdifferenzen ... 33
      2.7.2 Die Geometrie der elektrischen Spannung ... 36
      2.7.3 Die quasistationäre Modellbildung ... 40
      2.7.4 Generator- und Verbraucherspannungen ... 44
      2.7.5 Theorie - Überblick ... 45

|  |  |  |  |
|---|---|---|---|
| | 2.7.6 | Vom Schaltschema über eine Raumskizze zum Ersatzschaltbild | 45 |
| 2.8 | | Literatur | 47 |

## 3 Kopplungen durch quasistationäre Magnetfelder von Strömen ... 49

| | | | |
|---|---|---|---|
| 3.1 | | Das Übertragungsverhalten induktiver Kopplungen | 49 |
| | 3.1.1 | Der Frequenzgang | 50 |
| | 3.1.2 | Das Impulsverhalten einer induktiven Kopplung | 52 |
| 3.2 | | Leiterschleifen, die von der Strombahn getrennt sind | 54 |
| 3.3 | | Leiterschleifen, die an der störenden Strombahn anliegen | 57 |
| 3.4 | | Abschirmen gegen magnetische Felder | 62 |
| | 3.4.1 | Der Frequenzgang einer Abschirmung durch eine Kurzschlußmasche | 64 |
| | 3.4.2 | Das Impulsverhalten der Gegenfeldabschirmung | 68 |
| | 3.4.3 | Ein Demonstrationsversuch zur Gegenfeldabschirmung mit einer Kurzschlußmasche | 69 |
| | 3.4.4 | Mögliche Nebenwirkungen von $i_2$ | 71 |
| | 3.4.5 | Abschirmung gegen Wandströme | 72 |
| | 3.4.6 | Verringerung von $i_2$ im Hinblick auf möglichst kleine Nebenwirkungen | 75 |
| | 3.4.7 | Typische Fehler bei der Abschirmung mit Kurzschlußmaschen | 77 |
| | 3.4.8 | Abschwächung schnell veränderlicher Magnetfelder durch metallische Gehäuse | 78 |
| | 3.4.9 | Abschirmen gegen statische und niederfrequente Magnetfelder | 82 |
| 3.5 | | Literatur | 85 |

## 4 Die quasistationäre kapazitive Kopplung ... 87

| | | | |
|---|---|---|---|
| 4.1 | | Der Frequenzgang einer kapazitiven Kopplung | 89 |
| 4.2 | | Praktische Schlußfolgerungen aus dem Frequenzgang | 91 |
| 4.3 | | Das Impulsverhalten der kapazitiven Kopplung | 93 |
| 4.4 | | Abschirmung gegen ein quasistationäres elektrisches Feld | 95 |
| 4.5 | | Demonstrationsversuch zur Abschirmung eines quasistationären E-Feldes | 98 |
| 4.6 | | Der Frequenzgang der Feldschwächung durch ein Abschirmgehäuse in einem elektrischen Feld | 99 |
| | 4.6.1 | Metallische Gehäuse in statischen elektrischen Feldern (Faraday'sche Käfige) in Luft | 99 |
| | 4.6.2 | Metallisches Gehäuse in zeitlich veränderlichen elektrischen Feldern | 101 |
| | 4.6.3 | Messergebnisse an metallischen Gehäusen in einem elektrischen Feld | 103 |
| | 4.6.4 | Gehäuse mit hochohmigen Wänden in elektrischen Feldern | 104 |
| 4.7 | | Kapazitive Kopplung im Inneren von Abschirmgehäusen | 106 |
| 4.8 | | Reduktion durch Symmetrieren | 107 |
| 4.9 | | EMV-Regeln im Hinblick auf quasistationäre kapazitive Kopplungen | 108 |
| 4.10 | | Literatur | 109 |

## 5 Die ohmsche Kopplung ... 111

- 5.1 Ohmsche Kopplung durch gemeinsame Drähte bei Gleichstrom ... 111
- 5.2 Ohmsche Kopplung an Drähten bei zeitlich veränderlichem Strom ... 112
- 5.3 Ohmsche Kopplung an korrodierten Verbindungen (rusty bolt) ... 114
- 5.4 Kopplungen durch ohmsche Strömungsfelder im Erdreich ... 115
- 5.5 Mathematische Beschreibung eines Flächenerders ... 118
- 5.6 Abschirmung gegen elektrische Strömungsfelder im Erdreich ... 119
- 5.7 Die Grenze zwischen ohmschem Widerstand und Wellenwiderstand ... 119
- 5.8 Literatur ... 121

## 6 Kabelmantelkopplung ... 123

## 7 Kopplungen zwischen parallelen Leitungen ... 129

- 7.1 Kopplung zwischen parallelen Leitungsstücken im quasistationären Frequenzbereich ... 132
- 7.2 Analytische Berechnung der Impulskopplung ... 136
- 7.3 Impulskopplungen in Flachkabeln ... 141
- 7.4 Kopplungen in nicht homogenen Medien ... 144
- 7.5 Die kritische Anordnung in digitalen Schaltungen ... 146
- 7.6 Impulskopplungen bei beliebigen Leitungsabschlüssen ... 146
- 7.7 Literatur ... 148

## 8 Störende unbeabsichtigte Impulse ... 149

- 8.1 Störende Schaltvorgänge in elektrischen Energieversorgungen ... 149
  - 8.1.1 Mathematische Analyse einer einfachen Nahzone mit idealem Schalter ... 152
  - 8.1.2 Praktische Beispiele von Ausgleichsvorgängen in der Nähe von Schaltern ... 158
  - 8.1.3 Rückzündungen an öffnenden Schaltern ... 162
- 8.2 Entladung elektrostatischer Auflagerungen ... 167
  - 8.2.1 Die Entladung elektrostatisch aufgeladener Personen ... 169
- 8.3 Gewitterentladungen (Blitze) ... 172
- 8.4 Literatur ... 174

## 9 Unabsichtliche Hochfrequenzeffekte ... 177

- 9.1 Leitungen und Leitungsschirme als unabsichtliche Antennen ... 177
- 9.2 Unabsichtliche Hohlraumresonanzen ... 179
- 9.3 Literatur ... 180

## Teil 2: Schwerpunkte der EMV-Praxis in der Geräte- und Messtechnik

**10 Zwei Verfahren zur Entdeckung von Signalbeeinflussungen in der Messtechnik** ............ 182

    10.1 Die Kurzschlussprüfung ............ 182
    10.2 Die Ferritkernprüfung ............ 183

**11 EMV-Probleme bei Messungen mit Spannungssonden (engl.: probes)** ............ 185

    11.1 Beispiel für den Störeffekt 1 ............ 187
    11.2 Beispiel für den Störeffekt 3 ............ 188
    11.3 Beispiel für den Störeffekt 2 ............ 189

**12 EMV-gerechte Masse- und Bezugsleiterstrukturen** ............ 191

    12.1 Schaltungstechniken zur Trennung der Strombahnen in einer Masse bei tiefen Frequenzen ............ 193
    12.2 Leiterformen und Massestrukturen für die Stromrückführungen in digitalen Schaltungen ............ 196
        12.2.1 Rückführung von Impulsströmen über Gitter mit gekreuzten Leitern für Masse und Energieversorgung in zweilagigen Leiterplatten ............ 197
        12.2.2 Rückführung der Impulsströme über Gitter mit parallelen Leiterkämmen in zweilagigen Leiterplatten ............ 198
        12.2.3 Rückführung von Impulsströmen in einlagigen Leiterplatten ............ 199
    12.3 Stromrückführung in Geräten mit analogen Signaleingängen und digitaler Signalverarbeitung ............ 200
    12.4 Erdschleifen ............ 202
        12.4.1 Die Entstehung von Erdschleifen ............ 203
        12.4.2 Abschwächung von hochfrequenten Erdschleifen-Beeinflussungen durch Ferritkerne ............ 205
        12.4.3 Auftrennung eines Erdschleifenzweiges durch den Innenwiderstand von Differenz- oder Instrumenten-Verstärkern ............ 208
    12.5 Vermeidung von Erdschleifen durch getrennte Energieversorgung ............ 210
    12.6 Vermeidung von Erdschleifen durch galvanisch unterbrochene Signalübertragung ............ 210
    12.7 Literatur ............ 212

**13 Abschirmpraxis** ............ 213

    13.1 Einseitiger oder beidseitiger Masseanschluss von Kabelschirmen? ............ 214
        13.1.1 Abschirmung mit Kabelschirmen gegen elektrische Felder ............ 214
        13.1.2 Abschirmung mit Kabelschirmen gegen schnell veränderliche Magnetfelder ............ 215

13.1.3 Abschirmung von Signalkabeln gegen niederfrequente
Magnetfelder .................................................................................. 216
13.1.4 Anschluss von Kabelschirmen in Schaltungen mit
Instrumentenverstärkern ............................................................... 216
13.1.5 Brumm in Audiosystemen durch beidseitige Masseanschlüsse von
Kabelschirmen ............................................................................... 218
13.2 EMV-gerechte Abschlüsse geschirmter Kabel ........................................ 219
13.2.1 EMV-gerechte Steckverbindungen ............................................... 219
13.2.2 EMV-gerechte Einführung von geschirmten Kabeln in
Abschirmgehäuse ........................................................................... 221
13.3 Was kann man mit Verdrillen erreichen und was nicht? ........................ 222
13.4 Abschirmgehäuse ..................................................................................... 224
13.4.1 Gehäuse gegen elektrische Felder ................................................ 224
13.4.2 Gehäuse gegen niederfrequente Magnetfelder ............................ 224
13.4.3 Gehäuse gegen Magnetfelder im Frequenzbereich 1 kHz bis 10 MHz ..... 226
13.4.4 Gehäuse gegen elektromagnetische Strahlungsfelder
im Bereich > 10 MHz .................................................................... 228
13.5 Literatur zu Kapitel 13 ............................................................................ 230

# 14 Filtereinsatz .................................................................................................. 231

14.1 Zusammenwirken von Funkentstörungs- und Störschutzfiltern mit ihrer
elektrischen Umgebung ........................................................................... 231
14.2 Filter in den Netzanschlüssen ................................................................. 233
14.3 Der Einbau von Filtern ........................................................................... 236
14.4 Filter in Signalleitungen .......................................................................... 236
14.5 Filter in der Gleichspannungsversorgung .............................................. 237

# 15 Stützkondensatoren in digitalen Schaltungen ........................................... 239

# 16 Schutz von Netzzuführungen und Signalleitungen mit Überspannungsableitern ... 243

16.1 Schutz von Netzzuführungen ................................................................. 243
16.2 Schutz von Signal- und Datenleitungen durch Überspannungsableiter ..... 247
16.3 Der Einfluss der Anschlüsse auf die Schutzwirkung von Ableitern ...... 250
16.4 Überlastungsschutz von Überspannungsableitern ................................. 251
16.5 Der räumliche Schutzbereich von Überspannungsableitern .................. 253
16.6 Literatur ................................................................................................... 255

# 17 Komponentenauswahl und Schaltungstechniken im Hinblick auf niedrige Störaussendung ... 257

17.1 Literatur ................................................................................................... 258

**18 Strategien zur Sicherung der EMV** ............................................................. 259

    18.1 Spezifische EMV-Planung ................................................................. 260

    18.2 Experimentelle Überprüfung der elektromagnetischen Verträglichkeit ........ 261

    18.3 Literatur ............................................................................................ 261

    Anhang 1 ..................................................................................................... 263

    Literatur Anhang 1 ...................................................................................... 268

    Anhang 2 ..................................................................................................... 269

    Anhang 3 ..................................................................................................... 272

    Literatur Anhang 3 ...................................................................................... 275

**Sachwortverzeichnis** ........................................................................................ 277

# 1 Einführung

Elektrische Spannungen und Ströme beschränken ihre Wirkung grundsätzlich nicht nur auf die ihnen zugewiesenen Drähte, Leiterbahnen und Bauelemente, sondern sie geben darüber hinaus auch noch Energie in die freie Umgebung ab: die Spannungen in Form von elektrischen Feldern und die Ströme in Gestalt von Magnetfeldern. Wenn diese Felder dann über freie Zwischenräume hinweg benachbarte Strukturen der eigenen Schaltung oder gar in der Nähe befindliche anderer Geräte berühren, entstehen dort unbeabsichtigt Spannungen oder andere unbeabsichtigte elektrische Erscheinungen.

Man kann deshalb grundsätzlich keine elektrische Schaltung bauen und in Betrieb nehmen, in der nur Ströme und Spannungen vorkommen, die für die Erfüllung der vorgesehenen Aufgaben unbedingt notwendig sind, sondern man muß darüber hinaus immer auch noch unbeabsichtigte elektrische Vorgänge mit in Kauf nehmen.

Weil die unbeabsichtigten Erscheinungen unter Umständen ein solches Ausmaß erreichen können, daß die beabsichtigten Funktionen dadurch gestört werden, muß jeder Elektrotechniker, der eine Schaltung entwirft – sei es als Student im Praktikum oder als Ingenieur im industriellen Umfeld – immer zwei Gesichtspunkte gleichzeitig im Auge haben:

- zum einen müssen die vorgesehenen und absichtlich erzeugten Ströme und Spannungen die gestellte Aufgabe möglichst gut erfüllen, und
- zum anderen muß die Schaltung aber auch so strukturiert sein, daß sie die grundsätzlich unvermeidbaren unbeabsichtigten Vorgänge verträgt, ohne sich selbst zu stören oder von benachbarten Schaltungen beeinträchtigt zu werden.

Im Zusammenhang mit der zweiten Zielsetzung hat man die Bezeichnungen elektromagnetische Verträglichkeit (EMV) und elektromagnetische Beeinflussung eingeführt.

Mit dem Begriff EMV (*electromagnetic compatibility*, EMC) wird das gesamte Verhalten einer elektrischen Schaltung im Hinblick auf unbeabsichtigte elektrische Vorgänge beschrieben.

Eine elektrische Schaltung verhält sich elektromagnetisch verträglich, wenn sie
- sowohl die von ihr selbst erzeugten als auch die von aussen an sie herangetragenen unbeabsichtigten Vorgänge verträgt, d.h. dadurch nicht gestört wird, und wenn sie
- sich selbst gegenüber benachbarten Geräten verträglich verhält, d.h. seine Nachbarn nicht mit unzuträglichen unbeabsichtigten Vorgängen belastet.

Mit dem Begriff elektromagnetische Beeinflussung (*electromagnetic interference*, EMI) wird ein einzelner unbeabsichtigter elektrischer Vorgang bezeichnet, der die elektromagnetische Verträglichkeit gefährdet.

## 1.1 Ursachen elektromagnetischer Beeinflussungen

Zweifellos geht die meiste Gefahr für die elektromagnetische Verträglichkeit von den bereits erwähnten unbeabsichtigten Feldern der Spannungen und Ströme aus. Daneben gibt es aber noch einige andere elektrische Vorgänge, die störend wirken können.

Die wichtigsten sind:
- unbeabsichtigter Empfang von Sendern,
- elektrische Entladungen der Atmosphäre (Gewitter),
- Entladung elektrischer Aufladungen bei technischen Transportvorgängen und
- Entladung elektrischer Aufladungen von Personen.

Elektrostatische Aufladungen, die bei technischen Transportvorgängen oder auch nur beim Schütten von Materialien erzeugt werden, spielen in der Sicherheitstechnik insbesondere in der chemischen Industrie eine große Rolle [1.1].

Elektrostatisch aufgeladene Personen stellen eine Gefahr für hochintegrierte elektrische Schaltkreise dar [1.2].

## 1.2 Die Auswirkung elektromagnetischer Beeinflussungen

Grundsätzlich können sowohl Lebewesen als auch technische Geräte und Systeme von elektromagnetischen Beeinflussungen beeinträchtigt werden. Die folgenden Ausführungen befassen sich aber ausschließlich mit den Auswirkungen auf elektrische Systeme. Was der Einfluß auf Lebewesen und dabei insbesondere auf Menschen betrifft, wird auf die einschlägige Literatur verwiesen [1.3], [1.4], [1.5].

Die Funktion eines elektrischen Gerätes oder einer Schaltung kann durch eine der aufgezählten Ursachen von außen gestört werden, z.B. durch die unbeabsichtigten Felder der Spannung oder Ströme eines benachbarten Gerätes.

Man kann gelegentlich aber auch erleben, daß sich die Anordnung von innen heraus durch die eigenen unbeabsichtigten Vorgänge selbst stört. Solchen Situationen begegnet man z.B. bei der Erprobung von neu aufgebauten Versuchsschaltungen, bei der industriellen Entwicklung neuer Geräte oder bei der ersten Inbetriebnahme umfangreicher Systeme.

Blitzeinschläge bei Gewittern und Entladungen elektrostatischer Aufladungen können sogar bleibende Schäden anrichten. So genügt z.B. die geringe Energie, die in einer aufgeladenen Person gespeichert ist, um irreparable Schäden an hochintegrierten Schaltkreisen anzurichten.

Insgesamt ergibt sich damit, was elektrische Geräte betrifft, folgendes Bild:

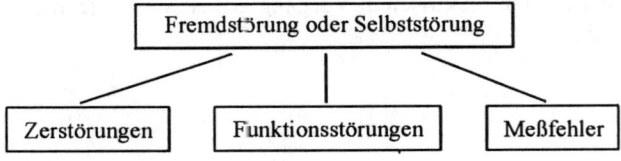

Die folgenden Beispiele mögen einen ersten Eindruck davon vermitteln, wie die Ursachen und Auswirkungen elektromagnetischer Beeinflussungen konkret aussehen.

## 1.3 Unbeabsichtigte Wirkungen elektrischer Felder von Spannungen

Man kann unbeabsichtigte Erscheinungen, die von den Feldern der Spannungen ausgehen, schon an sehr einfachen Anordnungen beobachten, zum Beispiel in Kabeln die mehrere Leiter enthalten.

♦ **Beispiel 1.1**
Wenn, wie in Bild 1.1 skizziert, an zwei Adern 1 und 2 eines 4adrigen Kabels die Spannung $U_1$ angelegt wird, entsteht zwischen den beiden anderen Adern 3 und 4 unbeabsichtigt die Spannung $U_2$ (Bild 1.1).

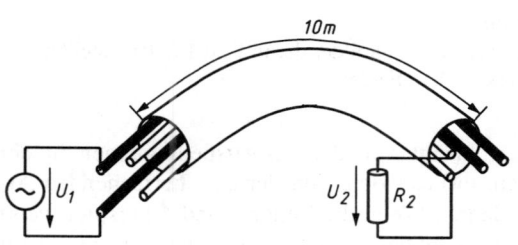
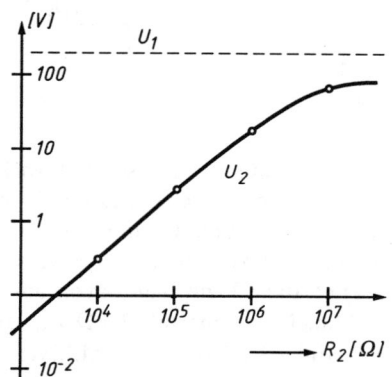

**Bild 1.1** Eine Netzspannung $U_1$ (50 Hz) erzeugt in parallelen Adern in einem 4adrigen Kabel unbeabsichtigt eine Spannung $U_2$

Die Höhe von $U_2$ hängt stark von der Größe des Widerstandes $R_2$ ab, der die beiden Leiter 3 und 4 miteinander verbindet. In Bild 1.1 sind die Ergebnisse einer Messung mit $U_1 = 220$ Volt (50 Hz) dargestellt. Man erkennt, daß $U_2$ bei sehr hohen Werten von $R_2$ (10 MΩ) fast ein Drittel von $U_1$ erreicht, aber bei niedrigeren Widerständen nur noch geringe Bruchteile der Spannung $U_1$ auf der benachbarten Leitung ausmacht. ♦

Vom physikalischen Standpunkt aus betrachtet, kommt die Spannung $U_2$ durch das elektrische Feld zustande, das von der Spannung $U_1$ in der Umgebung der spannungsführenden Leiter 1 und 2 erzeugt wird. Wenn nur diese beiden Leiter vorhanden wären, hätte das Feld die in Bild 1.2a angedeutete Struktur. Durch die räumlich enge Nachbarschaft muß das Feld aber die beiden Leiter berühren und dadurch entsteht dann dort die Spannung $U_2$ (Bild 1.2b).

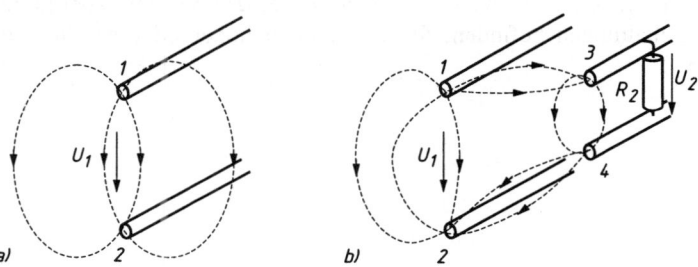

**Bild 1.2** Das elektrische Feld zwischen zwei spannungsführenden Leitern (a) und die Berührung einer benachbarten Leitung durch dieses Feld (b)

Das schaltungstechnische Verhalten eines elektrischen Feldes, das heißt die Beziehung zwischen der Spannung, die das Feld erzeugt und dem Strom, der durch das Feld fließt, wird mit seiner Kapazität erfaßt. In den Bildern 1.3a und 1.3b sind die zu den einzelnen Teilfeldern in Bild 1.2 gehörenden Teilkapazitäten eingetragen. Um den unbeabsichtigten Charakter der Felder und damit auch der Kapazitäten zu kennzeichnen, sind sie strichliert dargestellt. Man bezeichnet solche unbeabsichtigten Elemente auch als Streukapazitäten.

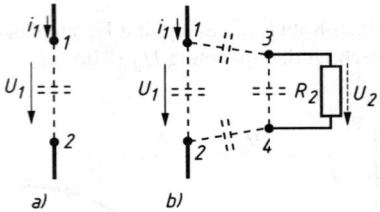

**Bild 1.3**
Die Ersatzschaltbilder der in Bild 1.2 dargestellten elektrischen Felder

Ob die Spannung $U_2$ störend wirkt oder nicht, hängt von den Arbeitsbedingungen in der Schaltung ab, zu der die Leiter 3 und 4 gehören, insbesondere von der dort herrschenden Arbeitsspannung und den dort wirksamen Widerständen. Wenn die Leiter 3 und 4 beispielsweise Teil einer elektrischen Energieversorgung wären, die ebenfalls mit einer Spannung von 220 V arbeitet, dann kann man davon ausgehen, daß $R_2$ als wirksamer Widerstand der Quellen und Verbraucher kleiner als 1 k$\Omega$ ist. Die Spannung $U_2$ würde dann unter diesen Umständen gemäß Bild 1.1 höchstens 40 Millivolt betragen und deshalb nicht störend ins Gewicht fallen.

Wenn hingegen die Leiter 3 und 4 Teil eines Meßsystems wären, das mit einer Spannung von 100 mV und einem Innenwiderstand von 1 k$\Omega$ arbeitet, dann würde die unter diesen Umständen entstehende unbeabsichtigte Spannung $U_2$ von 40 mV sehr stark störend wirken.

Aber auch, wenn das System der Leiter 3 und 4 mit einer ähnlich hohen Spannung arbeitet wie das System der Leiter 1 und 2, kann es zu Störungen kommen, und zwar dann, wenn der Widerstand $R_2$ zwischen den Leitern 3 und 4 extrem hoch ist. Die Messung, die in Bild 1.1b dargestellt ist, zeigt, daß $U_2$ bei Widerstandswerten im Bereich von 1 M$\Omega$ und darüber fast in die Größenordnung von $U_1$ kommt.

An diesem einfachen Beispiel kann man erkennen, daß zwei Konstellationen besonders anfällig gegenüber Störungen durch Felder niederfrequenter elektrischer Spannungen sind:
– eine enge Nachbarschaft von Schaltungen mit einerseits hoher und andererseits niedriger Arbeitsspannung und
– Systeme, die mit extrem hohen Innenwiderständen arbeiten (> 1 M$\Omega$) und sich dabei in der Nähe anderer elektrischer Schaltungen befinden, die mit ähnlich hoher oder gar höherer Spannung betrieben werden.

## 1.4 Die unbeabsichtigte Wirkung magnetischer Felder von Strömen

In elektrischen Schaltungen findet man häufig die Konstellation stromführender Leiter mit benachbarter Schaltungsmasche (Bild 1.4a). Weil sich ein Strom zwangsläufig mit einem Magnetfeld umgibt, das mit einem Flußanteil $\Phi_M$ in die benachbarte Masche eingreift, entsteht dort bei zeitlich veränderlichem Strom $i_1$ unbeabsichtigt die Spannung $U_{TR}$.

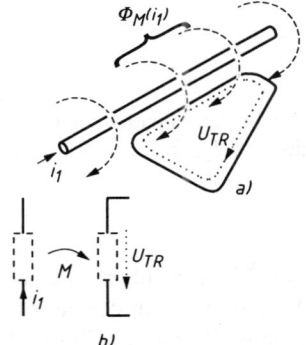

**Bild 1.4**
Unbeabsichtigte transformatorisch induzierte Spannung $U_{TR}$ durch das Magnetfeld eines zeitlich veränderlichen Stromes,
a) reale Anordnung,
b) Ersatzschaltbild

Die Anordnung wirkt wie ein unbeabsichtigter Transformator mit einer einzigen Primärwindung, in der der Strom $i_1$ fließt, und einer einzelnen Sekundärwindung, in der die Spannung $U_{TR}$ entsteht. Es ist deshalb sinnvoll, zur symbolischen Darstellung dieses unbeabsichtigten Strukturelements im Rahmen eines Ersatzschaltbildes das übliche Symbol für einen Transformator zu benutzen, allerdings in strichlierter Form um die unbeabsichtigte Entstehungsweise zu kennzeichnen (Bild 1.4b).

◆ **Beispiel 1.2**
Unbeabsichtigter Transformator in einem Dimmer-Stromkreis.
Eine Glühlampe wird über einen Dimmer gespeist, um die Helligkeit nach Wunsch verändern zu können (Bild 1.5).

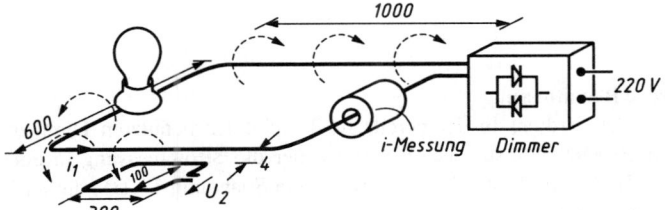

**Bild 1.5**
Unbeabsichtigte transformatorisch induzierte Spannung $U_2$ durch den Strom $i_1$ eines Dimmers

Der Dimmer, der in jeder Halbperiode der Wechselspannung ein- und ausschaltet, erzeugt beim Einschalten jedesmal einen Stromimpuls, der in etwa 20 Nanosekunden auf etwa 1 A ansteigt (Bild 1.6a). Die Strommessung erfolgt mit einer Stromsonde, die mit Hilfe des Hall-Effektes arbeitet. Das Magnetfeld des Stromes durchdringt mit dem Fluss $\Phi_M$ einen benachbarten Drahtrahmen, der eine Masche einer elektrischen Schaltung modellhaft repräsentiert. Die Spannung $U_2$ im benachbarten Drahtrahmen erreicht, wie das Bild 1.6b zeigt, für kurze Zeit eine Amplitude von etwa 3 Volt. ◆

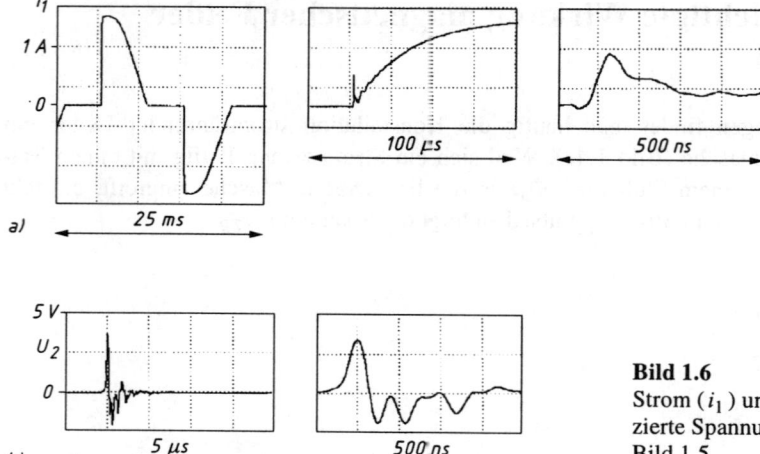

**Bild 1.6**
Strom ($i_1$) und unbeabsichtigte induzierte Spannung ($U_2$) in der Anordnung Bild 1.5

Ob die unbeabsichtigte Spannung mit einer kurzzeitigen Amplitude von 3 V tatsächlich zu einer elektromagnetischen Beeinflussung führt, hängt wiederum von den Verhältnissen in der betroffenen Schaltung ab, vor allem von der dort herrschenden Arbeitsspannung. Wenn zum Beispiel der skizzierte Drahtrahmen Teil eines Stromkreises wäre, in dem mit einer Arbeitsspannung von 220 V eine weitere Lampe betrieben würde, dann fiele die zusätzliche unbeabsichtigte Spannung von 3 V überhaupt nicht ins Gewicht.

Wenn hingegen, wie im folgenden Beispiel 1.3, die Arbeitsspannung der beeinflußten Schaltung nur 50 mV beträgt, macht sich die unbeabsichtigte Spannung von 3 V als starke Störung bemerkbar.

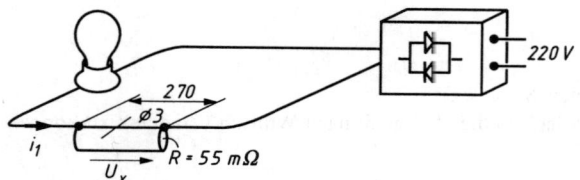

**Bild 1.7**
Anordnung zur Messung des Stromes $i_1$ im Dimmer-Stromkreis mit Hilfe eines röhrenförmigen Meßwiderstands

♦ **Beispiel 1.3**

Meßfehler durch eine elektromagnetische Beeinflussung.
Es geht darum, den zeitlichen Verlauf des Stromes in der bereits in Beispiel 1.2 benutzten Dimmerschaltung mit Hilfe eines röhrenförmigen Meßwiderstandes zu messen, der die Strommessung in eine Spannungsmessung umwandelt (Bild 1.7). Am Widerstand $R_M$ entsteht eine Spannung $U_R(t)$, die nach dem ohmschen Gesetz, dem zu messenden Strom $i(t)$ proportional ist.
Der Strom hat eine Amplitude von etwa 0,9 A, und für $R_M$ wurde mit einer Messung bei Gleichstrom ein Wert von 55 mΩ ermittelt. $U_R$ müßte demnach eine Amplitude von etwa 50 mV haben. Wenn man, wie in Bild 1.8 skizziert, die Spannung an dem röhrenförmigen Meßwiderstand durch das Innere des Rohres abgreift, erhält man eine Spannung, deren Amplitude dem erwähnten Wert entspricht und deren zeitlicher Verlauf auch mit dem Ergebnis der Messung in Bild 1.6 übereinstimmt.
Wenn man hingegen, wie in Bild 1.9a, die Spannung außen am Widerstand einfach mit einem der üblichen Tastköpfe abgreift, die zur Standardausrüstung jedes Oszillographen gehören, dann erhält man eine

## 1.4 Die unbeabsichtigte Wirkung magnetischer Felder von Strömen

Spannung, die im Nanosekundenbereich einen völlig anderen Verlauf hat als das Signal der Vergleichsmessung. Auch der Scheitelwert ist mit etwa 3V zwei Zehnerpotenzen höher als die zu erwartende ohmsche Spannung.

Die beabsichtigte Messung der ohmschen Spannung von 50 mV wird in dieser Anordnung im Nanosekundenbereich durch eine elektromagnetische Beeinflussung stark gestört, und zwar durch den unbeabsichtigten Transformator, der von der Strombahn, dem Magnetfeld des Stroms und der vom Meßwiderstand mit dem Tastkopf gebildeten Masche gebildet wird (Bild 1.9b). Die abgegriffene Spannung $U_X$ setzt sich also aus zwei Teilen zusammen:

$$U_X = U_R + U_{TR}$$

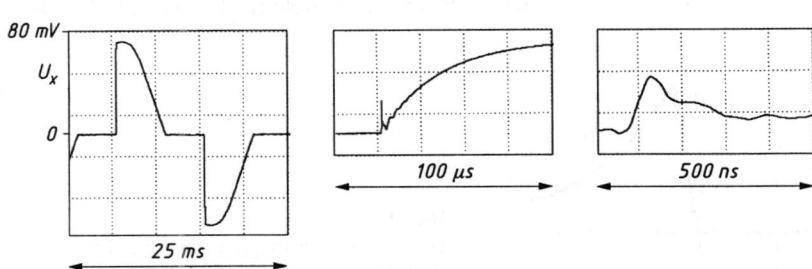

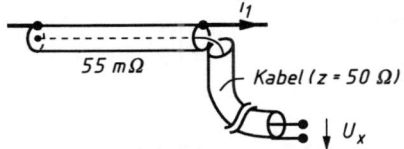

**Bild 1.8**
Registrierte Spannung am Meßwiderstand in Bild 1.7
(Meßanschluß durch das Innere des Widerstandsrohres)

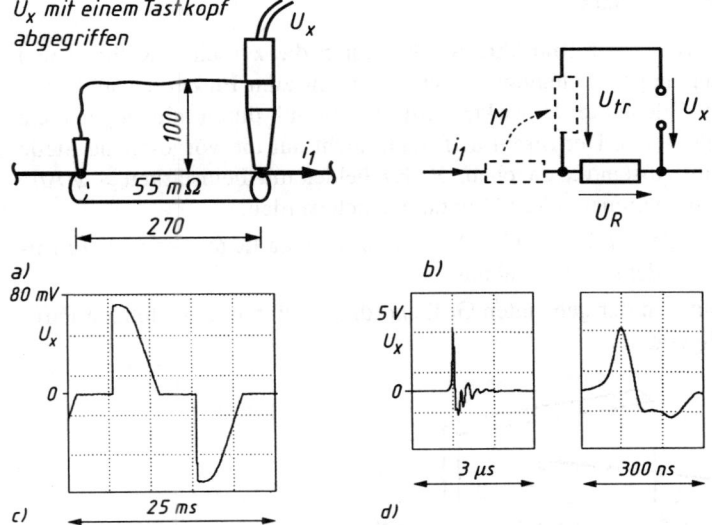

**Bild 1.9**
Registrierte Spannung am Meßwiderstand in Bild 1.7
(Meßanschluß außen am Widerstandsrohr)

Die zweite Teilspannung $U_{TR}$ dominiert bei weitem und erreicht, ähnlich wie die Spannung in den benachbarten Drahtrahmen im Beispiel 1.2, einen Scheitelwert von einigen Volt. Sie überdeckt damit völlig die eigentlich zu messende Spannung von etwa 50 mV.

Im Nanosekundenbereich ist auch die Ähnlichkeit von $U_X$ mit der in Beispiel 1.2 gemessenen Spannung $U_2$ unverkennbar. Sie ist nur mit dem gleichartigen physikalischen Entstehungsprozeß der transformatorischen Induktion erklärbar.

Bei der langsameren zeitlichen Änderung des Oszillogrammes im Millisekundenbereich wird der Nanosekundenimpuls mit einer Amplitude von etwa 3 Volt nicht mehr aufgelöst. Wenn die Spannungsempfindlichkeit des Oszillographen von 3 V auf 80 mV erhöht wird, erscheint wie in Bild 1.8 nur die ohmsche Spannung am Meßwiderstand.

In den zuerst beschriebenen Anordnungen gemäß Bild 1.8 kommt im Meßkreis deshalb keine störende transformatorische Spannung zustande, weil der Spannungsabgriff im Innern des Rohres nicht vom Magnetfeld des zu messenden Stromes $i_1$ durchdrungen wird. Dieser Strom erzeugt nur in der Rohrwand und außerhalb des Rohres ein magnetisches Feld, während das Innere des Rohres feldfrei ist (Bild 1.10).

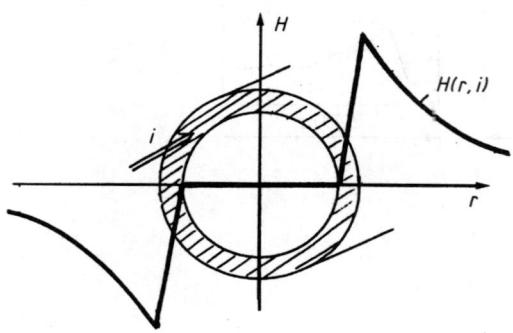

**Bild 1.10**
Der Verlauf der magnetischen Feldstärke $H(i)$ innerhalb und außerhalb eines stromdurchflossenen Rohres.
Die Stromrückführung erfolgt außerhalb des Rohres.

## 1.5 Die Störung von Bildschirmen durch die Magnetfelder niederfrequenter Ströme

Die Elektronen im Elektronenstrahl einer Bildröhre werden durch die zwischen Kathode und Bildschirm angelegte Hochspannung beschleunigt. Wenn senkrecht zum Elektronenstrahl unbeabsichtigt eine magnetische Feldstärke $H$ wirkt, wird der Strahl durch die sogenannte Lorentzkraft $K_L$ abgelenkt (Bild 1.11). Der Strahl trifft dann nicht auf die vorgesehene Stelle auf dem Bildschirm, sondern im Abstand $x$ daneben. 50 Hz-Felder mit Feldstärken > 2 A/m führen dazu, daß z.B. Texte verschwimmen oder völlig unleserlich werden.

Felder, die mit ihrer Frequenz in der Bildwechsel- oder Zeilenfrequenz liegen, können zu rollenden Bewegungen des Bildes auf dem Schirm führen.

Zeitlich schwankende Gleichfelder in der genannten Größenordnung führen zu laufenden Farbverschiebungen bei Farbfernsehgeräten.

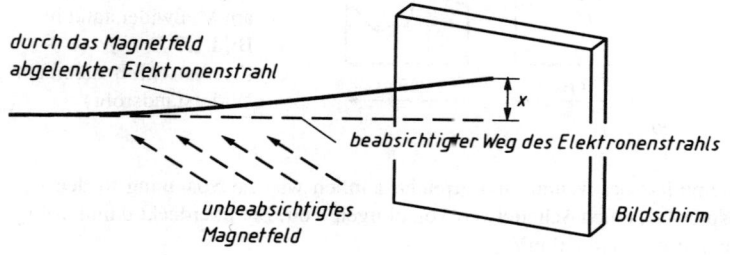

**Bild 1.11**
Ablenkung eines Elektronenstrahls durch ein Magnetfeld

◆ **Beispiel 1.4**
Bild 1.12a zeigt eine Situation in einer Innenstadt. Einige Häuser befinden sich zwischen zwei Kabeln, mit denen die Straßenbahn von einer Gleichrichterstation aus gespeist wird und zwar mit einer Spannung von 630 V und Spitzenströmen von 1500 A. In Bild 1.12b ist der zeitliche Verlauf des Magnetfeldes dargestellt, das in einem Geschäft für Unterhaltungselektronik in einem der Häuser gemessen wurde. Die starken Ausschläge der Magnetfeldmessung waren eindeutig auf das Anfahren der einzelnen Straßenbahnzüge zurückzuführen. Der Abstand zum nächst gelegenen Kabel betrug etwa 10 m.
Man konnte beobachten, wie sich gleichzeitig mit den Ausschlägen der magnetischen Feldstärke bis zu 25 A/m die Farben auf den Bildschirmen der Fernsehgeräte zum Teil drastisch veränderten. ◆

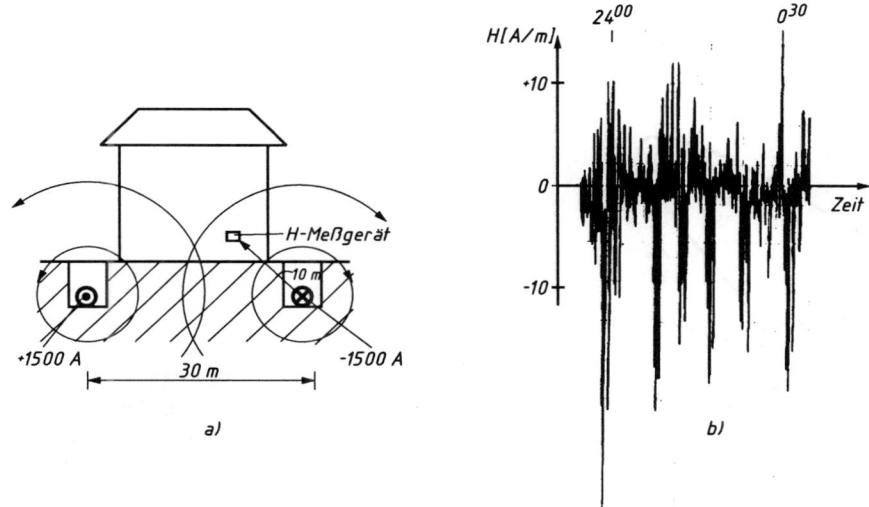

**Bild 1.12** Magnetische Feldstärke in der Nähe einer Straßenbahn-Speisung,
a) Situationsskizze, b) registriertes Magnetfeld

## 1.6 Beeinflussung durch den unbeabsichtigten Empfang eines Senders

Beim unbeabsichtigten Empfang von Sendern handelt es sich um Vorgänge, die von den Strahlungsfeldern von Sendern in Geräten verursacht werden, die gar nicht als Empfänger gedacht waren. Angesichts der zunehmenden Verbreitung von mobilen Sendern, z.B. in Form von Hand-Funksprechgeräten, kommt dieser Quelle unbeabsichtigter Vorgänge zunehmende Bedeutung zu.

◆ **Beispiel 1.5**
Bild 1.13 zeigt das Verhalten eines Prozeßrechners, der die Abläufe in einem Automotor steuern soll, gegenüber unterschiedlich starken Strahlungsfeldern im UHF-Bereich [1.7].
Bei einer Feldstärke von 10 V/m verlaufen die Impulse noch genauso wie ohne Strahlungsfeld, während sie bei einer Feldstärke von 20 V/m völlig ausser Tritt geraten.
Wenn man die Feldstärke betrachtet, die ein UHF-Hand-Funksprechgerät in seiner Umgebung erzeugt (Bild 1.14), dann wird verständlich, warum man die Benutzung solcher Geräte in Anlagen, in denen hohe Sicherheitsanforderungen an die installierte Elektronik gestellt werden, verbietet. ◆

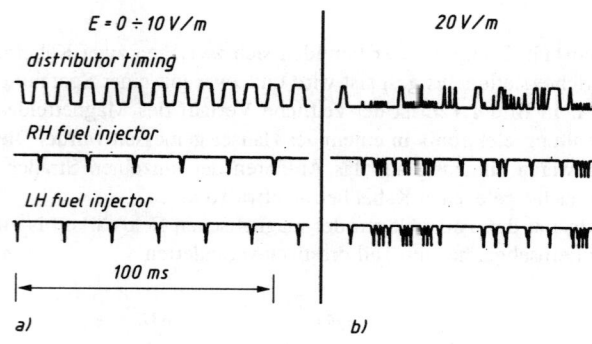

**Bild 1.13**
Störung eines Prozeßrechners durch das Strahlungsfeld eines UKW-Senders (165 MHz mit Rechtecksignal 1 kHz, 100% amplitudenmoduliert),
a) Normalbetrieb,
b) gestört

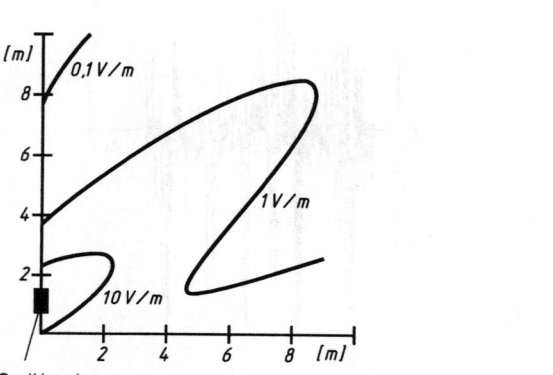

**Bild 1.14**
Das Strahlungsfeld eines Handfunksprechgerätes (5 Watt, 440 MHz) [1.6]

## 1.7 Literatur

[1.1]  G. Lüttgens, M. Gloor: Elektrostatische Aufladungen begreifen und sicher beherrschen, 2. Aufl., Expert Verlag 1988

[1.2]  O. J. McAteer: Electrostatic discharge control, McGraw-Hill 1990

[1.3]  H. J. Haubrich: Sicherheit im elektromagnetischen Umfeld, VDE-Verlag, Berlin 1990

[1.4]  M. A. Stuchly: Health effects of electromagnetic fields: *Process and Directions*, 9th International Symposium on EMC, March 1991, pp. 317-320

[1.5]  K. Brinkmann, H. Schaefer (Hrsg.): Elektromagnetische Verträglichkeit biologischer Systeme (Bd. 1), VDE-Verlag, Berlin 1991

[1.6]  E. Th. Chesworth: Near field energy densities of hand-held transceivers, IEEE EMC Symposium 1989, pp. 182-185

[1.7]  W. Gibbons: Some experiences with EMC test procedures, 4th International Conference on Automotive Electronics (IEE), Nov. 1983

# 2 Die allgemeine Struktur elektromagnetischer Beeinflussungen

Es hat sich als zweckmäßig erwiesen, Beeinflussungssituationen als unbeabsichtigte Übertragungsvorgänge aufzufassen. In Anlehnung an die übliche Grobgliederung nutzbringender elektrischer Systeme in:

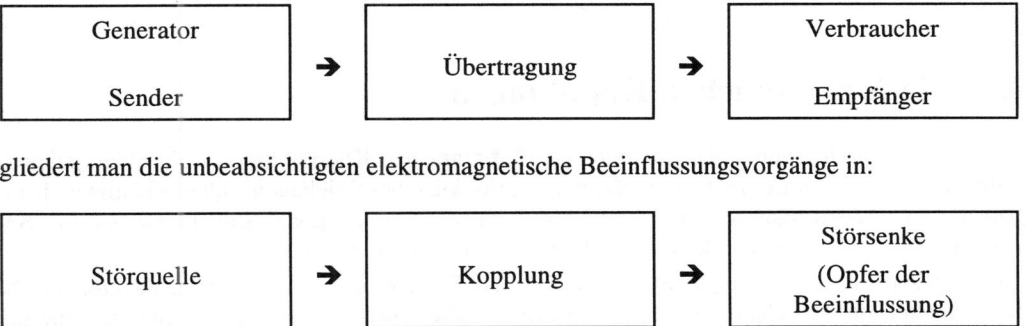

gliedert man die unbeabsichtigten elektromagnetische Beeinflussungsvorgänge in:

Es ist besonders kennzeichnend für diese Struktur, daß mindestens eines der beteiligten Elemente, also die Störquelle, die Kopplung oder die Störsenke, unbeabsichtigter Natur ist. In den folgenden beiden Beispielen sind die unbeabsichtigten Teile im Blockdiagramm strichliert dargestellt.

Für das Beispiel 1.2, in dem der Stromkreis des Dimmers eine benachbarte Meßeinrichtung stört, sieht das Blockdiagramm wie folgt aus:

Das Beispiel 1.5 mit der Störung eines Prozeßrechners durch einen Sender stellt sich im Blockdiagramm wie folgt dar:

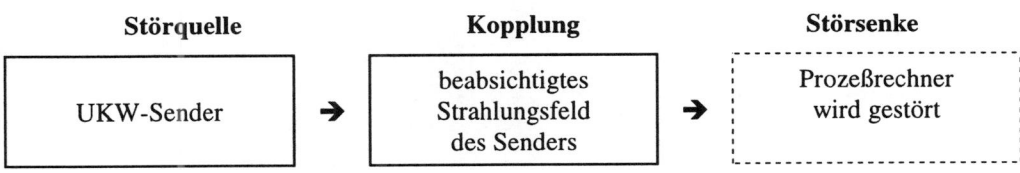

Hier ist nicht nur die Störquelle in Form des Senders eine absichtlich aufgebaute elektrische Struktur, sondern auch die Kopplung ist beabsichtigt, denn es ist ja schließlich die Aufgabe des vom Sender erzeugten Strahlungsfeldes, jede Stelle zu erreichen, an der sich möglicherweise ein Empfänger befinden könnte.

Die auf den ersten Blick rein formal erscheinende Gliederung in Störquelle, Kopplung und Störsenke ist praktisch außerordentlich nützlich. Sie grenzt nämlich die Kopplungen als besondere Strukturelemente ab und hebt damit gewissermaßen den größten gemeinsamen Nenner aller möglichen Beeinflussungssituationen hervor. Es gibt zwar sehr viele mögliche Störwirkungen, und auch die Störquellen können in vielen verschiedenen Formen in Erscheinung treten, aber in den vielen unterschiedlichen Beeinflussungsvorgängen kommen nur ganz wenige Kopplungsarten vor. Insgesamt gibt es nur fünf einfache Kopplungstypen. Wenn man weiß, wie diese wenigen Strukturelemente aussehen und wie sie wirken, kann man leicht die Zusammenhänge in neuen Beeinflussungssituationen erkennen.

## 2.1 Die fünf einfachen Kopplungen

Bild 2.1 vermittelt einen Überblick über die fünf einfachen Kopplungsarten. Zu ihnen gehören unter anderem die im einleitenden Kapitel bereits kurz beschriebenen unbeabsichtigten Kondensatoren, Transformatoren und Widerstände, für die man im EMV-Sprachgebrauch die Bezeichnungen kapazitive, induktive und ohmsche Kopplung verwendet.

Kopplungen durch Strahlungsfelder kommen zum Beispiel dadurch zustande, daß mit Hochfrequenz betriebene Schaltungen unbeabsichtigt strahlen oder dass die Abschirmungen, die die Wirkung von Hochfrequenzgeneratoren eingrenzen sollen, undicht sind, z.B. die Gehäuse von Mikrowellenöfen. Die wichtigste Kopplung dieser Art ist aber zweifellos diejenige, die durch das Strahlungsfeld von Nachrichtensendern ensteht, wie in Beispiel 1.5 mit der Störung der Autoelektronik.

## 2.1 Die fünf einfachen Kopplungen

| Bezeichnung | physikalische Ursache | Wirkungsschema | Ersatzschaltbild |
|---|---|---|---|
| Induktive Kopplung | Transformatorische Induktion durch das unabsichtliche Magnetfeld eines zeitlich veränderlichen Stromes $i_1(t)$ | 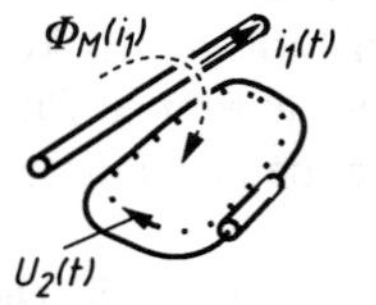 | 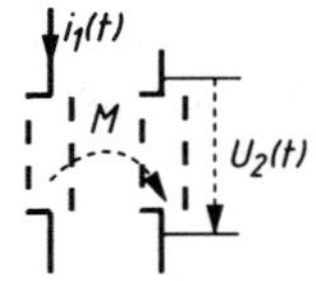 |
| Kapazitive Kopplung | Unabsichtlicher Verschiebungsstrom durch das elektrische Feld einer zeitlich veränderten Spannung $U_1(t)$ | 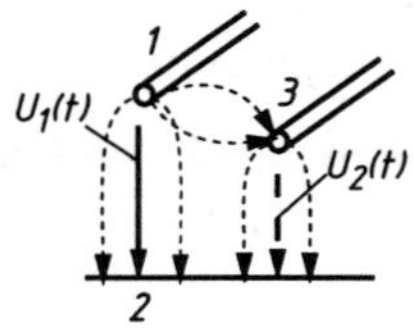 | 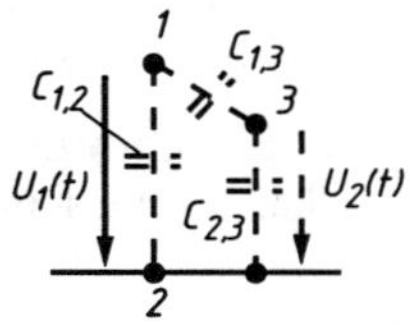 |
| Ohmsche Kopplung | Unabsichtliche ohmsche Spannung an einem stromdurchflossenen Leiter | 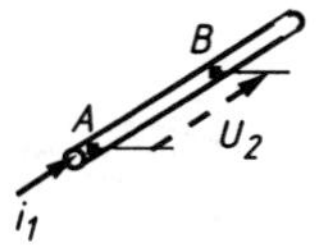 | 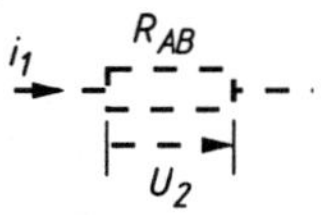 |
| Lorentz Kopplung | Bewegungsinduktion: Kraft auf Ladung in einem Leiter bei Bewegung des Leiters im Magnetfeld (B) mit der Geschwindigkeit v | | |
| | Ablenkung freier bewegter Ladungen in einem Magnetfeld der Stärke B | 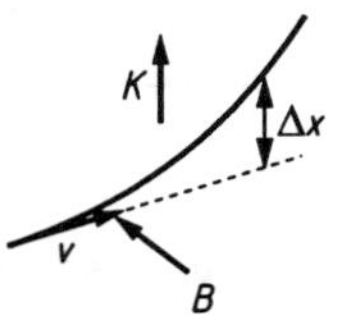 | |
| Strahlungs-Kopplung | Strahlungsfeld eines Senders S erzeugt u oder i in einem Gerät, das nicht als Empfänger vorgesehen ist. | 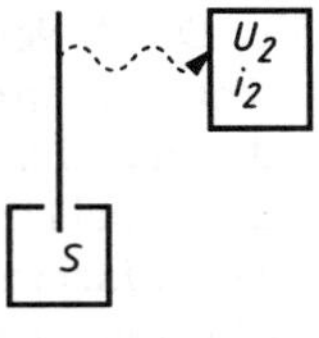 | |

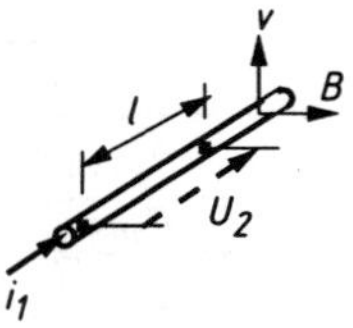

**Bild 2.1** Die einfachen Kopplungen

## 2.2 Zusammengesetzte Kopplungen

In vielen Beeinflussungssituationen führt schon eine der in Bild 2.1 aufgeführten einfachen Kopplungen allein zu einer Störung. Es kommt aber auch recht häufig vor, daß mehrere einfache Kopplungen gleichzeitig auftreten. Zum Teil sind sie sogar in festem Zusammenhang miteinander verknüpft. Die drei bedeutendsten sind:

- **Die Kopplung zwischen stromführendem Leiter und „anliegender" Masche**
  (ohmsche + induktive Kopplung),

- **Die Kabelmantel-Kopplung**
  (ohmsche + induktive Kopplung),

- **Die Kopplung zwischen parallelen Leitungen**
  (kapazitive + induktive Kopplung).

Situationen, in denen die beiden ohmschen und induktiven Kombinationen vorkommen, sind schematisch in Bild 2.2 dargestellt.

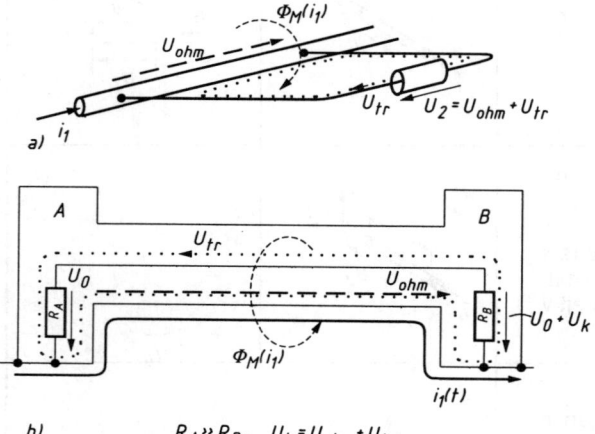

**Bild 2.2**
Häufig auftretende zusammengesetzte Kopplungen.
a) Kopplung in eine Masche, die an der störenden Strombahn anliegt.
b) Kabelmantelkopplung

Eine Kabelmantelkopplung tritt auf, wenn ein Signal $U_o$ von einem Gerät B mit Hilfe eines koaxialen Kabels übertragen wird und gleichzeitig über den Mantel des Kabels ein Strom $i_1$ fließt.

Der Strom $i_1$ ist die Störquelle. Durch den ohmschen Widerstand des Kabelmantels entsteht eine ohmsche Kopplung zwischen der Strombahn von $i_1$ und dem Signalkabel. Gleichzeitig greift aber auch das Magnetfeld von $i_1$ durch das Geflecht des Kabelmantels in das Innere des Kabels ein und induziert dort bei zeitlicher Änderung von $i_1$ eine Spannung. Über die ohmsche und induktive Kopplung entsteht im Innern des Kabels die störende Spannung $U_K$ und die Signalübertragung von A nach B (Störsenke) wird gestört.

Einfache und zusammengesetzte Kopplungen können auch netzwerkartig miteinander verknüpft sein. Bild 2.3 zeigt z.B. eine einfache Anordnung, an der insgesamt vier Kopplungen beteiligt sind:

## 2.3 Die Beeinflussungswege

1. Der Strom $i_x$ (Störquelle) wirkt mit der induktiven Kopplung $IK1$ seines Magnetfeldes auf die schraffiert dargestellte Masche und erzeugt dort den Strom $i_2$.
2. Der Strom $i_2$ ist über eine Kabelmantelkopplung $KMK$ mit dem Innern des Kabels verbunden.
3. Der Strom $i_2$ greift mit einer induktiven Kopplung $IK2$ direkt in die Masche ein, die von der Kabelseele und dem Ende des Kabelmantels am Geräteanschluß gebildet wird.
4. Der Strom $i_x$ greift mit einer induktiven Kopplung $IK3$ ebenfalls direkt in die Masche am Geräteanschluß ein.

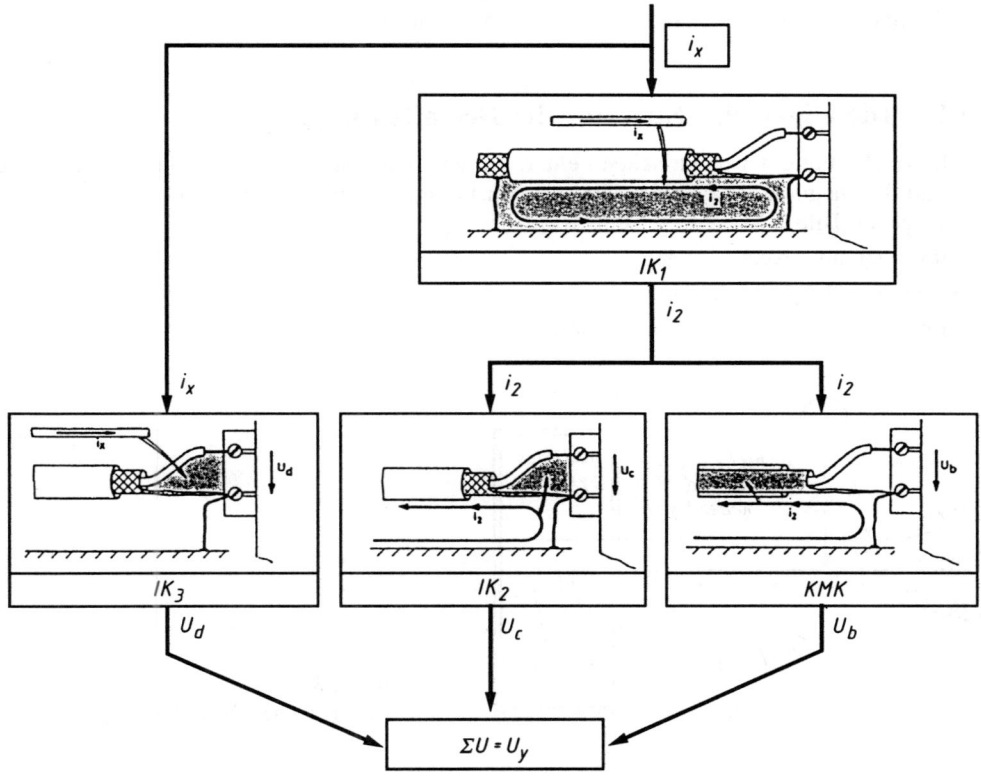

**Bild 2.3** Beispiel eines Kopplungs-Netzwerks.
Der Strom $i_x$ in einer Schalter-Nahzone beeinflußt ein benachbartes Koaxialkabel und erzeugt dort die Störung $U_y$

## 2.3 Die Beeinflussungswege

Die Kopplungsmechanismen und damit auch die elektromagnetischen Beeinflussungen werden, wie bereits erwähnt, weitgehend durch die elektrischen und magnetischen Felder bestimmt. Das heißt, die Wege, die von den Störquellen zu den Störsenken führen, ergeben sich im wesentlichen durch die Art und Weise, mit der sich die jeweils beteiligten Felder ausbreiten.

Im Rahmen der Strategie, eine vorliegende oder zu erwartende Beeinflussung zu verhindern, ist es sehr wichtig, sowohl die Art der Felder als auch ihre Ausbreitungswege möglichst genau zu kennen, um sie gezielt abschwächen zu können.

Häufig ist nämlich die Abschwächung der störenden Felder die einzige Möglichkeit, eine Störung zu beseitigen, wenn man die Stärke der eigentlichen Störquelle als gegeben hinnehmen muß und die Struktur der Störsenke aus technologischen Gründen nicht verändern kann. Solche Situationen trifft man z.B. an, wenn es darum geht, mehrere fertige Einzelgeräte zu einem System zusammenzuschalten.

Im folgenden wird zunächst ein Überblick darüber gegeben, auf welchen Wegen welche Art von Feldern zur Störsenke gelangen. Daraus ergeben sich dann erste Hinweise für die Wahl der Mittel, mit denen die Felder abgeschwächt werden können.

### 2.3.1 Die allgemeine Struktur der Beeinflussungswege

Für die Ausbreitung der elektrischen Felder, die von den Spannungen zwischen Leitern ausgehen, und der magnetischen Felder, die von den Leitungsströme verursacht werden, bieten sich drei Wege an (Bild 2.4)
- Störungen über Netzleitungen,
- Störungen über Datenleitungen,
- Störungen über Erd- oder Masseleiter.

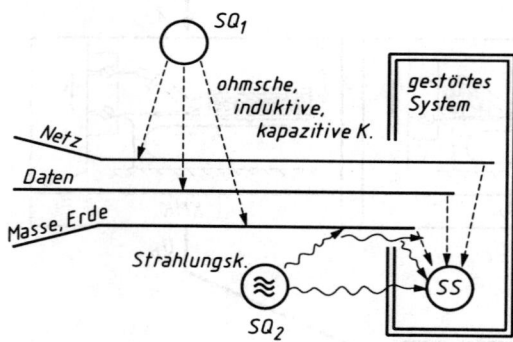

**Bild 2.4**
Die möglichen Beeinflussungswege.

Die Störungen können, ausgehend von Störquellen $SQ_1$, über ohmsche, induktive oder kapazitive Kopplungen auf diese Leitungen gelangen und dann im Innern der Schaltung über entsprechende ohmsche, induktive oder kapazitive Kopplungen zur Störsenke $SS$ weitergeführt werden.

Darüber hinaus können elektrische, magnetische oder Strahlungsfelder – ausgehend von der Störquelle $SQ_2$ – entweder direkt auf die Störsenke $SS$ einwirken. Oder eine der erwähnten Leitungen (Netz, Daten oder Masse) wirkt als Empfangsantenne und leitet die Störung ein Stück weit leitungsgebunden in das Innere des gestörten Gerätes weiter.

Bevor die Maßnahmen zur Abschwächung der Felder diskutiert werden können, ist es notwendig, die Leitungsfelder noch etwas näher zu betrachten.

## 2.3.2 Felder, die von Leitungen ausgehen

Felder, die von Leitungen ausgehen, sind einerseits die Magnetfelder der Ströme, die in den Leitern fließen, und andererseits die elektrischen Felder der Spannung zwischen den Leitern der Leitungen.

Die Formen der Felder werden durch zwei Parameter bestimmt:
- zum einen durch die Geschwindigkeit, mit der sich das Feld ändert
- und zum anderen durch die Länge $a$ der Leitung, von der das Feld erzeugt wird.

Wenn sich die Spannungen und Ströme in den Störquellen, die die Leitung speisen, sinusförmig ändern, dann ist die Frequenz $f_{stör}$ beziehungsweise die Wellenlänge $\lambda_{stör}$ ein Maß für die Geschwindigkeit, mit der sich das Feld ändert. Je nachdem, ob die Wellenlänge wesentlich länger oder wesentlich kürzer ist als die Länge $a$ der gespeisten Leitung, ergeben sich ganz unterschiedliche Formen der Feldausbreitung:
- Wenn die Wellenlänge $\lambda_{stör}$ wesentlich größer ist als die Leitungslänge $a$, also bei niederfrequenten Störungen, bleiben die Felder in der Nähe der spannungs- beziehungsweise stromführenden Leiter. Man nennt deshalb diese Ausbreitungsform des Feldes auch leitungsgebunden.
- Wenn die Wellenlänge $\lambda_{stör}$ etwa gleich groß oder kürzer ist als die Leitungslänge, bleibt ein Teil des Feldes leitungsgebunden aber ein anderer Teil breitet sich als Strahlungsfeld weit im freien Raum aus. Die Ablösung strahlender Feldanteile ist an Knickstellen der Leiter besonders ausgeprägt.

In Bild 2.5 sind zum Beispiel die Magnetfelder dargestellt, die in der Umgebung rechteckiger Drahtschleifen entstehen, wenn diese Schleifen mit Strömen unterschiedlicher Frequenz gespeist werden [2.1]. Die wiedergegebenen Linien sind jeweils die Konturlinien für konstante Werte der z-Komponente der magnetischen Feldstärke, wobei die Amplitude dieses Wertes von Linie zu Linie etwa um 20 % ab- oder zunimmt.

Man erkennt in Bild 2.5a deutlich die leitungsgebundene Feldstruktur unter der Bedingung, daß die Wellenlänge $\lambda_{stör}$ wesentlich größer ist als die Leitungslänge $a$. Wesentlich größer heißt, daß die Wellenlänge $\lambda_{stör}$ mehr als 10mal größer ist als die Leitungslänge.

Das Feldbild 2.5b, bei dem der Umfang $a$ der stromführenden Schleife gleich der Wellenlänge $\lambda_{stör}$ ist, zeigt schon deutlich die beginnende Ablösung des Feldes vom Leiter. In Bild 2.5c mit noch kürzerer Wellenlänge entfernt sich ein wesentlicher Teil des Feldes als Strahlung von der Strombahn.

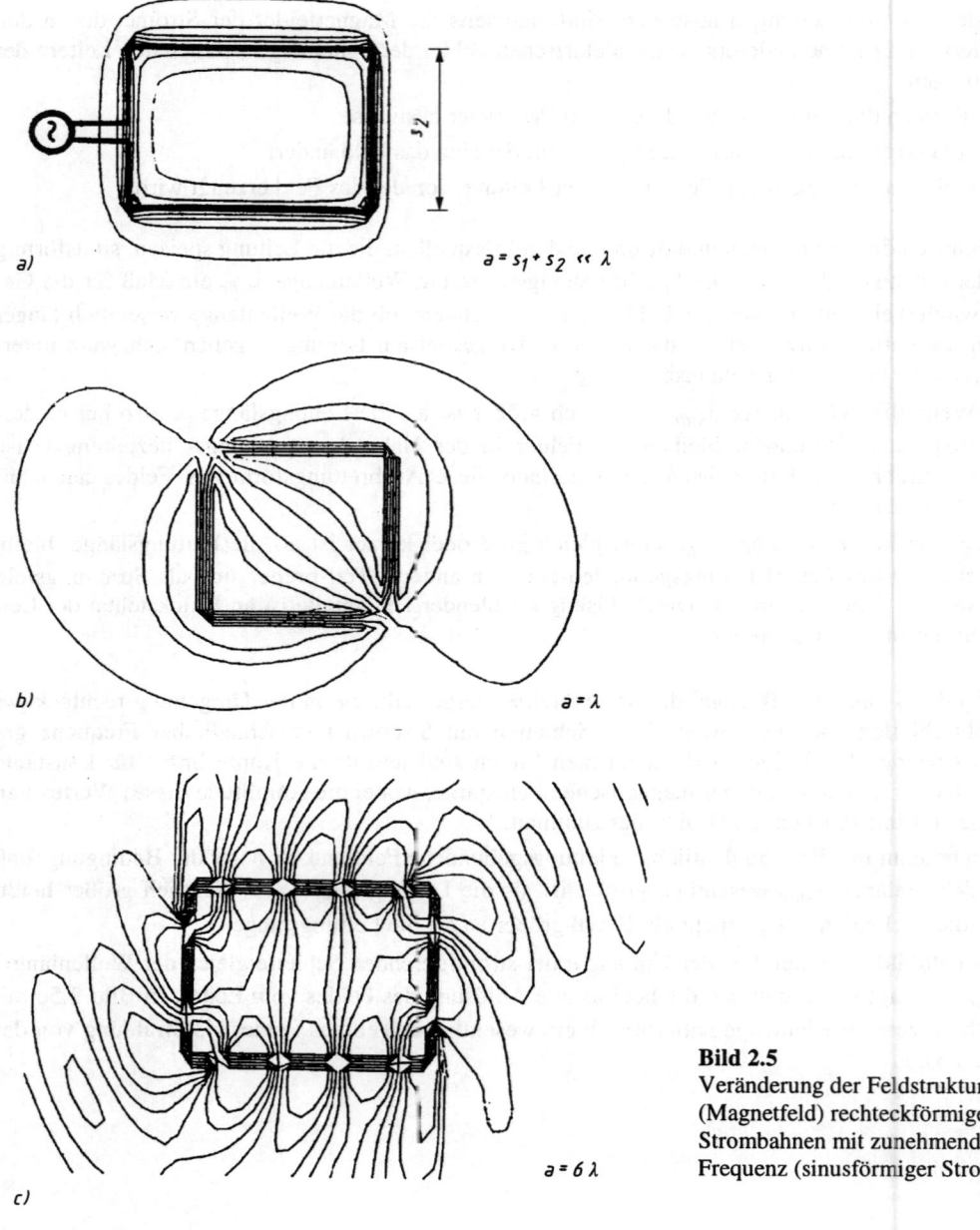

**Bild 2.5**
Veränderung der Feldstruktur (Magnetfeld) rechteckförmiger Strombahnen mit zunehmender Frequenz (sinusförmiger Strom).

Zusammenfassend kann man also in bezug auf die Felder, die von einer Leitung der Länge $a$ ausgehen, folgendes sagen:

$\lambda_{stör} > 10\,a$   Feld bleibt in der Nähe der Leiter (leitungsgebunden)

$\lambda_{stör} < 10\,a$   leitungsgebundenes Feld + Strahlungsfeld

## 2.3.3 Abschwächung leitungsgebundener Störungen ($\lambda_{stör} > a$)

Sofern die Wellenlänge des Störsignals wesentlich größer ist als die Leitungslänge $a$, gibt es, wie anhand der Feldbilder erläutert wurde, kein Strahlungsfeld, sondern die Felder der Ströme und Spannungen, die von der Störquelle ausgehen, bleiben leitungsgebunden. Man kann die Ausbreitung dieser Felder dadurch behindern, indem man den felderzeugenden Leiterströmen und Leiterspannungen den Zugang zum zu schützenden Gerät erschwert, und zwar mit Hilfe von Filtern.

Solche Filter werden so ausgelegt, daß sie einerseits die netzfrequenten Vorgänge nicht behindern, andererseits aber für die hochfrequenten Störungen teils Nebenschlüsse, teils Verbraucher darstellen. Dies geschieht mit Hilfe von Kondensatoren zwischen den Leitern, die Nebenschlüsse für die Störströme bilden, und mit in Reihe zur Leitung angebrachten Induktivitäten, die zusätzliche Verbraucher für die am Nebenschluß verbleibende Störspannung darstellen (Bild 2.6).

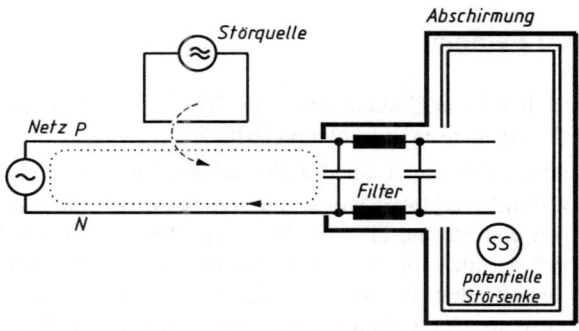

**Bild 2.6**
Abschwächung leitungsgebundener Störungen
(schematische Darstellung).

Ein Filter allein kann in den Netzleitungen Störungen etwa um 20 dB abschwächen. Wenn höhere Abschwächungen nötig sind – sei es, weil die Störungen zu stark oder das gestörte Gerät zu empfindlich ist – muß man verhindern, daß das störende Feld um das Filter herumgreift. Man muß dann das Filter abschirmen und die Abschirmung in die Abschirmung des zu schützenden Gerätes mit einbeziehen.

## 2.3.4 Abschwächung leitungsgebundener Beeinflussungen über Datenleitungen

Wenn über die Datenleitungen niederfrequente Signale übertragen werden, z.B. Spannungen, die von Thermoelementen erzeugt werden, dann können schnell veränderliche Störungen, die auf diese Leitungen gelangen, wie die Störungen auf Netzleitungen mit Filtern reduziert werden.

Wenn dagegen Daten mit hochfrequenten Signalen oder steilen Impulsen übertragen werden, kann man keine Filter in die Leitung einbauen, weil dann gleichzeitig mit der Unterdrückung der schnell veränderlichen Störsignale auch die hochfrequenten Nutzsignale verschwinden. Man muß in solchen Fällen mit Abschirmungen, die die Datenleitungen umgeben, verhindern, daß störende magnetische bzw. elektrische Felder die Datenleitungen berühren können (Bild 2.7).

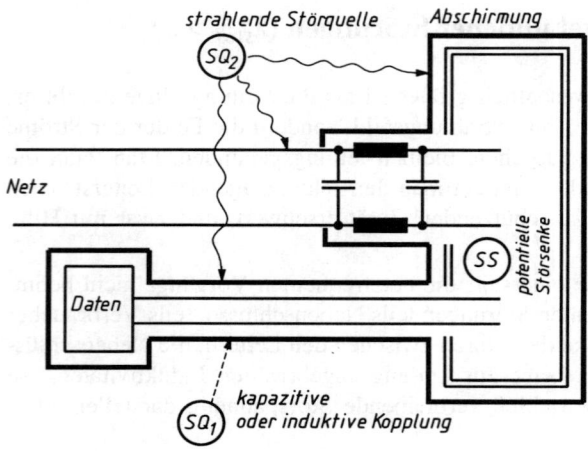

**Bild 2.7**
Abschwächung von Störungen durch Strahlungsfelder (schematische Darstellung).

### 2.3.5 Abschwächung von äußeren Feldern

Die direkte Einwirkung äußerer Felder (ausgehend von Quellen des Typs $SQ_2$ in Bild 2.4) auf ein elektrisches Gerät läßt sich nur mit Abschirmgehäusen unterbinden (Bild 2.7).

Wenn die Wellenlänge $\lambda_{stör}$ der hochfrequenten Störungen auf der Netzleitung kleiner ist als die Leitungslänge $a$, tritt, wie anhand der Feldbilder erläutert wurde, zusätzlich ein Strahlungsfeld auf. Daß die hochfrequenten Spannungen und Ströme über die Netz- und Erdleitungen in die Störsenke gelangen, kann man mit Filtern verhindern. Man muß aber auf jeden Fall auch noch das Eindringen des Strahlungsfeldes unterbinden, das sich von der Leitung ablöst. Das heißt, man muß sowohl das gesamte zu schützende Gerät als auch das Filter abschirmen (Bild 2.7).

Die Energie, die aus einem äußeren Feld von einer Netzleitung wie von einer Antenne aufgenommen und in Richtung auf ein empfindliches Gerät weitergeleitet wird, läßt sich am Geräteeingang ebenfalls mit einem Filter abfangen. Damit es nicht von Teilfeldern umgangen werden kann, muß man das Filter abschirmen und in die Geräteabschirmung integrieren.

In Datenleitungen kann man, wie bereits erwähnt, nicht immer Filter einbauen, so daß der Schutz gegen äußere Felder häufig mit einer Abschirmung bewerkstelligt werden muß (Bild 2.7).

## 2.4 Störfestigkeit

Unter Störfestigkeit (engl. susceptibility) versteht man die Grenze, bis zu welcher eine elektrische Einrichtung Störgrößen ohne Fehlfunktion ertragen kann.

♦ **Beispiel 2.1**
Die Grenze der Störfestigkeit des Prozeßrechners in Beispiel 1.5 liegt bei der angegebenen Frequenz des Störsignals von 165 MHz offensichtlich bei einer Feldstärke zwischen 10 $V/m$ (noch nicht gestört) und 20 $V/m$ (gestört).
Wenn der Rechner zum Beispiel dem Feld eines im Auto installierten Senders mit einer Stärke von 100 $V/m$ ausgesetzt wäre, müßten die Beeinflussungswege mit Filtern und Abschirmungen mindestens um einen Faktor 10 abgeschwächt werden, um eine elektromagnetisch verträgliche Situation zu erreichen. ♦

Man erkennt an diesem Beispiel das logische Gerüst, in das der Begriff Störfestigkeit einzuordnen ist:
1. Die vorgegebene Baugruppe (Rechnerplatine) weist eine bestimmte Störfestigkeit auf.
2. Die äußeren Umweltbedingungen sind stärker als die Störfestigkeit der Komponente.
3. Die Differenz zwischen äußerer Beanspruchung und Störfestigkeit der Baugruppe muß durch eine Abschwächung des Kopplungsweges bewältigt werden.

In Bild 2.8 ist dieser Zusammenhang schematisch dargestellt, wobei noch ergänzend die Störungsmöglichkeit durch innere Umweltbedingungen mit eingeschlossen wurde.

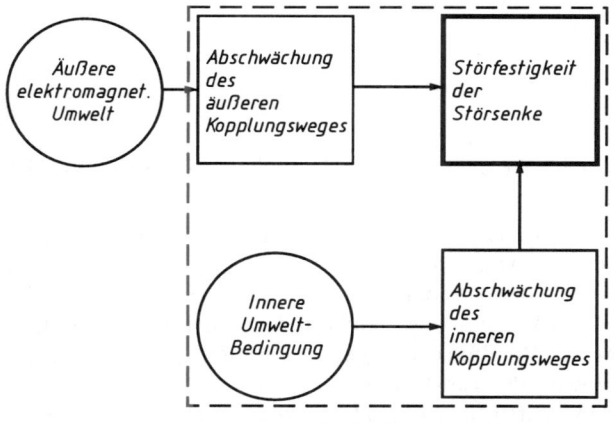

**Bild 2.8**
Die Einordnung der Störfestigkeit der Störsenke in die vorgegebene elektromagnetische Umwelt

Aus dieser Betrachtung geht die zentrale Rolle deutlich hervor, die die Störfestigkeit der Baugruppen und Bauelemente bei der Planung der elektromagnetischen Verträglichkeit eines Systems spielt. Man muß nämlich aus der Differenz zwischen Störfestigkeit und Umweltwerten den notwendigen Abschwächungsaufwand abschätzen, und wenn dieser Aufwand zu groß ist oder unüberwindbar erscheint, unempfindlichere Bauelemente suchen.

Bei Baugruppen mit analogem Verhalten wird das, was man als Grenze der Störfestigkeit ansieht, häufig von subjektiven Bewertungen beeinflußt:
– ob man zum Beispiel die Ablenkung eines Elektronenstrahls durch ein äußeres Magnetfeld auf dem Bildschirm schon als Flimmern empfindet,
– oder ob ein Abstand zwischen Nutz- und Störsignal von 10 dB schon als sehr störend wahrgenommen wird oder nicht.

Baugruppen mit digitalem Verhalten weisen dagegen eine schärfere Grenze der Störfestigkeit auf. Sie haben den Vorteil, daß sich Störungen überhaupt nicht bemerkbar machen, solange ihre Amplitude kleiner ist als der Pegel, mit dem ein Wechsel von einem logischen Zustand in den anderen erfolgt. Sie haben aber den Nachteil, daß auch kurze Störungen eine bleibende Wirkung hinterlassen können, wenn z.B. ein flip-flop unbeabsichtigt in einen anderen Zustand gekippt wird und auch nach Abklingen der Störung dort bleibt.

Bei impulsförmigen Störungen, z.B. durch die Entladung elektrischer Aufladungen oder durch Schalthandlungen, wird den betroffenen Komponenten innerhalb einiger Nano- oder Mikrosekunden Energie zugeführt. Der damit verbundene Erwärmungsprozeß hat adiabatischen Charakter, d.h. die gesamte Energie wird nur über die spezifische Wärme und Masse in eine Erwärmung der jeweiligen Komponente umgesetzt, weil in der Kürze der Zeit keine Wärmeabgabe nach außen erfolgen kann.

Demzufolge reagieren Bauelemente mit geringer Masse – wie integrierte Schaltungen, Kleinsignaltransistoren oder Mikrowellendioden – besonders empfindlich auf impulsartige Störungen. Sie werden entweder thermisch zerstört oder es kommt zu irreversiblen Veränderungen der Kennlinien.

Die in Kapitel 9 näher beschriebenen Entladungen elektrischer Aufladungen von Personen sind auf jeden Fall so stark, daß sie bei direkter Einwirkung auf die genannten Bauelemente zur Zerstörung führen. Es gibt inzwischen umfangreiche Fachliteratur, die sich mit dieser Art von Störempfindlichkeit der Halbleiterstrukturen befaßt, z.B. [2.3].

## 2.5 Störaussendung

Unter Störaussendung (engl. emission) versteht man die unabsichtliche Abgabe elektrischer Spannungen, Ströme oder Felder, die für Geräte oder Systeme störend wirken können.

Die früheste Form von Störaussendungen, die in der Entwicklung der Elektrotechnik Bedeutung erlangt hat, war die unabsichtliche Erzeugung von Strömen und Spannungen im kHz-Bereich durch Elektromotoren, verursacht durch die Kommutierungsvorgänge unter den Schleifbürsten. Durch sie wurde der seinerzeit ausschliesslich amplitudenmodulierte Rundfunkempfang mitunter empfindlich gestört. Die Begrenzung der Rundfunkstörungen war wahrscheinlich das erste große EMV-Problem, das in der Geschichte der Elektrotechnik gelöst werden musste. Man verwendete seinerzeit aber noch nicht den Begriff EMV, sondern die unmittelbar auf das Problem bezogene Bezeichnung Funkentstörung. Sie wird in diesem speziellen Zusammenhang auch heute noch gebraucht [2.4].

Durch die breite Anwendung von Halbleitern sowohl in der Signalverarbeitung als auch zur Formung elektrischer Energie ist das Potential an Störungsausendungen heute viel grösser als in der Anfangszeit der Elektrotechnik. Ein wesentlicher Anteil entfällt dabei auf Systeme oder Geräte, in denen die elektrischen Spannungen und Ströme aus aufeinanderfolgenden Impulsen bestehen, die steil ansteigen und abfallen, wie z.B. in Schaltungen der Leistungselektronik oder der digitalen Signalverarbeitung. In den folgenden beiden Abschnitten werden die Frequenzspektren solcher Impulsfolgen näher betrachtet.

### 2.5.1 Das Frequenzspektrum einer Folge von rechteckigen Impulsen

Die in Bild 2.9 dargestellte Impulsfolge läßt sich nach Fourier in eine unendliche Summe sinusförmiger Vorgänge zerlegen

$$f(t) = \sum_{n=1}^{\infty} C_n \sin(n 2\pi f_o t).$$

## 2.5 Störaussendung

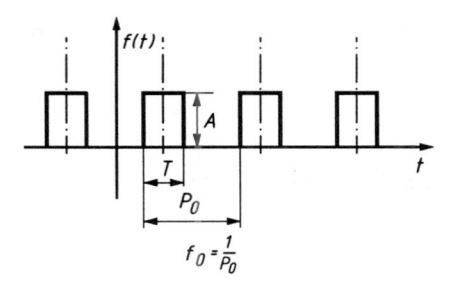

**Bild 2.9**
Folge rechteckförmiger Impulse mit der Impulsbreite $T$, der Periodendauer $P_o$ und der Amplitude A.

Jeder der sinusförmigen Anteile, gekennzeichnet durch seine Ordnungsnummer $n$, oszilliert mit der Frequenz $n \cdot f_o$, das heißt mit einer ganzzahligen Vielfachen der Frequenz $f_o$ des zu zerlegenden Vorgangs $f(t)$.

Die Amplituden $C_n$ der Teilvorgänge werden durch die Gleichung

$$C_n = 2AT \cdot f_o \frac{\sin(\pi n f_o T)}{\pi n f_o T}$$

$$n = 1, 2, 3 \ldots$$

beschrieben.

Die Amplitudenwerte $C_n$ werden in Abhängigkeit von der Ordnungszahl $n$ durch die Funktion

$$\frac{\sin(\pi X)}{\pi X}$$

mit ($X = n f_o T$) eingehüllt. In Bild 2.10 ist der Verlauf dieser Funktion grafisch dargestellt.

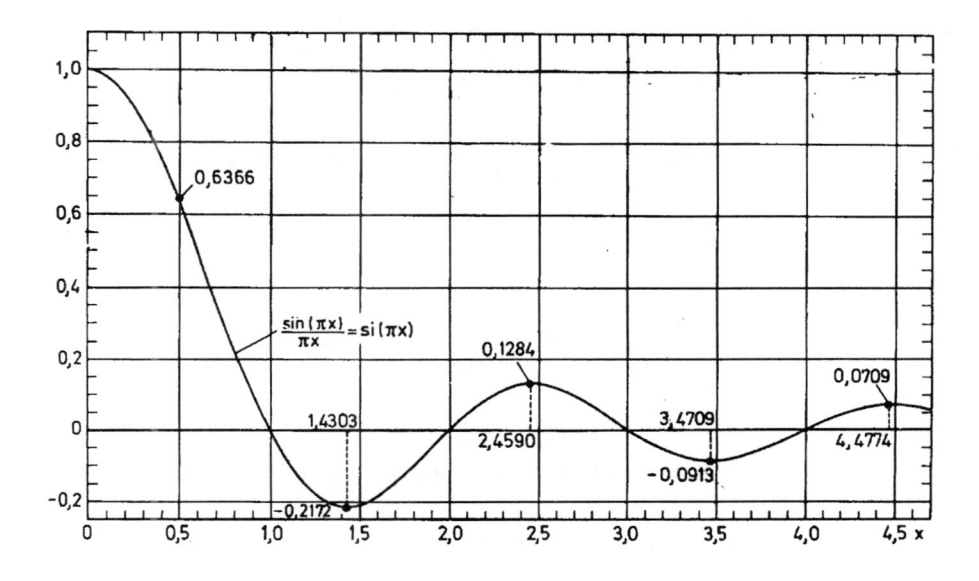

**Bild 2.10** Die Funktion $\frac{\sin(\pi x)}{\pi x}$ (nach [2.7])

Die folgenden Beispiele zeigen, daß die Amplituden der Oberwellen sehr stark vom Verhältnis Impulsbreite $T$ zur Folgefrequenz $f_0$ der Impulse anhängen.

♦ **Beispiel 2.2**
Bild 2.11a zeigt Impulse mit einer Amplituce von 1 V und mit 1 $\mu$s Dauer die in 2 $\mu$s Abstand folgen.

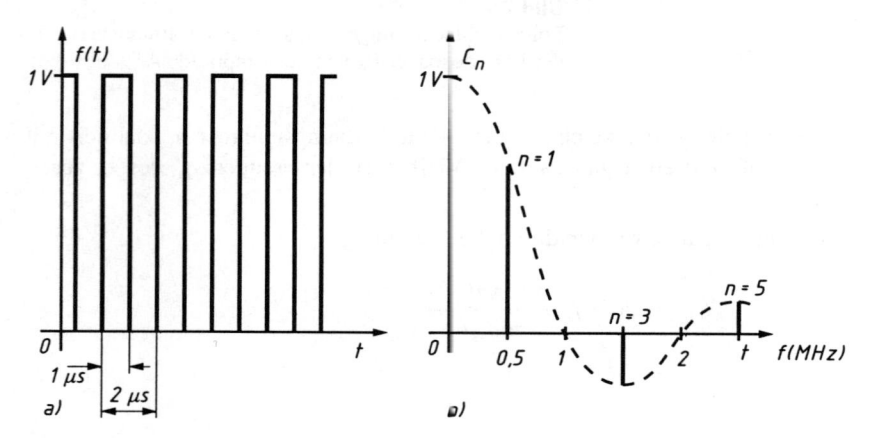

**Bild 2.11** Das Frequenzspektrum einer Impulsfolge mit der Impulsbreite von 1 $\mu$s, der Periodendauer von 2 $\mu$s und einer Amplitude von 1 V.

Es ist also $$T = 1\ \mu s\ \text{und}\ f_0 = \frac{1}{2\mu s}$$

Die einhüllende Funktion $\sin(\pi x)/\pi x$ hat für $x = o$ die Amplitude

$$2AT \cdot f_o = 2 \cdot 1\,\text{V} \cdot 1\mu s \frac{1}{2\mu s} = 1\,\text{V}\ .$$

Der sinusförmige Anteil mit der niedrigsten Ordnungsnummer $n = 1$ und der Frequenz

$$f_o = \frac{1}{2\mu s} = 500\ \text{kHz}$$

hat die Amplitude

$$C_1 = 1\,\text{V}\ \frac{\sin\left(\pi \cdot \frac{1}{2}\right)}{\pi \cdot \frac{1}{2}} = 0{,}64\,\text{V}\ .$$

Bild 2.11b zeigt die entsprechende graphische Darstellung von $C_1$ und den folgenden Amplituden der Frequenzanteile.

$C_2$ ist Null.

Die dreifache Grundfrequenz von 1,5 MHz hat eine Amplitude von $C_3 = -0{,}21$ V usw.    ♦

## 2.5 Störaussendung

♦ **Beispiel 2.3**

Bild 2.12a zeigt wieder Impulse mit einer Amplitude von 1 V und mit 1 $\mu$s, die aber diesmal in 5 $\mu$s Abstand folgen. Es ist also $T = 1$ $\mu$s und $f_o = \dfrac{1}{5\,\mu s}$.

Die einhüllende Funktion hat für $x = o$ die Amplitude

$$2AT \cdot f_o = 2 \cdot 1\,\text{V} \cdot 1\mu s \dfrac{1}{5\mu s} = 0{,}4\,\text{V}.$$

Der sinusförmige Anteil mit der niedrigsten Ordnungsnummer und der Frequenz

$$f_o = \dfrac{1}{5\mu s} = 200\,\text{kHz}$$

hat die Amplitude von

$$C_1 = 0{,}4\,\text{V}\,\dfrac{\sin\left(\pi\dfrac{1}{5}\right)}{\pi \cdot \dfrac{1}{5}} = 0{,}37\,\text{V}\quad.$$

Die nächsten Werte sind

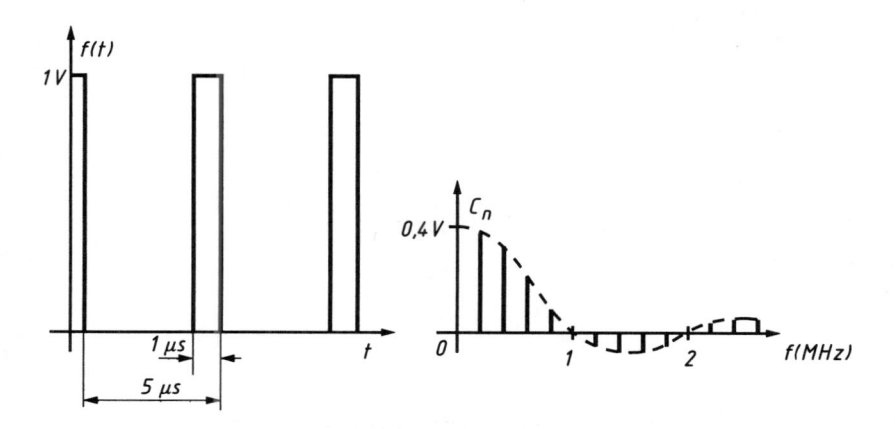

$n = 2: C_2 = 0{,}3$ V  $f_2 = 400$ kHz
$n = 3: C_3 = 0{,}2$ V  $f_3 = 600$ kHz
usw.

♦

**Bild 2.12** Das Frequenzspektrum einer Impulsfolge mit der Impulsbreite von 1 $\mu$s, der Periodendauer von 5 $\mu$s und einer Amplitude von 1 V

$$\dfrac{\sin(\pi x)}{\pi x}.$$

Man kann aus diesen Beispielen folgendes erkennen:
1. Bei hoher Impulsfolgefrequenz enthält das Frequenzspektrum einige wenige sinusförmige Anteile mit hohen Frequenzen und hohen Amplituden. Die Amplituden der höheren Frequenzanteile fallen mit zunehmender Ordnungszahl stark ab.
2. Bei tieferen Impulsfolgefrequenzen beginnt das Frequenzspektrum bei tieferen Frequenzen, die Amplituden der sinusförmigen Anteile sind niedriger, fallen aber mit zunehmender Ordnungszahl nicht so stark ab wie bei hohen Folgefrequenzen.

Weil es bei den EMV-Analysen meist genügt, sich nur mit den Größenordnungen der Störgrößen auseinanderzusetzen, benutzt man häufig anstelle der genauen Fourieranalyse lediglich eine Näherung. Dabei wird der genaue Verlauf der Beschreibungsfunktion für die $C_n$-Werte durch eine Funktion ersetzt, die den Betrag des exakten Verlaufs umhüllt. Mit logarithmischen Frequenz- und Amplitudenmaßstäben werden die umhüllenden Näherungsfunktionen durch Geradenabschnitte repräsentiert (Bild 2.13).

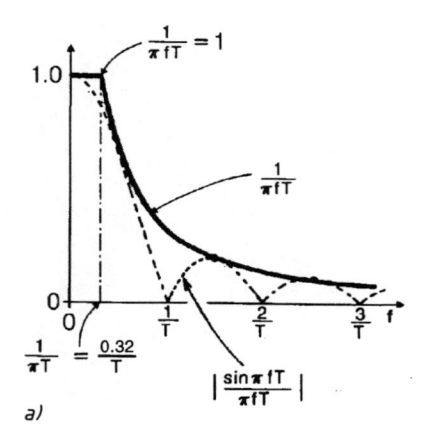

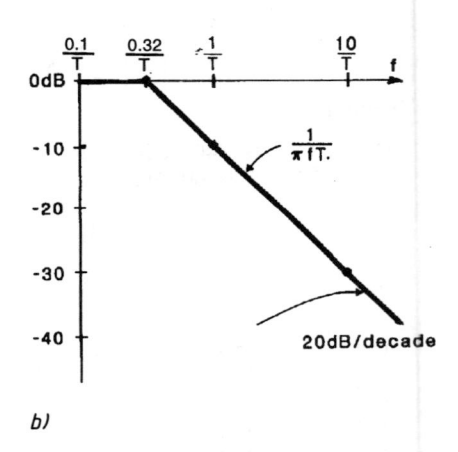

**Bild 2.13** Näherung der Funktion $\frac{\sin(\pi x)}{\pi x}$ durch eine Umhüllende.
a) linearer Maßstab
b) logarithmischer Maßstab

## 2.5.2 Das Frequenzspektrum von Impulsfolgen mit endlicher Flankensteilheit

Das Frequenzspektrum von Impulsfolgen wird in diesem Fall nicht mehr mit einer Funktion des Typs (sinx)/x beschrieben, sondern durch ein Produkt von zwei solcher Funktionen. Für die Amplituden der einzelnen spektralen Anteile mit Ordnungsnummern gilt

$$C_m = 2A(T+\tau)f_0 \frac{\sin y}{y} \frac{\sin z}{z}$$

Die Grössen $T$ und $\tau$ sind die charakteristischen Zeiten eines Einzelimpulses in der Impulsfolge und $f_0$ ist die Folgefrequenz der Impulse (Bild 2.14a).

## 2.5 Störaussendung

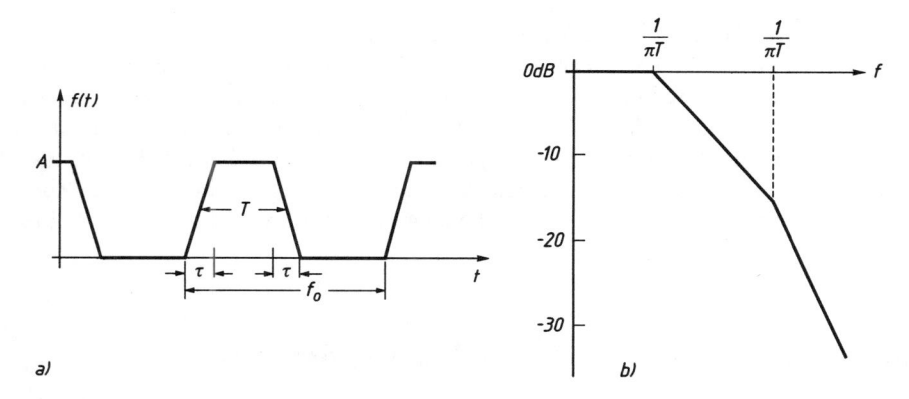

**Bild 2.14** Impulsfolgen mit endlicher Anstiegszeit $\tau$, der Impulsbreite $T$, der Periodendauer $P_0$ und der Amplitude A
a) Zeitlicher Verlauf   b) Umhüllende des Frequenzspektrums

Die Abkürzungen $y$ und $z$ repräsentieren die beiden Beziehungen.

$$y = m f_o T \pi$$
$$z = m f_o \tau \pi$$

Die endliche Flankensteilheit drückt sich aus in einem gegenüber Bild 2.13 geänderten Verlauf der Umhüllenden des Frequenzspektrums. Anstelle des monotonen Abfalls mit 20 dB pro Dekade hat die Umhüllende bei der Frequenz $1/\pi\tau$ einen Knick und fällt dann bei hohen Frequenzen steiler ab und zwar mit 40 dB pro Dekade (Bild 2.14 b).

Bei der Entwicklung digitaler Schaltungen muss man beachten, dass die zulässigen Grenzen der Störaussendung bei hohen Frequenzen nicht überschritten werden. In diesem Zusammenhang muss man der Anstiegzeit der Impulse in den zur Auswahl stehenden Digitalbausteinen besondere Aufmerksamkeit schenken und diejenigen Bauelemente auswählen, die neben der Erfüllung aller funktionalen Randbedingungen die längsten Anstiegszeiten aufweisen (s. Kapitel 17).

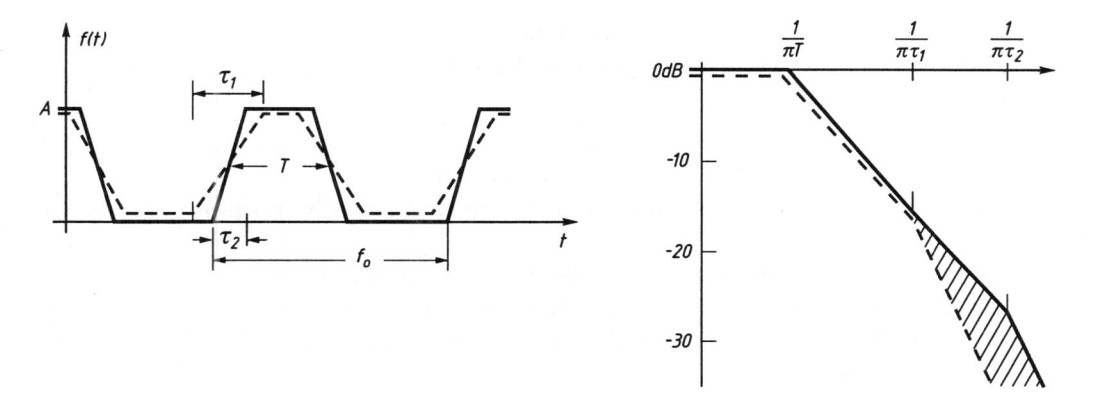

**Bild 2.15** Impulsfolgen mit unterschiedlichen Anstiegszeiten $\tau_1$ und $\tau_2$ und die Umhüllenden ihrer Frequenzspektren

In Bild 2.15 sind die Zeitverläufe und die Frequenzspektren von zwei trapezförmigen Impulsfolgen dargestellt, die unterschiedliche Flankenzeiten $\tau_1$ und $\tau_2$ aufweisen. Die Verbesserung, die man im Frequenzspektrum durch die Wahl einer längeren Anstiegszeit ($\tau_1$) erzielt, ist in Bild 2.15 schraffiert hervorgehoben. Flache Anstiegs- und Abfallzeiten tragen im übrigen auch noch dazu bei, dass in digitalen Schaltungen die Impulse ihre gewünschte Form behalten, indem sie weniger durch Reflexionsvorgänge an den Leitungsenden verzerrt werden. Der Zusammenhang zwischen Anstiegszeit und Spannungserhöhung durch Reflexion wird in Abschnitt 5.7 näher erläutert.

## 2.6 Die Rolle der Normen bei der Sicherung der EMV

Damit EMV-Probleme mit wirtschaftlich vernünftigem Aufwand gelöst werden können, ist es einerseits notwendig, für die Störfestigkeit von Geräten oder Systemen bestimmte Minimalwerte festzulegen und andererseits die zulässige Störaussendung nach oben zu begrenzen. Beides geschieht mit Hilfe von Normen, die neben den Grenzwerten auch Vorschriften für entsprechende Prüfungen enthalten.

Rechtlich wird die Bedeutung der EMV-Normen dadurch betont, dass im Gebiet der Europäischen Union neue elektrische Geräte nur dann in den Verkehr gebracht werden dürfen, wenn sie mit dem Zeichen CE versehen sind. Um dieses Zeichen anbringen zu dürfen, muss der Hersteller unter anderem sicherstellen, dass das betreffende Produkt die einschlägigen EMV-Normen erfüllt. Die Anbringung des CE-Zeichens ist eine Selbstdeklaration. Sie wird nur in Form von Stichproben oder in Zweifelsfällen behördlich überprüft. Darüber hinaus spielen die Normen in juristischen Auseinandersetzungen über Fragen der Produkthaftungen eine zentrale Rolle, wenn ein Hersteller mit einem Hinweis auf normgerechte Ausführung belegen kann, dass sein Gerät dem „Stand der Technik" entspricht.

### 2.6.1 Die Normenorganisation

Im zivilen Bereich gibt es insgesamt drei internationale Organisationen, die EMV-relevante Normen herausgeben. Es sind dies:
– International Electrotechnical Commission (IEC),
– Comité International Spécial des perturbations Radioélectriques (CISPR),
– International Standards Organization (ISO).

Jede dieser drei Organisationen hat bestimmte Arbeitsbereiche:
– Die IEC befasst sich vor allem mit Geräten, die mit elektrischer Energietechnik zu tun haben.
– CISPR hat seinen Arbeitsschwerpunkt im Bereich der Nachrichtentechnik.
– ISO verfasst, sofern sie im EVM-Bereich tätig ist, Normen für elektrische Teilsysteme in Geräten oder Systemen, die im wesentlichen nicht elektrischer Natur sind, z.B. für Elektronik in Kraftfahrzeugen.

In Europa wird die Tätigkeit dieser drei Organisationen noch ergänzt durch das Comité Européen de Normalisation Eelctrotechnique (CENELEC), das die EN-Normen heraus gibt und

2.6 Die Rolle der Normen bei der Sicherung der EMV                                    29

dabei im wesentlichen den Wortlaut und den Inhalt der internationalen Normen (IEC, CISPR und ISO) übernimmt. Das geschilderte Zusammenspiel der verschiedenen Organisationen ist in Bild 2.16 dargestellt.

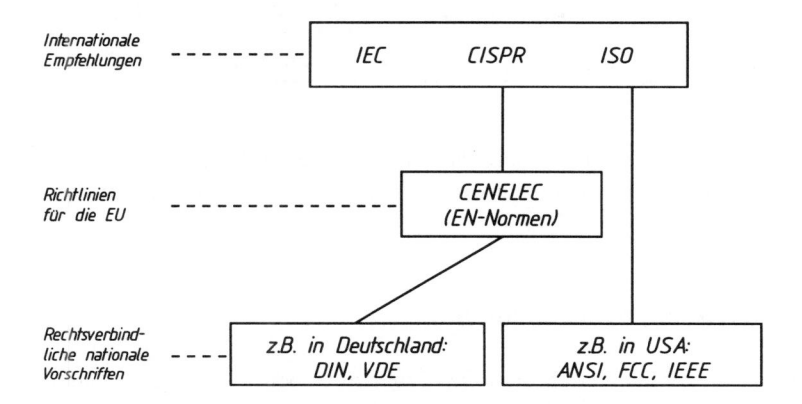

**Bild 2.16** Überblick über die wichtigsten internationalen und nationalen Normenorganisationen im Hinblick auf die EMV.

Die internationalen Normen (IEC, CISPR und ISO) haben nur den Charakter von Empfehlungen. Im internationalen Investitionsgüterhandel werden sie aber auch direkt als Bestandteile von Verträgen zwischen Kunden und Lieferanten benutzt.
EN-Normen sind verbindliche Richtlinien innerhalb der Europäischen Union.
Die nationalen Normen (z.B. VDE oder DIN für Deutschland) sind in der Regel Übersetzungen von internationalen Normen in die jeweilige Landessprache und für dieses Land rechtlich verbindlich.
Im militärischen Bereich haben vor allem die amerikanischen MIL-Standards 461/462 sowie die deutschen VG-Normen besondere Bedeutung erlangt.
Die zivilen Normen beziehen sich ausschliesslich auf Geräte und geben keine Hinweise auf EMV-Probleme, die in Systemen zu bewältigen sind. Im Gegensatz dazu werden in den militärischen Normen sowohl Geräte- als auch Systemaspekte behandelt. Wenn man also vor der Aufgabe steht, EMV-Probleme in einem zivilen System zu lösen, ist es mitunter hilfreich, auf die militärischen Normen zurückzugreifen, z.B. auf VG 95375-3 mit dem Titel „EMV-Grundlagen und- Massnahmen für die Entwicklung von Systemen".

## 2.6.2  Die zivilen Normentypen

Man kann ganz grob die Normen (engl. standards), die im zivilen Bereich Gültigkeit haben, in zwei Gruppen einteilen und zwar in
– Basic Standards und in
– Gerätenormen.

Zwischen beiden Normentypen herrscht eine Aufgabenteilung:

| Basic Standard enthält u. a. | Gerätenorm enthält u. a. |
|---|---|
| – Definition und Beschreibung eines bestimmten Störphänomens<br>– Beschreibung der Prüf- und Messmethoden<br>– Beschreibung des Prüfaufbaus | – Amplituden der prüfenden Feldstärken, Spannungen oder Ströme<br>– produktespezifische Ergänzungen des Basic-Prüfaufbaus<br>– Fehlerkriterien |

Um eine EMV-Prüfung für einen bestimmten Apparat durchführen zu können, benötigt man sowohl die entsprechende Gerätenorm als auch diejenigen Basisnormen, auf die in der Gerätenorm hingewiesen wird.

### 2.6.3 Die zivilen Gerätenormen

In Gerätenormen werden für bestimmte Produkte oder Produktarten spezifische EMC-Bedingungen festgelegt. Für die Verfahren, mit denen diese Bedingungen zu messen oder zu erzeugen sind, wird in den Gerätenormen auf entsprechende Basic Standards verwiesen.
Es gibt drei Arten von Gerätenormen:
– Product EMC Standards
– Product Family EMC Standards und
– Generic EMC Standards.

**Product EMC Standards** beziehen sich auf Produkte, für die jeweils ganz besondere Bedingungen beachtet und überprüft werden müssen und die nur für diese Produktart von Bedeutung sind. Ein Beispiel für eine solche Norm ist prEN 50061/10.1991 mit dem Titel „Sicherheit implantierbarer Herzschrittmacher – Schutz gegen elektromagnetische Störungen".

**Product Family EMC Standards** werden für Gruppen von Produkten herausgegeben, auf die gleichen Normen im Hinblick auf die Sicherung der EMV angewendet werden können. Beispiel für solche Produktfamilien sind:
– Haushaltgeräte, Spielzeuge, Elektrowerkzeuge
– Schiffe
– Anlagen der Elektrizitätsversorgung und elektrische Bahnen.

Ein Beispiel für einen Product Family EMC Standard ist EN 55015 „Grenzwerte und Messverfahren für Funktionsstörungen ausgehend von Beleuchtungseinrichtungen und ähnlichen elektrischen Geräten".
Bild 2.17 zeigt das Protokoll einer Messung, die nach dieser Norm durchgeführt wurde. Die Amplituden sind dabei, wie bei EMV-Messungen üblich, mit einem logarithmischen Maßstab dargestellt, in diesem Fall in dBµV. Dabei werden die Werte auf die Einheit der angegebenen Dimension bezogen; zum Beispiel 500 µV umgewandelt in

$$20 \log \frac{500\,\mu V}{1\,\mu V} = 54\;dB\mu V\;.$$

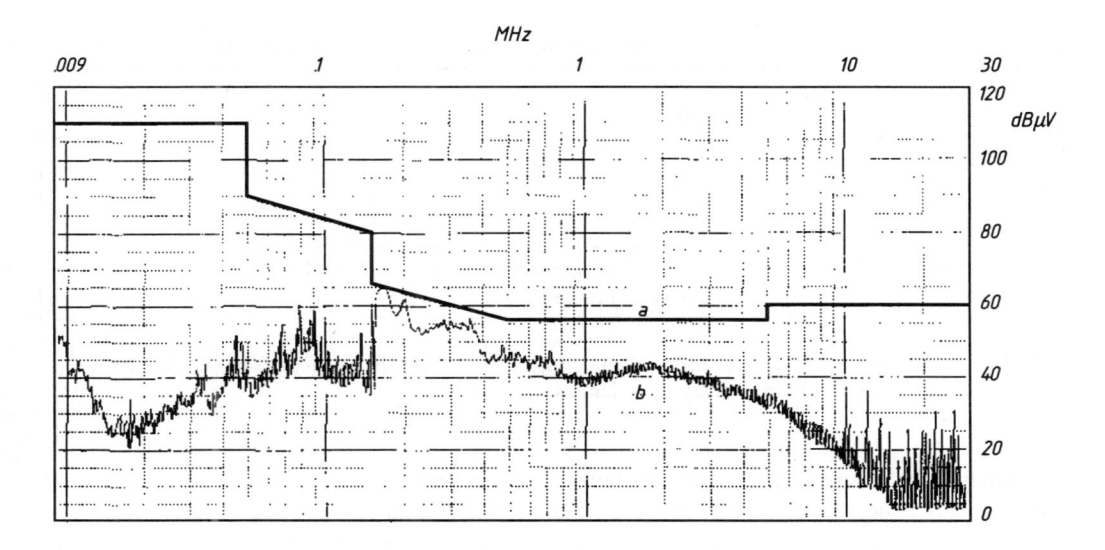

## 2.6 Die Rolle der Normen bei der Sicherung der EMV

**Bild 2.17** Beispiel einer Emissionsmessung an einer Leuchte nach dem Product Family Standard EN 55015 „Grenzwerte mit Messverfahren für Funkstörungen von Beleuchtungseinrichtungen und ähnlichen elektrischen Geräten"
a) Grenzwert gemäss Standard   b) gemessene Emission

**Generic EMC Standards** kommen immer dann zum Zuge, wenn es für ein Gerät weder einen Produkt EMC Standard noch einem Produkt Family EMC Standard gibt. Sie beziehen sich auf eine bestimmte räumliche Umgebung, und alle Geräte, die in solchen Umgebungen betrieben werden, müssen bestimmte Grenzwerte im Hinblick auf die Störfestigkeit und die Störaussendung einhalten. Es gibt zur Zeit zwei Gruppen von Generic EMC Standards und zwar eine für Wohnbereiche. Geschäftsräume und Handwerksbetriebe (engl. residential, commercial and light industry) sowie eine andere für Industriebereiche (engl. industrial environment).

| Wohnbereich | international | europäisch | deutsch |
| --- | --- | --- | --- |
| Störaussendung | IEC 61000-6-1 | EN 50081-1 | VDE 0839 T 81-1 |
| Störfestigkeit | IEC 61000-6-1 | EN 50082-1 | VDE 0839 T 82-1 |

| Industriebereich | international | europäisch | deutsch |
| --- | --- | --- | --- |
| Störaussendung | IEC 61000-6-2 | EN 50081-2 | VDE 0839 T 81-2 |
| Störfestigkeit | IEC 61000-6-2 | EN 50082-2 | VDE 0839 T 82-2 |

Die aufgeführten internationalen, europäischen und nationalen Generic EMC Standards sind inhaltlich gleich. Sie tragen nur verschiedene Nummern, weil ihre Gültigkeitsbereiche verschieden sind und zwar:

International (IEC) als Empfehlung, europäisch (EN) als EU-Richtlinien und für Deutschland (VDE) gesetzlich bindend.

Bild 2.18 zeigt als Beispiel einen Auszug aus einem Generic Standard.

| Störende Größe | Spezifizierter Wert | Basic EMC Standard |
|---|---|---|
| Netzfrequentes Magnetfeld | 50 Hz<br>3 A/m | EN 61000-4-8 |
| Radiofrequentes elektromagnetisches Feld<br><br>Amplitudenmoduliert | 80 bis 1000 MHz<br>3 V/m<br><br>80 % AM (1 KHz) | EN 6100-4-3 |
| Elektrostatische Entladung | ± 4 kV Kontaktentladung<br>± 8 kV Luftentladung | EN 6100-4-2 |

**Bild 2.18**  Auszug aus dem Generic EMC Standard EN 58082-1 für die Störfestigkeit bei Einwirkung der Störung auf das Gehäuse des Gerätes.

Inhaltlich gleiche, aber auf den verschiedenen Stufen international, supranational und national unterschiedlich nummeriere Normen sind in der EMV-Normung sehr häufig anzutreffen. Es gibt aber auch Normen, die nur in der internationalen Fassung existieren, weil in ihrem Anwendungsbereich nationale oder supranationale Fassungen keinen Sinn machen, wie z.B. im Schiffbau.

Bei der Auswahl einer Norm für eine bestimmte Anwendung ist die Hierarchie der Normentypen zu beachten: Produkt EMC Standards haben Vorrang vor einem Produkt Family EMC Standard und beide haben Vorrang vor einem Generic EMC Standard. Man muss sich also zuerst Klarheit darüber verschaffen, ob eine entsprechende Produkt Norm existiert. Wenn dies nicht der Fall ist, stellt sich als nächstes die Frage nach einem anwendbaren Produkt Family EMC Standard. Erst wenn auch eine solche Norm nicht existiert, kommt der entsprechende Generic EMC Standard zur Geltung.

*Bezugsadressen:*

**DIN-, EN- sowie V-Normen**
Beuth Verlag GmbH, 10772 Berlin

**VDE-Normen**
VDE-Verlag GmbH, Postfach 12 23 05, 10591 Berlin

**ICE-Normen**
Bureau Central de la Commission Electronique Internationale
3, rue de Varembé, 1211 Genève, Suisse

**ISO-Normen**
International Organisation für Standardisation
**3, rue de Varembé, 1211 Genève, Suisse**

## 2.7 Ein kurzer Blick in die Theorie der Elektrotechnik

Die Erfahrung zeigt, daß ein unsachgemäßer Umgang mit Theoriebegriffen zu den häufigsten Fehlerursachen sowohl bei der Analyse als auch bei den Bemühungen um die Beseitigung von Störungen zählt. Mit unsachgemäß ist hier gemeint, daß die verwendeten Begriffe der jeweils gegebenen physikalischen Situation nicht angemessen sind.

Es geht dabei nicht in erster Linie um falsche Berechnungsergebnisse, sondern darum, daß die mit jedem Theoriebegriff verbundenen bildlichen Vorstellungen das Denken und damit auch das Handeln in eine falsche Richtung lenken.

Es gibt in diesem Zusammenhang zwei ausgesprochene Schwerpunkte:
1. Die Theoriebegriffe „Potentialdifferenz" und „Bezugspotential" werden oft auf elektrische Spannungen angewendet, deren physikalische Natur dafür nicht geeignet ist.
2. Die Verhältnisse in den wirklichen Schaltungen einerseits und in den zugehörigen Modellen, den sogenannten Ersatzschaltbildern andererseits, werden nicht klar genug auseinandergehalten.
   Dies betrifft insbesondere die quasistationären Modelle mit der Modellierung der Felder durch den Induktivitäts- bzw. Kapazitätsbegriff.

Der folgende Abschnitt 2.7.1 ruft zunächst die Voraussetzungen kurz in Erinnerung, welche erfüllt sein müssen, um eine Spannung als Potentialdifferenz beschreiben zu können. Ergänzend zu den theoretischen Betrachtungen werden in Beispiel 2.4 zwei experimentelle Ergebnisse vorgestellt, von denen das eine mit Potentialdifferenzen erklärt werden kann, das andere hingegen nicht.

Anschließend wird im Abschnitt 2.7.2 der Begriff der Geometrie einer Spannung eingeführt, der helfen soll, Spannungen, die als Potentialdifferenzen beschrieben werden können, von solchen zu unterscheiden, bei denen dies nicht möglich ist,

Es folgt dann ein Abschnitt (2.7.3) über die quasistationäre Modellbildung. Dabei geht es einerseits um die Grenzen der quasistationären Betrachtungsweise und andererseits um die Unterschiede zwischen dem Modell (d.h. dem Ersatzschaltbild) und der realen Schaltung.

### 2.7.1 Spannungen und Potentialdifferenzen

Die elektrischen und magnetischen Felder sind Vektorfelder. Unter bestimmten physikalischen Umständen, die noch näher zu diskutieren sein werden, muß man zur mathematischen Beschreibung solcher Felder nicht unbedingt komplizierte vektorielle Ortsfunktionen benutzen, sondern man kann ihre mathematische Darstellung auf einfache skalare Ortsfunktionen zurückführen, sogenannte skalare Potentialfunktionen. Die elektrischen Spannungen lassen sich in solchen Fällen dann einfach als Differenzen skalarer Funktionswerte – abgekürzt Potentialdifferenzen – darstellen.

In der Theorie der Felder werden als Voraussetzung für diese einfache skalare Beschreibungsmöglichkeit mathematische Randbedingungen genannt. Sie lauten zum Beispiel für ein elektrisches Feld, das durch die räumliche Verteilung der vektoriellen Ortsfunktion $E(x, y, z)$ näher gekennzeichnet ist, wie folgt:

Linienintegrale, die mit der Funktion $E(x, y, z)$ von einem Punkt $P_1$ zu einem anderen Punkt $P_2$ gebildet werden, müssen unabhängig vom Weg sein, auf dem man von einem Punkt zum anderen gelangt. Oder anders ausgedrückt, alle Integrationen, die auf den Wegen $W_1$, $W_2$, $W_3$ usw. vom Punkt $P_1$ zum Punkt $P_2$ ausgeführt werden, müssen den gleichen Wert $U_{1,2}$ ergeben (Bild 2.19).

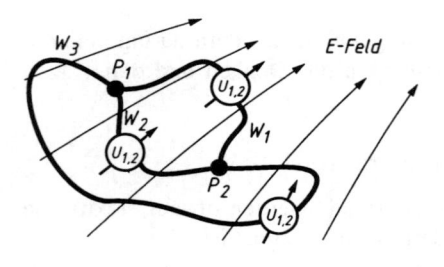

**Bild 2.19**
Zur Weg-Unabhängigkeit einer Spannung zwischen zwei Punkten in einem Feld, das mit einer skalaren Potentialfunktion beschrieben werden kann.

$$\int_{P_1}^{P_2} E ds = \int_{P_1}^{P_2} E ds = \int_{P_1}^{P_2} E ds = U_{1,2} \; .$$
$$(W_1) \qquad (W_2) \qquad (W_3)$$

Die dargestellten Integrale sind elektrische Spannungen. Man kann deshalb die Bedingung, die erfüllt sein muß, um Spannungen mit Hilfe von Differenzen von Potentialfunktionen beschreiben zu können, auch wie folgt formulieren:

Eine Spannung, die man längs eines Weges $W_1$ zwischen den Punkten $P_1$ und $P_2$ mißt, darf sich nicht ändern, wenn man die Verbindungen von $P_1$ und $P_2$ zum Voltmeter auf einen anderen Weg $W_2$ verlegt.

Falls man auf verschiedenen Wegen von $P_1$ nach $P_2$ verschiedene Spannungswerte erhält, darf man die Spannungen nicht mit Hilfe einer skalaren Ortsfunktion als Potentialdifferenz beschreiben, sondern man muß einfach beim Begriff Spannung bleiben.

♦ **Beispiel 2.4**
Wenn man durch den bereits in Beispiel 1.3 benutzten röhrenförmigen Widerstand mit einem Widerstandswert von 55 mΩ einen Gleichstrom von 1A fließen läßt (Bild 2.20) und ein Voltmeter über den Weg $W_1$ und zum anderen über den Weg $W_2$ mit den Punkten $P_1$ und $P_2$ verbindet, mißt man auf beiden Wegen die gleiche Spannung, nämlich 55 mV.
Wenn man hingegen, wie in Bild 2.21 dargestellt, durch den gleichen Widerstand einen impulsförmigen schnell veränderlichen Strom schickt, registriert man mit den beiden verschiedenen Anschlußvarianten $W_1$ und $W_2$ zwei verschiedene Amplituden.

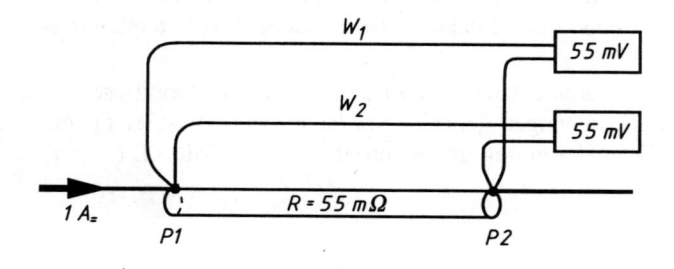

**Bild 2.20**
Spannungsmessungen an einem ohmschen Widerstand, der von einem Gleichstrom durchflossen wird.

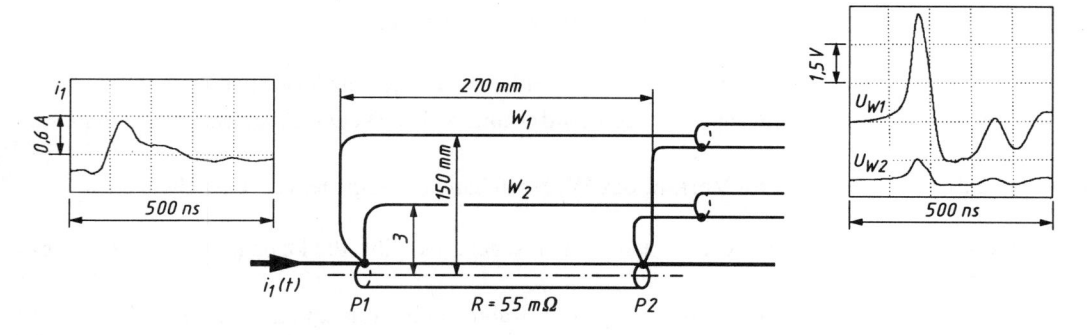

## 2.7 Ein kurzer Blick in die Theorie der Elektrotechnik

**Bild 2.21** Spannungsmessungen an einem ohmschen Widerstand, der von einem zeitlich schnell veränderlichen Strom durchflossen wird.

Die Verhältnisse mit Gleichstrom in Bild 2.20 kann man, ohne in Widersprüche zu geraten, mit Hilfe von Potentialdifferenzen beschreiben. Wenn man zum Beispiel dem Punkt $P_1$ das Bezugspotential 0 zuordnet, müßte man der Messung über den Weg $W_1$ folgend, dem Punkt $P_2$ das Potential 55 m V geben. Der Messung über $W_2$ folgend, kommt man zum selben Ergebnis. Es ist also sinnvoll, die Spannungen als Potentialdifferenzen anzusehen.

Dagegen gerät man beim Versuch, die Verhältnisse bei schnell veränderlichen Strömen in Bild 2.21 mit Hilfe von Potentialdifferenzen zu beschreiben, in Schwierigkeiten:

Bei der Messung über den Weg $W_1$ kann man aus dem Oszillogramm eine Spannungsamplitude von 4 Volt ablesen. Wenn man dem Punkt $P_1$ das Bezugspotential Null zuordnet, müßte man dem Punkt $P_2$ das Potential 4 Volt geben.

Aus dem Oszillogramm bei der Messung über den Weg $W_2$ zwischen den Punkten $P_1$ und $P_2$ ergibt sich eine Spannung von 0,8 Volt. Ausgehend vom Bezugspotential Null des Punktes $P_1$ müßte man $P_2$, den man vorher schon im gleichen Feld das Potential 4 V gegeben hat, jetzt das Potential von 0,8 Volt zuordnen, also ein offensichtlicher Widerspruch. ♦

Aus den Versuchsergebnissen im Zusammenhang mit den Spannungen, die durch den zeitlich veränderlichen Strom in Bild 2.21 verursacht werden, muß man zwei Schlüsse ziehen:

1. Die dort herrschenden Spannungen können nicht mit dem Theoriebegriff Potentialdifferenz beschrieben werden, sondern man muß bei der Bezeichnung Spannung bleiben.
2. Man kann auch nicht einfach von einer Spannung zwischen zwei Punkten ($P_1$ und $P_2$) reden. Da es auf unterschiedlichen Wegen von $P_1$ nach $P_2$ verschiedene Spannungen gibt, muß man zu jeder Spannung den zugehörigen Weg mit angeben.

Die Bedeutung dieser Aussagen für die Bemühungen um elektromagnetische Verträglichkeit wird im folgenden Abschnitt anhand der Geometrie der Spannungen erläutert.

## 2.7.2 Die Geometrie der elektrischen Spannung

Das Beispiel 2.4 macht deutlich, daß es offensichtlich zwei verschiedene Spannungsarten gibt:
- Spannungen, die jeweils nur von **den Endpunkten des Weges** abhängen, längs dem sie entstehen
- und Spannungen, die vom **Verlauf des Weges** abhängen, längs dem sie entstehen.

Etwas schlagwortartig ausgedrückt kann man sagen, es gibt Punktspannungen und Wegspannungen.

Bei den Bemühungen, störende Spannungen im Rahmen elektromagnetischer Beeinflussungen zu verringern oder zu vermeiden, ist es notwendig, deren geometrische Charaktereigenschaft genau zu kennen. Bei einer Punktspannung muß man nämlich, um sie zu verringern, andere Anschlußpunkte wählen, und bei einer Wegspannung ist es nötig, Leitungen auf anderen Wegen zu verlegen.

Ob eine Spannung den Charakter einer Punkt- oder einer Wegspannung hat, hängt von dem physikalischen Prozeß ab, durch den sie entsteht. Es gibt in diesem Zusammenhang drei Kombinationen von Feldern und Wegen, auf denen Spannungen entstehen. In der mathematischen Beschreibung unterscheiden sie sich durch die Parameter, von denen die Wegintegrale über die elektrische Feldstärke (d.h. die Spannungen) abhängen:

**Typ P** (Punktspannung)
Das Integral ist abhängig von den Endpunkten $P_1$ und $P_2$ des Weges.

$$\int_{P_2}^{P_1} E ds = U_{1,2}$$

**Typ WP** (Wegspannung)
Das Integral hängt vom Weg ab der von $P_1$ nach $P_2$ führt.

$$\int_{P_1}^{P_2} E ds = U_{1,2} \quad \text{(WP)}$$

**Typ WR** (Wegspannung)
Die Spannung entsteht auf einem in sich geschlossenen ringförmigen Weg $R$.

$$\oint E ds = U \quad \text{(WR)}$$

Der mathematische Weg ist in der technischen Anordnung der Weg, auf dem die Leitungen liegen.

In der Theorie der Elektrizität wird gezeigt, daß nur zwei Felder exakt zum Typ $P$ zählen und daß damit nur die in ihnen entstehenden Spannungen exakt mit dem Theoriebegriff Potentialdifferenz beschrieben werden können:

1) Das elektrische Strömungsfeld im Inneren von Leitern, die von Gleichströmen durchflossen werden (stationäres Feld). Die dabei entstehenden Spannungen sind die ohmschen Gleichspannungen (Bild 2.22a)

## 2.7 Ein kurzer Blick in die Theorie der Elektrotechnik

2) Das coulombsche elektrische Kraftfeld zwischen getrennten, ruhenden Ladungen (elektrostatisches Feld). Die dabei entstehenden Spannungen sind die coulombschen Gleichspannungen (Bild 2.22b).

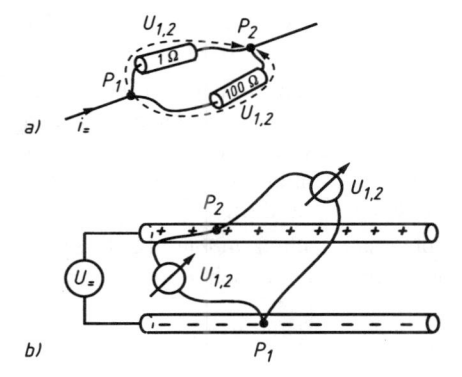

**Bild 2.22**
Beispiel für eine ohmsche Spannung in einem elektrischen Strömungsfeld und eine coulombsche Spannung zwischen ruhenden Ladungen.

In guter Näherung kann man auch noch zeitlich veränderliche Strömungsfelder und coulombsche Kraftfelder zum Typ $P$ zählen, wenn sie zeitlich als Ganzes zwar schwanken, aber dabei die gleiche Form behalten, wie in den oben erwähnten stationären bzw. statischen Zuständen. Man nennt solche Felder deshalb auch quasistationär. Die Randbedingungen dafür sind in Abschnitt 2.7.3 näher beschrieben.

Spannungen vom Typ $WP$ und $WR$ können dagegen auf keinen Fall mit Hilfe skalarer Potentialfunktionen beschrieben werden. Es ist leicht erkennbar, daß der physikalische Entstehungsmechanismus dieser Spannungsarten bei Erklärungsversuchen mit skalaren Potentialwerten zu Widersprüchen führt.

Die Feld-Weg-Kombination vom Typ $WP$ (bei dem die Spannung vom Verlauf des Weges abhängt, der von einem Punkt zu einem anderen führt), tritt auf, wenn ein Leiterstück mechanisch mit der Geschwindigkeit $v$ relativ zu einem Magnetfeld bewegt wird (Bewegungsinduktion).

Wenn man bei der Bewegungsinduktion einem Punkt $P_1$ das Potential $\varphi_1$ gibt, dann müßte man bei der Bewegung eines Leiterstücks der Länge $l$ in einem Teil des Magnetfeldes mit der Stärke $B_1$ (Bild 2.23) dem Punkt $P_2$ das Potential $\varphi_1 + v\,l\,B_1$ zuordnen.

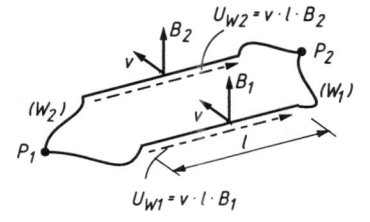

**Bild 2.23**
Zur Erläuterung von Spannungen ($U_{W1}$ und $U_{W2}$) längs verschiedener Wege, die bei der Bewegung eines Leiters im Magnetfeld entstehen.

Bei der Bewegung mit der gleichen Geschwindigkeit und der gleichen Länge im Feldteil mit der Stärke $B_2$ müßte der Punkt das Potential $\varphi_1 + v\,l\,B_2$ haben. Dies zeigt deutlich, daß man unter diesen Umständen nicht jedem Punkt des Feldes einen skalaren Potentialfunktionswert zuordnen kann, d.h. man kann Spannungen vom Typ *WP* nicht mit Hilfe skalarer Potentialfunktionen beschreiben.

Die Feld-Weg-Kombination vom Typ *WR* (bei der in einem Feld Spannungen längs geschlossenen Wegen entstehen), trifft man bei der Induktion durch zeitlich veränderliche Magnetfelder an, insbesondere bei der transformatorischen Induktion durch die zeitlich veränderlichen Magnetfelder zeitlich veränderlicher Ströme.

Eine solche Spannung ist der zeitlichen Anordnung des Flußes proportional, der von einer Masche umfaßt wird, und sie entsteht als geschlossener Ring entlang des Maschenrandes. In Bild 2.24 ist die Situation aus dem bereits geschilderten Beispiel 2.4 schematisch skizziert. Es zeigt, daß die Meßinstrumente auf den Wegen $W_1$ und $W_2$ verschieden große magnetische Flüsse umfassen, was zu verschiedenen Spannungen auf den beiden Wegen führt.

Wenn die Verhältnisse mit Potentialdifferenzen beschreibbar sein sollten, müßten beide Spannungen auf allen Wegen gleich groß sein, was offensichtlich im Widerspruch zum experimentellen Ergebnis steht.

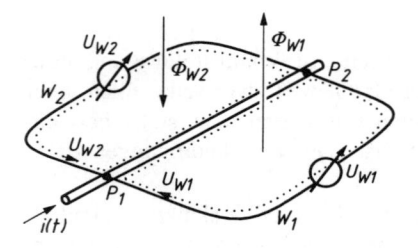

**Bild 2.24**
Zur Erläuterung von Spannungen ($U_{W1}$ und $U_{W2}$), die auf verschiedenen Wegen in einem zeitlich veränderlichen Magnetfeld entstehen.

In Bild 2.25 sind die bisherigen Aussagen zum Problem Potentialdifferenz nochmals in tabellarischer Form zusammengefaßt.

Die Wegabhängigkeit der transformatorischen induzierten Spannungen vom Geometrietyp *WU* wurde in Beispiel 2.4 (Bild 2.21) in dem Sinne demonstriert, daß die Spannung andere Werte annahm, wenn die Anschlußpunkte beibehalten, aber der Weg der Leitungsführung verändert wurde.

Im folgenden Beispiel wird gewissermaßen das Gegenstück dazu vorgestellt. Hier behält die induzierte Spannung ihre Amplitude, wenn der Weg unverändert bleibt und nur Anschlußpunkte verlegt werden.

| Stationäre und quasistationäre ohmsche Spannungen<br><br>Stationäre und quasistationäre coulombsche Spannungen | **Mit Potentialdifferenzen beschreibbar** | Spannungen ändern sich bei Verlegung der Anschlußpunkte |
|---|---|---|
| Transformatorisch induzierte Spannungen | **Keine Potentialdifferenz anwendbar !** | Spannungen verändern sich durch andere Leitungsführung |

Bild 2.25  Überblick zum Problem Spannung und Potentialdifferenz
(gemeint sind hier Spannungen in realen Schaltungen, nicht in Ersatzschaltbildern).

## 2.7 Ein kurzer Blick in die Theorie der Elektrotechnik

◆ **Beispiel 2.5**

**Teil 1: Die experimentellen Ergebnisse**

In Bild 2.26a ist das Modell einer Beeinflussungssituation dargestellt. Ein Widerstand von 50 Ω stellt den Ausgangswiderstand eines Gerätes X dar, und ein weiterer Widerstand von 1 MΩ den 0,5 m entfernten Eingangswiderstand eines Gerätes Y. Beide Geräte sind auf die angegebene Art und Weise miteinander verbunden. Besonders hervorzuheben ist, daß dabei ein Stück A-B einer stromführenden Doppelleitung mit benutzt wird.

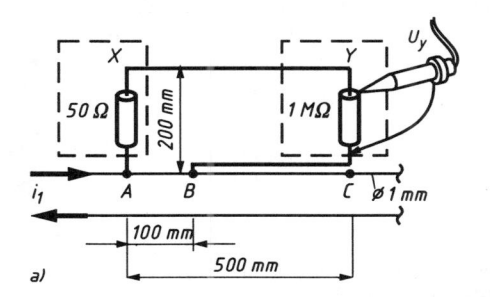

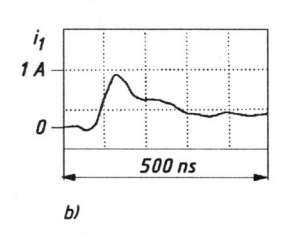

**Bild 2.26**
Modell einer Beeinflussungssituation.

In der Doppelleitung wird der Strom $i_1$, dessen Oszillogramm in Bild 2.26b wiedergegeben ist, hin- und wieder zurückgeführt.
Durch den Strom $i_1$ entsteht unbeabsichtigt eine Spannung im Gerätesystem XY. Sie tritt wegen der Widerstandsverhältnisse hauptsächlich am Eingangswiderstand von 1 MΩ des Gerätes Y in Erscheinung.

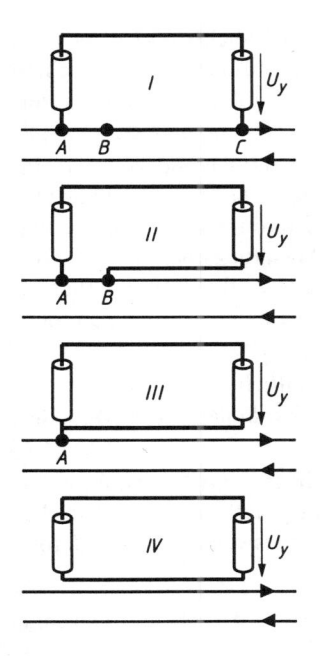

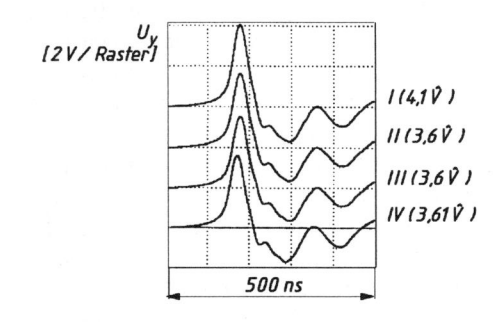

**Bild 2.27**
Veränderung der störenden Spannung $U_y$ bei unterschiedlichen Verbindungen der gestörten Masche zur störenden Strombahn im Beeinflussungsmodell nach Bild 2.26.

In Bild 2.27 sind verschiedene Verbindungsvarianten zwischen der störenden Strombahn und der gestörten Maschine dargestellt. Die Oszillogramme zeigen, daß sich die gemessene Spannung $U_y$ durch die Verlegung der Anschlußpunkte nicht verändert, und zwar selbst dann nicht, wenn gar keine Verbindung zur Strombahn besteht (Variante IV). Dies beweist, dass die Spannung nicht am stromführenden Leiter entsteht, sondern im Raum daneben.

**Beispiel 2.5, Teil 2: Die Geometrie der Spannung**

1. Im System treten, hervorgerufen durch den Strom $i_1$, zwei Spannungen auf: Eine ohmsche Punktspannung durch den Stromfluß im Leiter zwischen den Punkten und eine induzierte ringförmige Wegspannung in der Verbindungsmasche zwischen dem System X und Y (Bild 2.28).
2. Wie die Berechnungen in Abschnitt 2.7.3 zeigen werden, ist die ringförmige induzierte Spannung um Größenordnungen höher als die ohmsche Punktspannung. $U_y$ wird also ausschließlich durch die ringförmige induzierte Spannung $U_i$ bestimmt.
3. Bei allen Verlegungen der Anschlußpunkte ist die ringförmige Geometrie der Masche, die längs der Spannung $U_i$ entsteht, relativ zur störenden Strombahn gleichgeblieben. Deshalb konnte sich auch $U_i$ und damit $U_y$ nicht verändern. ♦

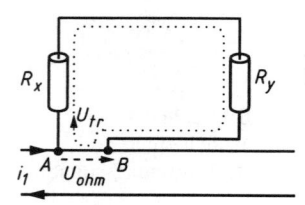

**Bild 2.28**
Die Geometrie der Störspannungen im Beeinflussungsmodell nach Bild 2.26.

## 2.7.3 Die quasistationäre Modellbildung

Die stationären elektrischen Vorgänge, d.h. also die Erscheinungen in Gleichstromnetzen, lassen sich sehr übersichtlich mit Hilfe des ohmschen Gesetzes und den beiden Kirchhoffschen Regeln berechnen. Man kann insbesondere diese Rechenregeln direkt auf die Strukturen der gegebenen Schaltungen anwenden, ohne ein Ersatzschaltbild zu Hilfe nehmen zu müssen.

Bei elektrischen Schaltungen, in denen sich die elektrischen Zustände zeitlich ändern – z.B. in Wechselstromnetzen – geht dies nicht, weil in ihnen die erste Kirchhoffsche Regel nicht erfüllt wird. Sie verlangt, daß man jedem Schaltungszweig eine Spannung zuordnen kann und daß die Summe der Zweigspannungen beim Umlauf um den Rand jeder Schaltungsmasche Null ist. Zeitlich veränderliche Zweigströme erzeugen aber mit ihren ebenfalls zeitlich veränderlichen Magnetfeldern durch transformatorische Induktion längs der Maschenränder Spannungen, und damit ist die Voraussetzung für die Kirchhoffsche Rechenregel nicht gegeben.

Um aber trotz der erwähnten physikalischen Schwierigkeiten auch zeitlich veränderliche elektrische Zustände berechnen zu können, benutzt man anstelle der realen Schaltungen Modelle, sogenannte Ersatzschaltbilder.

Das Kernstück dieser Modellbildung besteht darin, mit Hilfe des Theoriebegriffs Induktivität, die in der realen Schaltung transformatorisch induzierten ringförmigen Spannungen für die Ersatzschaltbilder in Punktspannungen zu verwandeln. Diese Vorgehensweise beruht auf folgender physikalischer Grundlage:

– Wenn man, ausgehend von stationären Verhältnissen, die elektrischen Zustände langsam ändert, kann man feststellen, daß die von den zeitlich veränderlichen Spannungen und Strömen erzeugten Felder sich zwar gleichzeitig mit den Strömen und Spannungen ändern, daß aber die Gestalt der Felder quasi die gleiche bleibt wie im stationären Fall. Sie verhalten sich also quasistationär.

– Die physikalische Ursache für die Gestalterhaltung oder Gestaltveränderung des Feldes ist die Verteilung des Stromes längs der Strombahn, von der die Felderregung ausgeht.

Eine Gestaltveränderung findet dann statt, wenn sich der Strom in der Zeit $T$, die elektrische Zustände benötigen, um mit Lichtgeschwindigkeit durch die Schaltung zu laufen, wesentlich ändert, und dadurch auf der Strombahn eine ungleichmäßige Stromverteilung herrscht.

Mit anderen Worten: Damit die quasistationäre Gestalt des Feldes erhalten bleibt, muß die Laufzeit $T$ mindestens eine Größenordnung kürzer sein als die Periodendauer $T_P$ eines sinusförmigen Stromes oder als die Stirnzeit $T_S$ eines Impulses

$$T = \frac{a}{c} < T_p \quad \text{oder} \quad T_s \; . \tag{2.1}$$

In dieser Gleichung ist $a$ die räumliche Ausdehnung des betrachteten Systems und $c$ die Lichtgeschwindigkeit.

Wie sich die Gestalt eines Feldes verändert, wenn die Periodendauer des Stromes oder die Wellenlänge immer kürzer wird, zeigt die Folge der Feldbilder in Bild 2.5. Dort ist 2.5a das stationäre und quasistationäre Feldbild. In Bild 2.5b hat sich die Gestalt bereits stark verändert, weil dort die Periodendauer des Stromes schon gleich der Laufzeit ist. Das heißt, am Umfang der Strombahn findet man zur gleichen Zeit alle Werte zwischen dem positiven und negativen Scheitelwert des sinusförmigen Stromverlaufs.

– Die Gestalterhaltung des Magnetfeldes, das von einem nicht zu schnell zeitlich veränderlichen Strom $i$ erzeugt wird, macht sich in der theoretischen Beschreibung dadurch bemerkbar, daß der mathematische Ausdruck für den magnetischen Fluß $\Phi(i)$ aus zwei multiplikativ miteinander verbundenen Komponenten besteht (siehe Anhang 1).

$$\Phi(i) = i \cdot IN \tag{2.2}$$

Man nennt $IN$ den Induktionskoeffizienten oder die Induktivität. Mit der Umformung

$$IN = \frac{\Phi(i)}{i} \tag{2.3}$$

wird erkennbar, daß es sinnvoll ist, eine Induktivität als den magnetischen Fluß zu betrachten, der pro Stromeinheit erzeugt wird.

Mit der Größe $IN$ hat man ein Modell des Magnetfeldes gewonnen, mit dessen Hilfe man den transformatorischen Induktionsvorgang gestützt auf Gleichung (2.2) wie folgt beschreiben kann

$$U_{tr} = \frac{d}{dt}\Phi(i) = IN \cdot \frac{di}{dt} \; . \tag{2.4}$$

Wenn man diese Gleichung in Analogie zum ohmschen Gesetz betrachtet, dann entsteht an einem Zweipol der Größe $IN$ beim Durchgang eines bestimmten $di/dt$ eine Spannung $U_{TR}$, genauso, wie beim Durchgang von $i$ an einen Zweipol der Größe $R$ eine ohmsche Spannung zustande kommt.

Damit ist aus einer in Wirklichkeit ringförmigen transformatorisch induzierten Spannung im Modell eine Punktspannung geworden. In der Regel wird für die Induktivität das Symbol $L$ und die Bezeichnung Eigeninduktivität gewählt, wenn es sich um die Selbstinduktion im felderregenden Stromkreis handelt.

$$IN_{selbst} = L$$

Für transformatorische Induktionen in benachbarten Stromkreisen benutzt man üblicherweise für Induktionskoeffizienten das Symbol $M$ und die Bezeichnung Gegeninduktivität

$$IN_{gegen} = M \; .$$

Um die Eigen- und Gegeninduktivitäten in einer konkreten Beeinflussungssituation voneinander unterscheiden zu können, ist es hilfreich – wenn nicht gar notwendig – sich die magnetischen Flüsse vorzustellen, die zu jeder dieser Induktivitäten gehören.

**Beispiel 2.5, Teil 3: Die Entwicklung der Ersatzschaltung aus der realen Schaltung**

Zunächst ist zu klären, ob Laufzeiterscheinungen zu erwarten sind oder nicht. D.h. ob man z.B. mit der Wanderwellentheorie arbeiten muß oder ob quasistationäre Rechnungen genügen:
Das in Bild 2.26 dargestellte zu analysierende System hat eine räumliche Ausdehnung von 0,5 m. Dafür benötigen Signale mit Lichtgeschwindigkeit eine Laufzeit von etwa 1,6 ns. Der störende Strom hat eine Anstiegszeit von etwa 50 ns. Das ist verglichen mit der Laufzeit so langsam, daß keine nennenswerten Laufzeiterscheinungen zu erwarten sind. Die Rechnung kann also quasistationär durchgeführt werden.
In Bild 2.29a sind in die Skizze der realen Schaltung die magnetischen Flüsse mit Pfeilen eingezeichnet. Alle Pfeile zusammen, also der gesamte aus der stromführenden Masche heraustretende Fluß $\Phi_{ges}$, wird im Ersatzschaltbild quasistationär durch die Eigeninduktivität $L$ beschrieben

$$\frac{\Phi_{ges}(i)}{i} = L.$$

Der Anteil $\Phi_M$ des gesamten Flusses bewirkt die transformatorische Induktion in der benachbarten Masche. Dieser Flußanteil wird im Ersatzbild mit der Gegeninduktivität $M$ erfaßt

$$\frac{\Phi_M(i)}{i} = M.$$

Dementsprechend gibt es auch zwei transformatorisch induzierte Spannungen. Zum einen die im erregenden Stromkreis durch den Gesamtfluß induzierte Spannung $U_L$ und die in der benachbarten Masche erzeugte Spannung $U_M$.
In der realen Schaltung handelt es sich dabei um ringförmige Spannungen, und im Ersatzschaltbild sind es Punktspannungen. Bild 2.29b zeigt das Ersatzschaltbild der Beeinflussungssituation.

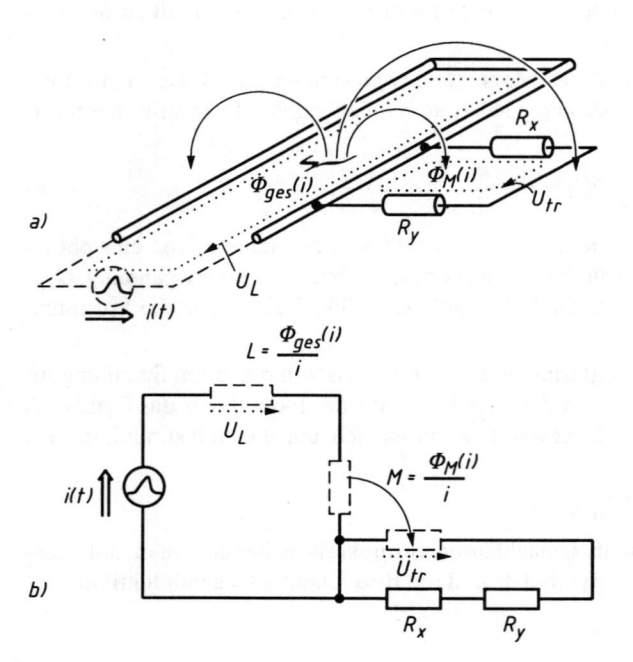

**Bild 2.29**
Die magnetischen Flüsse (a) und das Ersatzschaltbild des Beeinflussungsmodells nach Bild 2.26.

## 2.7 Ein kurzer Blick in die Theorie der Elektrotechnik

**Beispiel 2.5, Teil 4: Die mathematische Analyse anhand des Ersatzschaltbildes**

Im quasistationären Ersatzschaltbild der Anordnung (Bild 2.29) ist der magnetische Fluß, der vom Strom $i_1$ ausgeht und in die benachbarte Masche eingreift, mit der Gegeninduktivität $M$ erfaßt worden. Man kann sie mit Hilfe des Anhangs 1 leicht aus den Abmessungen berechnen.
Mit einer insgesamt wirksamen Gegeninduktivität von

$$M = 0{,}43 \; \mu\text{H}$$

und einer Stromanstiegsgeschwindigkeit von etwa $1{,}5 \cdot 10^7$ A/s ergibt sich eine transformatorische induzierte Spannung von

$$U_{tr} = M \cdot \frac{di}{dt} = 0{,}43 \cdot 10^{-6} \cdot 1{,}5 \cdot 10^7 = 6{,}5 \, \text{V} \quad .$$

Dieses rechnerische Ergebnis stimmt recht gut mit dem experimentellen überein, wobei bei der Interpretation der Oszillogramme zu beachten ist, daß sich die induzierte „störende" Spannung je zur Hälfte auf den Ausgangswiderstand des Gerätes X und den Eingangswiderstand des Gerätes Y aufteilt. ♦

Ein häufig anzutreffender Fehler bei der Analyse von Beeinflussungssituationen, wie sie im letzten Beispiel 2.5 dargestellt sind, besteht darin, daß die in der benachbarten Schleife auftretende Spannung als Spannungsabfall an der Eigeninduktivität des gemeinsamen Leiterstücks A-B oder A-C angesehen wird.

Wenn man auf der Grundlage dieser Vorstellung darangeht, eine vorliegende Beeinflussung zu verringern oder zu beseitigen, müßte man die Länge des gemeinsamen Leiterstücks durch Verlegung der Anschlußpunkte verringern, d.h. die benachbarte Masche am besten nur an einem Punkt mit dem stromführenden Leiter verbinden.

Die experimentellen Ergebnisse in Teil 1 des Beispiels 2.5 zeigen aber klar, daß sich die Spannung nicht ändert, wenn man das gemeinsame Leiterstück verkürzt, und daß sie sogar auch dann noch in gleicher Höhe bestehen bleibt, wenn Strombahn und Masche galvanisch getrennt sind und nur dicht aneinander liegen.

Man kann also offensichtlich durch die unzutreffende theoretische Vorstellung vom Spannungsabfall an der Eigeninduktivität zu falschem praktischen Handeln verleitet werden.

Ein Blick auf Bild 2.29 macht deutlich, warum die an der Eigeninduktivität entstehende Spannung mit der Spannung in der Masche neben der Strombahn nichts zu tun hat:

- der zur Eigeninduktivität $L$ gehörende Fluß $\Phi_{Ges}$ ist derjenige, der die gesamte störende Strombahn durchdringt und dabei die Spannung $U_L$ als geschlossenen Ring an dessen Umfang erzeugt

- der zur Gegeninduktivität gehörende Fluß $\Phi_M$ ist derjenige, der die benachbarte Masche durchdringt und dabei an deren Umfang die Spannung $U_{tr}$ erzeugt.

$U_L$ und $U_{tr}$ sind einzelne, voneinander getrennte Wegspannungen, die verschiedene in sich geschlossene Ringe bilden. Mit anderen Worten, $U_{tr}$ ist keine Teilspannung von $U_L$.
Zusammenfassend müssen bei den Bemühungen um elektromagnetische Verträglichkeit zwei Aspekte der quasistationären Modellbildung besonders beachtet werden:

- Man darf die theoretische Analyse von zeitlich veränderlichen Vorgängen, die man anhand eines Ersatzschaltbildes anstellt, nicht direkt auf die reale Schaltung übertragen, denn es bestehen zwischen beiden deutliche strukturelle Unterschiede:

- Den Knotenpunkten im Ersatzschaltbild kann man skalare Potentiale zuordnen, die Spannungen an den Zweigen des Netzwerkes als Potentialdifferenzen ansehen und zur Berechnung die Kirchhoffschen Regeln heranziehen.
- In der realen Schaltung kann man dies wegen der Existenz der transformatorisch induzierten Spannungen nicht tun.

• Man muß mit Blick auf die jeweils beteiligten magnetischen Flüsse die Modellbegriffe Eigeninduktivität und Gegeninduktivität auseinanderhalten:
- Eigeninduktivität ist die transformatorische Rückwirkung des gesamten von einem Strom erzeugten Magnetfelds auf seinen Stromkreis.
- Gegeninduktivität beschreibt, wie ein Teil des gleichen Magnetfelds in eine Masche neben der Strombahn eingreift und dort transformatorisch induziert.

### 2.7.4 Generator- und Verbraucherspannungen

Die Spannungen können in den verschiedenen Geometrieformen sowohl als Generator- als auch als Verbraucherspannung entstehen. Dabei müssen Generator- und Verbraucherteil in einer bestimmten Situation in der realen Schaltung nicht unbedingt die gleiche Geometrieform aufweisen.

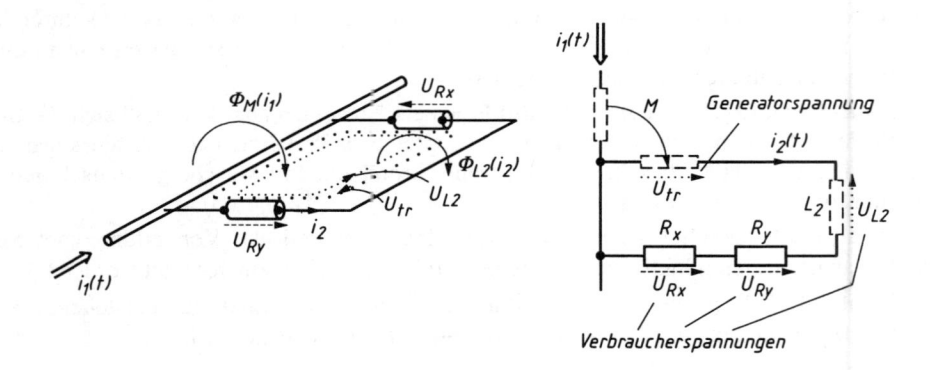

**Bild 2.30** Die Generator- und Verbraucherspannungen im Beeinflussungsmodell Bild 2.26.

In der im letzten Beispiel 2.5 beschriebenen Beeinflussungssituation spielt die transformatorisch induzierte Spannung $U_{tr}$ mit der Geometrie eines geschlossenen Rings für die gestörte Schaltungsmasche die Rolle des Generators (Bild 2.30).

Verbraucht wird diese Spannung in Form der Punktspannungen $U_{RX}$ und $U_{RY}$ sowie der Ringspannung $U_{L2}$, die durch Selbstinduktion in der Masche entsteht.

Im Ersatzschaltbild sind, wie im letzten Abschnitt erläutert wurde, alle Spannungen Punktspannungen.

Bei einer transformatorischen Induktion in einer offenen Schaltungsmasche treibt die Generatorspannung $U_{tr}$ so viele Ladungen entgegengesetzter Polarität zu den offenen Enden, daß dort in einem coulombschen elektrischen Feld eine Spannung entsteht, die $U_{tr}$ vollständig verbraucht. Der Verbrauch wird also in diesem Fall durch eine coulombsche Spannung gebildet, die durch eine punktförmige Geometrie gekennzeichnet ist.

## 2.7 Ein kurzer Blick in die Theorie der Elektrotechnik

Wenn, wie in Bild 2.31, das Magnetfeld nur in einen Teil der Masche in einiger Entfernung zu den offenen Enden wirksam ist, werden die Verhältnisse an den Enden nur durch das elektrische Feld der Ladungen bestimmt. Man kann dort die Spannungen als Punktspannungen messen, ohne auf die Lage der Verbindungsleitungen zum Voltmeter achten zu müssen.

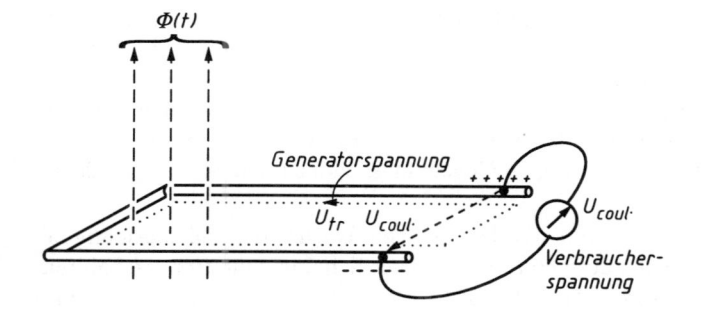

**Bild 2.31**
Transformatorisch induzierte Generatorspannung und coulombsche Verbraucherspannung bei der transformatorischen Induktion in einer offenen Masche.

### 2.7.5 Theorie - Überblick

| Physikalische Vorgänge | geeignete Theorie |
|---|---|
| stationäre Zustände (Gleichstrom) | Kirchhoffsche Regeln gelten in der realen Schaltung |
| quasistationäre Zustände (Wechselströme oder transiente Vorgänge *ohne* Laufzeiterscheinungen) | Kirchhoffsche Regeln gelten nicht in der realen *Schaltung,* sondern *nur im Ersatzschaltbild* |

*Die Grenze der quasistationären Betrachtungsweise ist erreicht,*
wenn merkliche Laufzeiterscheinungen auftreten
(Zeit der Zustandsänderung < 10 x Laufzeit)

| | |
|---|---|
| schnelle Zustandsänderungen auf Leitungen (Änderungszeit < Laufzeit) | Wanderwellentheorie |
| schnelle Zustandsänderungen in inhomogenen Strukturen | Numerische Lösungen der Maxwellschen Gleichungen z.B. Momentenmethode [2.5] [2.6] |

### 2.7.6 Vom Schaltschema über eine Raumskizze zum Ersatzschaltbild

Wenn man verstehen will, wie eine Schaltung durch einen benachbarten elektrischen Stromkreis beeinflußt wird, benötigt man Informationen über die räumliche Struktur des Feldes, das von der Störquelle ausgeht, sowie Kenntnisse über die Lage der gestörten Schaltung innerhalb dieses Feldes. Die Schemata der beteiligten Schaltungen sind in diesem Zusammenhang von begrenztem Nutzen, denn sie geben nur an, welche Pole der einzelnen Bauelemente miteinander zu verbinden sind. Sie lassen aber offen, wie die Verbindungen im Raum verlegt wurden oder verlegt werden sollen. Weil aber die räumliche Struktur des Feldes durch die Lage der strom- und spannungsführenden Leiter bestimmt wird, kann man aus den Schaltschemata keine Aussagen über die Feldstruktur entnehmen. Man kann nur erkennen, in welchen Verbindungen welche Ströme fließen und wie hoch die Spannungen zwischen ihnen sind.

Um die gewünschte Vorstellung von der räumlichen Struktur des Feldes zu gewinnen, muß man eine Skizze der räumlichen Anordnung anfertigen, in die man in geeigneter Form die Feldanteile einzeichnet, die für die Beeinflussung wirksam sind. Eine solche Skizze ist in zweifacher Hinsicht von Nutzen: Sie vermittelt zum einen eine qualitative Vorstellung vom jeweiligen Kopplungsvorgang. Außerdem dient sie mit den konkreten Abmessungen der Anordnung als Grundlage für die Berechnung der unbeabsichtigten Gegeninduktivitäten und Streukapazitäten, die an den Kopplungen beteiligt sind.

Der nächste Analyseschritt besteht darin, mit den berechneten Werten der unbeabsichtigten Induktivitäten und Kapazitäten sowie den übrigen Elementen der Schaltung ein Ersatzschaltbild aufzuzeichnen. Mit dessen Hilfe kann man dann den ganzen Beeinflussungsvorgang überblicken und gegebenenfalls auch noch mathematisch analysieren.

In Bild 2.32 sind die drei Darstellungsformen – Schaltschema, Raumskizze und Ersatzschaltbild – für ein einfaches Beispiel nebeneinander aufgezeichnet.

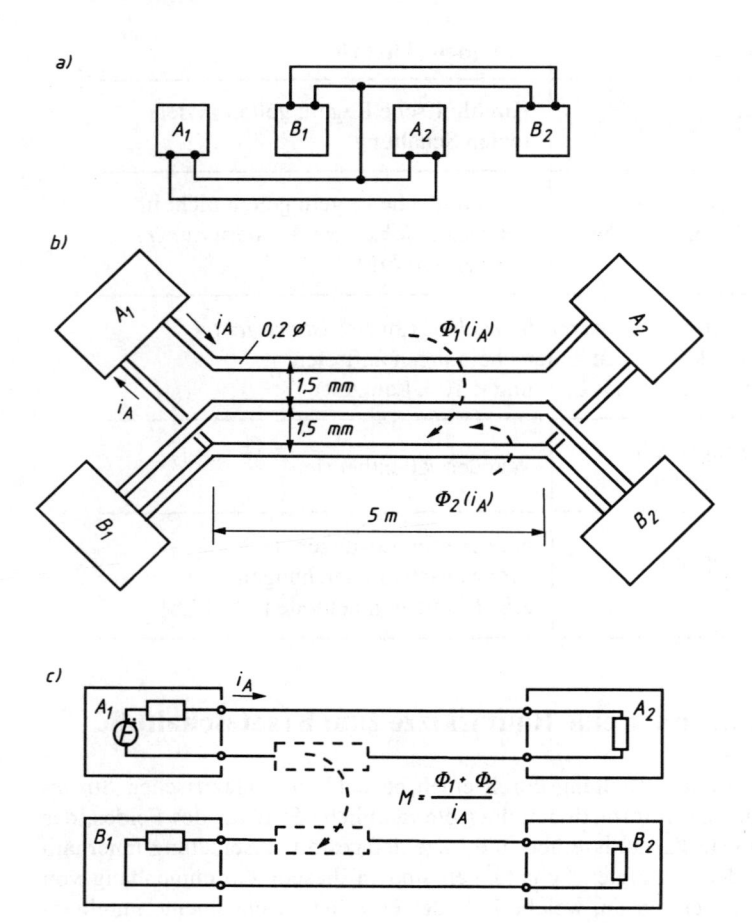

**Bild 2.32**
Darstellung einer Anordnung in Form eines Schaltschemas (a),
einer räumlichen Skizze (b) und eines Ersatzschaltbildes (c)

## 2.8 Literatur

[2.1]  G. Mönich: Closed - Form approximative formula for the near field of bent wire structures, 8th International Zurich Symposium on EMC (1989)

[2.2]  G. Durcansky: EMV-gerechtes Gerätedesign,
Franzis Verlag, München 1991

[2.3]  O.J. Mc Ateer: Electrostatic discharge control,
McGraw-Hill, New York 1990

[2.4]  J. Wilhelm u.a.: Funkentstörung,
Expertverlag 1982

[2.5]  R.F. Harrington: Field computation by moment methods,
McMillan, New York 1968

[2.6]  J.H.H. Wang: Generalised moment methods in electromagnetics,
J. Wilcy, New York 1991

[2.7]  H. Holzwarth, E. Hölzer: Pulstechnik, 2 Bde.,
Springer Verlag, Berlin, Heidelberg, New York 1982 u. 1984

# 3 Kopplungen durch quasistationäre Magnetfelder von Strömen

Jeder elektrische Strom umgibt sich zwangsläufig mit einem Magnetfeld und schafft damit die Voraussetzung für zwei unterschiedliche Kopplungsarten,
- die induktive Kopplung
  (durch transformatorische Induktion)
- und die Lorentzkopplung
  (mit Kräften auf Ladungen, die sich im Magnetfeld bewegen).

Im Mittelpunkt dieses Kapitels steht die induktive (transformatorische) Kopplung, und zwar mit zwei Aspekten:
- dem Übertragungsverhalten im Zeit- und im Frequenzbereich
- und der Abschwächung der Magnetfelder durch Abschirmungen mit dem Ziel, die Kopplungen zu verringern.

Die wesentlichen physikalischen Vorgänge der Lorentzkopplung wurden bereits in Abschnitt 1.5 behandelt. Sie werden in diesem Kapitel nur noch durch Aussagen darüber ergänzt, wie man die für diese Kopplungsart besonders wirksamen niederfrequenten Felder (z.B. 50 Hz) oder die Felder von Gleichströmen abschirmen kann.

## 3.1 Das Übertragungsverhalten induktiver Kopplungen

Als Modell zur Analyse des Frequenzgangs und des Übertragungsverhaltens im Zeitbereich dient die in Bild 3.1a skizzierte Anordnung. Der Widerstand $R_2$ repräsentiert dabei den Innenwiderstand der Störsenke.
In der Schaltung spielen sich folgende Vorgänge ab:
1. Der Strom $i_1(t)$ erzeugt einen Fluß $\Phi_M(i_1)$, der störend in die Schleife eingreift. Er wird im Ersatzschaltbild 3.1b durch die Gegeninduktivität $M$ dargestellt.
2. Von $\Phi_M(i_1)$ wird die Spannung $U_{TR}$ transformatorisch in die Schleife induziert.
3. Als Folge von $U_{TR}$ fließt der Strom $i_2(t)$ in der Schleife.
4. $i_2(t)$ erzeugt einen magnetischen Fluß $\Phi_L(i_2)$, der entgegen der Richtung von $\Phi_M$ aus der Schleife austritt. Er wird im Ersatzschaltbild durch die Eigeninduktivität $L_2 = \Phi_2/i_2$ repräsentiert.
5. Der ohmsche Widerstand $R_2$ und die Eigeninduktivität $L_2$ der kurzgeschlossenen Leiterschleife verbrauchen die in der Schleife induzierte Spannung $U_{TR}$.

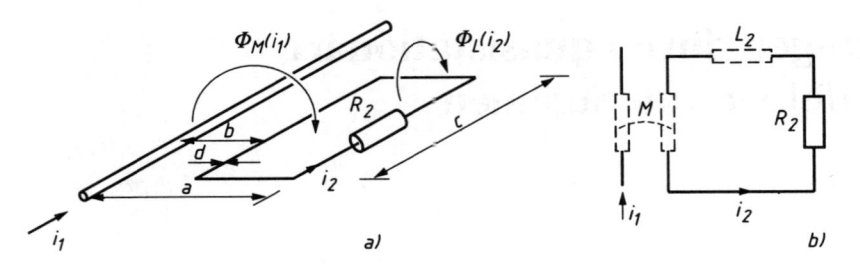

**Bild 3.1** Das Modell einer transformatorischen induktiven Kopplung, links: die räumliche Anordnung, rechts: das Ersatzschaltbild.
a) Die räumliche Anordnung
b) Das Ersatzschaltbild

### 3.1.1 Der Frequenzgang

Mit Hilfe des Ersatzschaltbildes erhält man die Gleichung

$$pMi_1 = R_2 i_2 + pL_2 i_2$$

$$i_2 = \frac{pM}{R_2 + pL_2} \cdot i_1 \qquad (3.1)$$

mit $p = j\omega$.

In Bild 3.2 ist der Verlauf von $i_2$ in Abhängigkeit von der Frequenz grafisch dargestellt. Besonders bemerkenswert ist dabei der horizontale Verlauf bei hohen Frequenzen. Er ergibt sich mathematisch aus Gleichung (3.1) durch eine Näherungsbetrachtung für hohe Frequenzen, wenn

$$|\omega L_2| \gg |R_2|$$

ist:

$$i_2 = \frac{M}{L_2} i_1 \qquad (3.2)$$

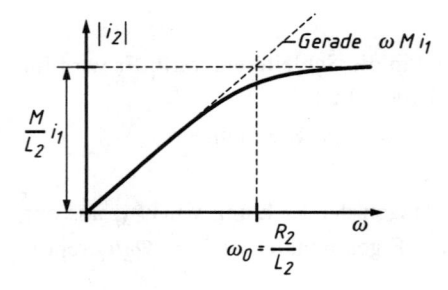

**Bild 3.2**
Der Frequenzgang des induzierten Stromes $i_2$ in einer benachbarten Masche.

Der Schnittpunkt der Asymptoten, die den Verlauf des Frequenzgangs umgeben, liegt bei

$$\omega_o = \frac{R_2}{L_2}. \qquad (3.3)$$

## 3.1 Das Übertragungsverhalten induktiver Kopplungen

Gleichung (3.2) sagt aus, daß die Amplitude der Spannung $U_{R2}$ an der Störsenke bei Frequenzen, die wesentlich größer als $\omega_o$ sind, der Amplitude des störenden Stromes $i_1$ proportional ist

$$U_{R2} = i_2 \cdot R_2 = R_2 \frac{M}{L_2} i_1 \qquad (3.4)$$

$$\left( \text{für } \omega \gg \frac{R_2}{L_2} \right).$$

Eine Näherungsbetrachtung für Frequenzen weit unterhalb der Grenzfrequenz $\omega_o$ ergibt

$$i_2 = \frac{pM}{R_2} i_1$$

$$U_{R2} = R_2 i_2 = pM i_1 \qquad (3.5)$$

$$\left( \text{für } \omega \ll \frac{R_2}{L_2} \right).$$

Das heißt, die Generatorspannung $pMi_1$ ist weit unterhalb der Grenzfrequenz $\omega_o$ proportional der Änderungsgeschwindigkeit des störenden Stromes $i_1$. Sie tritt in voller Höhe an der Störsenke $R_2$ in Erscheinung, weil $L_2$ praktisch keine Spannung verbraucht.

♦ **Beispiel 3.1**
Es wird eine rechteckige Schleife betrachtet, deren Abmessungen, bezogen auf Bild 3.1, a = 100 mm, b = 2 mm, c = 300 mm und d = 2 mm betragen.
Mit Hilfe von Anhang 1 kann man mit diesen Angaben leicht $M$ und $L_2$ bestimmen. Es ergibt sich $M = 0,2 \, \mu H$ und $L_2 = 0,9 \, \mu H$.
Bild 3.3 zeigt die Frequenzgänge der Spannung am Widerstand $R_2$, der im betrachteten Modell als Störsenke angesehen wird, und zwar für $i_1 = 1 A$ und $R_2$ Werte von 50 Ω und 1 MΩ.

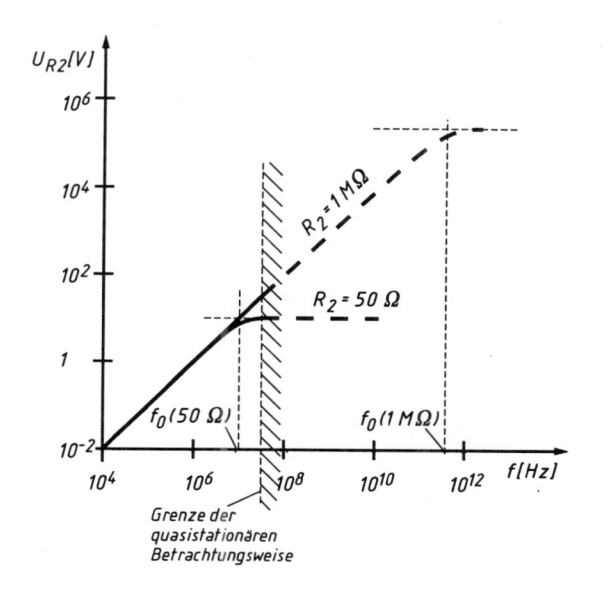

**Bild 3.3**
Frequenzgänge induktiver Kopplungen in einer Masche mit verschiedenen Innenwiderständen.

Der berechnete Frequenzgang mit $R_2 = 50\,\Omega$ hat gemäß Gleichung (3.3) eine Grenzfrequenz von 10 MHz und strebt oberhalb dieser Frequenz entsprechend Gleichung (3.4) einer konstanten Spannung von 12,5 Volt zu.

Der entsprechende Verlauf für $R_2 = 1\,\text{M}\Omega$ weist eine Grenzfrequenz von 200 GHz auf und müßte gemäß Gleichung (3.4) einer Spannung von 250 kV zustreben.

Die ausgeführten quasistationären Berechnungen sind aber, wie in Abschnitt 2.7 erläutert wurde, nur gültig, wenn die Wellenlängen der betrachteten sinusförmigen Vorgänge wesentlich länger sind als die geometrische Ausdehnung des Systems. Nimmt man an, die Wellenlänge müsse größer sein als der 10fache Umfang der Schleife, in die das Magnetfeld von $i_1$ induzierend eingreift, dann ergibt sich für die hier betrachtete Anordnung eine Gültigkeitsgrenze von etwa 30 MHz.

Man erkennt aus Bild 3.3, daß sich die Frequenzgänge für $R_2 = 50\,\Omega$ und $R_2 = 1\,\text{M}\Omega$ innerhalb des quasistationären Bereichs, d.h. unterhalb 30 MHz, nicht sehr stark voneinander unterscheiden. Die Spannung an $R_2$ ändert sich im wesentlichen entsprechend der durch die Gleichung (3.4) beschriebenen linearen Abhängigkeit von der Frequenz mit einer Steigerung von 20 dB pro Dekade. ♦

Die Ergebnisse des Beispiels 3.1 sind durchaus repräsentativ für viele Beeinflussungssituationen, denn die Innenwiderstände der Störsenke liegen meist irgendwo zwischen 50 Ω und einigen MΩ. Die Größenordnungen der Gegen- und Eigeninduktivitäten liegen häufig im Bereich Mikrohenry. Man kann deshalb häufig, ohne zu große Fehler zu machen, annehmen, daß die Störsenke $R_2$ die volle induzierte Spannung $\omega M i$ übernimmt.

### 3.1.2 Das Impulsverhalten einer induktiven Kopplung

Die komplementäre Darstellung zum Verhalten eines Systems gegenüber sinusförmigen Erregungen mit unterschiedlichen Frequenzen (Frequenzgang) ist die Reaktion auf einen rechteckförmigen Sprung (Rechteckstoß-Antwort).

Um zu dieser Darstellung zu gelangen, kann man die Variable $p$ in der im letzten Abschnitt abgeleiteten Bezeichnung zwischen $i_1$ und $U_{R2}$ als die komplexe Variable im Bildbereich der Laplace-Transformation auffassen.

$$U_{R2}(p) = i_2 \cdot R_2 = R_2 \frac{pM}{R_2 + pL_2} i_1 \qquad (3.6)$$

Im Bildbereich dieser Transformation hat ein Sprung des Stromes $i_1(t)$ von Null auf die Amplitude $i_1$ die Form

$$i_1(p) = \frac{i_1}{p}.$$

Wenn man diese spezielle Form von $i_1$ in die Gleichung (3.6) einführt, erhält man

$$U_{R2}(p) = R_2 \frac{M}{R_2 + pL_2} i_1. \qquad (3.7)$$

Nach einer Transformation in den Zeitbereich ergibt sich

$$U_{R2}(t) = i_1 \frac{R_2 M}{L_2} \exp\left[-\frac{R_2}{L_2} t\right]. \qquad (3.8)$$

## 3.1 Das Übertragungsverhalten induktiver Kopplungen

Eine sprungartige Änderung des Stromes $i_1$ (Störquelle) hat also auch einen Sprung der Spannung $U_{R2}$ in der Störsenke zur Folge. Anschließend fällt dann $U_{R2}$ exponentiell mit der Zeitkonstanten $L_2/R_2$ ab (Bild 3.4).

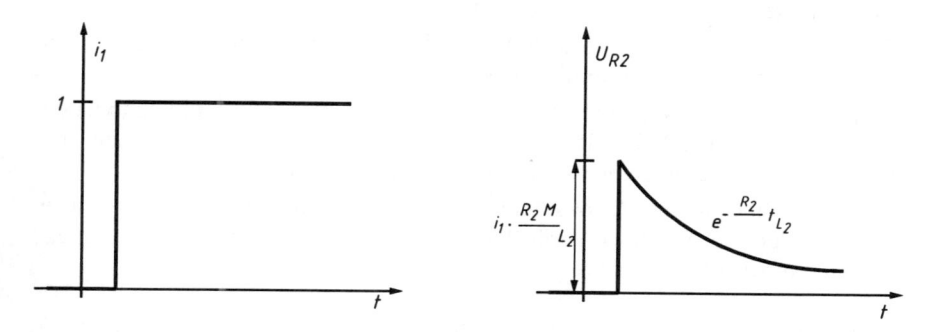

**Bild 3.4** Die Reaktion ($U_{R2}$) einer induktiven Kopplung auf einen rechteckförmigen Sprung des störenden Stromes $i_1$.

Die geschilderte Form von $U_{R2}$ mit Sprung und exponentiellem Abfall ist allerdings nur erkennbar, wenn sich $i_1(t)$ sehr schnell ändert. Die Reaktion auf langsame Änderungen kann man leicht aus der Differentialgleichung ableiten, die die Verhältnisse im Ersatzschaltbild 3.1 beschreibt.
Die vollständige Diffenentialgleichung lautet

$$i_2 R_2 + L_2 \frac{di_2}{dt} = M \frac{di_1}{dt}. \qquad (3.9)$$

Wenn sich $i_1$ so langsam ändert, daß der zweite Term auf der linken Seite wesentlich kleiner ist als der erste, also

$$i_2 R_2 \gg L_2 \frac{di_2}{dt}. \qquad (3.10)$$

dann lautet die Differentialgleichung

$$i_2 \cdot R_2 = U_{R2} = M \cdot \frac{di_1}{dt}. \qquad (3.11)$$

Das heißt, die Spannung $U_{R2}$ an der Störsenke ist dann einfach gleich der induzierten Spannung, die mathematisch durch den Ausdruck $M \cdot di_1/dt$ beschrieben wird.

♦ **Beispiel 3.2**
Die Abmessungen der Anordnung, deren Frequenzgang im letzten Beispiel 3.1 untersucht wurde, entsprechen etwa denen im Beispiel 1.3 (Bild 1.9). Dort hatte sich gezeigt, daß eine Stromänderungsgeschwindigkeit von

$$\frac{di_1}{dt} = 1{,}2 \cdot 10^7 \, A/s$$

zu einer Spannung von etwa 3 Volt an einem Widerstand $R_2$ von 1 MΩ führt.
Mit $M = 0{,}23 \, \mu H$ und $di/dt = 1{,}2 \cdot 10^7$ A/s ergibt sich rechnerisch eine Spannung

$$U_{R2} = M \cdot \frac{di_1}{dt} = 0{,}23 \cdot 10^{-6} \cdot 1{,}2 \cdot 10^7 = 2{,}8 \, \text{Volt}.$$

Diese Spannungsamplitude stimmt mit dem Meßwert von etwa 3 Volt in Bild 1.9 gut überein. ♦

## 3.2 Leiterschleifen, die von der Strombahn getrennt sind

In diesem Abschnitt werden drei Aspekte näher behandelt, die für das Verständnis induktiver Kopplungen in benachbarten Leiterschleifen wesentlich sind:
- Es wird zunächst gezeigt, daß sich das Magnetfeld elektrischer Ströme im quasistationären Zustand vor allem in der Nähe der stromführenden Leiter befindet.
- Der zweite Aspekt betrifft die vorzeichenrichtige Überlagerung von Gegeninduktivitäten, wenn mehrere Strombahnen auf dieselbe Leiterschleife einwirken. Daraus ergeben sich Richtlinien für die Leitungsführung von störenden Hin- und Rückströmen.
- Beim dritten Aspekt geht es um die Auswirkung eines zeitlich veränderlichen Magnetfeldes auf verdrillte Leiterschleifen. Mit einer Verdrillung kann, wie sich zeigen wird, eine induktive Kopplung stark verringert werden.

Die Stärke des Magnetfeldes in unterschiedlichem Abstand zur erregenden Strombahn ist rechnerisch sehr übersichtlich mit Hilfe einer rechteckigen Schleife zu studieren, die sich parallel zu einer unendlich langen Strombahn befindet. Die Gegeninduktivität der Anordnung läßt sich, wie in Anhang 1 gezeigt, mit der einfachen Formel

$$M = 0{,}2 \cdot c \ln \frac{b}{a} \, [\mu H] \qquad (3.12)$$

$c$ in $[m]$

beschreiben.

♦ **Beispiel 3.3**
Für die in Bild 3.5 dargestellte quadratische Schleife mit einer Kantenlänge von 1 m und einem Abstand von 1 mm zur Achse der Strombahn ermittelt man mit der einfachen Formel (3.12) eine Gegeninduktivität von 1,4 $\mu H$.
Wenn man die Außenkante der Fläche festhält und die dem Leiter zugewandte Kante soweit verschiebt, daß sich die Gegeninduktivität halbiert, dann ist dazu gemäß Gleichung (3.12) eine Verschiebung von 30 mm nötig.
Mit anderen Worten: Eine Linie in etwa 30 mm Abstand von der Strombahn teilt den magnetischen Fluß, der die 1 m x 1 m große Masche durchdringt, in zwei gleich große Teile. Eine Hälfte durchdringt die schmale Fläche von 30 mm Breite und 1 m Länge in der Nähe der Strombahn, und für die andere Hälfte wird eine Fläche benötigt, die 0,97 m breit und 1 m lang ist. ♦

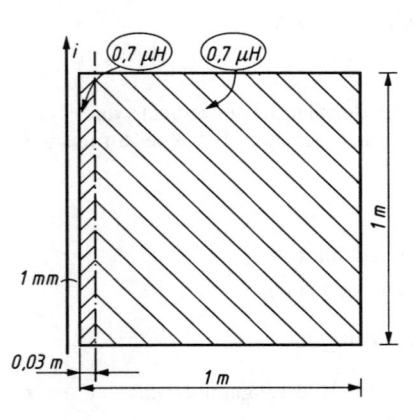

**Bild 3.5**
Die Zerlegung einer Gegeninduktivität in zwei gleich große Teile um zu zeigen, daß sich das Magnetfeld hauptsächlich in der Nähe des stromführenden Leiters befindet.

## 3.2 Leiterschleifen, die von der Strombahn getrennt sind

Aus diesem Beispiel kann man zwei Lehren ziehen:
1. Wenn sich die Masche, in die das Magnetfeld eines Stromes induzierend eingreift, dicht an der Strombahn befindet, führen schon kleine Lageänderungen der Masche in der Nähe des stromführenden Leiters zu beträchtlichen Änderungen der Gegeninduktivität.
Andererseits wirken sich Änderungen an der Maschengeometrie weit entfernt von der Strombahn kaum auf die Gegeninduktivität aus.
2. Es ist nicht sinnvoll, zur Reduktion der Kopplung einfach pauschal zu fordern, die Fläche, die von der beeinflußten Masche aufgespannt wird, müsse reduziert werden. Es kommt vielmehr darauf an, Flächen in der Nähe der Strombahn zu verringern. Flächenreduktionen in großem Abstand zur störenden Strombahn bringen praktisch nichts.

Wenn man etwas kompliziertere Situationen zu behandeln hat, in denen Leiterschleifen gleichzeitig von mehreren Flüssen zum Teil in entgegengesetzten Richtungen durchdrungen werden – zum Beispiel durch die Flüsse von Hin- und Rückströmen – darf man nicht einfach nur mit den Gegeninduktivitätsformeln hantieren, sondern man muß zusätzlich noch die Richtung des magnetischen Flusses beachten, der mit der jeweiligen Formel erfaßt wird. Mit anderen Worten, man muß sich vor Augen führen, daß eine Gegeninduktivität $M$, vom physikalischen Standpunkt aus betrachtet, ein normierter magnetischer Fluß ist.

$$\frac{\Phi_M[x, y, z i_1(t)]}{i_1(t)} = M(x, y, z)$$

Wenn der Fluß zeitlich zunimmt, wirkt auf die positiven Ladungen eine Kraft im Sinn einer Linksschraube zur Richtung des Flusses (Linke-Faust-Regel). Das heißt, in der offenen Leiterschleife häufen sich die positiven Ladungen an der Stelle X, und in einer geschlossenen Schleife bewegen sich die positiven Ladungen in der angegebenen Stromrichtung.
Übertragen auf die in Bild 3.6 skizzierte Anordnung, in der eine Schleife neben der Hin- und Rückführung des Stromes $i_1$ liegt, bedeutet dies, daß der nach hinten fließende Strom $i_1$ bei positiven $di/dt$ mit seinem Fluß $\Phi_{M1}(i_1)$ eine Spannung $U_1$ in der angegebenen Richtung erzeugt. Der Rückstrom verursacht in der gleichen Schleife mit dem Fluß $\Phi_{M2}(i_1)$ die Spannung $U_2$, die $U_1$ entgegengerichtet ist. Die resultierende induzierte Spannung ist

$$U_{res} = U_1 - U_2 = \frac{d}{dt}[\Phi_{M1}(i_1) - \Phi_{M2}(i_1)]$$

$$= \frac{d}{dt}\left[i_1 \frac{\Phi_{M1}}{i_1} - \frac{\Phi_{M2}}{i_1}\right]$$

$$U_{res} = (M_1 - M_2)\frac{di_1}{dt}.$$

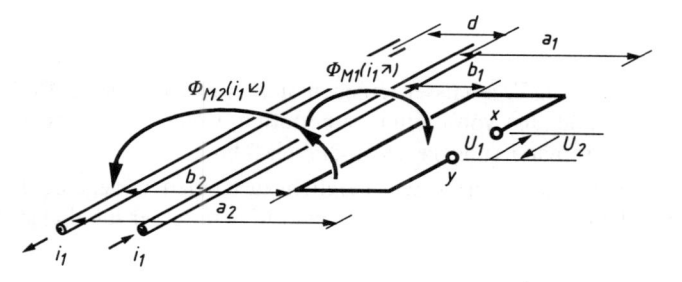

**Bild 3.6**
Die Richtung der Magnetflüsse, die durch die Gegeninduktivitäten $M_1$ und $M_2$ beschrieben werden.

Man muß also bei der Berechnung des geschilderten Vorgangs mit Hilfe der Gegeninduktivitäten die beiden $M$-Werte voneinander subtrahieren.

♦ **Beispiel 3.4**
Zu der in Beispiel 3.2 vorgestellten Anordnung wird die Rückleitung des Stromes $i_1$ hinzugefügt. Sie verläuft im Abstand $d = 5$ mm parallel zur Hinleitung (Bild 3.7).
Die insgesamt wirksame Gegeninduktivität ist

$$M = M_1 - M_2 = 0{,}2 \cdot 0{,}3 \left[ \ln \frac{0{,}205}{0{,}005} - \ln \frac{0{,}21}{0{,}01} \right]$$

$$M = 0{,}04 \ \mu H$$

Mit der Stromsteilheit von etwa $1{,}2 \cdot 10^7$ A/s ergibt sich dann eine induzierte Spannung von 0,5 Volt. Das Oszillogramm in Bild 3.7b bestätigt diesen rechnerisch ermittelten Wert.
Wenn hingegen, wie in der Anordnung in Bild 3.7c, die gestörte Schleife zwischen Hin- und Rückleitung liegt, addieren sich die Magnetfelder. Die resultierende Gegeninduktivität ist in diesem Fall

$$M = M_3 + M_4 = 0{,}2 + 0{,}2 = 0{,}4 \ \mu H.$$

Damit verdoppelt sich die induzierte Spannung gegenüber dem Beispiel 3.2 (mit nur einer Strombahn) auf etwa 4,8 Volt. ♦

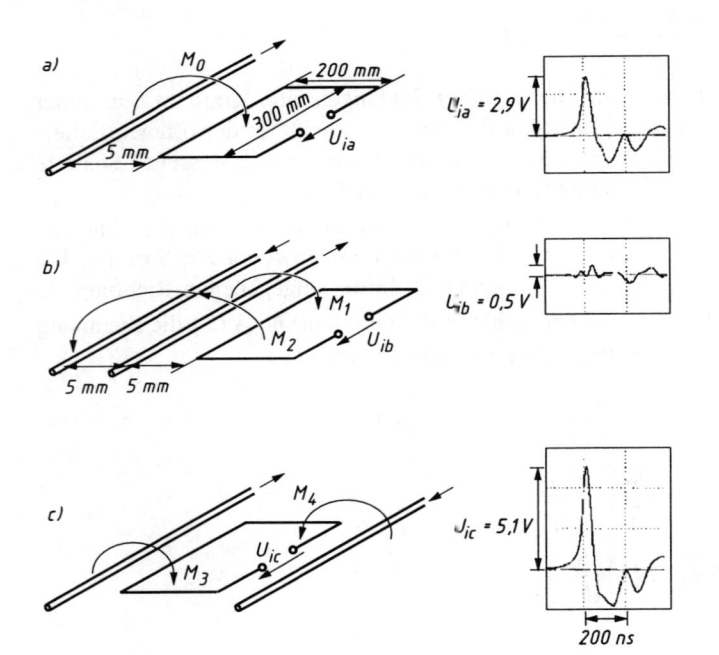

**Bild 3.7**
Überlagerung von Gegeninduktivitäten mit unterschiedlichen oder gleichen Richtungen des magnetischen Flusses und ihre Auswirkung auf die induzierte Spannung.

Aus diesen theoretischen und experimentellen Ergebnissen ergeben sich einige für die EMV-Praxis bedeutsame Richtlinien, die die Verlegung von Leitungen betreffen, welche starke oder schnell veränderliche Ströme mit hoher Stromänderungsgeschwindigkeit führen:
– Hin- und Rückführung des Stromes sollten so nahe wie möglich zusammen verlegt oder sogar verdrillt werden, damit sich die einander entgegengerichteten Magnetfelder möglichst vollständig gegenseitig aufheben.

– Wenn Hin- und Rückleitung aus irgendwelchen Gründen nicht dicht nebeneinander verlegt werden können, sollte vermieden werden, empfindliche Schaltungen im Raum zwischen den beiden Leitern unterzubringen, weil die Magnetfelder dort gleichgerichtet sind und sich somit ihre Wirkungen addieren.

Mitunter läßt es die Struktur der Schaltung zu, die Verbindungsmasche zwischen zwei Baugruppen in sich zu verdrillen (Bild 3.8). Die einzelnen Abschnitte umfassen dabei die magnetischen Flüsse in ständig wechselndem Umlaufsinn. Obwohl die induzierten Spannungen in den einzelnen Abschnitten das Magnetfeld selbstverständlich alle im gleichen Sinn umlaufen, wirken sie in der gesamten Masche abwechselnd gegenläufig. Wenn man zum Beispiel in Bild 3.8 vom Punkt $X_A$ zum Widerstand $R_B$ und wieder zurück zum Punkt $X_B$ wandert, umläuft man die räumlich gleichgerichteten Spannungen $U_{i1}$ und $U_{i2}$ in entgegengesetzten Richtungen.
Eine Verdrillung mit 20 „Schlägen" pro Meter kann die induzierende Wirkung eines äußeren Magnetfeldes $H_a(t)$ bis zu 50 dB abschwächen.

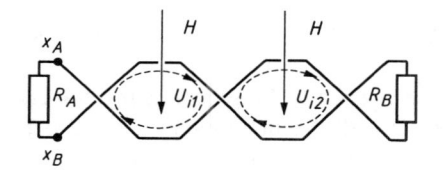

**Bild 3.8**
Die Reduktion einer induktiven Kopplung durch Verdrillen.

## 3.3 Leiterschleifen, die an der störenden Strombahn anliegen

Die magnetischen Zustände in einer die Strombahn berührenden und in einer sie nicht berührenden benachbarten Leiterschleife sind in Bild 3.9 nebeneinander dargestellt.

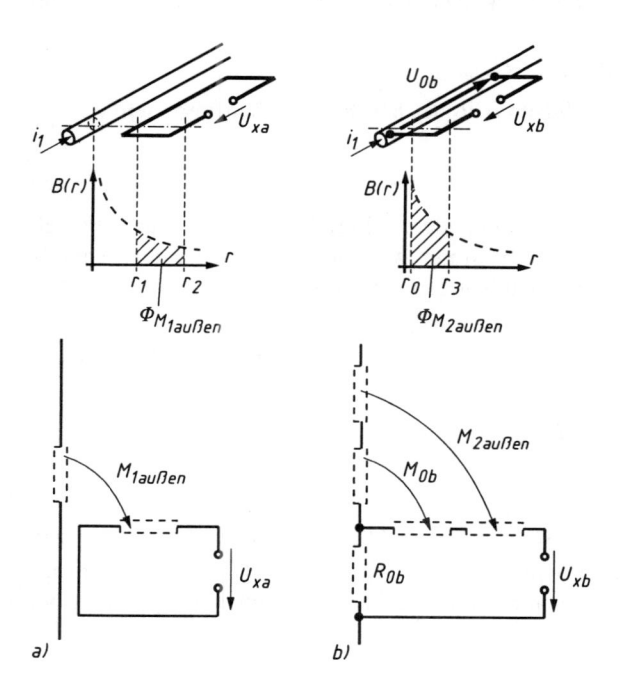

**Bild 3.9**
Die Verhältnisse in einer Masche, die eine Strombahn berührt (b) oder von ihr getrennt ist (a).

Wenn die Leiterschleife die Strombahn nicht berührt, umfaßt sie den magnetischen Fluß zwischen den Radien $r_1$ und $r_2$. Der strichlierte Funktionsverlauf $\mu_o/r$ beschreibt die auf den Strom bezogene magnetische Induktion $B/i_1$ außerhalb der Strombahn (Bild 3.9a). Die schraffierte Fläche, d.h. das Integral dieser normierten Induktion zwischen den Radien $r_2$ und $r_1$, hat den Wert $0{,}2 \ln(r_2/r_1)$, wie im Anhang berechnet wurde.

Multipliziert man diese Größe mit der Länge $c$ der Schleife, so ergibt sich eine Gegeninduktivität von

$$M_{1außen} = c \cdot 0{,}2 \cdot \ln\left(\frac{r_2}{r_1}\right) [\mu H]. \tag{3.12a}$$

Wenn die Leiterschleife so vergrößert wird, daß sie die Strombahn berührt, d.h. wenn die linke Seite der Schleife durch einen Teil der Strombahn gebildet wird (Bild 3.9b), dann ist für die induktive Kopplung außerhalb der Strombahn der magnetische Fluß zwischen den Koordinaten $+r_o$ und $+r_2$ wirksam. Er hat eine Induktivität von

$$M_{2außen} = c \cdot 0{,}2 \cdot \ln\left(\frac{r_3}{r_0}\right) [\mu H]. \tag{3.12b}$$

Zur Spannung, die über diese Gegeninduktivität in die benachbarte Masche hineingetragen wird, kommt noch die Spannung $U_{ob}$ hinzu, die an der Oberfläche des Leiters entlang der Mantellinie $c$ zwischen den Punkten $P_1$ und $P_2$ an der Oberfläche des stromführenden Leiters entsteht. Sie wird durch die Stromdichte $G(r_o)$ bestimmt, die an der Oberfläche ($r = r_o$) des Leiters herrscht, sowie durch die Leitfähigkeit $\varkappa$ des Leitermaterials:

$$U_{ob} = \frac{c}{\kappa} G(i_1 r_o) \tag{3.13}$$

Bei sinusförmigem Verlauf des Leiterstroms $i_1$ besteht zwischen $i_1$ und $G(i_1 r_o)$ eine Phasenverschiebung. In der komplexen Wechselstromrechnung kann man deshalb $U_{ob}$ in einen Real- und einen Imaginärteil auftrennen:

$$U_{ob} = U_{obreal} + j U_{obim} \tag{3.14}$$

Insgesamt entsteht damit bei sinusförmigem Strom $i_1$ in der berührenden benachbarten Masche die Spannung

$$U_x = U_{obreal} + j(U_{obim} + i_1 \omega M_{2außen}) \tag{3.15}$$

Wie die Oberflächenspannung von der Frequenz und anderen Einflußgrößen abhängt, läßt sich am besten mit Hilfe eines Ersatzschaltbildes zeigen. In ihm werden die Parameter des Realteils einem ohmschen Widerstand $R_{ob}$ und die des Imaginärteils einer Gegeninduktivität $M_{ob}$ zugeordnet (siehe Anhang 3).

Die Spannung in der benachbarten Masche wird im Ersatzschaltbild in Bild 3.9 durch die Gleichung

$$U_x = i_1 \left[ R_{ob} + j\omega \left[ M_{ob} + M_{2außen} \right] \right] \tag{3.15a}$$

beschrieben.

Die Frequenzgänge beider Spannungsanteile $i_1 R_{ob}$ und $i_1 \cdot \omega M_{ob}$ haben bei tiefen Frequenzen einen grundsätzlich anderen Verlauf als bei hohen. Es ist deshalb sinnvoll, diese Frequenzabschnitte gesondert zu betrachten. Tiefe Frequenzen sind in diesem Zusammenhang solche, bei denen die Größe

## 3.3 Leiterschleifen, die an der störenden Strombahn anliegen

$$x = \frac{r_o}{2\sqrt{2}} \sqrt{\omega\mu\varkappa} \qquad (A\ 3.7)$$

kleiner als 1 ist (siehe Anhang 3).

- **Bei tiefen Frequenzen** ($x < 1$) hat $R_i$ den Wert des Gleichstromwiderstandes $R_o$, den der Leiterabschnitt der Länge $c$ aufweist.

$$R_{ob} = R_o = cR'_o = c \frac{1}{r_o^2 \pi\varkappa} \qquad (A\ 3.11a)$$

Die Gegeninduktivität der Ersatzschaltung beträgt in diesem Frequenzbereich, unabhängig vom Radius des stromführenden Leiters, 50 nH pro Meter. Für den Abschnitt der Länge $c$ ergibt sich also

$$M_{ob} = cM'_{ob} = c \cdot 50\,[nH]. \qquad (A\ 3.12a)$$

- **Bei hohen Frequenzen** oberhalb der Grenzfrequenz, die durch $x = 1$ bestimmt wird, steigt $R_i$ als Folge von Stromverdrängung im Leiter proportional zu $x$, d.h. mit der Wurzel aus der Frequenz aus

$$R_{ob} = R_o x = R_o \cdot r_o \frac{\sqrt{\omega\mu\varkappa}}{2\cdot\sqrt{2}}. \qquad (A\ 3.11b)$$

Parallel dazu sinkt $M_i$, ausgehend von einem Wert von 50 nH pro Meter, mit der Wurzel aus der Frequenz

$$M'_{ob} = \frac{50}{x}\,[nH/m]. \qquad (A\ 3.12b)$$

Dieses Verhalten von $M'_{ob}$ ist ebenfalls eine Folge der Stromverdrängung. Durch die Konzentration des Stromes in der Nähe der Oberfläche wird das innere Magnetfeld ebenfalls zusammengedrängt, was zu einer Reduktion seiner Induktivität führt.

Insgesamt gibt es demnach im Frequenzgang der Spannung $U_x$, die gemäß Bild 3.9b in einer die Strombahn berührenden Masche entsteht, drei Bereiche (sie sind in Bild 3.10 schematisch dargestellt):
- Bei tiefen Frequenzen ($x < 1$) im Bereich I wird $U_x$ durch die ohmsche Spannung am Gleichstromwiderstand des Leiters geprägt.
- Im Bereich II oberhalb $\omega_g$ ($x = 1$) macht sich zunächst die Widerstandszunahme durch den Skineffekt bemerkbar.
- Im Bereich III bei noch höheren Frequenzen dominieren die Spannungen, die durch $M_a$ und $M_i$ induziert werden.

Bei größeren Maschen neben Strombahnen, die aus dünnen Drähten bestehen, setzt einerseits die Stromverdrängung erst bei sehr hohen Frequenzen ein. Andererseits ist die induktive Komponente schon bei Frequenzen unterhalb $x = 1$ größer als die ohmsche Spannung. Unter diesen Umständen tritt der Bereich II gar nicht in Erscheinung.

Vom Standpunkt der reinen Theorie aus betrachtet, führt eine Masche, die eine Strombahn berührt, zu einer zusammengesetzten ohmisch-induktiven Kopplung. Häufig dominiert jedoch einer der beiden Anteile, und man hat es dann praktisch entweder mit einer ohmschen oder einer induktiven Kopplung zu tun.

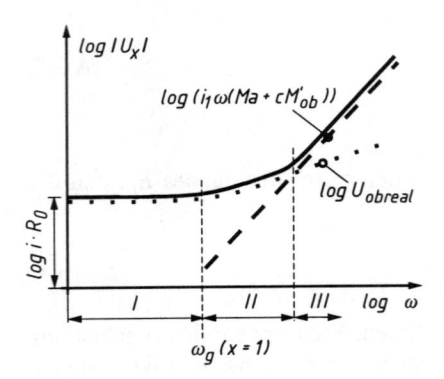

**Bild 3.10**
Prinzipieller Verlauf des Frequenzgangs der Spannung $U_x$ in einer die Strombahn berührenden Masche:
Bereich I:
Vorwiegend ohmsche Kopplung durch Gleichstromwiderstand.
Bereich II:
Vorwiegend ohmsche Kopplung mit Widerstand durch Skineffekt erhöht.
Bereich III:
Vorwiegend induktive Kopplung durch die äußere Gegeninduktivität.

Bei Störquellensignalen, die ausschließlich aus niedrigen Frequenzen bestehen ($x \ll 1$), ist der Imaginärteil der Spannung $U_x$ in der Störsenke wesentlich kleiner als deren Realteil, so daß sich die Gleichung (3.15a) zu

$$U_x \approx i1Ro \qquad (3.15b)$$

vereinfacht. Das heißt, es liegt dann praktisch eine rein ohmsche Kopplung vor.

Bei hochfrequenten Störquellensignalen ($x \gg 1$) ist meistens nicht nur der Realteil der Störsenkenspannung $U_x$ gegenüber dem Imaginärteil vernachlässigbar, sondern in der Regel fällt auch die innere Gegeninduktivität mit Werten $\ll 50$ nH/m gegenüber der äußeren Gegeninduktivität nicht ins Gewicht. Die Spannung $U_x$ wird dann im wesentlichen durch

$$U_x \approx i\omega M_{außen} \qquad (3.15c)$$

bestimmt.

♦ **Beispiel 3.5**
Mit diesem Beispiel soll vor allem die Übereinstimmung der theoretischen Erwägungen mit experimentellen Daten gezeigt werden.
Als Demonstrationsobjekt dienen zwei gleich breite und gleich lange rechteckige Leiterschleifen, deren Längsseiten jeweils in den Abständen $a$ und $b$ parallel zur Achse einer Strombahn angeordnet sind (Bild 3.11).
Als Strom $i_1$ wird der schon mehrfach benutzte Impulsstrom eines Dimmers verwendet. Sein zeitlicher Verlauf ist zum Beispiel in Bild 1.6a wiedergegeben. Er weist eine Steilheit von $1,2 \cdot 10^7$ A/s auf.
In der Anordnung (A) ist der Radius $r_A$ des stromführenden Leiters kleiner als der Abstand $b$ zur benachbarten Schleife, so daß die in der Schleife induzierte Spannung nur durch die äußere Gegeninduktivität $M_{außen}$ und die Stromsteilheit bestimmt wird.
Mit den Abmessungen $b = 5$ mm, $a = 6,6$ mm und $l = 0,5$ m ergibt sich mit der Gleichung (3.12) ein Wert für $M_{außen}$ von 28 nHy. Der zu erwartende Scheitelwert der induzierten Spannung

$$U_{XA} = M_{außen} \, di/dt$$

beträgt demnach 0,33 V. Dieses theoretische Ergebnis stimmt mit dem gemessenen Scheitelwert der Spannung $U_{XA}$ in Bild 3.11 von 0,31 Volt recht gut überein.
In der Anordnung B bildet der stromführende Leiter eine Seite der benachbarten Schleife. Weil der Radius des Leiters $r_B$ gleich dem Abstand $b$ in der Anordnung A ist, sind die magnetischen Flüsse $\Phi M_{außen}$, die die benachbarten Leiterschleifen in beiden Anordnungen durchdringen, gleich groß. Es ist also von der Theorie aus betrachtet zu erwarten, daß in dieser Anordnung durch das äußere Magnetfeld des Leiters ebenfalls eine Spannung von 0,31 Volt induziert wird.

### 3.3 Leiterschleifen, die an der störenden Strombahn anliegen

In der Anordnung B tritt aber zusätzlich noch die Spannung $U_{ob}$ auf, die an der Oberfläche des Leiters durch die dort herrschende Stromdichte entsteht. Um diese Spannung abschätzen zu können, muß zunächst die Größe $X$ ermittelt werden. Zur Abschätzung dieser Größe wird angenommen, daß die vordere Flanke des Stromes $i_1$ (gemäß Bild 1.6a) etwa einem Viertel einer 5 MHz Sinusschwingung entspricht. Mit dieser Frequenz errechnet man mit Hilfe der Formel (A 3.7) für einen Kupferleiter mit einem Radius von 5 mm einen $X$-Wert von etwa 84.

Bei einem $X$-Wert von 84 ist der Gleichstromwiderstand des 10 mm dicken Cu-Leiters (0,11 mΩ) gemäß Gleichung (A 3.12) um den Faktor $X$, also auf das 84fache zu erhöhen. Die Amplitude von $i_1$ in der Höhe von 1 A verursacht also einen Realteil der Oberflächenspannung von

$$U_{obreal} = 1 \text{ A} \cdot 84 \cdot 0{,}11 \text{ mΩ} = 9 \text{ mV}$$

Der Imaginärteil der Oberflächenspannung sollte entsprechend den Gleichungen (A3.10) und (A3.11) im Anhang 3 ebenso groß sein wie der Realteil.

Diese Oberflächenspannung in der Größenordnung von 10 mV überlagert sich zwar der Spannung von 310 mV, die durch die äußere Gegeninduktivität zustande kommt, aber sie fällt ihr gegenüber wegen des Unterschieds um Größenordnungen praktisch nicht ins Gewicht.

Die Oszillogramme der Spannung $U_{XA}$ und $U_{XB}$ in Bild 3.11 bestätigen auch diese rechnerisch ermittelten geringfügigen Unterschiede. $U_{XB}$ ist nur geringfügig größer als $U_{XA}$. Wegen der Dominanz der äußeren induzierten Spannung in $U_{BX}$ hat die Spannung auch praktisch den gleichen Verlauf wie $U_{XA}$, die allein durch die äußere induzierte Spannung bestimmt wird. ♦

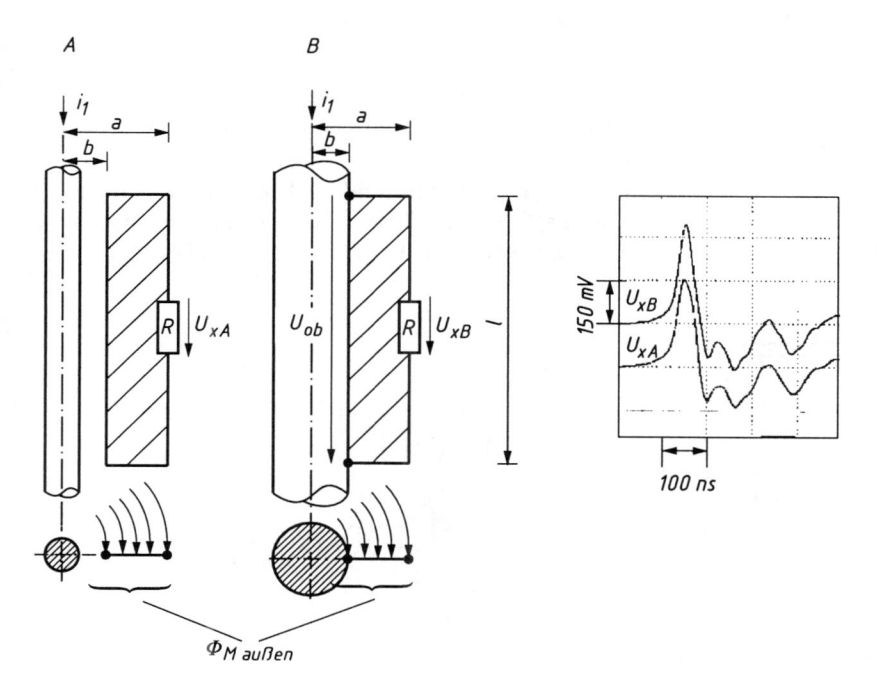

**Bild 3.11** Demonstrationsversuch zur Kopplung in Maschen, die von der Strombahn getrennt sind (A) oder sie berühren (B).

## 3.4 Abschirmen gegen magnetische Felder

Abschirmen ist ein Sammelbegriff für Verfahren und Technologien, die den Zweck haben, Felder abzuschwächen und damit die Kopplungen zu verringern.

Für Magnetfelder gibt es vom physikalischen Standpunkt aus betrachtet zwei Methoden, mit denen eine Abschirmung möglich ist:
– magnetische Gegenfelder oder
– magnetische Nebenschlüsse.

Magnetische Gegenfelder, d.h. also Felder, die dem störenden Feld entgegenwirken und es dadurch schwächen, werden technisch mit zwei unterschiedlichen Anordnungen erzeugt:

– Man kann eine einzelne Schaltungsmasche dadurch abschirmen, indem man dicht neben ihr eine niederohmige, in sich geschlossene zusätzliche Masche anbringt. In dieser parallelen Kurzschlußmasche wird durch das störende Feld ein Strom $i_2$ induziert, dessen magnetischer Fluß $\Phi(i_2)$ dem störenden $\Phi(i_1)$ entgegengerichtet ist und ihn dadurch schwächt.

  Praktisch werden solche Kurzschlußmaschen meistens so ausgeführt, daß ein Teil der zu schützenden Masche von einem leitenden Mantel koaxial umschlossen wird, und dann ein weiterer Teil der zu schützenden Kreise von der Kurzschlußmasche mit benutzt wird (Bild 3.12a).

– Die zweite technische Anordnung, mit der man nicht nur einzelne Maschen, sondern ganze Schaltungen mit Hilfe eines induzierten Gegenfeldes abschirmen kann, ist ein Gehäuse mit elektrisch gut leitenden Wänden (Bild 3.12b).

  Durch das äußere, zeitlich veränderliche magnetische Feld, gekennzeichnet durch die magnetische Feldstärke $H_a$, werden in den Wänden Wirbelströme erzeugt, die mit ihrem Magnetfeld dem äußeren Magnetfeld entgegenwirken und es dadurch schwächen.

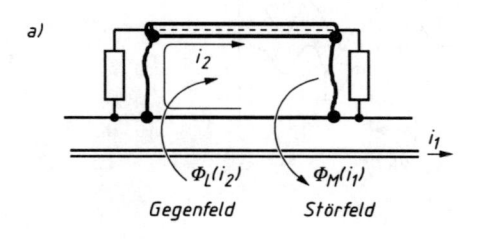

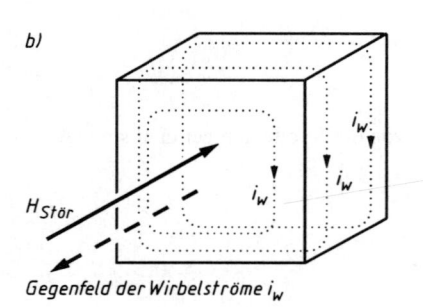

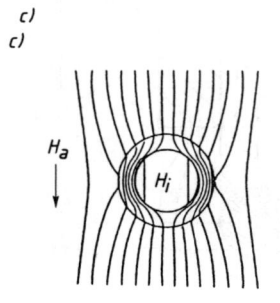

**Bild 3.12**
Die physikalischen Effekte zur Abschirmung gegen Magnetfelder,
a: Gegenfeld einer Kurzschlußmasche
b: Gegenfeld durch Wirbelströme in Gehäusewänden
c: Magnetischer Nebenschluß mit $\mu_r \gg 1$.

## 3.4 Abschirmen gegen magnetische Felder

Abschirmungen, die auf dem Prinzip induzierter Gegenfelder beruhen, haben einen Nachteil, der sich aus ihrem physikalischen Wirkungsprinzip ergibt: Weil transformatorische Induktionsvorgänge nur bei zeitlich veränderlichen Magnetfeldern zustande kommen, wirken solche Abschirmungen bei Gleichfeldern überhaupt nicht und, wie in Abschnitt 3.4.1 gezeigt wird, bei tiefen Frequenzen, wegen der unvermeidbaren ohmschen Verluste, nur sehr schwach.

Man muß deshalb zum Schutz gegen Magnetfelder von Gleichströmen oder niederfrequenten Wechselströmen (z.B. 50 Hz) das zweite, bereits erwähnte physikalische Prinzip, nämlich den magnetischen Nebenschluß einsetzen. Bild 3.12c zeigt zum Beispiel, wie das Innere eines hochpermeablen Zylinders das Feld im Innenraum schwächt, weil die Feldlinien den mit geringerem magnetischen Widerstand behafteten Weg durch die hochpermeable Zylinderwand vorziehen.

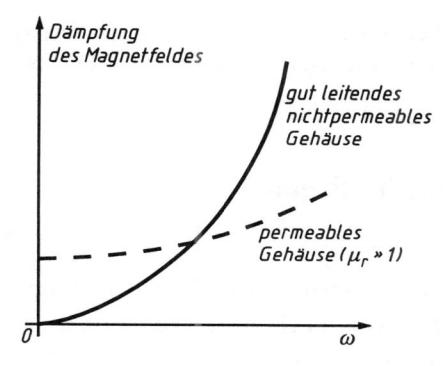

**Bild 3.13**
Prinzipieller Dämpfungsverlauf gleich großer und gleich dicker, gut magnetisch (hochpermeabler) und gut elektrisch leitender Abschirmgehäuse bei tiefen Frequenzen.

Die Abschirmwirkung einer hochpermeablen Abschirmung ist zwar bei der Frequenz Null und bei tiefen Frequenzen besser als die von elektrisch gut leitenden Gehäusen oder Maschen. Bei hohen Frequenzen ist aber die Abschirmwirkung wesentlich schlechter (Bild 3.13). Dies hat zwei Gründe. Zum einen ist der Skineffekt bei hoher Permeabilität sehr ausgeprägt, so daß die wirksame Wandstärke abnimmt. Zum anderen weisen hochpermeable Materialien eine wesentlich schlechtere elektrische Leitfähigkeit auf als zum Beispiel Kupfer. Ohmsche Verluste verringern aber die Abschirmwirkung, wie weiter unten erläutert werden wird.

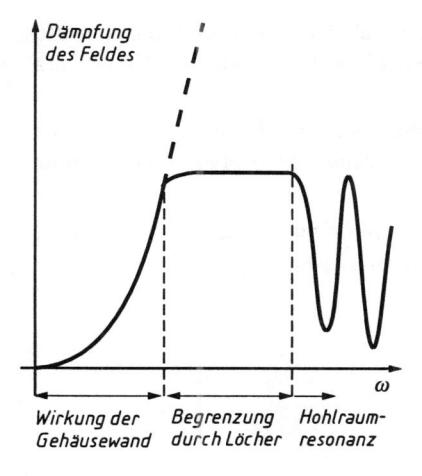

**Bild 3.14**
Prinzipieller Dämpfungsverlauf eines gut elektrisch leitenden Abschirmgehäuses vom Gleichfeld bis zu sehr hohen Frequenzen.

Wenn eine gute Abschirmung sowohl für tiefe als auch für hohe Frequenzen verlangt wird, muß man beide Abschirmverfahren kombinieren und Gehäuse mit mehreren Schalen aus einerseits elektrisch und andererseits magnetisch gut leitfähigen Materialien ineinanderschachteln.

Aber auch extrem elektrisch leitfähige Gehäuse können hohe Frequenzen nicht beliebig gut abschirmen. Ihre Abschirmwirkung wird durch zwei Effekte begrenzt:

– Alle Abschirmgehäuse weisen mehr oder weniger große Löcher und Schlitze auf, z.B. für die Bedienungselemente oder durch die Trennstellen zwischen verschraubten Gehäuseteilen. Diese Öffnungen begrenzen die erreichbare Dämpfung in Abhängigkeit von der Frequenz auf einem konstanten Niveau (Bild 3.14). Die Höhe des Niveaus wird durch die Lochgröße bestimmt.

Praktisch sind durch solche Unvollkommenheiten keine Dämpfungswerte > 120 dB erreichbar.

– Der zweite begrenzende Effekt besteht darin, daß oberhalb einer von den Gehäuseabmessungen abhängigen Grenzfrequenz Hohlraumresonanzen auftreten, die zu starken Dämpfungseinbrüchen führen (Bild 3.14).

## 3.4.1 Der Frequenzgang einer Abschirmung durch eine Kurzschlußmasche

In den passiv wirkenden Kurzschlußmaschen wird durch den störenden Fluß $\Phi_M(i_1)$ ein Strom $i_2$ erzeugt, der dann mit seinem die Selbstinduktion verursachenden Feld $\Phi_L(i_2)$ dem störenden Feld entgegenwirkt (Bild 3.12a). Wenn man eine solche Kurzschlußmasche sehr dicht neben einer Leiterschleife anbringt, die gleichzeitig durch den Fluß $\Phi_M(i_1)$ gestört wird, dann verringert das Gegenfeld $\Phi_L(i_2)$ auch den wirksamen Fluß in der gestörten Schleife und schützt sie damit vollständig oder teilweise gegen den störenden Fluß $\Phi_M(i_1)$.

Zur mathematischen Beschreibung der elektrischen Zustände in der Kurzschlußmasche gilt die bereits für das Modell einer induktiven Kopplung aus Bild 3.1 abgeleitete Gleichung (3.1)

$$i_2 = \frac{p \cdot M}{R_2 + pL_2} \cdot i_1 \qquad (3.1)$$

mit $p = j\omega$.

Im Unterschied zu der in Bild 3.1 skizzierten Anordnung ist aber $R_2$ nicht als konzentriertes Bauelement vorhanden, sondern stellt den unvermeidbaren ohmschen Widerstand der Kurzschlußmasche dar.

Die grafische Form des Frequenzgangs hat die ebenfalls schon bekannte Form mit einem linearen Anstieg von 20 dB pro Dekade und einem horizontalen Verlauf von $i_2$ oberhalb der Grenzfrequenz $\omega_o$ (Bild 3.2).

Geht man davon aus, daß praktische Kurzschlußmaschen Eigeninduktivitäten in der Größenordnung von Mikrohenry und Widerstände von einigen mΩ aufweisen, ergeben sich Grenzfrequenzen von

$$f_o = \frac{10^{-2}\Omega}{2\pi \cdot 10^{-6} H} \Omega \approx 10^3 \text{Hz}$$

## 3.4 Abschirmen gegen magnetische Felder

Für das Verständnis der Abschirmwirkung ist vor allem die Näherungsbetrachtung für hohe Frequenzen von Bedeutung. Für $\omega \gg \omega_o$ mit $\omega_o = R_2/L_2$ hatte sich die Beziehung

$$i_2 = \frac{M}{L_2} i_1 \qquad (3.2)$$

ergeben.

Die physikalische Bedeutung dieser Gleichung erkennt man nach einer kleinen Umformung:

$$i_2 L_2 = i_1 M_1 \qquad (3.2a)$$

$$i_2 \frac{\Phi_{L2}(i_2)}{i_2} = i_1 \frac{\Phi_M(i_1)}{i_1}$$

$$\Phi_{L2}(i_2) = \Phi_M(i_1) \qquad (3.2b)$$

Das heißt, nur weit oberhalb der Grenzfrequenz $\omega_o$ im horizontalen Teil des Frequenzganges ist die Voraussetzung für den angestrebten Abschirmungseffekt voll erfüllt: Hier ist der störende Fluß $\Phi_M(i_1)$ dem Betrag nach gleich dem von ihm selbst induzierten Gegenfluß $\Phi_L(i_2)$. Und weil beide Flüsse einander entgegengerichtet sind, heben sie sich gegenseitig auf. Mit anderen Worten, der von der Kurzschlußschleife umfaßte Fluß ist Null.

Praktisch wird diese Auslöschung des störenden Flusses nie vollständig erreicht, auch wenn die Kurzschlußmasche sehr dicht an der zu schützenden Schaltung liegt. Vielmehr nähert sich der schützende Fluß $\Phi_L(i_2)$ nur asymptotisch mit steigender Frequenz dem störenden Fluß $\Phi_M(i_1)$.

Als Maßstab für die Abschwächung $AM$, die man mit einer Abschirmung in einem Magnetfeld erzielt, wird in der Regel das Verhältnis des störenden Feldes zum abgeschwächten Feld benutzt. Bei der Abschirmung mit Kurzschlußmaschen handelt es sich beim störenden Feldteil um den Fluß $\Phi_M(i_1)$ und das abgeschwächte Feld besteht aus der Differenz der Flüsse $\Phi_M(i_1) - \Phi_L(i_2)$.

$$AM = \frac{\Phi_M(i_1)}{\Phi_M(i_1) - \Phi_L(i_2)} \qquad (3.2c)$$

Es wird im folgenden gezeigt, daß der für die begrenzte Abschirmwirkung verantwortliche Unterschied zwischen den Flüssen $\Phi_M(i_1)$ und $\Phi_L(i_2)$ durch den ohmschen Widerstand $R_2$ der Kurzschlußmasche zustande kommt. Es wird sich später bei der Beschreibung von Abschirmgehäusen herausstellen, daß auch ihre Wirkung durch den ohmschen Widerstand des Wandmaterials beeinträchtigt wird. Nur ist die physikalische Ursache für dieses Verhalten dort nicht so klar erkennbar wie hier bei den abschirmenden Kurzschlußmaschen. Mit anderen Worten, wenn man versteht, wie die Abschirmwirkung von Kurzschlußmaschen zustande kommt oder begrenzt wird, begreift man auch die Wirkungsweise und die Grenzen von Abschirmungen, die auf dem Prinzip der Gegenfelder durch Wirbelströme in gut leitenden Wänden beruhen.

Den Zusammenhang zwischen der Flußdifferenz und dem ohmschen Widerstand erkennt man durch eine kleine Umformung der Gleichung (3.1), wenn man zusätzlich beachtet, daß die beteiligten Induktivitäten auf ihre Ströme bezogene magnetische Flüsse sind

$$\frac{1}{p} R_2 i_2 = M i_1 - L_2 i_2 = \Phi_M(i_1) - \Phi_{L2}(i_2) \quad . \qquad (3.2d)$$

Nach Rücktransformation der Operatorgleichung in den Zeitbereich erhält man

$$\int_o^t R_2 i_2 dt = \Phi_M(i_1) - \Phi_{L2}(i_2) \ . \tag{3.2e}$$

Das heißt, die Flußdifferenz kommt zustande, weil am ohmschen Widerstand der abschirmenden Kurzschlußmasche eine Spannung entsteht und die damit verbundene Spannungs-Zeit-Fläche für den Aufbau des magnetischen Feldes $\Phi_{L2}(i_2)$ verlorengeht.

Die Abhängigkeit der Flußdifferenz von der Frequenz des störenden Feldes wird erkennbar, wenn man die Ordinaten in Bild 3.2 mit $L_2$ multipliziert. Aus der Darstellung des Stromes $i_2$ in Abhängigkeit von der Frequenz wird dann wegen der Beziehung $L_2 \cdot i_2 = \Phi_{L2}(i_2)$ der Verlauf des magnetischen Flußes $\Phi_{L2}(i_2)$ in Funktion der Frequenz (Bild 3.15).

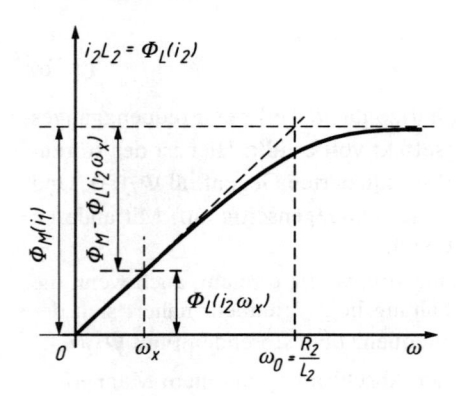

**Bild 3.15**
Der Frequenzgang der magnetischen Flüsse, die in einer abschirmenden Kurzschlußmasche wirken.
$\Phi_M$: störender Fluß,
$\Phi_{L2}$: Fluß der Eigeninduktivität der Masche,
$\Phi_M - \Phi_{L2}$: nicht kompensierter Restfluß.

Man kann die Abhängigkeit der Abschirmwirkung von den Schaltungsparametern und der Frequenz auch analytisch darstellen, wenn man die Gleichung (3.2d) in (3.2c) einsetzt

$$AM = \frac{i_1 M}{\frac{1}{p} i_2 R_2}$$

und dann noch für das Verhältnis $i_1$ zu $i_2$ die Gleichung (3.1) berücksichtigt. Es ergibt sich dann

$$AM = 1 + p \frac{L_2}{R_2} \ . \tag{3.2f}$$

Aus dieser Gleichung läßt sich ablesen, daß für eine möglichst wirksame Abschirmung ein möglichst hohes Verhältnis $L_2$ zu $R_2$ anzustreben ist. Praktisch wird dies vor allem durch einen möglichst kleinen ohmschen Widerstand der abschirmenden Masche erreicht, indem man z.B. für die Mäntel von Koaxialkabeln gut leitfähiges Material und einen möglichst großen Leiterquerschnitt benutzt. Zwar nimmt die Eigeninduktivität etwas ab, wenn man bei einer gegebenen Maschengeometrie den Leiterdurchmesser vergrößert, aber der Widerstand ändert sich durch den vergrößerten Querschnitt stärker.

## 3.4 Abschirmen gegen magnetische Felder

♦ **Beispiel 3.6**
Es wird auf der Grundlage der Gleichung 3.2 $f$ mit $p = j\omega$ berechnet, wie stark Magnetfelder, die sich mit unterschiedlicher Frequenz $\omega$ zeitlich sinusförmig verändern, durch rechteckige Kurzschlußmaschen abgeschwächt werden.
Gegenstand der Betrachtung sind zwei rechteckige Maschen mit den Kantenlängen von 0,1 m und 1 m, die mit Kabelmänteln und Drähten unterschiedlichen Durchmessers so ausgeführt werden, daß sich die in Bild 3.16 angegebenen Werte für $L_2$ und $R_2$ ergeben.
Man erkennt, daß die Masche mit den dünneren Leitern vor allem wegen des höheren ohmschen Widerstandes schlechter abschirmt als die Anordnung mit dickeren Leitern.
Zusätzlich ist bemerkenswert, daß die Abschirmwirkung bei tiefen Frequenzen unterhalb der Grenzfrequenz praktisch Null ist. ♦

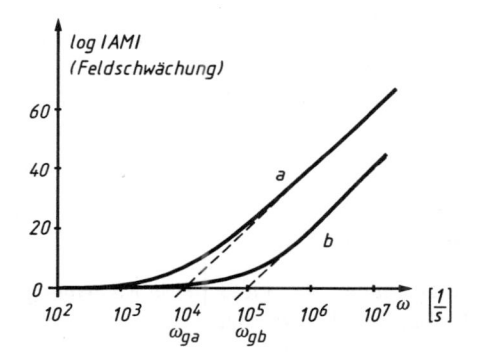

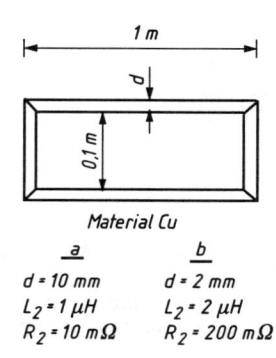

**Bild 3.16** Die Feldschwächung durch Kurzschlußmaschen, die gleich groß sind, aber unterschiedliche Drahtdurchmesser aufweisen.

Im Hinblick auf die praktische Ausführung von abschirmenden Kurzschlußmaschen ergeben sich aus den dargestellten theoretischen Erwägungen zwei Hinweise:
– Ihr ohmscher Widerstand sollte so klein wie möglich sein.
– Sie sollten möglichst dicht an der zu schützenden Masche anliegen.

Die zweite Forderung bedeutet physikalisch, daß sowohl in der Kurzschlußmasche als auch in der zu schützenden Masche der gleiche Fluß $\Phi_M(i_1)$ wirksam sein sollte. Nur dann ist sichergestellt, daß mit der Kompensation des Flusses in der Kurzschlußmasche auch der volle Fluß in der zu schützenden Masche kompensiert wird.
Das dichte Anliegen kann man z.B. mit Kabelkanälen erreichen, die zu Kurzschlußmaschen geschlossen sind, und in die die zu schützende Masche eingebettet wird (Bild 3.17a).
Die am häufigsten anzutreffende Lösung dieses Problems besteht darin, leitende Kabelmäntel durch geeignete Verbindungen zu den Abschirmgehäusen und den Bezugsleitern zu Kurzschlußmaschen zu ergänzen (Bild 3.17b). Das enge Anliegen der zur Abschirmung eingesetzten Kurzschlußmasche wird dabei wie folgt erreicht:
a) Ein Teil der zu schirmenden Masche wird gleichzeitig von der Kurzschlußmasche mitbenutzt.
b) Der verbleibende Teil der zu schirmenden Masche wird koaxial vom leitenden Mantel des Kabels umschlossen.

Die Verbindung zwischen den Geräten A und B wird also mit einem Kabel ausgeführt, das einen gut leitenden Mantel besitzt. Der Mantel wird an beiden Seiten mit dem gemeinsamen Leiter (Masse) der Systemteile A und B verbunden.

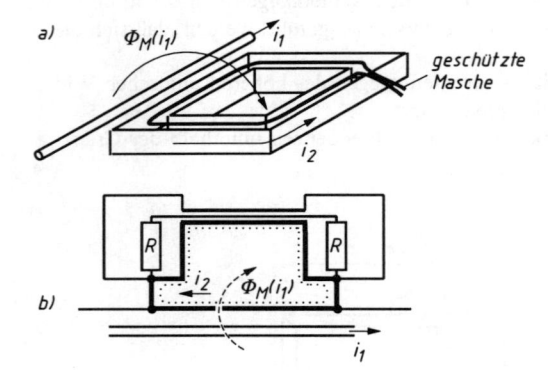

**Bild 3.17**
Die praktische Ausführung von abschirmenden Kurzschlußmaschen,
a) Masche in einer geschlossenen leitfähigen Kabelwanne,
b) Masche durch Kabelmantel und Masseleiter.

## 3.4.2 Das Impulsverhalten der Gegenfeldabschirmung

Aus Gleichung (3.1) kann man unmittelbar das Impulsverhalten der Gegenfeldabschirmung ablesen, wenn man $p$ als die Variable im Bildbereich der Laplace-Transformation interpretiert. Wenn $i_1(t)$ zum Zeitpunkt $t = 0$ einen Rechtecksprung ausführt, der im Bildbereich der Laplace-Transformation durch die Funktion

$$i1(p) = i1/p \qquad (3.16)$$

beschrieben wird, dann hat $i_2(p)$ im Bildbereich den Verlauf

$$i_2(p) = \frac{M}{R_2 + pL_2}. \qquad (3.17)$$

Dieser Funktion entspricht im Zeitbereich der Verlauf

$$i_2(t) = i_1 \cdot \frac{M}{L_2} \exp\left(-\frac{R_2}{L_2}t\right) \qquad (3.18)$$

$i_2$ springt also nach einer sprungartigen Änderung von $i_1$ auf den Wert $i_1 M/L_2$ und fällt dann exponentiell mit der Zeitkonstanten $L_2/R_2$ ab (Bild 3.18).

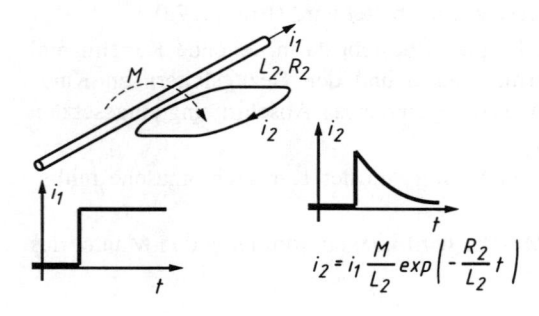

**Bild 3.18**
Das Impulsverhalten des abschirmenden Stromes $i_2$ in einer Kurzschlußmasche.

## 3.4.3 Ein Demonstrationsversuch zur Gegenfeldabschirmung mit einer Kurzschlußmasche

Als Störquelle zur Erzeugung des Stromes $i_1$ wird wieder der bereits aus früheren Versuchen bekannte Dimmer (Phasenanschnittsteuerung) benutzt, der eine Glühlampe speist.

Als Störsenke dient in dieser Versuchsanordnung eine rechteckige Leiterschleife S. Die Spannung, die in dieser Schleife entsteht, wird mit einem Tastkopf, der einen Innenwiderstand von 10 MΩ aufweist, einem Oszillographen zugeführt.

Die niederohmige, an der Störsenke eng anliegende Leiterschleife, mit der die Abschirmwirkung erzielt werden soll, wird durch einen rechteckigen Metallrahmen A gebildet, der einen U-förmigen Querschnitt hat. Der Drahtrahmen der Störsenke liegt in diesem U (Bild 3.19).

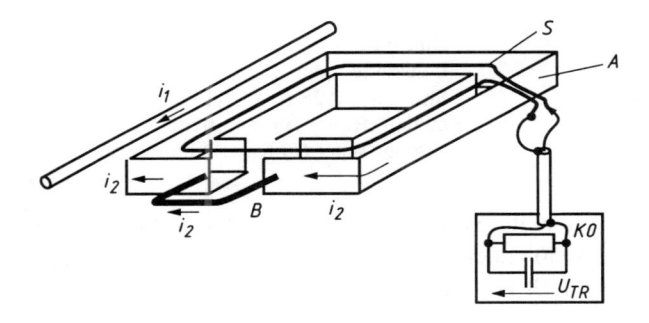

**Bild 3.19**
Einrichtung zur Demonstration der Abschirmung durch eine Kurzschlußmasche.

Der U-förmige Abschirmrahmen ist an einer Stelle durch einen Schlitz unterbrochen, der aber mit einer beweglichen Verbindung B überbrückt werden kann.

Zunächst wird die Spannung in der Störsenke – d.h. die in der rechteckigen Drahtschleife S induzierte Spannung – ohne den Abschirmrahmen A gemessen. Wenn man dieser Spannung in verschiedenen Zeitbereichen den störenden Strom gegenüberstellt, erkennt man, daß eine hohe Störspannung im ns-Bereich unmittelbar nach dem Einschalten im Spannungsscheitelwert der Wechselspannung auftritt. Im weiteren Verlauf des Wechselstromes bis zum nächsten Einschalten tritt kein vergleichbarer Spannungsimpuls mehr auf (Bild 3.20).

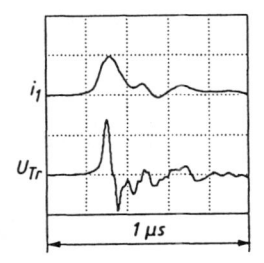

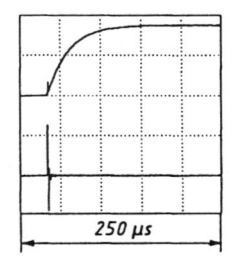

**Bild 3.20**
Störender Strom $i_1 = 0{,}75$ A und durch Abschirmung zu reduzierende Spannung $U_{TR} = 4{,}2$ V im Demonstrationsmodell
(Bild 3.19).

Als nächstes wird nun der Abschirmrahmen A, wie in Bild 3.18 skizziert, um die gestörte Leiterschleife S gelegt, und zwar noch ohne die Verbindung B, die den Trennschlitz überbrückt. D.h. der Rahmen umgibt zwar optisch die zu schützende Masche, bildet aber keine Kurzschlußmasche, weil die Trennstelle offen ist. Das Oszillogramm der Spannung, die von der Leiterschleife S abgenommen wird, zeigt denselben Verlauf wie ohne Rahmen. Der nicht zu

einer Kurzschlußmasche geschlossene Rahmen übt keinerlei Abschirmwirkung aus (Bild 3.21a).
Sobald man aber die Verbindung B herstellt und damit die Abschirmung A zu einer Kurzschlußmasche macht, in der ein Strom fließt, verschwindet die Spannung in der Schleife S (Bild 3.21b). Die Abschirmwirkung wird also nicht durch das Metall des Rahmens gebildet, sondern durch den Strom, der im Rahmen fließt.

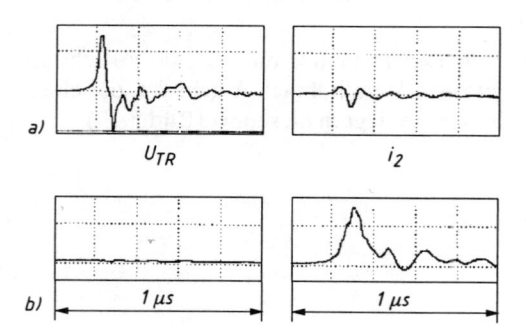

**Bild 3.21** Induzierte Spannung $U_{TR} = 4{,}2$ V und Strom $i_2 = 0{,}28$ A im Demonstrationsmodell (Bild 3.19) bei offener (a) und bei geschlossener (b) Kurzschlußmasche.

Die bereits theoretisch abgeleitete Tatsache, daß die Schutzwirkung nur bei hohen Frequenzen $> \omega_o$ bzw. bei schnellen Veränderungen des störenden Stromes wirksam ist, erkennt man aus den oszillographierten Verläufen von $i_1$ und $i_2$ (Bild 3.22).

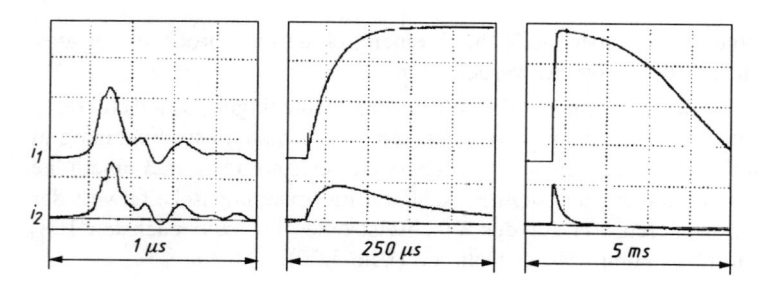

**Bild 3.22** Störender Strom $i_1 = 0{,}75$ A (im Bereich $< 1\mu s$) und abschirmender Strom $i_2 = 0{,}28$ A (im Bereich $< 1\mu s$) in der Kurzschlußmasche des Demonstrationsmodells.

Im Nanosekundenbereich sind die Verläufe von $i_2$ und $i_1$ gleich, weil in diesem Zeitbereich das System wie ein idealer Stromwandler mit dem Übersetzungsverhältnis

$$\frac{i_2}{i_1} = \frac{M}{L_2} \text{ wirkt.}$$

Der Strom $i_2$ erzeugt also nur in dem Zeitbereich ein vollständig abschirmendes Magnetfeld, in dem er $i_1$ im zeitlichen Verlauf genau folgt.
Schon bei der Zeitablenkung mit 50 $\mu s$/div und erst recht mit 1 ms/div sieht man, daß bei langsamen Stromänderungen kein Schutz mehr gewährt wird, weil $i_2$ nicht mehr dem Verlauf von $i_1$ folgt und demzufolge auch kein entsprechendes Gegenfeld aufbauen kann. Der Schutz ist in der

## 3.4 Abschirmen gegen magnetische Felder

Regel aber auch nicht nötig, weil die Stromänderungsgeschwindigkeit zu gering ist, um hohe störende Spannungen zu induzieren.

Im Zeitbereich mit 50 $\mu$s/div, in dem der Strom $i_1$ noch etwa während 100$\mu$s praktisch konstant bleibt, fällt $i_2$, wie von der Theorie mit Gleichung (3.18) vorhergesagt, exponentiell ab.

### 3.4.4 Mögliche Nebenwirkungen von $i_2$

Es gibt drei Stellen, an denen der Strom $i_2$, der zum Zweck der Abschirmung absichtlich induziert wird, zu unerwünschten Nebenwirkungen führen kann:
- an den in diesem Abschnitt analysierten Verbindungen zwischen Kabelmantel und Gerätegehäuse,
- über die Mäntel von Koaxialkabeln, durch die in Kapitel 6 näher erläuterte Kabelmantel-Kopplung und
- durch die in Abschnitt 3.4.5 beschriebene Kopplung über die Wände von Abschirmgehäusen.

Bei den Verbindungen zwischen den Enden des Kabelmantels und den Gehäusen muß man beachten, daß diese Verbindung vom Strom $i_2$ durchflossen wird. Es ist deshalb zu verhindern, daß vor allem das Magnetfeld von $i_2$, aber auch das Feld von $i_1$ an der Verbindungsstelle in den Raum zwischen Mantel und Seele des Kabels eingreift und dort eine Störspannung induziert.

♦ **Beispiel 3.7**
Vom Mantel eines Koaxialkabels (Typ RG 58) wird eine rechteckige Kurzschlußmasche gebildet, in die ein Impulsstrom $i_1$ einen Strom $i_2$ induziert (Bild 3.23).

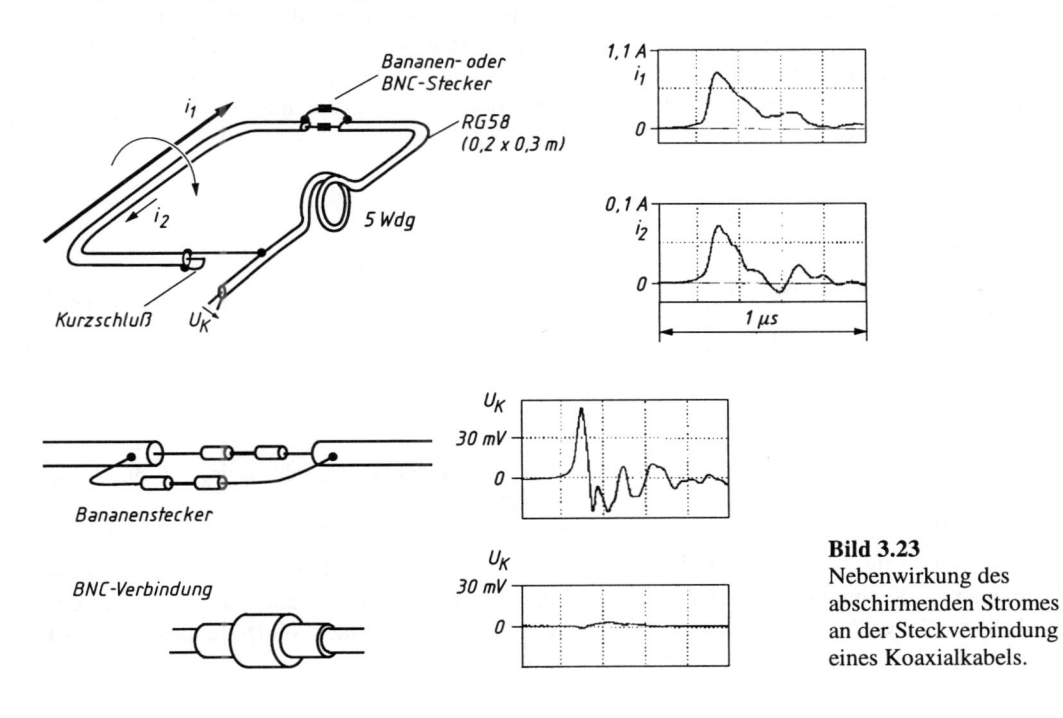

**Bild 3.23** Nebenwirkung des abschirmenden Stromes an der Steckverbindung eines Koaxialkabels.

Das Kabel ist an einer Stelle durch eine Steckverbindung unterbrochen, die einmal in Form eines koaxialen BNC-Steckers und zum anderen mit Bananensteckern ausgeführt wird.

Das Koaxialkabel ist an einem Ende kurzgeschlossen, so daß am anderen Ende die Spannungen gemessen werden können, die über das Kabel und die Stecker in das Innere gelangen.

Die registrierten Spannungen zeigen deutlich, daß der Strom $i_2$, der in der Kurzschlußmasche fließt, an der Bananenstecker-Verbindung eine Störspannung von etwa 50 mV verursacht, während mit dem BNC-Stecker praktisch keine Störung auftritt.

Die Ursache für die Störung durch die Bananenstecker ist darin zu suchen, daß der Strom $i_2$ mit seinem Magnetfeld zwischen die Stecker induzierend eingreifen kann.

Der BNC-Stecker führt den Strom $i_2$ gleichmässig koaxial und bietet so Gewähr, daß kein Magnetfeld in das Innere eindringen kann. ♦

Man muß weiterhin beachten, daß der schützende Strom $i_2$ auch über Teile der Gehäuse von A und B fließt. Wenn Gehäuse so unzweckmäßig ausgeführt sind, daß Teile von $i_2$ in das Innere des Gerätes gelangen, können dort vor allem durch das Magnetfeld des Stromes Störungen entstehen.

Aber auch wenn das Gehäuse so geschlossen ist, daß kein direkter Stromeintritt möglich ist, können, wie im folgenden Abschnitt gezeigt wird, Wandströme über den sogenannten Kopplungswiderstand im Innern störend wirken.

### 3.4.5 Abschirmung gegen Wandströme

Die Wände einer Systemabschirmung bestehen zu einem Teil aus Blechflächen, die, zu rechteckigen Körpern zusammengefügt, die einzelnen Geräte umgeben ($W_A$ und $W_B$ in Bild 3.24). Der andere Teil der Abschirmung wird von den leitenden Mänteln $W_K$ der Kabel gebildet, mit denen die Systemteile verbunden sind. Die Wirkung, die der Wandstrom $i_2$ auf die Schaltung im Innern der Abschirmung ausübt, läßt sich physikalisch besonders übersichtlich und mathematisch einfach darstellen, wenn die Wand, wie der Abschnitt $W_K$ in Bild 3.24, die Form eines Rohres hat. Die damit gewonnenen Einsichten lassen sich leicht sinngemäß auf andere Gehäuseformen übertragen. Man kann auch ihr Verhalten durch die Analyse ähnlich großer Zylinder rechnerisch abschätzen.

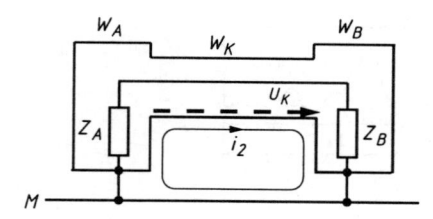

**Bild 3.24**
Die prinzipielle Struktur einer Systemabschirmung:
$W_A$, $W_B$: Abschirmgehäuse;
$W_K$: Kabelmantel;
$M$: Masseleiter.

Die Wirkung des Stromes $i_2$ auf die zylindrische Abschirmung $W_K$ besteht darin, daß durch die begrenzte Leitfähigkeit des Rohrmaterials in der Wand ohmsche Spannungen entstehen. Die Spannung $U_K$, die dabei entlang der Innenwand des Rohres zustande kommt, überlagert sich dann unbeabsichtigt im Sinn einer elektromagnetischen Beeinflussung den Betriebsspannungen. Wenn man die Spannung $U_K$ an der Innenwand des Rohres auf den Gesamtstrom $i_2$ bezieht, der im Rohr fließt, erhält man eine Größe $Z_K$, die die Dimension eines Widerstandes hat. Man bezeichnet sie als Kopplungswiderstand (transfer impedance):

## 3.4 Abschirmen gegen magnetische Felder

$$Z_K = \frac{|U_K|}{|i_2|} \qquad (3.19)$$

Durch die Innenwiderstände $Z_A$ und $Z_B$ der ausgeschlossenen Systemteile fließt demnach, wie in Bild 3.25 dargestellt, ein unbeabsichtigter und möglicherweise störender Strom

$$i_K = i_2 \frac{Z_K}{Z_A + Z_B + Z_K}. \qquad (3.20)$$

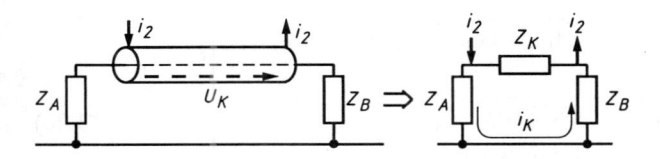

**Bild 3.25**
Die Wirkung eines Wandstromes auf die Schaltung im Innern eines Abschirmgehäuses.

Die Spannung $U_K$ an der Innenwand des Rohres ($r = r_i$) ist abhängig von der dort herrschenden Stromdichte (Bild 3.26)

$$U_K = G(r_1) \cdot \frac{1}{\kappa} \cdot l \qquad (3.21)$$

($l$ = Rohrlänge, $\kappa$ Leitfähigkeit des Rohrmaterials)

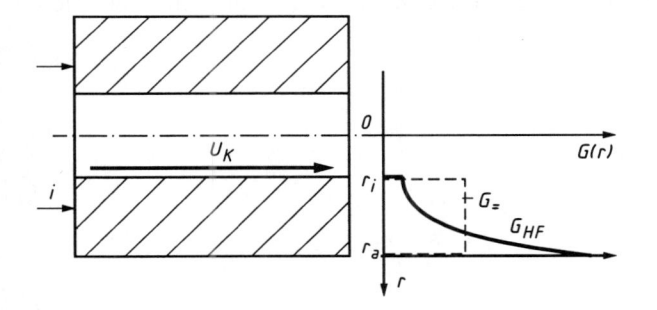

**Bild 3.26**
Zur Entstehung der Spannung $U_K$ an der Innenwand eines stromdurchflossenen Rohres.

Wenn $i_2$ ein Gleichstrom ist, verteilt sich der Strom gleichmäßig über den Rohrquerschnitt; überall im Bereich $r_i < r < r_a$ herrscht die gleiche Stromdichte,

nämlich
$$G_= = \frac{i_2}{\left(r_a^2 - r_i^2\right)\pi} \qquad (3.22)$$

Demnach ist
$$U_K = i_2 \left[\frac{l}{\left(r_a^2 - r_i^2\right)\pi\kappa}\right], \qquad (3.23)$$

wobei der Ausdruck in der Klammer den Gleichstromwiderstand $R_o$ des Rohres beschreibt

$$R_o = \frac{l}{\left(r_a^2 - r_i^2\right)\pi\kappa}. \qquad (3.24)$$

Wenn sich hingegen $i_2$ zum Beispiel in Form einer hochfrequenten Sinusschwingung zeitlich sehr schnell ändert, tritt im Rohr eine Stromverdrängung in dem Sinne ein, daß die Stromdichte an der Innenwand des Rohres kleiner wird als der Gleichstromwert (Bild 3.25). Dieser Effekt ist um so stärker ausgeprägt, je schneller sich der Strom zeitlich ändert. Weil die störende Spannung $U_K$ proportional zur Stromdichte an der Innenwand entsteht, nimmt sie mit zunehmender Frequenz von $i_2$ ab. Das heißt, die Abschirmwirkung des Gehäuses wird mit zunehmender Frequenz immer besser. Nach Schelkunoff [3.1] wird dieses Verhalten, ausgehend vom Gleichstromwiderstand $R_o$ des Rohres, durch die Gleichung

$$Z_K = R_o \frac{U}{\sqrt{\cosh U - \cos U}} \qquad (3.25)$$

beschrieben.

$$\text{Mit } U = t \cdot \sqrt{2 \kappa \omega \mu} \qquad (3.26)$$

$R_o$ = Gleichstromwiderstand der Wand
$t$ = Wanddicke
$\kappa$ = elektrische Leitfähigkeit der Wand
$\mu$ = Permeabilität der Wand
$\omega$ = Kreisfrequenz

Obwohl Gleichung 3.25 streng genommen nur für zylindrische Abschirmungen gilt, hat sich doch gezeigt, daß sie auch bei rechteckigen Schirmen zu akzeptablen Resultaten führt.
Bild 3.27 zeigt den Einfluß der Wandstärke und des Materials auf den Verlauf des Kopplungswiderstandes in Abhängigkeit von der Frequenz. Die Darstellung wurde mit Hilfe von Gleichung (3.25) errechnet.

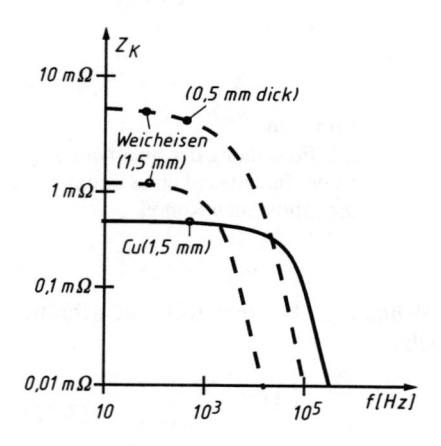

**Bild 3.27**
Vergleich der Kopplungswiderstände gleich großer, geschlossener, zylindrischer Gehäuse aus verschiedenen Materialien [3.3].

Ergänzend zu der Analyse für ein vollständig geschlossenes Gehäuse hat Kaden [3.2] die Reduktion der Abschirmwirkung durch Löcher in leitenden Gehäusewänden berechnet.
Dabei zeigt sich, daß sich die Lochwirkung in Form eines zusätzlichen Kopplungswiderstandes darstellen läßt:

$$Z_{KL} = \frac{j \omega \mu_o r_o^3}{3 \pi^2 r_a^2} \qquad (3.27)$$

mit $r_a$ = Radius des zylindrischen Abschirmgehäuses
und $r_o$ = Radius eines kreisförmigen Loches.

## 3.4 Abschirmen gegen magnetische Felder

Wenn man die Berechnung eines konkreten Kopplungswiderstandes $Z_K$ für ein geschlossenes zylindrisches Gehäuse durch die Berechnung von Lochwirkungen ergänzt, erhält man eine Darstellung, wie sie zum Beispiel in Bild 3.28 zu sehen ist. Man erkennt dort, daß die Abschirmwirkung bei hohen Frequenzen nicht mehr durch die Wände, sondern durch die Löcher bestimmt wird.

Nicht zuletzt wegen dieser Dominanz von Löchern bei hohen Frequenzen hat es in der Praxis keinen Sinn zu versuchen, die Wirkung von Wandströmen in Gehäusen mit Hilfe der Formeln (3.19) bis (3.27) genau zu berechnen, sondern man muß die Auswirkung von Strömen, die man in eine Abschirmung injiziert, messen. Mit den theoretischen Betrachtungen wurde vor allem der Zweck verfolgt, Verständnis für die physikalischen Zusammenhänge zu erzeugen und dadurch die Interpretation der Meßergebnisse zu erleichtern.

Praktische Erfahrungen haben gezeigt [3.3], daß ein Gerät in industriell elektromagnetischer Umgebung störsicher ist, wenn es bei Prüfung einen injizierten Wandstrom von 100 m $A_{eff}$ im Frequenzbereich zwischen 10 kHz und 100 MHz störungsfrei verträgt.

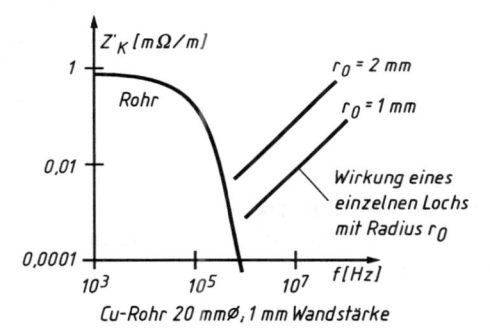

**Bild 3.28**
Der Einfluß von Löchern in der Wand auf den Kopplungswiderstand zylindrischer Abschirmgehäuse.

### 3.4.6 Verringerung von $i_2$ im Hinblick auf möglichst kleine Nebenwirkungen

Man benötigt zwar einen Strom $i_2$ in der Kurzschlußmasche, damit er mit seinem Magnetfeld die gewünschte Abschirmwirkung ausübt, aber um die im vorhergehenden Abschnitt erwähnten Nebenwirkungen in Grenzen zu halten, sollte seine Amplitude so klein wie möglich sein. Gleichung (3.2)

$$i_2 = \frac{M}{L_2} i_1,$$

die die Verhältnisse in dem Frequenzbereich beschreibt, in der die Gegenfeldabschirmung wirksam ist, bietet dafür zwei Möglichkeiten an: Man muß $M$ verkleinern oder $L_2$ vergrößern.

$M$ läßt sich mit den gleichen Maßnahmen verringern, die bereits in den Abschnitten 3.1 und 3.2 zur Reduktion der induktiven Kopplung erläutert wurden, wie z.B. größerer Abstand zur störenden Strombahn, Hin- und Rückführung des störenden Stromes dicht zusammen verlegen usw.

$L_2$ zu vergrößern, indem man die zu schützende Schaltungsmasche und die schützenden Kurzschlußmaschen räumlich ausdehnt, macht in der Regel wenig Sinn, weil damit meistens gleichzeitig das Ausmaß der eigentlich zu verringernden Nebeneffekte vergrößert wird, denn durch die längeren abgeschirmten Kabel nimmt die Kabelmantelkopplung (siehe Kapitel 6) zu und wirkt damit dem angestrebten Kompensationseffekt entgegen.

Ein wirksames Verfahren, $L_2$ zu vergrößern, besteht darin, den Fluß $\Phi_L(i_2)$ wenigstens teilweise durch hochpermeables Material zu leiten. Dadurch kann dann der zum Schutz notwendige Fluß $\Phi_L$ mit einem geringeren Strom $i_2$ erzeugt werden. Weil es dabei um die Abschirmwirkung oberhalb der Grenzfrequenz $\omega_o = R_2/L_2$ geht, die in der Regel größer als $10^4$ Hz ist, muß dazu ein Material verwendet werden, dessen Permeabilität auch bei hohen Frequenzen noch hinreichend wirksam ist, z.B. Ferrit.

**Demonstrationsversuch zur Verringerung von $i_2$ mit einem Ferritkern**

Es wird die gleiche Anordnung benutzt wie zum Demonstrationsversuch der Gegenfeldabschirmung mit einer Kurzschlußmasche (Abschnitt 3.4.3). Der hochpermeable Bereich für den Fluß $\Phi_L$ wird durch einen Ferritkern gebildet, der den Metallrahmen der Kurzschlußmasche an einer Stelle umfaßt (Bild 3.29).

Eine orientierende Messung der Eigeninduktivität $L_2$ des Rahmens mit Hilfe einer Meßbrücke bei einer Frequenz von 1 kHz ergibt $L_2$-Werte von 0,9 $\mu$H ohne Ferritkern und 3 $\mu$H mit Ferritkern.

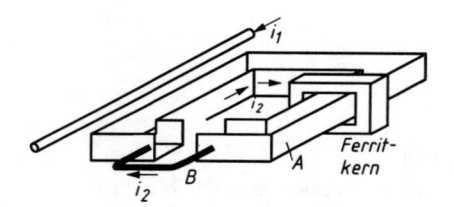

**Bild 3.29**
Vorrichtung, um die Reduktion von $i_2$ in einer Kurzschlußmasche mit Hilfe eines Ferritkerns zu demonstrieren.

Die Oszillogramme von $i_2$ in Bild 3.30 bestätigen, daß $i_2$ durch den Ferritkern deutlich verringert wird, allerdings nicht, wie aus der Induktivitätsmessung zu erwarten, um den Faktor 3, sondern nur um einen Faktor zwei. Die Differenz ist wahrscheinlich auf eine niedrigere Permeabilität des Ferrits bei hohen Frequenzen zurückzuführen.

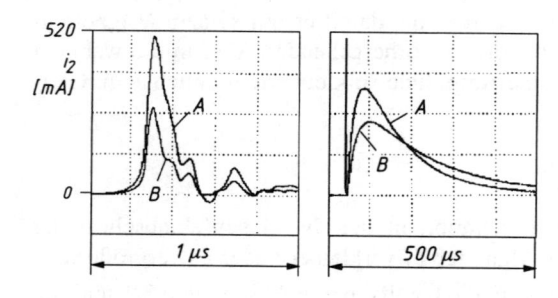

**Bild 3.30**
Der Strom $i_2$ in der Demonstrationsvorrichtung (Bild 3.29) ohne (A) und mit (B) Ferritkern.

Durch die größere Eigeninduktivität $L_2$ wird aber, wie die Oszillogramme zeigen, nicht nur die Amplitude von $i_2$ verringert, sondern zusätzlich nimmt noch die Zeitkonstante zu, mit der $i_2$ exponentiell abfällt. Diese Erscheinung ist zum einen im Einklang mit der Theorie, die durch die Gleichung (3.18) ausgedrückt wird, denn dort steht $L_2$ im Exponenten der Exponentialfunktion. Zum anderen ist diese Verlängerung der Zeitkonstanten bzw. die Verschiebung der Grenzfrequenz $\omega_o = R_2/L_2$ nach unten praktisch durchaus erwünscht, weil damit der Frequenz- bzw. der Zeitbereich der Abschirmwirkung ausgedehnt wird.

## 3.4 Abschirmen gegen magnetische Felder

◆ **Beispiel 3.8**
Beispiel 3.6 zeigte, wie ein in einer Koaxialkabelmasche induzierter Strom $i_2$ eine Störung $U_K$ in einer Steckverbindung hervorrief, die mit Bananenstecker ausgeführt war.
Wenn man das die Masche bildende Koaxialkabel an einer Stelle mit 5 Windungen durch einen Ferritkern mit einem Querschnitt von etwa 1 cm² führt, verringert sich, wie Bild 3.31 zeigt, $i_2$ und als Folge davon auch die Störspannung $U_K$.  ◆

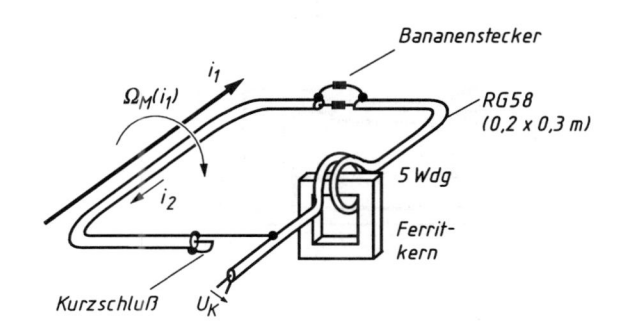

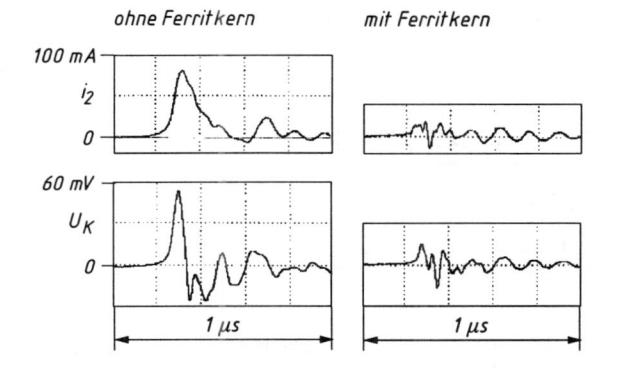

**Bild 3.31** Verringerung der Störwirkung durch einen Ferritkern in einer Koaxialkabelmasche.

### 3.4.7 Typische Fehler bei der Abschirmung mit Kurzschlußmaschen

Im Zusammenhang mit leitenden Kabelmänteln, die als Abschirmung gegen zeitlich veränderliche Magnetfelder wirken sollen, begegnet man im wesentlichen fünf Fehlern:

1. Die Kurzschlußmasche wird nicht geschlossen.
2. Die Verbindung zwischen Kabelmantel und Gehäuse wird unsachgemäß ausgeführt.
3. Der über die Gehäuse A und B fließende Strom $i_2$ der Kurzschlußmasche stört die Funktion von A und B.
4. Es wird nicht beachtet, daß Kabelmäntel nicht vollständig abschirmen, sondern daß auch über die Kabelmantelkopplung (s. Kapitel 6) elektrische Vorgänge in das Innere des Kabels gelangen.
5. Es wird nicht beachtet, daß das geschilderte Abschirmprinzip nur bei hohen Frequenzen $\omega \gg \dfrac{R_2}{L_2}$ funktioniert.

**Bemerkung zur ersten Fehlermöglichkeit:**

Die Analyse des physikalischen Vorgangs hatte gezeigt, daß die Abschirmwirkung nicht vom Metall des Kabelmantels ausgeht, sondern vom Magnetfeld des Stromes $i_2$, der in der Kurzschlußmasche fließt.

Wenn der Kabelmantel aber nur an einer Seite oder überhaupt nicht an die Masse angeschlossen (Bild 3.32b, c, d), ist die Kurzschlußmasche unterbrochen, $i_2$ kommt nicht zustande und kann demzufolge mit seinem Magnetfeld auch nicht schützend wirken.

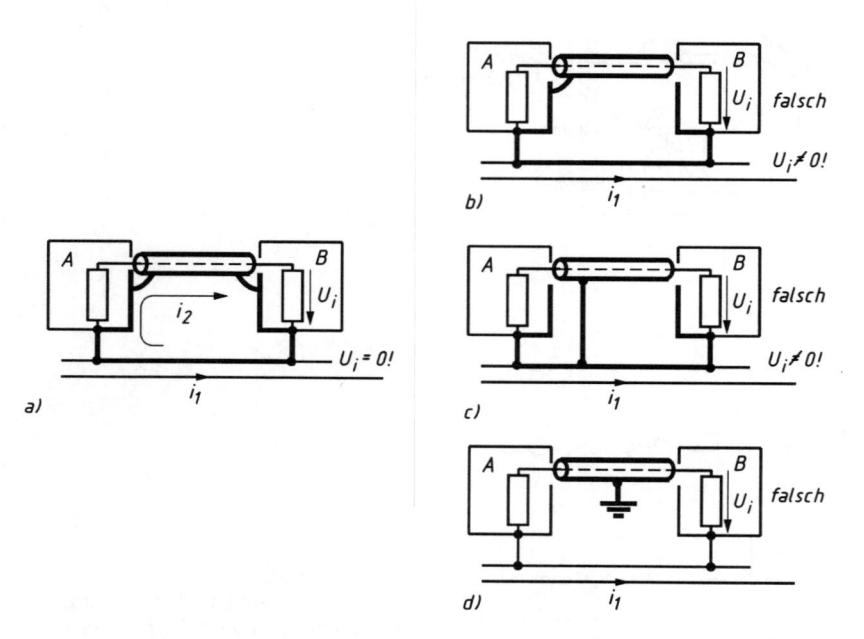

**Bild 3.32** Richtige (a) und falsche ((b), (c), (d)) Verbindungen zum Koaxialkabelmantel, um ein zeitlich veränderliches Magnetfeld abzuschirmen.

Unter anderen physikalischen Voraussetzungen können die Schaltungen b) und c) durchaus als Abschirmungen wirken, und zwar dann, wenn es darum geht, quasistationäre elektrische Felder abzuschirmen. Was dabei an Randbedingungen zu beachten ist, wird in Abschnitt 4.4 näher beschrieben.

### 3.4.8 Abschwächung schnell veränderlicher Magnetfelder durch metallische Gehäuse

Obwohl elektrisch gut leitende Kurzschlußmaschen und elektrisch gut leitende Gehäuse, wie zur Einleitung dieses Kapitels bereits geschildert wurde, mit Hilfe des gleichen physikalischen Prinzips abschirmen, nämlich mit induzierten Gegenfeldern, unterscheiden sich beide Abschirmverfahren doch tiefgreifend voneinander im Hinblick auf ihre räumliche Abschirmwirkung: Eine Kurzschlußmasche bietet nur für den Rand der Masche Schutz, während ein Abschirmgehäuse den gesamten Innenraum abschirmt.

## 3.4 Abschirmen gegen magnetische Felder

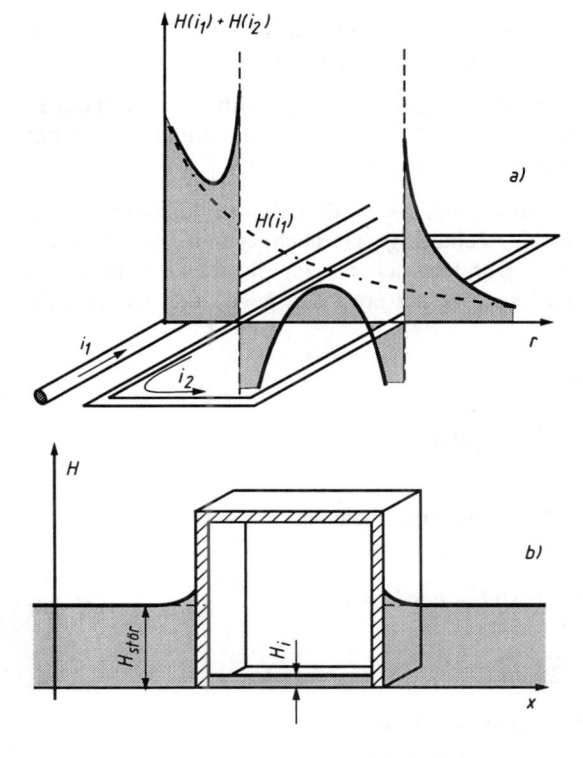

**Bild 3.33**
Verlauf der magnetischen Feldstärke quer durch eine Kurzschlußmasche (a) und durch ein Abschirmgehäuse (b).

In der Fläche der Kurzschlußmasche wird zwar weit oberhalb der Grenzfrequenz der resultierende magnetische Fluß auf ein außerordentlich geringes Maß reduziert, keineswegs aber die Feldstärke. Bild 3.33a zeigt den Verlauf der resultierenden magnetischen Feldstärke auf einer Achse, die durch die Hilfe einer rechteckförmigen Kurzschlußmasche senkrecht zur störenden Strombahn verläuft. Es ist erkennbar, daß die resultierende Feldstärke in unmittelbarer Nähe des Maschenrandes sogar höher ist als die ursprüngliche Feldstärke der störenden Strombahn.

Während man mit einer Kurzschlußmasche nicht einmal eine Fläche, sondern nur deren Rand abschirmen kann, reduziert ein elektrisch gut leitendes Gehäuse die Feldstärke eines von außen einwirkenden zeitlich schnell veränderlichen magnetischen Feldes im ganzen Innenraum (Bild 3.33b). Das Gleiche leisten auch magnetisch gut leitende hochpermeable Gehäuse für zeitlich konstante oder niederfrequente magnetische Felder.

Zur Vorausberechnung von Abschirmungen wurden von verschiedenen Autoren Verfahren mit verschiedenen theoretischen Grundansätzen bereitgestellt. Die beiden bedeutendsten sind Kaden und Schelkunoff.

Kaden [3.2] geht vor allem von den in den Wänden induzierten Wirbelströmen aus und leitet aus deren Berechnung die Schirmwirkung ab. Er berücksichtigt aber auch nicht-quasistationäre Erscheinungen bei räumlich ausgedehnten Schirmen.

Schelkunoff [3.4] geht dagegen von einer Wanderwellenauffassung aus und berechnet die Schirmwirkung mit Hilfe gebrochener und reflektierter Wellenanteile.

Allen theoretischen Ansätzen ist gemeinsam, daß sie nur im Frequenzbereich unterhalb 1 MHz und für Dämpfungswerte, die kleiner sind als etwa 50 dB, zu Ergebnissen führen, die mit Meßergebnissen an ausgeführten Abschirmungen einigermaßen – d.h. besser als 10 dB – übereinstimmen. Erzielte bessere Übereinstimmungen zwischen Messung und Rechnung, die über die erwähnten Grenzen hinausgehen, sind mit großer Wahrscheinlichkeit zufällig.

Der Wert der Theorien liegt deshalb nicht in erster Linie darin, mit ihrer Hilfe Abschirmungen wirklich vorausberechnen zu können, sondern sie vermitteln Informationen darüber, in welcher Richtung die wichtigsten Einflußgrößen die Abschirmwirkung beeinflussen.

Es hat sich im Rahmen der erwähnten Grenzen (bis 1 MHz; < 50 dB) als zweckmässig und für praktische Zwecke hinreichend erwiesen, sowohl rechteckige als auch zylindrische Abschirmungen bis zu einem Verhältnis von Länge zu Durchmesser < 1 für die Berechnung durch kugelförmige Gehäuse zu ersetzen, wobei der Durchmesser etwa den gegebenen Gehäuseabmessungen entspricht, [3.3], [3.5].

Das Verhältnis der Außen- zur Innenfeldstärke

$$AM = 20 \log \frac{H_{außen}}{H_{innen}} [\text{dB}]$$

kann man auch nach Cake [3.3] mit folgenden Gleichungen berechnen:

$$AM = 20 \log \sqrt{\left(\frac{r_a U}{6 t}\right)^2 (\cosh U - \cos U) + 1} \qquad (3.28)$$

$$U = t \cdot \sqrt{2 \varkappa \omega \mu} \qquad (3.29)$$

$\omega$ = Frequenz des abzuschirmenden Feldes
$\varkappa$ = elektrische Leitfähigkeit der Kugelwand
$\mu$ = Permeabilität der Kugelwand
$r_a$ = Außenradius der Kugel
$t$ = Wandstärke

♦ **Beispiel 3.9**
In diesem Beispiel wird die Abschwächung von Magnetfeldern durch ein rechteckiges Gehäuse aus elektrisch leitendem, nichtferromagnetischem Material (Messing) beschrieben. Das Gehäuse hat die Abmessungen 90 x 150 x 250 mm und weist eine Wandstärke von 0,8 mm auf.
Für die äquivalente Kugel wurde ein Durchmesser von 200 mm gewählt. Als Material wurde der Berechnung ebenfalls Messing mit einer Wandstärke von 0,8 mm zugrunde gelegt.
In Bild 3.34b ist die äquivalente Kugel massstabgetreu in das rechteckige Gehäuse eingezeichnet. Die Messwerte zeigen, dass, ähnlich wie bei den leitenden Kurzschlussmaschen, bei tiefen Frequenzen keine Abschirmwirkung vorhanden ist (Bild 3.34a). Die Berechnung mit Hilfe der Gleichung (3.29) auf der Grundlage einer als äquivalent angenommenen Kugel bestätigt die Messergebnisse. ♦

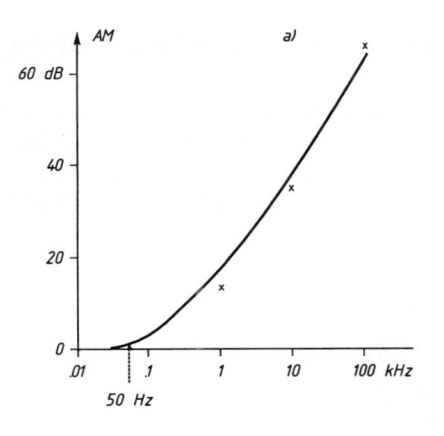

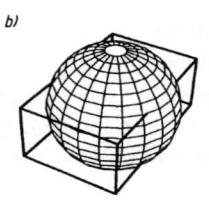

## 3.4 Abschirmen gegen magnetische Felder

**Bild 3.34**
a) Dämpfung sinusförmig veränderlicher Magnetfelder durch ein recheckiges Gehäuse aus Messingblech mit den Abmessungen 90 x 150 x 250 mm und einer Wandstärke von 1 mm
— Rechnung nach Gleichung (3.29) mit äquivalenter Kugel
x Messung
b) Approximation des Gehäuses durch eine als äquivalent angenommene Kugel mit einem Radius von 100 mm als Grundlage für die Berechnung.

In der folgenden Tabelle sind einige Werkstoffdaten zusammengestellt, die für Abschirmgehäuse von Bedeutung sind.

| Werkstoff | relative Permeabilität $\mu_r$ | relative Leitfähigkeit $\varkappa_r$ |
|---|---|---|
| Kupfer | 1 | 1 |
| Aluminium | 1 | 0,6 |
| Eisen | 60 – 200 | 0,18 |
| Mu-Metall | $3 \cdot 10^4 - 7 \cdot 10^4$ | 0,03 |

(die relative Leitfähigkeit $\varkappa_r$ bezieht sich auf Kupfer mit $\varkappa = 57$ S m/mm²)

Für die praktische Dimensionierung einer Abschirmung ist es nicht nur wichtig zu wissen, wie dick etwa die Wandstärke, die Leitfähigkeit und die Permeabilität sein müssen, sondern es ist auch notwendig, eine Vorstellung von der Größe der Löcher zu haben, die man zwangsläufig für verschiedene Zwecke in der Abschirmung anbringen muß. Die Theorie [3.6] läßt mit dem Ausdruck

$$AM_{Loch} = 20 \log \left( 0{,}34 \cdot \frac{Q}{a^3 \cdot W} \right) \qquad (3.30)$$

$Q$ = Querschnitt des Gehäuses
$W$ = Breite des Gehäuses
$a$ = Lochradius

erwarten, daß ein kreisförmiges Loch einen Dämpfungsbeitrag leistet, der unabhängig von der Frequenz ist. Mit anderen Worten, die mit zunehmender Frequenz ansteigende Dämpfung eines vollständig geschlossenen Gehäuses ist nur bis zu derjenigen Frequenz wirksam, bei der das Dämpfungsniveau eines Loches erreicht ist. Von dieser Frequenz an erzwingt das Loch bei weiter steigender Frequenz einen konstanten Dämpfungsverlauf.

Diese theoretisch vorausgesagte Wirkung eines Loches in einer Abschirmwand wird durch die Messung recht gut bestätigt (Bild 3.35).

Die dort wiedergegebenen Ergebnisse von einzelnen Löchern in einem rechteckigen Gehäuse aus 1,5 mm dickem Aluminium mit der Kantenlänge von 0,5 m x 0,5 m x 0,2 m zeigen, daß bei mittleren Dämpfungsanforderungen von etwa 50 dB, – d.h. immerhin eine Feldabschwächung um den Faktor 300 – ein recht großes Loch mit einem Durchmesser von 100 mm in der Wand toleriert werden kann.

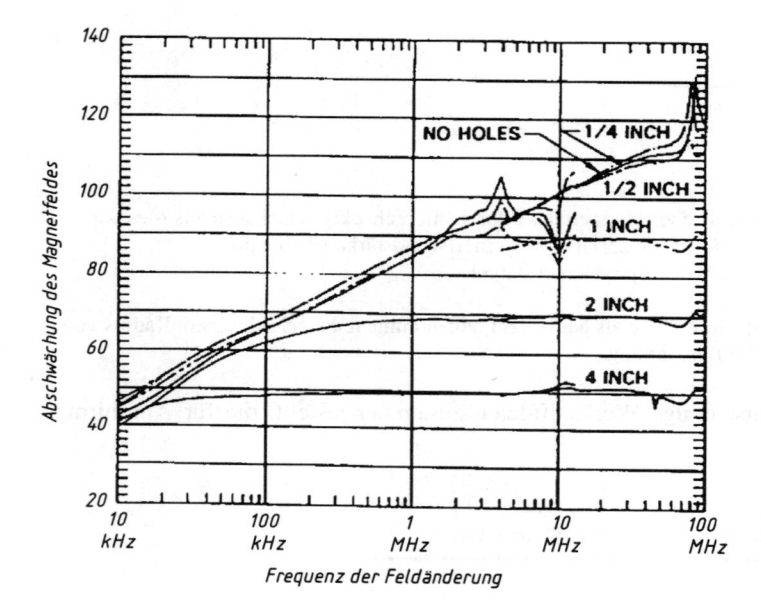

**Bild 3.35**
Der Einfluß von Löchern in der Gehäusewand auf die Abschirmwirkung gegen Magnetfelder [3.6].

In diesem Zusammenhang muß aber ausdrücklich darauf hingewiesen werden, daß elektrisch gut leitfähige Abschirmgehäuse, die auf dem Prinzip von Gegenfeldern durch induzierte Wirbelströme beruhen, abgesehen von Löchern in der in Bild 3.35 angedeuteten Größenordnung, überall geschlossen sein müssen. Geschlossen heißt, daß sie als Ganzes den schützenden Wirbelströmen Strombahnen bieten müssen. Diese Ströme dürfen nicht durch Schlitze zwischen zusammengefügten Wänden oder Gehäusedeckeln beliebig unterbrochen werden. Leitfähigkeitsabschirmungen sind deshalb, wenn irgend möglich, zu verschweißen oder zu verlöten und an den unvermeidbaren Trennstellen mit hinreichend dicht angeordneten Schrauben zu verbinden. Bei hohen Dämpfungsanforderungen müssen die Verschraubungen noch durch leitende Dichtungen ergänzt werden.

Besonders ungünstig sind Gehäuse, die aus eloxierten Aluminiumteilen zusammengesetzt werden, weil die Eloxierschichten elektrisch schlecht leiten und dadurch die für die Abschirmwirkung notwendigen Wirbelströme an vielen Stellen unterbrechen.

### 3.4.9 Abschirmen gegen statische und niederfrequente Magnetfelder

In den vorangegangenen Abschnitten wurde gezeigt, dass das physikalische Prinzip des induzierten Gegenfeldes seine Schirmwirkung gegen Magnetfelder erst bei hohen Frequenzen entfaltet und bei tiefen Frequenzen unwirksam ist. Selbst wenn die Schirme aus elektrisch sehr gut

## 3.4 Abschirmen gegen magnetische Felder

leitfähigem Material bestehen, wie z.B. Kupfer, setzt die Schirmwirkung erst im kHz-Bereich ein. Dies gilt sowohl für Schirme in Form von Kurzschlussmaschen, die mit Kabelmänteln gebildet werden (Abschnitt 3.4.1) als auch für Abschirmgehäuse (Abschnitt 3.4.8).

Um Schirmwirkungen bei tiefen Frequenzen zu erreichen, besonders gegenüber den häufig anzutreffenden netzfrequenten Magnetfeldern, muss man ein anderes physikalisches Prinzip anwenden und zwar das des magnetischen Nebenschlusses. Seine Wirkung wird in Bild 3.36 skizziert:

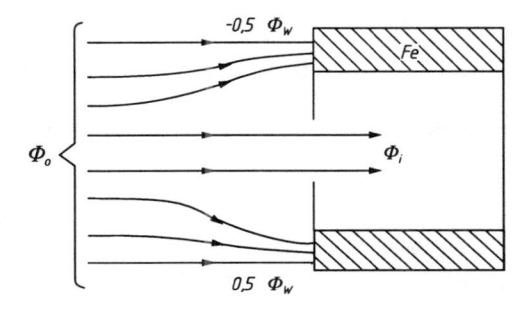

**Bild 3.36**
Modell zur Berechnung der Abschirmwirkung durch einen magnetischen Nebenschluss.

Das Gerät ist von einer rohrförmigen Abschirmung aus ferromagnetischem Material umgeben. Die Wand dieses Rohres bietet dem magnetischen Fluss einen geringeren magnetischen Widerstand als die Luft im Innern des Rohres und bildet damit einen magnetischen Nebenschluss zum Rohrinnern. Wenn das Rohrmaterial eine sehr hohe Permeabilität aufweist und die Rohrwand hinreichend dick ist, fliesst der grösste Teil des Flusses durch die Rohrwand und nur noch ein geringer Anteil durch das Innere des Rohres.

Als Grundlage für eine näherungsweise Berechnung der Abschirmwirkung wird angenommen, dass sich das zu schirmende Gerät ohne Abschirmung in einem homogenen Fluss $\Phi_o$ befindet. Mit der Abschirmung wird das Feld inhomogen und der Fluss teilt sich auf in einen Teil $\Phi_W$, der in der Rohrwand fliesst, und einen Teil $\Phi_i$, der durch die Luft im Innern des Rohres hindurchtritt.

Die Abschwächung $AM$, die das Feld im Inneren des Rohres durch den hochpermeablen Nebenschluss der Rohrwand erfährt, kann man in erster Näherung mit der Schwächung des Flusses im Rohrinnern gleichsetzen. So ergibt sich

$$AM = \frac{\Phi_o}{\Phi_i} = \frac{\Phi_W + \Phi_i}{\Phi_i} \,. \tag{3.31}$$

Die Flussaufteilung in $\Phi_W$ und $\Phi_i$ erfolgt entsprechend den jeweiligen magnetischen Leitwerten. Die Leitwerte sind proportional den Flächen $F_W$ und $F_i$, die von den Teilflüssen durchdrungen werden, und sie sind weiterhin proportional der zugehörigen relativen Permeabilität. So folgt aus der Gleichung (3.31)

$$AM = \frac{F_W \cdot \mu_W + F_i \mu_i}{F_i \mu_i} \tag{3.32}$$

◆ **Beispiel 3.10**
Gegenstand der Messung und Berechnung ist eine handelsübliche Abschirmung für Bildröhren, wie sie in Computern oder Fernsehgeräten verwendet werden. Die Aufgabe der Abschirmung besteht darin, Magnetfelder, die seitlich auf den Elektronenstrahl der Bildröhre auftreffen, abzuschwächen, weil Felder aus dieser Richtung den Strahl durch die Lorentzkraft (siehe Bild 1.11) unabsichtlich ablenken.

Die Abschirmung wird durch ein einseitig etwas abgeflachtes Rohr gebildet (Bild 3.37), das über die zu schützende Bildröhre geschoben wird. Die Rohrwand besteht aus Mu-Metall mit einer relativen Permeabilität von 10'000 und ist 1 mm dick.

Der Elektronenstrahl verläuft in Richtung der Achse des Abschirmrohres. Die Abschirmung bildet mit dem in Bild 3.37 schraffiert hervorgehobenen Querschnitt $F_W$ der Rohrwand den magnetischen Nebenschluss für das Magnetfeld $H_{stör}$, das senkrecht zur Rohrachse auf das Abschirmrohr auftritt.

Mit dem Querschnitt des Nebenschlusses $F_W = 1400$ mm², dem inneren Querschnitt $F_i = 1{,}2 \cdot 10^5$ mm², der relativen Rohrwandpermeabilität $\mu_W = 10'000$ und der relativen Permeabilität des Rohrinneren (Luft) mit $\mu_i = 1$ erhält man rechnerisch mit Formel (3.32) eine Dämpfung von

$$AM \approx \frac{1{,}4 \cdot 10^3 \,\text{mm}^2 \cdot 10^4 + 1{,}2 \cdot 10^5 \,\text{mm}^2 \cdot 1}{1{,}2 \cdot 10^5 \,\text{mm}^2 \cdot 1} = 116 \,(= 41\,\text{dB})$$

Dieser Wert stimmt etwa mit der gemessenen Dämpfung im Bereich tiefer Frequenzen (z.B. bei 50 Hz) überein. (Bild 3.37a).

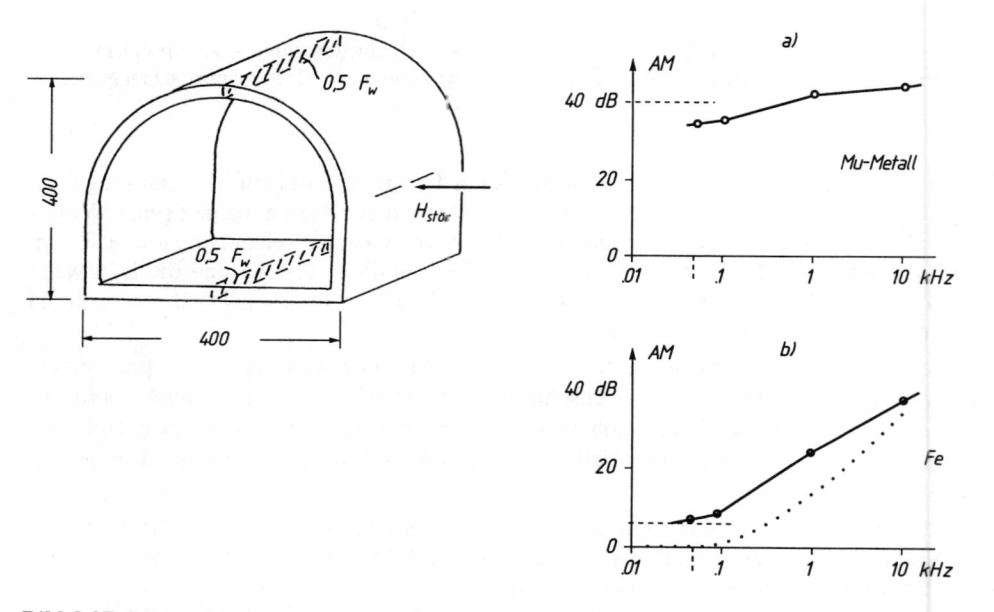

**Bild 3.37** Magnetfelddämpfungen von Bildschirmabschirmungen aus Mu-Metall (a) und Eisen (b)
- - - - berechnet aus Nebenschluss (Gleichung 3.32)
.......... berechnet als elektrisch leitende Abschirmung (Gleichung 3.29)
——o—— Messung

Ersetzt man die Mu-Metall-Abschirmung durch ein Rohr gleichen Durchmessers und gleicher Länge aus Eisen ($\mu_W = 200$) mit einer Wandstärke von 1 mm, dann ergibt die Messung den in Bild 3.37b dargestellten Verlauf. Er entsteht durch eine Überlagerung von zwei physikalischen Effekten:
- Bei tiefen Frequenzen (z.B. bei 50 Hz) ist der magnetische Nebenschluss des Eisens wirksam. Eine Berechnung auf der Grundlage der Gleichung (3.32) ergibt

$$AM = \frac{1{,}4 \cdot 10^3 \,\text{mm}^2 \cdot 10^2 + 1{,}2 \cdot 10^5 \,\text{mm}^2 \cdot 1}{1{,}2 \cdot 10^5 \,\text{mm}^2 \cdot 1} = 2 \,(= 6\,\text{dB})$$

Dies entspricht etwa den Messwerten.
- Mit zunehmender Frequenz steigt die Dämpfung der Eisenabschirmung an. Dies ist der im vorangegangenen Abschnitt 3.4.8 beschriebene Abschirmeffekt durch das Gegenfeld induzierter Wandströme.

In Bild 3.37 b ist punktiert der Verlauf der Dämpfung eingezeichnet, der theoretisch nach Gleichung (3.29) von diesem Effekt zu erwarten wäre. Grundlage der Rechnung ist eine äquivalente Kugel mit einem Radius von 200 mm und einer Wandstärke von 1 mm.

Der gemessene Dämpfungsverlauf ist also durch die Überlagerung von Nebenschluss und Gegenfeldabschirmung erklärbar. ♦

## 3.5 Literatur

[3.1]   *Schelkunoff, S.A.*: The electromagnetic theory of coaxial transmission lines and cylindrical shields
Bell System Technical Journal Vol. 13, pp. 532-579

[3.2]   *Kaden, H.*: Wirbelströme und Schirmung in der Nachrichtentechnik
2. Auflage (Springer, Berlin 1959)

[3.3]   *Cake, B.V.*: Aspects of the design of sreened boxes
EMC Symposium Montreux 1975

[3.4]   *Schelkunoff, S.A.*: Electromagnetic Waves
Van Nostrand, Princeton 1943

[3.5]   *Mager, A.*: Der magnetische Längsabschirmfaktor von zylinderförmigen Abschirmungen
ETZ-A Bd 89 (1968) S. 11-14

[3.6]   *Hoeft, L.O.*: How big a hole is allowable in a shield
IEEE Symposium on Electromagnetic Compatibility 1986, pp. 55-58

# 4 Die quasistationäre kapazitive Kopplung

Eine kapazitive Kopplung kommt etwa wie folgt zustande:
Im Isolierstoff, der sich zwischen zwei spannungsführenden Leitern befindet, z.B. Luft, existiert immer ein elektrisches Feld. Wenn sich die Spannung ändert, fließt diffus verteilt durch das Feld ein Strom, der sogenannte Verschiebungsstrom $i_v$, und zwar quer durch das Isoliermaterial von einem Leiter zum anderen. Falls sich zwei Leiter eines anderen Schaltungsteils oder eines fremden Systems in einem solchen Feld befinden, fließt ein Teil des Verschiebungsstromes über den Innenwiderstand dieser Schaltung und erzeugt dabei eine Spannung, die unter Umständen störend wirkt (Bild 4.1).

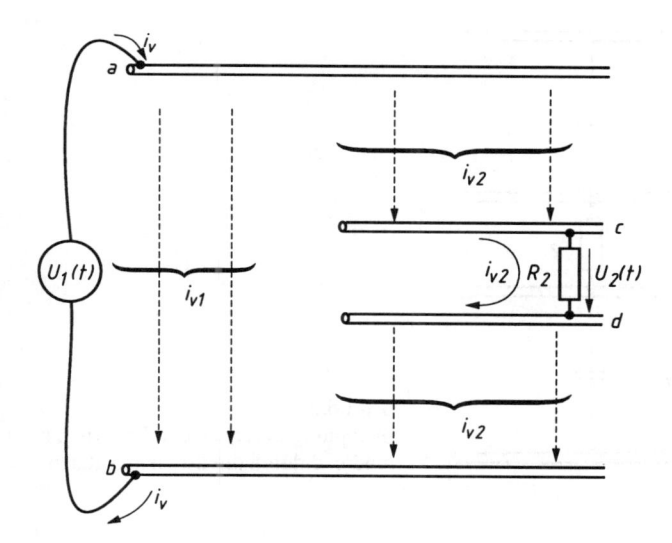

**Bild 4.1**
Kopplung zwischen den Leitern $a$, $b$ und $c$, $d$ durch Strömungslinien des Verschiebungsstromes $i_V$.

Die Spannung $U_1$ zwischen den spannungsführenden Leitern a und b spielt in Bild 4.1 die Rolle der Störquelle. Die Störsenke wird vom Innenwiderstand $R_2$ der benachbarten Schaltung (Leiter c und d) gebildet. Die Kopplung entsteht durch den Anteil $i_{v2}$ des Verschiebungsstroms, der auf seinem Weg von einem spannungsführenden Leiter (a) zum anderen (b) zwischendurch von Leiter c des benachbarten Systems aufgefangen und über dessen Innenwiderstand $R_2$ geleitet wird.

Die Höhe des Verschiebungsstromes ergibt sich einerseits aus der Höhe der Spannung $U_1$ und andererseits aus der Struktur des Feldes zwischen den Leitern. Die Feldgröße, die beides gleichzeitig erfaßt, ist der Verschiebungsfluß $\Psi(U_1)$.

Die mathematische Beziehung zwischen $U_1$ und dem Verschiebungsstrom $i_V$ lautet:

$$i_v = \frac{d}{dt}[\Psi(U_1)]. \tag{4.1}$$

In der Rechentechnik der Elektrotechnik ist es üblich, anstelle des Verschiebungsflusses $\Psi(U_1)$, den auf die Spannung bezogenen Fluß zu benützen. Man nennt diese bezogene Größe die Kapazität des Feldes

$$C = \frac{\Psi(U)}{U}.$$

Die Gleichung (4.1) erhält dann die Form

$$i_v = \frac{d}{dt}\left[\frac{\Psi(U_1)}{U_1} \cdot U_1\right] = C \cdot \frac{dU_1}{dt}. \tag{4.2}$$

Wenn man die Darstellung des elektrischen Feldes in Form von Strömungslinien des Verschiebungsstromes in Bild 4.1 durch die normierten elektrischen Flüsse – d.h. durch die Kapazitäten – ersetzt, erhält man Bild 4.2.

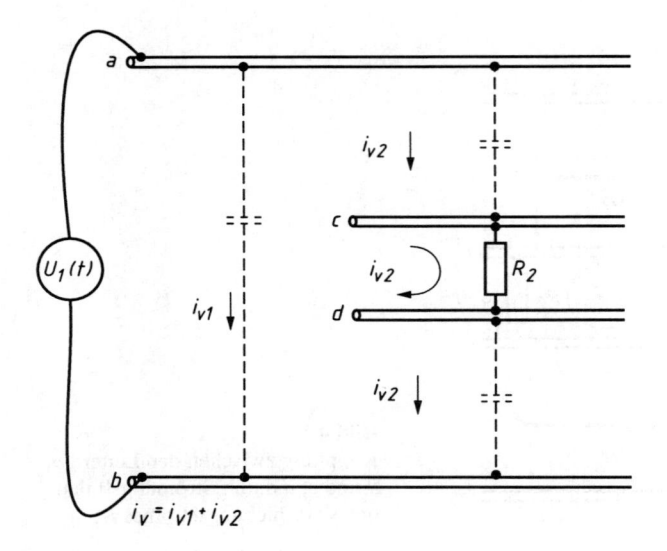

**Bild 4.2**
Kopplung zwischen den Leitern a, b und c, d durch die Streukapazitäten.

Weil die Kopplung, die durch den Verschiebungsstrom des Feldes zustande kommt, in der Regel mit Hilfe der Kapazität des Feldes beschrieben wird, nennt man sie kapazitive Kopplung. Der Zusammenhang zwischen einem elektrischen Feld und der zugehörigen Kapazität wird besonders deutlich, wenn man den $C$-Wert unmittelbar aus dem Feldbild ermittelt. Im Anhang 2 wird dieses Verfahren näher erläutert.

Die folgenden Betrachtungen beziehen sich auf quasistationäre elektrische Felder, d.h. auf Felder, die zwar als Ganzes mit der Änderung der erregenden Spannung schwanken, dabei aber insgesamt ihre Gestalt beibehalten. Nur solange ein Feld bei steigender Frequenz der Spannung $U(t)$ seine Form behält, bleibt auch seine Kapazität unverändert bestehen, und man kann die Formel (4.2) zur Berechnung anwenden, bzw. ein Ersatzschaltbild entsprechend 4.3 zur Erläuterung der Situation benutzen.

## 4.1 Der Frequenzgang einer kapazitiven Kopplung

Kapazitive Kopplungen treten sowohl in Situationen auf, in denen das störende und das gestörte System je zwei getrennte Leiterpaare aufweisen (Bild 4.3a), als auch in Anordnungen, in denen die Störquelle und die Störsenke einen Leiter gemeinsam benutzen. In Bild 4.3b ist dies der Leiter 2.

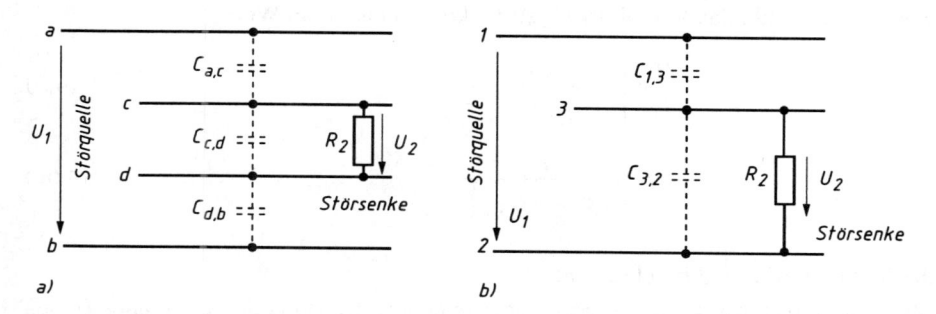

**Bild 4.3** Die Streukapazitäten zwischen galvanisch getrennten Systemen (a) und Systemen mit einem gemeinsamen Leiter (b).

Beide Anordnungen haben im Hinblick auf die kapazitive Kopplung das gleiche Verhalten, wenn die Kapazität $C_{1,3}$ genauso groß ist wie die Reihenschaltung aus den Kapazitäten $C_{ac}$ und $C_{db}$.

Im folgenden wird der besseren Übersicht wegen nur Schaltung 4.3b untersucht. Man kann die Ergebnisse auch auf Anordnungen mit zwei getrennten Leiterpaaren anwenden, wenn man anstelle von $C_{1,3}$ den Wert $(C_{ac} \cdot C_{db})/(C_{ac} + C_{db})$ einsetzt.

Das Verhalten der Schaltung 4.3b wird durch die einfache Gleichung

$$U_2 = \frac{pR_2 C_{1,3}}{1 + pR_2[C_{1,3} + C_{3,2}]} \cdot U_1 \qquad (4.3)$$

mit $p = j\omega$ beschrieben. In Bild 4.4 ist das Verhältnis $U_2/U_1$ in Abhängigkeit der Frequenz grafisch dargestellt.

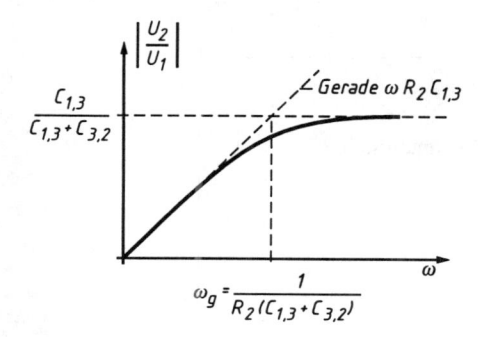

**Bild 4.4**
Der Frequenzgang der kapazitiven Kopplung in Bild 4.3b.

Bei tiefen Frequenzen ist der zweite Term im Nenner der Gleichung 4.3 wesentlich kleiner als 1 und der Frequenzgang folgt der Geraden

$$\left|\frac{U_2}{U_1}\right| = \omega R_2 C_{1,3} \tag{4.4}$$

für $\quad \omega \ll \dfrac{1}{R_2[C_{1,3} + C_{3,2}]}$. (4.4a)

Bei hohen Frequenzen bleibt das Verhältnis $U_2$ zu $U_1$ konstant auf dem Wert

$$\left|\frac{U_2}{U_1}\right| = \frac{C_{13}}{C_{1,3} + C_{3,2}} \tag{4.5}$$

$$\omega \gg \frac{1}{R_2[C_{1,3} + C_{3,2}]}. \tag{4.5a}$$

Man kann die Situation wie folgt beschreiben:

Eine kapazitive Kopplung wirkt wie ein Spannungsteiler mit der störenden Spannung $U_1$ als Primärspannung und der Störspannung $U_2$ als Sekundärspannung. Der Primärteil des Spannungsteilers besteht aus der Kapazität $C_{1,3}$. Der Sekundärteil wird durch die Parallelschaltung von $C_{3,2}$ und dem Innenwiderstand $R_2$ des gestörten Systems gebildet (Bild 4.5a).

Bei tiefen Frequenzen ist die Impedanz von $C_{3,2}$ gegenüber $R_2$ vernachlässigbar und der Spannungsteiler besteht nur aus der Reihenschaltung von $C_{1,3}$ und $R_2$ (Bild 4.5b). Das Übersetzungsverhältnis ändert sich linear mit der Frequenz, weil sich die Impedanz von $C_{1,3}$ linear mit der Frequenz verändert, während die Impedanz von $R_2$ fest bleibt.

Bei hohen Frequenzen ist $R_2$ gegenüber $C_{3,2}$ im Sekundärteil des Teiles vernachlässigbar. Weil Primär- und Sekundärteil jetzt nur aus Kapazitäten bestehen, ist das Übersetzungsverhältnis in diesem Frequenzbereich unabhängig von der Frequenz.

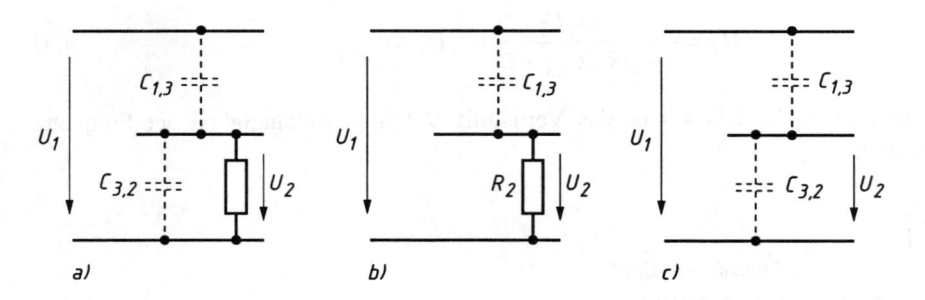

**Bild 4.5** Die Darstellung einer kapazitiven Kopplung als Spannungsteiler.
a) allgemein
b) für tiefe Frequenzen
c) für hohe Frequenzen

♦ **Beispiel 4.1**

Bild 4.6 zeigt den gemessenen und berechneten Frequenzgang der kapazitiven Kopplung in einem 10 m langen 3adrigen Kabel. Zwischen den Adern 1 und 2 befindet sich die Störquelle und zwischen den Adern 3 und 2 die Störsenke.

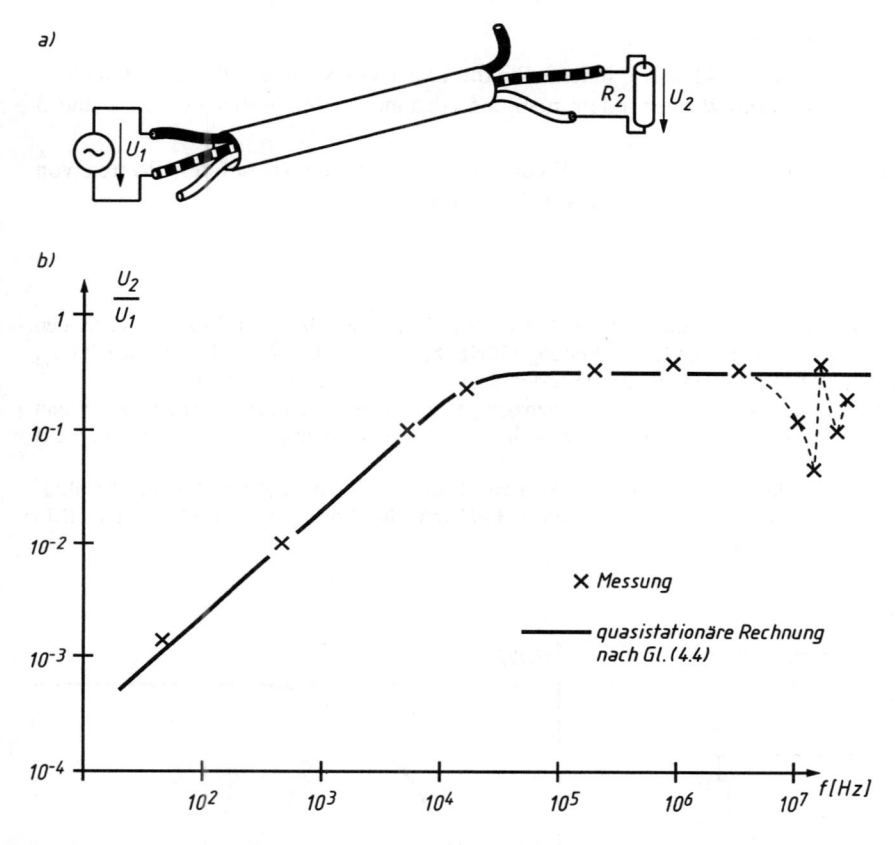

**Bild 4.6** Der Frequenzgang der kapazitiven Kopplung in einem 3adrigen Kabel.

Man kann sehen, daß die Theorie und die Messung etwa bis zu einer Frequenz von 1 MHz recht gut übereinstimmen. Bei höheren Frequenzen treten größere Abweichungen auf, weil die der Theorie zugrunde gelegte Voraussetzung, daß das Feld sich quasistationär verhalte, nicht mehr gegeben ist. Die Länge des Kabels ist dann größer als 1/10 der Wellenlänge. ◆

## 4.2 Praktische Schlußfolgerungen aus dem Frequenzgang

Die Darstellung des Frequenzganges in Bild 4.4 bietet insgesamt drei Schaltungsparameter an, mit deren Hilfe eine bereits vorhandene Beeinflussung verringert oder eine beim Entwurf voraussehbare Störung vermieden werden kann.
- Man kann die Kapazität $C_{1,3}$ zwischen Störquelle und Störsenke verkleinern,
- die Kapazität $C_{3,2}$, die zwischen den Klemmen der Störsenke wirksam ist, vergrößern
- und den Innenwiderstand $R_2$ der Störsenke verringern.

Darüber hinaus ist empfehlenswert, die Frequenz $\omega$ der Störquelle so tief wie möglich zu halten, falls dazu die Möglichkeit besteht.

## Die Kapazität $C_{1,3}$ verkleinern

Man kann $C_{1,3}$ z.B. dadurch verkleinern, indem man die Länge eines Kabels, das die Leiter 1, 2 und 3 gemeinsam führt, verkürzt oder indem man den Abstand zwischen den Leitern 1 und 3 vergrößert.

Eine Verringerung von $C_{1,3}$ verschiebt den Frequenzgang insgesamt zu tieferen Werten von $U_2/U_1$ und ist damit für alle Frequenzanteile von $U_1$ wirksam.

♦ **Beispiel 4.2**
Ein System mit einem Innenwiderstand von 1 kΩ und einer Kapazität $C_{3,2}$ von 1 $nF$ zwischen den Klemmen wird von einer benachbarten 220 V Leitung (50Hz) beeinflußt (Bild 4.7a). Die Kapazität $C_{1,3}$ zwischen der störenden 220 V Leitung und der gestörten Schaltung beträgt ebenfalls 1 $nF$.
Bild 4.7b zeigt den Verlauf des vollständigen Frequenzganges unter den genannten Bedingungen. Wenn man $C_{1,3}$ von 1 $nF$ auf 0,3 $nF$ verringert, verschiebt sich der gesamte Frequenzgang nach unten (Kurve B bzw. Gerade (B)).
In der ursprünglichen Anordnung mit einem $C_{1,3}$-Wert von 1 $nF$ erreichte die Störung $U_2$ eine Amplitude von 69 mV. Mit dem reduzierten $C_{1,3}$-Wert von 0,3 $nF$ geht die Störung auf 21 mV zurück (Bild 4.7c). ♦

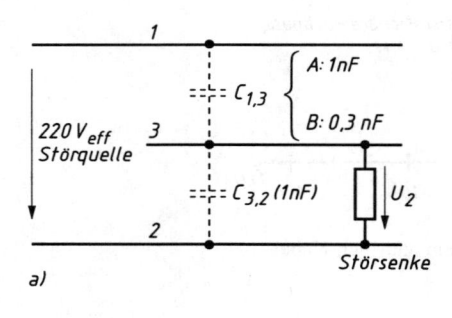

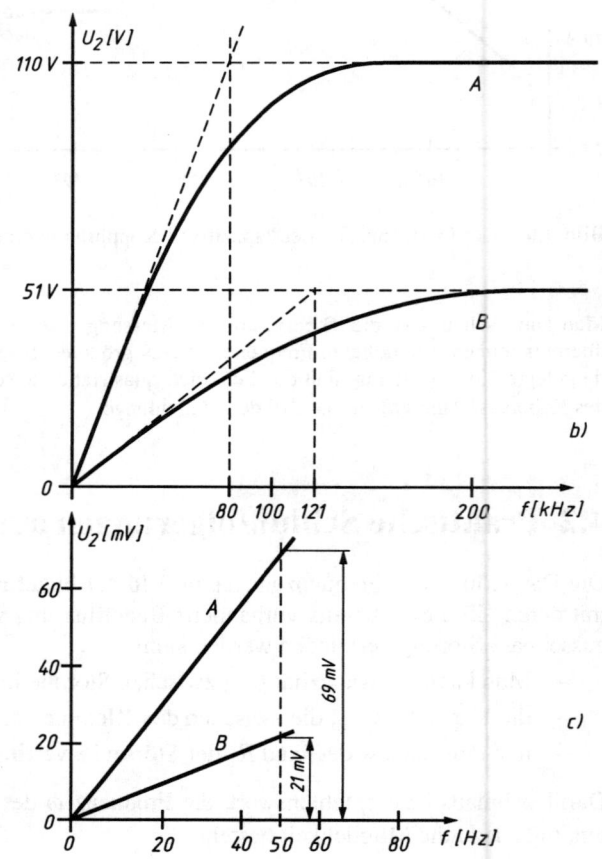

**Bild 4.7**
Die Veränderung des Frequenzganges bei Variation der „Primärkapazität" $C_{1,3}$.

## Die Kapazität $C_{3,2}$ zwischen den Klemmen der Störsenke vergrößern

Man kann $C_{3,2}$ mit zusätzlichen Kondensatoren zwischen den Klemmen der Störsenke vergrößern oder die Leiter 2 und 3 dichter zusammenlegen.

Eine Vergrößerung von $C_{3,2}$ verschiebt das Verhältnis $U_2/U_1$ nur bei hohen Frequenzen nach unten. Das Verhalten bei tiefen Frequenzen bleibt unverändert (Bild 4.8). In Beispiel 4.1, der 50 Hz-Störung mit $R_2 = 1$ k$\Omega$, $C_{1,2} = 1$ nF und $C_{3,2} = 1$ nF, würde eine Vergrößerung von $C_{3,2}$ selbst um zwei Zehnerpotenzen noch keine Verbesserung bringen.

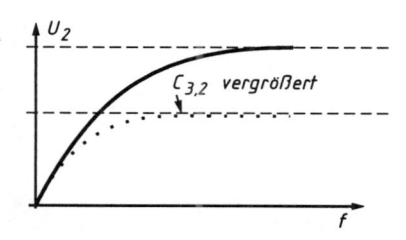

**Bild 4.8**
Der Einfluß einer größeren „Sekundärkapazität" $C_{3,2}$ auf den Frequenzgang.

## Den Innenwiderstand $R_2$ der Störsenke verkleinern

In der Regel wird der Innenwiderstand $R_2$ der Störsenke mit dem Entwurf der Schaltung festgelegt und ist dann später nur noch schwer veränderbar.

Die Wahl eines kleineren Innenwiderstandes $R_2$ verringert den geraden Anstieg des Frequenzganges bei tiefen Frequenzen (Bild 4.9). Das Niveau des Frequenzganges bei hohen Frequenzen bleibt unverändert, weil es nur durch die Kapazitäten beeinflußbar ist.

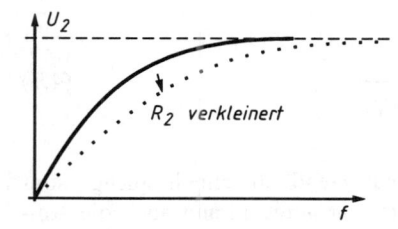

**Bild 4.9**
Der Einfluß eines kleineren Innenwiderstandes der Störsenke auf den Frequenzgang.

Wenn Störungen bei tiefen Frequenzen zu erwarten sind – tief heißt in diesem Fall unterhalb der Grenzfrequenz $f_{g1}$ – sollte man schon beim Entwurf des Systems versuchen, den Innenwiderstand $R_2$ so klein wie möglich zu wählen, um damit die Empfindlichkeit gegenüber Störungen gering zu halten.

Mit den Gleichungen (4.3) bzw. (4.4) und (4.5) kann man übrigens auch den Verlauf der Meßergebnisse im Beispiel 1.1 erklären. Dort wurde $\omega$ konstant gehalten und $R_2$ in einem weiteren Bereich verändert.

## 4.3 Das Impulsverhalten der kapazitiven Kopplung

Man kann natürlich grundsätzlich mit Hilfe des Frequenzgangs auch das Verhalten der kapazitiven Kopplung gegenüber allen möglichen nicht-sinusförmigen Formen der Störquellenspannung studieren. Man muß dazu zunächst den zeitlichen Verlauf der Störspannung in den

Frequenzbereich transformieren, dann diese Größe mit dem Frequenzgang der Kopplung multiplizieren und schließlich eine Rücktransformation in den Zeitbereich vornehmen. Die Reaktion der Kopplung auf ausgesprochen sprungförmige Änderungen dieser Spannung läßt sich jedoch klarer darstellen, wenn man ohne Umwege über die Frequenzgänge direkt untersucht, wie Rechteck-Impulse von der Kopplung übertragen werden.

Eine kapazitive Kopplung reagiert zum Beispiel auf einen Sprung und anschließend konstantes Niveau der Störquellenspannung $U_1$ (Bild 4.10a) ebenfalls zunächst auch mit einem Sprung, aber dann mit anschließendem exponentiellen Abfall der Spannung $U_2$ an der Störsenke (Bild 4.10b).

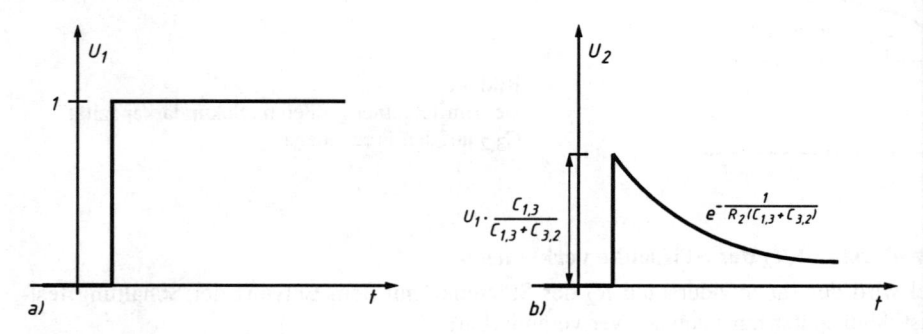

**Bild 4.10** Die Reaktion einer kapazitiven Kopplung auf einen Sprung der störenden Spannung $U_1$.

Mathematisch läßt sich der Verlauf der Spannung $U_2$ an der Störsenke leicht mit Hilfe der Laplace-Transformation aus der Gleichung 4.3 ableiten:

$$U_2 = U_1 \frac{C_{1,2}}{C_{3,2} + C_{1,3}} \exp\left(-\frac{t}{R_2[C_{3,2} + C_{1,3}]}\right) \qquad (4.7)$$

Wenn die Störquellenspannung nicht, wie in Bild 4.10a, ideal unendlich schnell springt, sondern wie in Bild 4.11a mehr oder weniger flach rampenförmig ansteigt, nimmt auch die Amplitude von $U_2$ ab, und zwar um so stärker je mehr die Amplitude von $U_1$ gegenüber der Zeitkonstanten $R_2 (C_{1,2} + C_{3,2})$ ins Gewicht fällt.

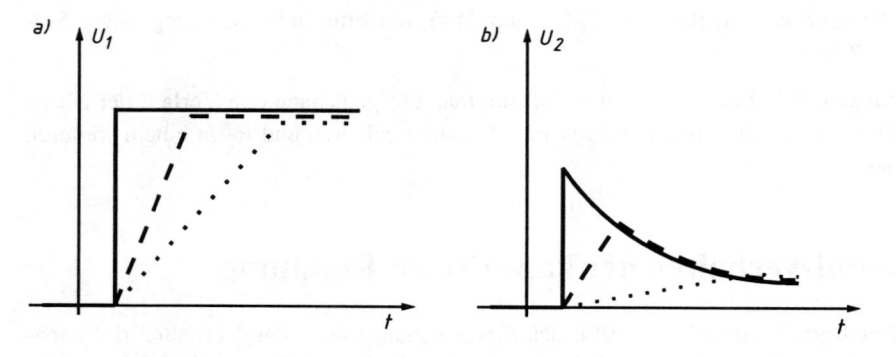

**Bild 4.11** Die Reaktion einer kapazitiven Kopplung auf Störspannungen mit endlicher Anstiegszeit.

♦ **Beispiel 4.3**

Wenn man an die zwei Adern 1 und 2 eines 3adrigen Kabels eine von einer Thyristorschaltung „angeschnittene" Wechselspannung anlegt, entsteht zwischen den Adern 3 und 2 die im Bild 4.12a wiedergegebene Spannung. Der Innenwiderstand der Störsenke zwischen den Adern 3 und 2 beträgt 100 kΩ.
Man erkennt deutlich die Spannung im Verlauf von $U_2$ zum Zeitpunkt des Sprungs von $U_1$. Der anschließende Abfall von $U_2$ erfolgt nicht genau exponentiell, weil ihm ja der gleichzeitige sinusförmige Rückgang von $U_1$ überlagert ist. Trotzdem ist die Übereinstimmung des Meßergebnisses mit der Theorie befriedigend. Für die Streukapazitäten $C_{1,2}$ und $C_{3,2}$ wurden Werte von 0,38 nF bzw. 0,75 nF gemessen.
Wenn $U_1$ beim Spannungsnulldurchgang einen Knick aufweist, sich also rampenförmig ändert, reagiert $U_2$, wie zu erwarten, ebenfalls mit einer rampenförmigen Spannung.
Besonders bemerkenswert ist der Vergleich mit einer sinusförmigen 50 Hz-Störquelle gleicher Amplitude in Bild 4.12b, der zeigt, wieviel stärker die angeschnittenen Spannungen über die Kopplung wirken.

- **Angeschnittene Wechselspannung** (Bild 4.12a)

    Theorie: $$U_2 = \frac{C_{1,2}}{C_{1,2} + C_{3,2}} U_1 = \frac{0{,}38\,\text{nF}}{0{,}38\,\text{nF} + 0{,}75\,\text{nF}} \cdot 300\,\text{V} = 101\,\text{V}$$

    Messung: $U_2 = 90\,\text{V}$

- **Sinusförmige Wechselspannung** (Bild 4.12b)

    Theorie: $$U_2 = \omega R_2 C_{1,2} U_1 = 314 \cdot 1/s \cdot 10^5\,\Omega \cdot 0{,}38\,\text{nF} \cdot 300\,\text{V} = 3{,}6\,\text{V}$$

    Messung: $U_2 = 8\,\text{V}$ ♦

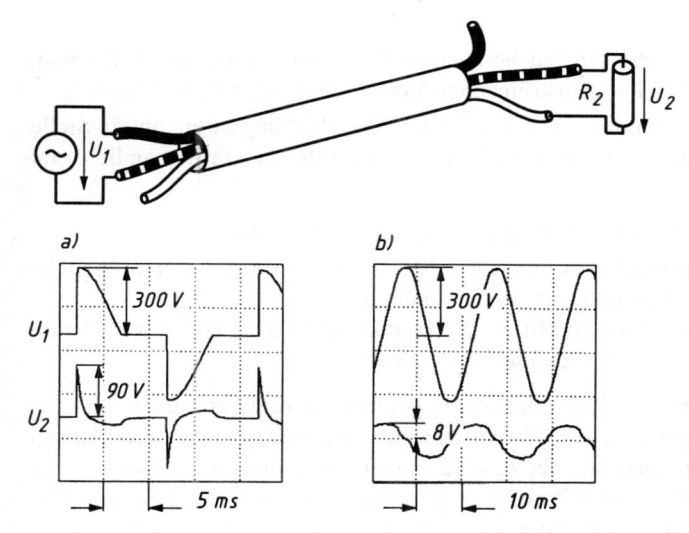

**Bild 4.12**
Die Reaktion einer kapazitiven Kopplung auf sinusförmige (b) und angeschnittene Spannungen (a).

## 4.4 Abschirmung gegen ein quasistationäres elektrisches Feld

Die Methode der Abschirmung muß sich natürlich am physikalischen Ablauf der kapazitiven Kopplung orientieren. Dieser Vorgang besteht, wie bereits zu Beginn dieses Kapitels geschildert, darin, daß der Verschiebungsstrom, der zwischen den spannungsführenden Leitern der Störquelle durch den Raum strömt, teilweise über den Innenwiderstand der Störsenke geleitet wird und dort eine störende Spannung erzeugt (Bild 4.13).

Dieser physikalische Vorgang legt folgende Abschirmungsstrategie nahe:
1. Der Verschiebungsstrom wird abgefangen, bevor er die störempfindliche Schaltung erreicht.
2. Der abgefangene Verschiebungsstrom wird an der störempfindlichen Schaltung vorbeigeleitet.

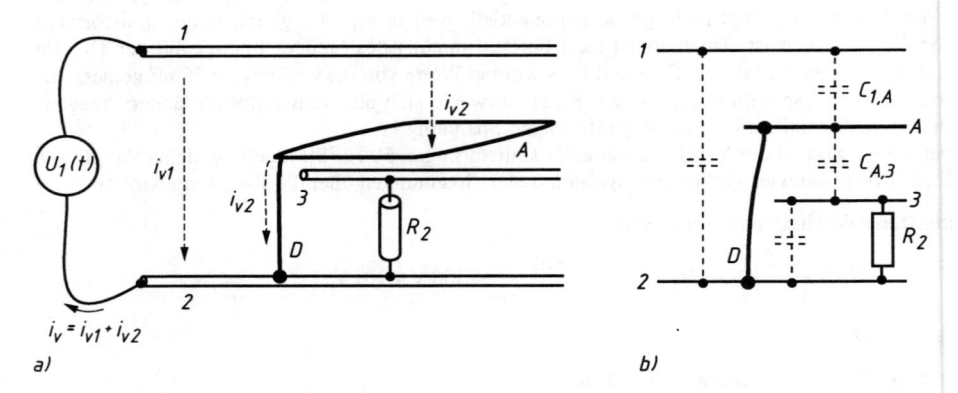

**Bild 4.13** Das physikalische Prinzip der Abschirmung eines zeitlich veränderlichen, elektrischen Feldes (Störquelle und Störsenke haben gemeinsamen Leiter 2).
a) Räumliche Anordnung
b) Ersatzschaltbild

Das Abfangen geschieht mit einer leitenden Fläche $A$ (Bild 4.13). Sie nimmt den diffus vom Leiter 1 her auf die empfindliche Schaltung zuströmenden Verschiebungsstromanteil $i_{V2}$ auf.

Das Weiterleiten übernimmt die Verbindung $D$. Sie führt den Verschiebungsstrom an die Stelle weiter, zu der er auch ohne die Fläche $A$ und die Verbindung $D$ hinfließen würde, nämlich zum Leiter 2.

Im kapazitiven Ersatzschaltbild stellt sich der Abschirmvorgang wie folgt dar:
1. (Abfangen von Verschiebungsstrom): Mit dem Leiter der Fläche $A$ wird die ursprüngliche Kapazität $C_{1,3}$ in zwei Teile zerlegt, und zwar in $C_{1,A}$ und $C_{A,3}$.
2. (Vorbeileiten des Verschiebungsstromes): Mit der Verbindung $B$ wird ein Nebenschluß zum ursprünglichen Strompfad von $i_{V2}$ über $C_{A,3}$ und $R_2$ gebildet.

Für den Fall, daß die Störquelle und die Störsenke keinen gemeinsamen Leiter haben, d.h. galvanisch vollständig voneinander getrennt sind, benötigt man zur Abschirmung zwei Flächen (Bild 4.14). Eine (A1) ist in Feldrichtung vor der zu schützenden Schaltung angeordnet und die andere (A2) in Feldrichtung dahinter. Der diffuse Verschiebungsstrom wird von der einen Fläche aufgefangen, als konzentrierter Leitungsstrom mit der Verbindung $D$ an der zu schützenden Schaltung vorbei an die andere Fläche weitergegeben und von dieser dann wieder diffus an das Feld übergeben zur Weiterleitung an den Leiter 2 der Störquelle.

In den Prinzipskizzen 4.13 und 4.14 zur Erläuterung der Abschirmungsstrategie wird für die Komponente, mit welcher der Verschiebungsstrom an der Störsenke vorbeigeleitet wird, ein Draht benutzt. Damit sind aber zwei Nachteile verbunden:

– Ein Teil des elektrischen Feldes gelangt seitlich vorbei zur Störsenke (Bild 4.15a).
– Bei zeitlich schnell veränderlichen Feldern macht sich das Magnetfeld des Verschiebungsstromes bemerkbar und führt u.U. zu einer induktiven Kopplung in die Störsenke (Bild 4.15b).

## 4.4 Abschirmung gegen ein quasistationäres elektrisches Feld

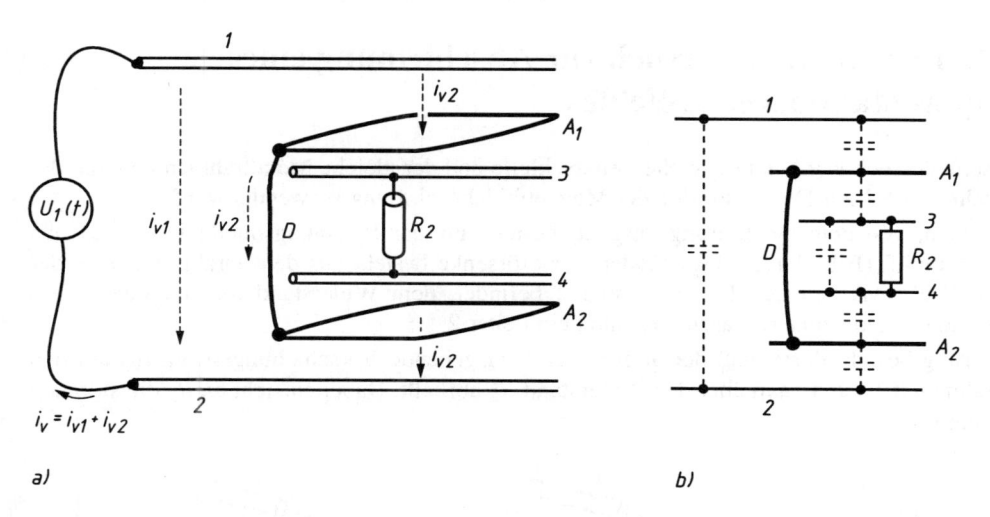

**Bild 4.14** Das physikalische Prinzip der Abschirmung eines zeitlich veränderlichen elektrischen Feldes (Störquelle und Störsenke sind galvanisch getrennt).
a) Räumliche Anordnung
b) Ersatzschaltbild

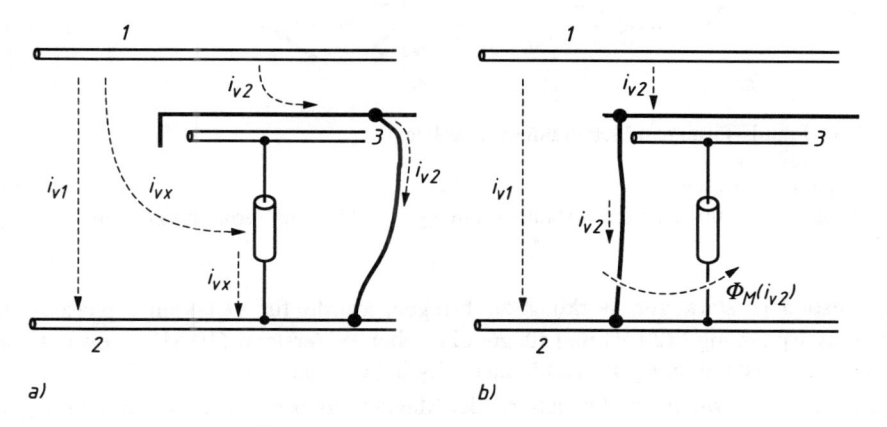

**Bild 4.15** Die Auswirkung unvollkommener Abschirmungen.
a) Eingriff des Feldes durch eine Öffnung in der Abschirmung.
b) Transformatorische Induktion durch das Magnetfeld des Verschiebungsstromes.

In der Praxis werden die Abschirmungen deshalb meistens als Gehäuse ausgeführt, wobei dann der Verschiebungsstrom über die Seitenwände an der Störsenke vorbeifließt.

## 4.5 Demonstrationsversuch zur Abschirmung eines quasistationären E-Feldes

In diesem Versuch werden die gleiche Leiterschleife und der gleiche Metallrahmen benutzt, der in Abschnitt 3.4.2 zur Demonstration der Magnetfeldabschirmung verwendet wurde.

Das System, von dem die Störung ausgeht, besteht aus der Spannungsquelle $U_1(t)$ und den Leitern 1 und 2 (Bild 4.16a). Das Modell der Störsenke besteht aus dem Drahtrahmen 3, der sich im Feld zwischen den Leitern 1 und 2 befindet, dem Widerstand $R_2$, der den Innenwiderstand der Störsenke repräsentiert, und dem Leiter 2.

Die Störung besteht darin, daß der vom Leiter 1 ausgehende Verschiebungsstrom $i_{V2}$ auf den Drahtrahmen trifft und dann über den Widerstand $R_2$ abfließt. Dabei entsteht an $R_2$ die störende Spannung $i_{V2} \cdot R_2$.

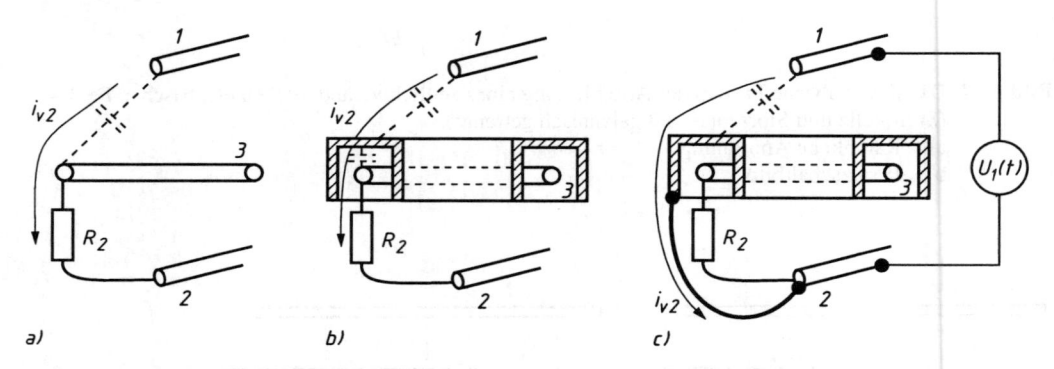

**Bild 4.16** Drahtschleife 3 mit U-förmigem Metallrahmen umgeben.
a) ohne Abschirmung
b) Abschirmung unwirksam
c) Abschirmung wirksam, der Verschiebungsstrom $i_{V2}$ fließt über die Verbindungsleitung

Um die Störung besonders stark zur Wirkung zu bringen, wurde für $U_1(t)$ eine phasenangeschnittene Wechselspannung (220 V) und für $R_2$ ein hoher Widerstand (10 MΩ) gewählt. Unter diesen Umständen entstand an $R_2$ die verhältnismäßig hohe Spannung von etwa 120 V.

Wenn man die Drahtschleife 3 wie beim Versuch mit der Magnetfeldabschirmung mit einem U-förmigen Metallrahmen umgibt, ändert sich nichts, d.h. die Spannung am Widerstand $R_2$ beträgt nach wie vor 120 Volt. Es ist dabei völlig unerheblich, ob der Metallrahmen durch einen Schlitz unterbrochen oder geschlossen ist.

Die Erklärung für die Wirkungslosigkeit des zu einer Kurzschlußmasche geschlossenen Metallrahmens ist in Bild 4.16b angedeutet: der Verschiebungsstrom $i_V$ trifft zwar auf den Metallrahmen auf, aber er hat damit noch nicht sein Ziel, den anderen spannungsführenden Leiter 2 erreicht. Er tritt deshalb im Innern des U-förmigen Metallrahmens wieder aus und fließt weiter über die innere Streukapazität zum Leiter 3, der ihm über den Widerstand $R_2$ einen Weg zu seinem Bestimmungsort bietet.

Wenn man hingegen wie in Bild 4.16c den Metallrahmen mit Hilfe eines widerstandsarmen Leiters $D$ mit dem Bestimmungsort des Verschiebungsstroms, nämlich dem Leiter 2, verbindet, dann fließt $i_{V2}$ über diesen widerstandsarmen Weg. An $R_2$ tritt dann keine störende Spannung mehr auf.

## 4.6 Der Frequenzgang der Feldschwächung durch ein Abschirmgehäuse in einem elektrischen Feld

Die Abschirmung eines elektrischen Feldes durch die Wände eines metallischen Gehäuses wurde zum ersten Mal von Michael Faraday im Jahre 1838 beobachtet [4.1]. Er hatte ein Gebilde aus Maschendraht mit einer Kantenlänge von 12 Fuss gebaut und elektrostatisch aufgeladen. Er schreibt:

> „Ich ging in den Würfel hinein und hielt mich in ihm auf. Mit Hilfe brennender Kerzen, Elektrometer und aller anderen Testmöglichkeiten versuchte ich, einen elektrischen Zustand im Innern nachzuweisen. Es zeigten sich jedoch nicht die geringsten Anzeichen dafür, obwohl die Aussenflächen des Würfels ständig kräftig aufgeladen wurden, so dass grosse Funken und Funkenbüschel von der gesamten äusseren Oberfläche ausgingen."

Seither wird in den Lehrbüchern der Experimentalphysik im Zusammenhang mit metallischen Gehäusen, die sich in statischen elektrischen Feldern befinden, der Begriff „Faraday'scher Käfig" verwendet. In der Regel wird daran die Bemerkung geknüpft, dass das Innere eines solchen Gebildes völlig feldfrei bleibt.

Im folgenden Abschnitt 4.6.1 werden die physikalischen Ursachen für Faraday's Beobachtung erläutert. Eine einfache theoretische Analyse der physikalischen Zusammenhänge zeigt, dass die Dämpfung eines statischen elektrischen Feldes durch ein metallisches Gehäuse so hoch ist, dass die Bezeichnung „feldfrei" durchaus gerechtfertigt ist.

In Abschnitt 4.6.2 werden die Betrachtungen auf zeitlich veränderliche Felder ausgedehnt. Die Theorie lässt für metallische Abschirmungen – ähnlich wie bei einem statischen Feld – sehr hohe Dämpfungswerte erwarten. In der Praxis misst man jedoch bei hohen Frequenzen wesentlich weniger hohe Dämpfungswerte, als dies von der Theorie her zu erwarten wäre. Dies ist darauf zurückzuführen, dass das Abschirmverhalten weniger durch die Wände als durch Löcher und Schlitze in den Wänden bestimmt wird.

Der Abschnitt 4.6.3 befasst sich schliesslich mit dem Verhalten von Abschirmungen, deren Wände aus leitfähigem Kunststoff bestehen.

### 4.6.1 Metallische Gehäuse in statischen elektrischen Feldern (Faraday'sche Käfige) in Luft

Zur rechnerischen Abschätzung werden zwei Widerstände in die Betrachtung einbezogen, die bei der Beschreibung des physikalischen Prinzips in Abschnitt 4.4 vernachlässigt wurden. Es sind dies der ohmsche Widerstand $R_W$ der Wand des Abschirmgehäuses sowie der ohmsche Widerstand $R_L$ des Luftvolumens, das von der Abschirmung umschlossen wird.

Als Ausgangssituation wird ein quaderförmiger Feldausschnitt betrachtet, in dem das Feld vor der Einbringung der Abschirmung homogen ist und in der die Feldstärke $E_O$ herrscht. Durch die Fläche $F_{os}$, die später von der Oberseite der Abschirmung eingenommen wird, fliesst ein Strom $i_F$ (Bild 4.17 a). Er setzt sich aus zwei Anteilen zusammen, dem ohmschen Strom $i_{oh}$, der durch den ohmschen Widerstand $R_L$ des Feldabschnitts fliesst, und dem Verschiebungsstrom $i_V$, der sich bei einer zeitlichen Änderung des Feldes bemerkbar macht:

$$i_F = i_{oh} + i_v \qquad (4.8)$$

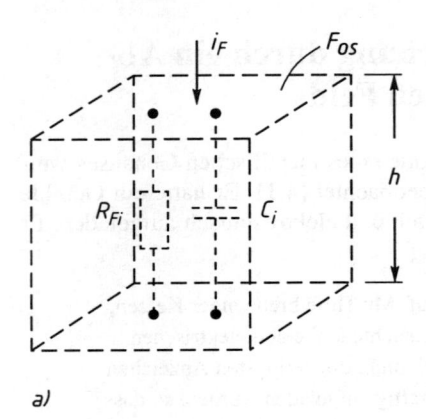

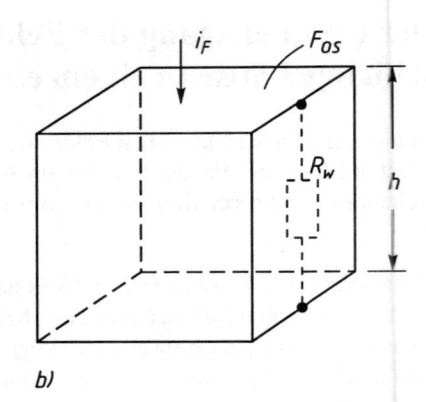

**Bild 4.17** Die Impedanzverhältnisse in einem quaderförmigen Ausschnitt eines elektrischen Feldes
a) ohne Abschirmung   b) mit Abschirmung

In einem rein statischen Feld ist $i_V = 0$.
Wenn man den quaderförmigen Feldausschnitt mit einer metallischen Abschirmung umgibt, werden die Feldverhältnisse im Quader nicht mehr von den Feldimpedanzen $R_L$ und $C_F$ bestimmt, sondern vom Widerstand $R_W$ der Seitenwände des Abschirmgehäuses (Bild 4.17 b).
Zur Abschätzung der Abschirmwirkung ist es sinnvoll, die Spannung, die vom Strom $i_F$ am Widerstand $R_W$ der Abschirmwand erzeugt wird, ins Verhältnis zu setzen zur Spannung, die der gleiche Feldstrom am Widerstand $R_L$ des Luftvolumens entstehen lässt, bevor die Abschirmung sich im Feld befindet. Die Abschirmwirkung im Gleichfeld $AE_g$ ergibt sich dann einfach aus dem Verhältnis der Widerstände der Wand und des Luftvolumens.

$$AE_g = \frac{R_L}{R_W} \qquad (4.9)$$

Für die Ermittlung des spezifischen Luftwiderstandes wird nach [4.2] eine an der Erdoberfläche herrschende Feldstärke von etwa 100 V/m und eine Stromdichte durch natürliche Ionisation von $10^{-12}$ A/m² zugrunde gelegt. Damit ergibt sich für den spezifischen Widerstand der Luft ein Wert von $10^{14}$ $\Omega$ m.

♦ **Beispiel 4.4**
Als Modell für einen abschirmenden Geräteschrank wird ein rechteckförmiges Gehäuse mit den Abmessungen 0,4 x 0,8 x 1,8 m betrachtet, dessen Wände aus 1 mm dickem Eisenblech bestehen.
Die Berechnung des Widerstandes $R_W$ der Gehäusewand in Längsrichtung (1,8 m) ergibt etwa $10^{-4}$ $\Omega$.
Mit einem spezifischen Widerstand der Luft von $10^{14}$ $\Omega$ m weist ein Luftquader, der dem Querschnitt und der Länge der Abschirmung entspricht, einen Widerstand $R_L$ von $5 \cdot 10^{14}$ $\Omega$ auf.
Damit ergibt sich für die Dämpfung eines stationären Feldes gemäss Gleichung (4.9) ein Wert von

$$AE_g = \frac{R_L}{R_W} = \frac{5 \cdot 10^{14} \Omega}{10^4 \Omega} = 5 \cdot 10^{18}$$

oder 374 dB.

## 4.6 Der Frequenzgang der Feldschwächung d. e. Abschirmgehäuse i. e. elektrischen Feld

Der errechnete extrem hohe Dämpfungswert bestätigt die in der Literatur häufig anzutreffende Feststellung, dass das Innere eines metallischen Gehäuses, das sich in einem zeitlich unveränderlichen Feld befindet (Faraday'scher Käfig), praktisch feldfrei ist, denn 374 dB liegen weit über den noch messbaren Dämpfungswerten von etwa 120 dB. ♦

### 4.6.2 Metallisches Gehäuse in zeitlich veränderlichen elektrischen Feldern

In einem Feld, das sich zeitlich ändert, fliesst zusätzlich zum ohmschen Strom noch ein Verschiebungsstrom $i_V$ vom Feld her auf die Oberfläche $F_{os}$ der Abschirmung zu. Bei sinusförmiger Änderung der Feldstärke $E_o$ mit der Kreisfrequenz $\omega$ steigt der Strom proportional mit der Frequenz an

$$i_v = F_{os}\,\varepsilon\omega E_o \qquad (4.10)$$

Die Spannung, die dieser Strom in der Wand der Abschirmung erzeugt, nimmt deshalb ebenso mit steigender Frequenz zu. Dies hat zur Folge, dass die Schirmwirkung des Gehäuses mit zunehmender Frequenz abnimmt.

Wenn man zur Berechnung des Dämpfungswertes $AE_\omega$ in einem elektrischen Feld, das sich sinusförmig verändert, wieder das Verhältnis der Spannung zugrunde legt, die einerseits am Luftvolumen ohne Abschirmung und andererseits längs der Abschirmwand mit der Höhe $h$ durch den Verschiebungsstrom entsteht, dann ergibt sich die Gleichung

$$AE_\omega = \frac{hE_o}{i_v \cdot R_w} = \frac{h_o}{F_{os}\,\varepsilon\omega R_w} \qquad (4.11)$$

Wenn man den zur Beschreibung der Feldimpedanz üblichen Begriff der Kapazität einführt,

$$C_i = \frac{F_{os}}{h} \cdot \varepsilon$$

erhält die Gleichung (4.11) die Form

$$AE_\omega = \frac{1/\omega\,C_i}{R_w} \qquad (4.12)$$

Man kann diese Gleichung wie folgt interpretieren:

Durch das Einfügen der Abschirmung in das Feld wird die Impedanz, die vorher dort geherrscht hat, nämlich $1/\omega\,C_i$, ersetzt durch den Widerstand $R_W$ der Wand. Die erzielte Dämpfung ergibt sich dann einfach durch das Verhältnis dieser beiden Impedanzen zueinander.

In der grafischen Darstellung in Bild 4.18 mit logarithmischen Massstäben in Abszissen- und Ordinatenrichtung orientiert sich der Frequenzgang an zwei Asymptoten: Bei tiefer Frequenz lehnt er sich an die horizontale Asymptote an, die gemäss Gleichung (4.9) in der Höhe 20 log ($R_L/R_W$) verläuft.

Bei höheren Frequenzen folgt der Frequenzgang einer Asymptote, die entsprechend der Gleichung (4.11) mit 20 dB pro Dekade abfällt. Der Schnittpunkt beider Asymptoten liegt bei der Grenzfrequenz $\omega_1$, die sich rechnerisch durch die Kombination der Gleichungen (4.9) und (4.11) ergibt:

$$\omega_1 = \frac{1}{\varepsilon \cdot \varrho_{Luft}}$$

Darin sind $\varepsilon$ und $\varrho_{Luft}$ die Permeabilität bzw. der spezifische Widerstand des Dielektrikums, in dem sich das abzuschirmende Feld befindet, also der Luft. Wenn man die entsprechenden Wert für $\varepsilon$ (8,9 pF/m) und $\varrho_{Luft}$ ($10^{14}$ $\Omega$m) in die Gleichung (4.12) einsetzt, erkennt man, dass der Schnittpunkt der Asymptote bei der sehr tiefen Frequenz von etwa $10^{-4}$ Hz liegt.

Die ohmsche Wirkung elektrischer Felder in Luft beschränkt sich also nur auf statische Zustände oder allenfalls sehr langsame Schwankungen. Sobald Änderungen auftreten, die schneller sind als einige Millihertz, dominiert der Verschiebungsstrom.

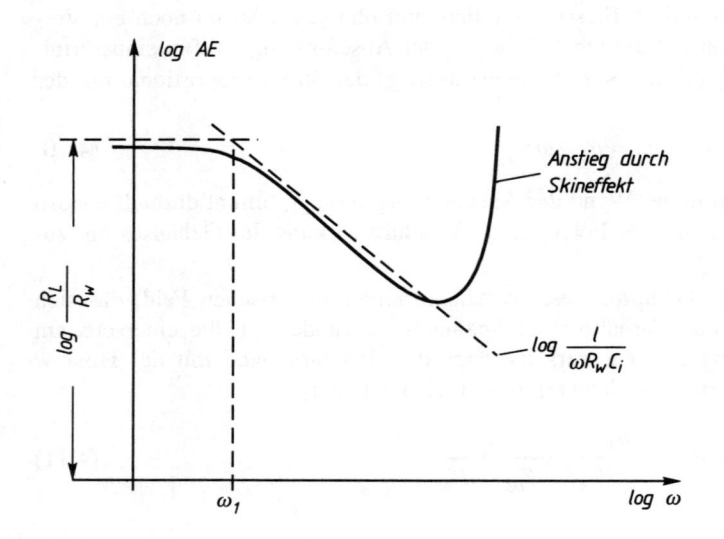

**Bild 4.18**
Prinzipieller Frequenzgang der Dämpfung durch ein geschlossenes metallisches Gehäuse in einem elektrischen Feld

Bei hohen Frequenzen ist noch ein weiterer physikalischer Effekt zu erwarten: Der Verschiebungsstrom, der die Spannung in der Abschirmwand verursacht, wird durch den Skineffekt nach aussen verdrängt. Dies führt dazu, dass die im Inneren wirksame Spannung an der Wand des Abschirmgehäuses abnimmt, so dass die Dämpfung nicht mehr mit 20 dB pro Dekade abfällt, sondern steil ansteigt (Bild 4.18).

Rechnerisch kann man diesen Effekt leicht mit Hilfe der Gleichung (3.25) erfassen, die die Abnahme des Kopplungswiderstandes eines Rohres beschreibt. Für Abschirmungen, die nicht die Form eines Rohres haben, muss man äquivalente Rohrabmessungen in bezug auf Länge, Durchmesser und Wandstärke wählen.

♦ **Beispiel 4.5**

Auf der Grundlage der Gleichungen (4.11) und (3.25) wurden die Dämpfungen für eine schrankförmige Abschirmung aus Eisenblech mit den Abmessungen 0,4 x 0,8 x 1,8 m und Wandstärken von $10^{-3}$ m und $10^{-5}$ m berechnet. Die Ergebnisse dieser Rechnungen sind in Bild 4.19 dargestellt. ♦

## 4.6 Der Frequenzgang der Feldschwächung d. e. Abschirmgehäuse i. e. elektrischen Feld 103

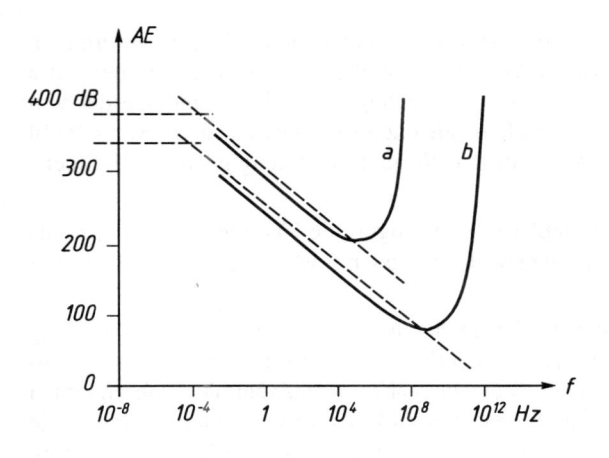

**Bild 4.19**
Mit den Formeln (4.11) und (3.25) berechnete Frequenzgänge der Dämpfung eines elektrischen Feldes durch rechteckige Abschirmungen aus Eisenblech mit den Abmessungen 0,4 x 0,8 x 1.8 m
a) Wandstärke 1 mm
b) Wandstärke 0,01 mm

### 4.6.3 Messergebnisse an metallischen Gehäusen in einem elektrischen Feld

In Bild 4.20 sind die gemessenen Dämpfungen von zwei Gehäusen in Abhängigkeit von der Frequenz wiedergegeben [4.3]. Beide Gehäuse haben eine rechteckige Form, sind gleich gross (0.4 x 0.8 x 1,8 m) und haben Wände aus 1 mm dickem Eisenblech. Sie unterscheiden sich aber in ihrer Ausführung im Hinblick auf Schlitze und Löcher: während das Gehäuse c nur nach rein mechanischen Gesichtspunkten aufgebaut ist, sind beim Gehäuse b zusätzlich noch alle Trennfugen und Türschlitze sorgfältig mit elektrisch leitfähigen Dichtungen abgedeckt, so dass allenfalls kurze Schlitze von höchstens 2 cm Länge vorhanden sind.

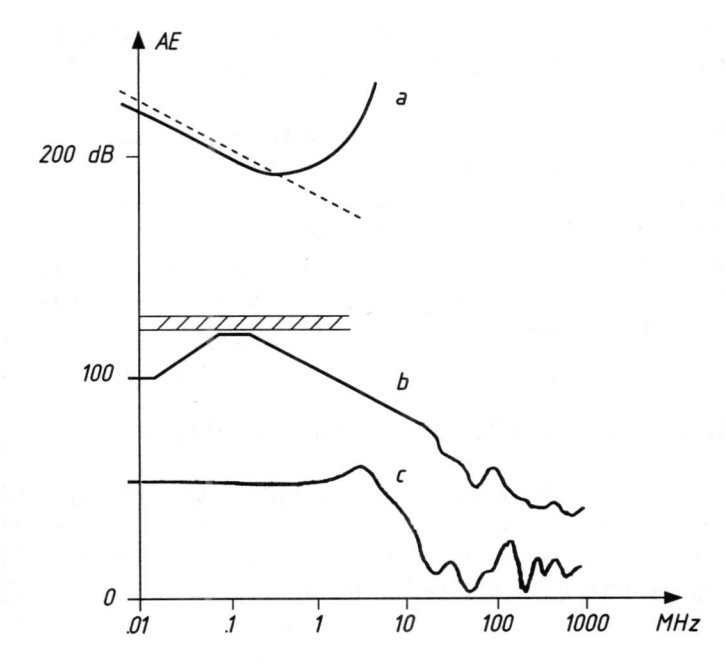

**Bild 4.20**
Frequenzgänge der Dämpfung eines elektrischen Feldes durch eine rechteckige Abschirmung aus Eisenblech mit den Abmessungen 0,4 x 0.8 x 1,8 m mit 1 mm Wandstärke
a) Berechnung nach Gleichung (4.11) und (3.25)
b) Messung an einem Gehäuse mit elektrischer Dichtung
c) Messung an einem Gehäuse ohne elektrische Dichtungen
/ / / / / /  Grenze der Messempfindlichkeit

Als dritte Information enthält Bild 4.20 mit der Kurve c das berechnete Dämpfungsverhalten eines gleich grossen, vollständig geschlossenen Gehäuses gleicher Wandstärke, das mit Hilfe der Gleichungen (3.25) und (4.11) ermittelt wurde. Berechnungen auf der Grundlage der von Schelkunoff entwickelten Theorie führen praktisch zu gleichen Ergebnissen, und zwar sowohl im Hinblick auf das Dämpfungsniveau als auch auf den Verlauf in Abhängigkeit der Frequenz [4.4].

Die Messungen an dem gut abgedichteten Gehäuse b bestätigen die Theorie nur insofern, als bei tiefen Frequenzen die gemessenen Dämpfungswerte sehr hoch sind und die Empfindlichkeit der Messeinrichtung übersteigen.

Im Frequenzbereich oberhalb 100 kHz sind die Unterschiede zwischen Theorie und Messung nicht nur im Hinblick auf die Dämpfungswerte beträchtlich, auch die Tendenzen des Dämpfungsverlaufs in Abhängigkeit von der Frequenz weichen stark voneinander ab. Während nach der Theorie eine Zunahme der Dämpfung durch den Skineffekt zu erwarten wäre, nehmen die gemessenen Dämpfungen ab. Derart starke Unterschiede können nur dadurch erklärt werden, dass sowohl mit der Theorie, die in Abschnitt 4.6.2 entwickelt wurde, als auch mit derjenigen von Schelkunoff, wesentliche Einflussgrössen, die das Dämpfungsverhalten in elektrischen Feldern bestimmen, nicht erfasst werden.

Einen Hinweis auf die Parameter, die in den erwähnten Theorien fehlen, liefert der Umstand, dass die gemessenen Dämpfungen oberhalb 100 kHz im Mittel mit 20 dB pro Dekade abnehmen. Dies deutet darauf hin, dass kapazitive Kopplungen wirksam sind, die – wie in Bild 4.15a angedeutet – um die Abschirmung herum oder durch sie hindurch greifen und zwar durch Löcher und Schlitze, die in der Regel bei der praktischen Ausführung von Abschirmungen nicht zu vermeiden sind.

Die Vermutung, dass für den Dämpfungsverlauf bei hohen Frequenzen die Löcher und Schlitze in der Schirmwand verantwortlich sind, wird durch die tieferen Messwerte am Gehäuse a gestützt. Dieses Gehäuse hat die gleichen Abmessungen wie das Gehäuse b, weist aber, weil auf elektrische Dichtungen verzichtet wurde, lange Schlitze auf.

Praktisch kann man aus Bild 4.19 sowie aus der Gegenüberstellung von Messung und Rechnung in Bild 4.20 für den Entwurf metallischer Abschirmungen gegen elektrische Felder folgende Schlüsse ziehen:

– Im praktisch interessierenden Dämpfungsbereich unterhalb 120 dB hat die Wandstärke bis herab zu $10^{-5}$ m keinen Einfluss auf das Dämpfungsverhalten.
– Der Verlauf der Dämpfung in Abhängigkeit von der Frequenz hängt vielmehr von der Unvollkommenheit in der Wand in Form von Löchern und Schlitzen ab.
– Wegen der dominierenden Auswirkung von Löchern und Schlitzen kann man das Dämpfungsverhalten einer metallischen Abschirmung gegen elektrische Felder nicht sicher vorausberechnen, sondern muss sich auf Messungen stützen.

### 4.6.4 Gehäuse mit hochohmigen Wänden in elektrischen Feldern

Gelegentlich werden Gehäuse aus Kunststoff hergestellt, die durch Zusätze, wie z.B. Russ, Metallfasern oder Metallpulver, leitfähig gemacht wurden. Je nach Art des Zusatzes erreicht man Volumenleitfähigkeiten von $10^{-2}$ bis $10^{+2}$ $\Omega$ cm. Diese Werte liegen vier bzw. acht Zehnerpotenzen höher als die Leitfähigkeit von Kupfer mit etwa $10^{-6}$ $\Omega$ cm.

## 4.6 Der Frequenzgang der Feldschwächung d. e. Abschirmgehäuse i. e. elektrischen Feld

Auf der Grundlage der Theorie, die in den Abschnitten 4.6.1 und 4.6.2 beschrieben wurden, kann man folgende Änderungen im Frequenzgang erwarten, wenn man die Kupferwände durch solche aus Kunststoff, aber mit einer Leitfähigkeit von $10^{+2}$ $\Omega$ cm und gleicher Wandstärke ersetzt (Bild 4.21):

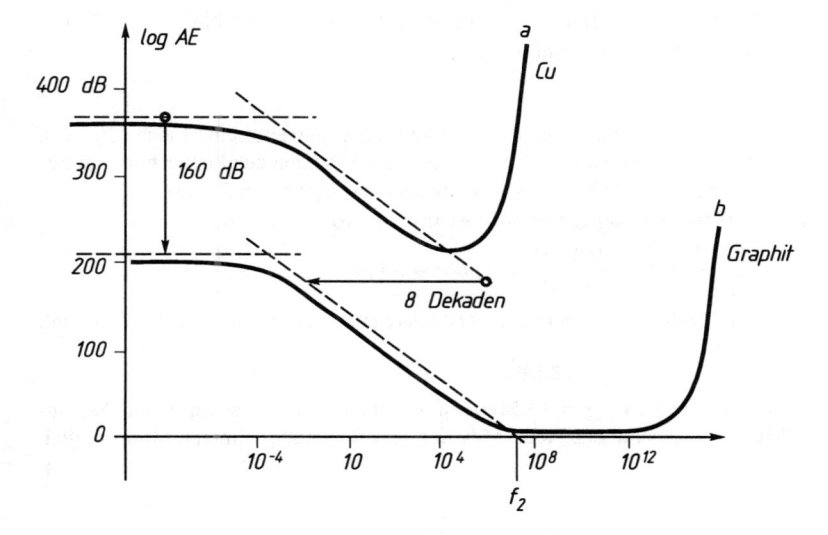

**Bild 4.21** Verschiebung des berechneten Frequenzgangs der Dämpfung bei Veränderung der Leitfähigkeit des Wandmaterials um 8 Zehnerpotenzen
a: Cu ($10^{-6}$ $\Omega$cm); b: Graphit ($10^2$ $\Omega$cm)

1. Das Niveau der Dämpfung für statische und sehr langsam veränderliche Felder sinkt gemäss Gleichung (4.9) in gleichem Mass wie der Wandwiderstand $R_W$ zunimmt. Bei der angenommenen Veränderung von $10^{-6}$ auf $10^{+2}$ $\Omega$cm wächst der Widerstand auf das $10^8$-fache. Die Dämpfung wird damit um diesen Faktor bzw. um 160 dB geringer.
   Bezieht man die Veränderung auf das Gehäuse in Beispiel 4.4, dann würde sich beim Übergang von Kupfer- auf Kunststoffwände das Niveau von 374 dB auf (374 - 160) dB = 214 dB absenken. Dies ist aber immer noch ein sehr hoher Wert, den man messtechnisch nicht erfassen kann.
2. Die zweite Veränderung im Dämpfungsverlauf betrifft den asymptotischen Abfall mit 20 dB pro Dekade, der durch die Gleichung (4.11a) beschrieben wird. Entsprechend der Zunahme des Wandwiderstands um acht Zehnerpotenzen verschiebt sich der Abfall um acht Dekaden auf der Frequenzachse nach links zu tieferen Frequenzen (Bild 4.21).
3. Durch die wesentlich schlechtere Leitfähigkeit des Kunststoffs macht sich bei gleicher Wandstärke der Skineffekt erst bei entsprechend höheren Frequenzen bemerkbar. Der durch diesen Effekt verursachte Anstieg des Dämpfungsverlaufs verschiebt sich deshalb auf der Frequenzskala nach rechts.
4. Durch die Verschiebungen des asymptotischen Abfalls zu tieferen Frequenzen und des Skineffektanstiegs in Richtung auf höhere Frequenzen kann es dazu kommen, dass eine Dämpfungslücke entsteht, d.h. ein Frequenzbereich, in dem die Dämpfung Null ist (Bild 4.21c). In solchen Fällen erreicht die Asymptote der abfallenden Dämpfung den Wert Null bei der Grenzfrequenz

$$f_2 = \frac{1}{2\pi R_w C_i} \quad . \qquad (4.13)$$

Während man die Theorie des Abschirmverhaltens für metallische Gehäusewände nicht direkt messtechnisch überprüfen kann, weil die Dämpfungswerte unmessbar hoch sind, kann man für Gehäuse mit hochohmigen Kunststoffwänden den Dämpfungsverlauf in der Nähe der Grenzfrequenz $f_2$ messen und mit der Rechnung vergleichen.

♦ **Beispiel 4.6**

Es wird eine rechteckige Abschirmung betrachtet, deren Oberseite (und Unterseite) eine Fläche $F_{os}$ von 0,15 x 0,25 = 0,038 m² aufweist. Die Seitenwände sind 0,1 m hoch. Sie bestehen aus Papier mit Graphitzusatz mit einer Volumenleitfähigkeit von $10^2$ $\Omega$cm. Der Wandwiderstand $R_w$ beträgt 3,6 k$\Omega$.
Die Kapazität eines Feldausschnitts mit dem angegebenen Abschirmungsvolumen beträgt

$$C_i = \frac{F_{os}}{h} \cdot \varepsilon = \frac{0{,}038 \text{ m}^2}{0{,}1 \text{ m}} \cdot 8{,}9 \text{ pF/m} = 3{,}4 \text{ pF} \, .$$

Die Grenzfrequenz, bei der die mit 20 dB pro Dekade abfallende Asymptote die Dämpfung Null erreicht, liegt damit nach Gleichung (4.13) bei

$$f_2 = 13 \text{ MHz} \, .$$

In Bild 4.22 ist die berechnete Grenzfrequenz $f_2 = 13$ MHz mit der theoretisch zu erwartenden Asymptote eingezeichnet und dem Messwert gegenübergestellt. Messung und Rechnung stimmen offensichtlich sehr gut überein. ♦

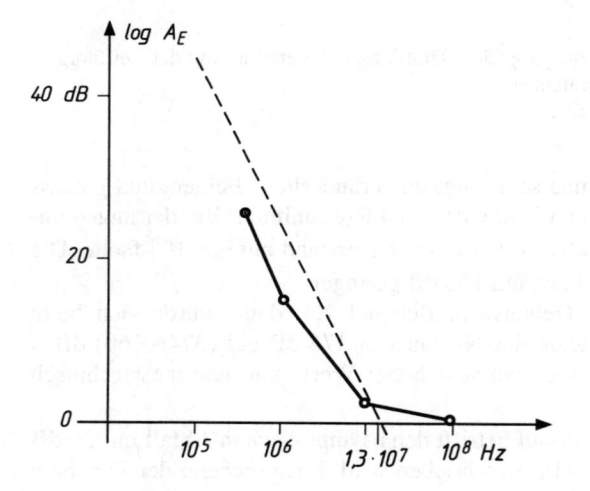

**Bild 4.22**
Dämpfung eines Gehäuses mit Graphitwänden ($R_W = 3{,}6$ k$\Omega$)
– o – Messung
------ Asymptote mit 20 dB pro Dekade durch berechnete Frequenzen $f_2$

## 4.7 Kapazitive Kopplung im Inneren von Abschirmgehäusen

Abschirmungen bieten einerseits Schutz vor der Einwirkung äußerer Felder. Sie können aber unter Umständen auch die Beziehungen zwischen Schaltungsteilen, die sich im Innern befinden, verschlechtern.

In Bild 4.23a wird ein Schaltungsteil mit der Spannung $U_1$ betrieben. Dieser Schaltungsteil treibt über die Streukapazitäten $C_{1,A}$ und $C_{3,A}$ den Verschiebungsstromanteil $i_{V2}$ in den benachbarten Schaltungsteil mit dem Innenwiderstand $R_2$ und erzeugt dort die störende Spannung $U_2$.

Als Gegenmaßnahme muß man dem störenden Verschiebungsanteil einen bequemeren Weg über die Verbindung $V$ anbieten (Bild 4.23b). Im technischen Sprachgebrauch sagt man dann: Die Masse (der gemeinsame Leiter 2) der Schaltung ist mit der sie umgebenden Abschirmung $A$ zu verbinden.

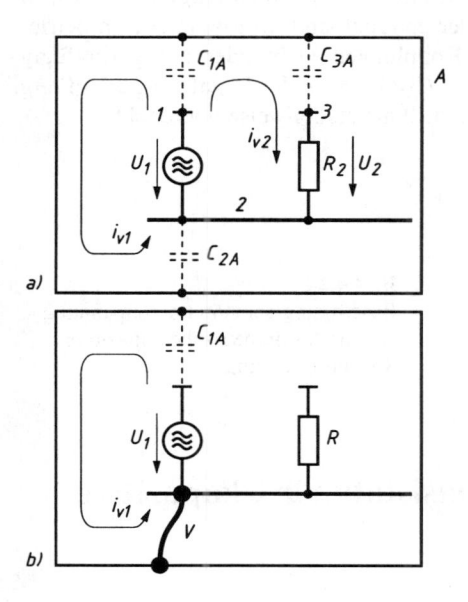

**Bild 4.23**
Unterbindung kapazitiver Kopplungen innerhalb von Gehäusen durch Verbindung $V$ zwischen Gehäusen und dem Bezugsleiter der Schaltung.

## 4.8 Reduktion durch Symmetrieren

In Situationen, in denen die Störsenke und die Störquelle galvanisch voneinander getrennt sind, kann man die Auswirkung einer kapazitiven Kopplung verringern oder ganz vermeiden, indem man alle Teile der Störsenke einer gleich starken kapazitiven Kopplung aussetzt. Dadurch entstehen in allen Teilen der Störsenke in bezug auf die Störquelle gleich hohe Spannungen und die Störung innerhalb der Störsenke ist damit Null. Man nennt dieses Verfahren Symmetrieren.
Wenn zwischen den Leitern 3 und 4 der Störsenke und dem Leiter 2 der Störquelle noch Widerstände $R_{3,2}$ und $R_{4,2}$ vorhanden sind, muß man bei tiefen Frequenzen noch zusätzlich die Bedingung

$$R_{3,2} \cdot C_{1,3} = R_{4,2} \cdot C_{1,4}$$

einhalten, die sich aus der Gleichung (4.5) ergibt.
In der Anordnung in Bild 4.24 wird die Spannung des Leiters 3 in bezug auf die Leiter 1 und 2 der Störquelle durch die kapazitive Spannungsteilung $C_{1,3} : C_{3,2}$ bestimmt.
Wenn die Spannungsteilung für den Leiter 4 durch die Kapazitäten $C_{1,4}$ und $C_{4,2}$ gleich groß ist, entsteht zwischen den Leitern 3 und 4 – d.h. in der Störsenke – keine Spannung.
Praktisch wird die Symmetrierung in langen Kabeln durch symmetrisch räumliche Anordnung der Leiter erreicht. Man nennt solche Anordnungen Sternvierer. Wenn der geometrische Aufbau asymmetrisch ist, kann man die elektrische Symmetrie mit Zusatzkapazitäten herstellen.

Eine weitere Methode ungefähr symmetrische elektrische Verhältnisse zu erreichen, besteht darin, die Leiter 3 und 4 miteinander zu verdrillen. Durch die wechselseitige Lageänderung befinden sich dabei im Mittel beide Leiter in derselben Position im Feld der Störquelle.

Es muß im Zusammenhang mit dem Verdrillen aber ausdrücklich betont werden, daß diese Methode nur wirksam ist, wenn sie als Symmetrierverfahren in Systemen eingesetzt wird, in denen Störquelle und Störsenke galvanisch voneinander getrennt sind. In asymmetrisch betriebenen Verbindungsstrukturen kann man kapazitive Kopplungen nicht oder nur geringfügig durch Verdrillen verringern, weil sich die Kapazität $C_{1,3}$ (Bild 4.3) in der Regel nur geringfügig verringert, wenn der Leiter 2 den Leiter 3 durch die Verdrillung stellenweise überdeckt.

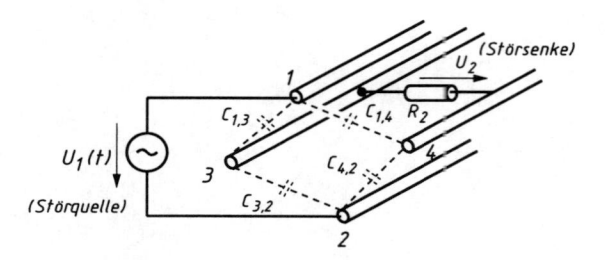

**Bild 4.24**
Beseitigung der störenden Spannung $U_2$ durch symmetrische kapazitive Spannungsteilung.

## 4.9 EMV-Regeln im Hinblick auf quasistationäre kapazitive Kopplungen

a) **Im Zusammenhang mit dem Schaltungskonzept**
möglichst niedriger Innenwiderstand $R_2$ der Störsenke (siehe Bild 4.9),
Störquelle und Störsenke galvanisch getrennt, um symmetrieren zu können (siehe Abschnitt 4.6),
Anstieg von Impulsen so langsam wie möglich (siehe Bild 4.11).

b) **Im Zusammenhang mit dem Schaltungsaufbau**
Großer Abstand zwischen Leitern mit hoher Arbeitsspannung und Schaltungsteilen mit niedriger Arbeitsspannung ($C_{1,3}$ so klein wie möglich, siehe Bild 4.7).
Möglichst großer Abstand zwischen Schaltungsteilen mit schnellen Spannungsänderungen und Schaltungsteilen mit niedrigen Arbeitsspannungen, weil bei schnellen Änderungen die kapazitive Kopplung am stärksten zur Wirkung kommt.
Parallele Leiterführung von Leitern von hoher und niedriger Arbeitsspannung so kurz wie möglich ($C_{1,3}$ so klein wie möglich, siehe Bild 4.7).

c) **Abschirmen**
Bei Anordnungen, in denen Störquelle und Störsenke einen gemeinsamen Leiter benutzen, die Abschirmung der Störsenke mit dem gemeinsamen Leiter verbinden (Bild 4.13).
Wenn die äußere Störquelle und die Störsenke galvanisch getrennt sind, bleibt auch die Abschirmung von beiden spannungsführenden Leitern der Störquelle galvanisch getrennt (Bild 4.14).
Wenn es innerhalb einer Abschirmung von einem Schaltungsteil zum anderen zu einer kapazitiven Kopplung kommt, muß der gemeinsame Leiter (Masse) der Schaltung mit dem Gehäuse verbunden werden (Bild 4.21).

## 4.10 Literatur

[4.1]  R. A. R. Trick
       Faraday und Maxwell
       Vieweg, Braunschweig, 1974
[4.2]  N. A. Kapzow
       Elektrische Vorgänge in Gasen und im Vakuum
       Deutscher Verlag der Wissenschaften, Berlin, 1955
[4.3]  W. Nicolai, H. Holighaus
       Metal Cabinets for EMI Shielding
       12th EMC Symposium, Zürich 1997, p. 345 – 348
[4.4]  P. A. Chatterton, M. A. Houlden
       EMC, Electromagnetic Theory to Practical Design
       J. Wiley, New York, 1992

# 5 Die ohmsche Kopplung

Eine ohmsche Kopplung kommt zustande, wenn ein System A (Störquelle) und ein System B (Störsenke) einen gemeinsamen unbeabsichtigten ohmschen Widerstand $R_g$ benutzen (Bild 5.1). Der Strom $i_A$ erzeugt an diesem Widerstand eine Spannung

$$U_x = R_g \cdot i_A,$$

die vom System B unter Umständen als störend empfunden wird.

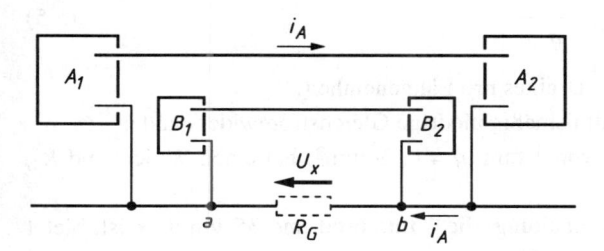

**Bild 5.1**
Die allgemeine Struktur einer ohmschen Kopplungssituation.

In der Praxis trifft man im wesentlichen drei unterschiedliche Situationen an.

1. $R_g$ wird durch den Widerstand des gemeinsamen Leitungsstücks in Form eines Drahtes oder einer Leiterbahn auf einer gedruckten Schaltung gebildet.
2. $R_g$ besteht aus dem nichtlinearen Widerstand eines mehr oder weniger korrodierten Kontaktes (Schraube, Niet).
3. Bei Fehlerströmen elektrischer Energieversorgungsnetze oder bei Blitzeinschlägen ist der Widerstand der Strombahn durch das Erdreich maßgebend für die Höhe der unbeabsichtigt auftretenden ohmschen Spannung.

## 5.1 Ohmsche Kopplung durch gemeinsame Drähte bei Gleichstrom

Bei einer ohmschen Kopplung, die gemäß Bild 5.1 über einen gemeinsam benutzten runden Draht zustande kommt, greift die Störsenke die störende Spannung $U_{ob}$ an der Drahtoberfläche ($r = r_o$) ab. Die Höhe dieser Spannung wird durch drei Faktoren bestimmt, durch die Länge $c$ des gemeinsamen Drahtstücks, die Leitfähigkeit $\varkappa$ des Drahtmaterials und die Stromdichte $G(r_o)$ an der Leiteroberfläche:

$$U_{ob} = G(r_o) \cdot \frac{1}{\varkappa} \cdot c \tag{5.1}$$

Für die Spannung pro Längeneinheit, d.h. für die elektrische Feldstärke des elektrischen Strömungsfeldes, gilt die Beziehung

$$E_{ob} = G(r_o) \cdot \frac{1}{\varkappa} \ . \tag{5.2}$$

Bei Gleichstrom verteilt sich der Strom $i_A$ gleichmäßig über den Leiterquerschnitt $G$. Die Stromdichte ist deshalb einfach der Quotient aus Stromamplitude und Leiterquerschnitt

$$G(r_o) = \frac{i_A}{q} \tag{5.3}$$

Für die Oberflächenfeldstärke ergibt sich dann die Gleichung

$$E_{ob} = \frac{i_A}{q} \cdot \frac{1}{\varkappa} = i_A \cdot R'_o \ . \tag{5.4}$$

Die Größe

$$R'_o = \frac{1}{q \cdot \varkappa} \tag{5.5}$$

bezeichnet den Gleichstromwiderstand des Drahtes pro Längeneinheit.
Die Drähte und Leiterbahnen haben verhältnismäßig niedrige Gleichstromwiderstände:
- Ein Cu-Draht mit einem Durchmesser von 1 mm ($q = 0{,}79$ mm$^2$) hat einen Widerstand $R'_o$ von 22 mΩ/m.
- Eine Leiterbahn auf einer gedruckten Schaltung, die 1 mm breit und 35 $\mu$m dick ist, bietet dem Strom einen Widerstand von etwa 0,5 Ω/m.

Das heißt, ohmsche Kopplungen durch gemeinsam benutzte Drähte führen bei Gleichstrom nur zu Störungen, wenn der Strom $i_A$ im System $A$ (Bild 5.1) stark ist, und das System $B$ gleichzeitig mit niedrigen Spannungen arbeitet.

## 5.2 Ohmsche Kopplung an Drähten bei zeitlich veränderlichem Strom

Wenn von der Störquelle ausgehend ein zeitlich veränderlicher Strom $i_A$ durch das gemeinsame Drahtstück fließt, ändern sich die Verhältnisse gegenüber dem Gleichstromzustand in zweierlei Hinsicht:
- Erstens entstehen durch das zeitlich veränderliche Magnetfeld des Stromes Wirbelströme im Innern des Drahtes,
- zweitens wird durch das Magnetfeld außerhalb des Drahtes eine Spannung in der Masche der Störsenke induziert, die das gemeinsame Drahtstück enthält.

Mit anderen Worten, eine ohmsche Kopplung über ein gemeinsames Drahtstück ist bei zeitlich veränderlichem Störquellenstrom immer mit einer induktiven Kopplung verbunden.
Beide Aspekte wurden bereits ausführlich in Abschnitt 3.3 diskutiert. Es ging dort um die induktiven Kopplungen, die in Maschen auftreten, welche mit der störenden Strombahn galvanisch verbunden sind. Es hatte sich dabei folgendes gezeigt:

## 5.2 Ohmsche Kopplung an Drähten bei zeitlich veränderlichem Strom

1. Es gibt eine Kenngröße

$$x = \frac{r_o}{2\sqrt{2}} \sqrt{\omega \varkappa \mu}, \qquad (5.6)$$

die den Frequenzgang der Oberflächenfeldstärke in zwei Bereiche aufteilt, je nachdem ob $x > 1$ oder $< 1$ ist.

2. Für $x < 1$ ist

$$E_{ob} = i_A (R'_o + j\omega M'_o). \qquad (5.7)$$

Darin ist $R'_o$ der spezifische Gleichstromwiderstand des Drahtes. $M'_o$ beträgt 50 nH/m, unabhängig vom Durchmesser des Drahtes.

3. Für $x > 1$ ist

$$E_{ob} = i_A \cdot x \cdot R'_o (1+j). \qquad (5.8)$$

4. In der Regel dominiert für niedrige Frequenzen ($x < 1$) der Realteil der Gleichung (5.7), d.h. es herrschen Verhältnisse wie bei Gleichstrom.

5. Bei hohen Frequenzen ($x > 1$) überwiegt meistens der Einfluß der äußeren Gegeninduktivität gegenüber der Oberflächenspannung.

♦ **Beispiel 5.1**
Es werden die Oberflächenfeldstärken an einen 1 mm dicken Cu-Draht bei verschiedenen Frequenzen berechnet und der induzierten Spannung in einer äußeren Masche gegenübergestellt. Für den Strom $i_A$ wird eine Amplitude von 1 A angenommen, der betrachtete Drahtabschnitt ist 0,1 m lang und die äußere Schleife, mit der die Spannung abgegriffen wird, ist 10 mm breit (Bild 5.2). Die äußere Gegeninduktivität dieser Schleife beträgt

$$M_{außen} = 0{,}2 \cdot 0{,}1 \ln \frac{10}{0{,}5} = 0{,}06\ \mu H.$$

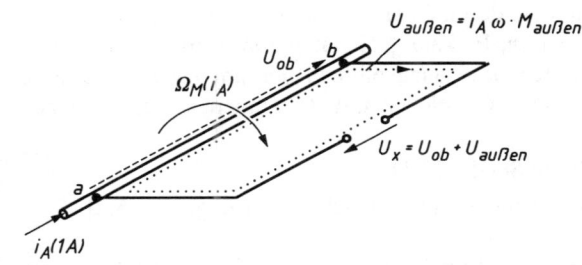

**Bild 5.2**
Die Kopplungsverhältnisse an einem Drahtstück ($i_A$ Störquelle, $U_x$ Störsenke)

Wenn $i_A$ ein Gleichstrom ist, dann sagt die Gleichung (5.4) mit $\varkappa = 57$ S m/mm² und $\mu = \mu_o$ eine Oberflächenfeldstärke von

$$E_{ob} = 22\ mV/m$$

voraus.

Die Bedingung $x = 1$ ist mit den angegebenen Daten gemäß Gleichung (5.6) für eine Frequenz von 71 kHz erfüllt. Das heißt, unterhalb 71 kHz wird die Oberflächenfeldstärke durch die Gleichung (5.7) und für Frequenzen > 71 kHz durch die Gleichung (5.8) beschrieben.
Bei einer Frequenz von 50 Hz entsteht gemäß Gleichung (5.7) bei einem Strom $i_A$ von 1 A eine Oberflächenfeldstärke von

$$E_{ob} = 22 + j1{,}6 \cdot 10^{-2}\ mV/m. \qquad (5.9)$$

Dies ist praktisch der gleiche Wert, wie er bei einem Gleichstrom entstehen würde, denn der Imaginärteil fällt gegenüber dem Realteil überhaupt nicht ins Gewicht.
Die Spannung, die durch das Magnetfeld des Stromes bei 50 Hz in der äußeren Schleife induziert wird, ist gegenüber der ohmschen Oberflächenspannung ebenfalls vernachlässigbar, denn sie beträgt nur

$$U_{außen} = I_A \omega M_{außen} = 1 \cdot 314 \cdot 0{,}06 \cdot 10^{-6} = 18 \mu V.$$

Bei einer Frequenz von 1 MHz hat $x$ nach Gleichung (5.6) den Wert 3,75. Man muß dann bei einem Strom $i_A$ von 1 A laut Gleichung (5.8) mit einer Oberflächenfeldstärke von

$$E_{ob} = 82 (1+j) mV/m \qquad (5.10)$$

rechnen.
Gleichzeitig entsteht in der äußeren Schleife eine induzierte Spannung von

$$U_{außen} = 2\pi \cdot 10^6 \cdot 0{,}06 \cdot 10^{-6} = 380 \text{ mV}.$$

Diese Spannung ist also wesentlich größer als die Oberflächenspannung.

In der folgenden Tabelle sind die Spannungen an der Oberfläche des 10 cm langen Drahtstücks und die induzierten Spannungen in der Anschlußmasche noch einmal einander gegenübergestellt. ♦

| $f$ | $[U_{ob}]$ | $U_{außen}$ |
|---|---|---|
| 0 | 2,2 mV | 0 |
| 50 Hz | 2,2 mV | 18 $\mu$V |
| 1 MHz | 8,2 mV | 380 mV |

## 5.3 Ohmsche Kopplung an korrodierten Verbindungen (rusty bolt)

Die Berührungsstelle zwischen zwei Metallteilen, deren Oberflächen korrodiert sind, kann eine nichtlineare Strom-Spannungskennlinie aufweisen. Es kann sich dabei zum Beispiel um korrodierte Verschraubungen oder Nietverbindungen oder auch einfach nur um zwei korrodierte Metallteile handeln, die lose aufeinanderliegen. An solchen unvollkommenen Verbindungen wurden vor allem zwei Effekte beobachtet:
- Erzeugung unerwünschter Oberwellen durch Sender [5.1]
- und unbeabsichtigte Demodulation amplitudenmodulierter Hochfrequenzsignale [5.2].

In Bild 5.3 sind Meßwerte dargestellt, die aus den Entwicklungsarbeiten für ein 4 GHz Übertragungssystem stammen [5.1]. Es war in diesem Zusammenhang zu überprüfen, in welchem Ausmaß die unmittelbar am Sender erreichte Oberwellenfreiheit von > 150 dB durch Oberwellenerzeugung an Kontakten auf dem Weg zur Antenne wieder verschlechtert wird. Für dieses System war eine Oberwellenunterdrückung von etwa 130 dB notwendig. Die Meßreihe zeigt, daß keines der untersuchten Materialien den Grenzwert ohne Kontaktdruck einhält.
Bei versilberten Kontakten oder solchen aus Beryllium-Kupfer genügt aber bereits ein Kontaktdruck von 1 Newton auf der untersuchten Kontaktfläche von 20 mm Durchmesser, um den geforderten Grenzwert zu erreichen. Bei Aluminium ist dagegen auch die wesentlich höhere Kraft von 20 Newton auf die Kontaktfläche nicht ausreichend, um die verlangte Oberwellenunterdrückung zu gewährleisten.

## 5.4 Kopplungen durch ohmsche Strömungsfelder im Erdreich

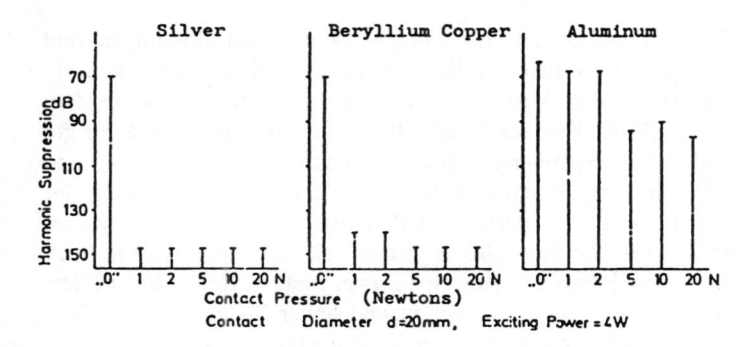

**Bild 5.3** Verschlechterung eines erwünschten niedrigen Oberwellengehalts durch metallische Kontakte.

Beide Effekte, die unerwünschte Oberwellenerzeugung und die unbeabsichtigte Demodulation, sind besonders auf Schiffen sehr ausgeprägt, weil dort durch das Seewasser sehr viel korrodierte Kontakte existieren und gleichzeitig aber auch der Schiffskörper als Basis für Sender und Empfänger benutzt wird [5.3].

## 5.4 Kopplungen durch ohmsche Strömungsfelder im Erdreich

Es gibt im wesentlichen vier Ursachen für Ströme im Erdreich:
- Blitzeinschläge,
- Erdschlüsse elektrischer Energieversorgungssysteme,
- parasitäre Ströme neben den Schienen elektrischer Bahnen,
- und Erdströme in der Nähe starker Lang-, Mittel- oder Kurzwellensender.

Solche Ströme führen wegen der begrenzten elektrischen Leitfähigkeit des Erdreichs zu Spannungen im Boden. Diese Spannungen können Beeinflussungen zur Folge haben, wenn Geräte bzw. Lebewesen die Erde gleichzeitig an mehreren Punkten berühren und dadurch eine Spannung an der Erde abgreifen.

Im Fall eines Erdschlusses in einem elektrischen Energieversorgungssystem tritt ein Strom $i_E$ an der Fehlerstelle – z.B. durch eine gerissene Leitung – punktförmig in die Erde ein, verteilt sich dann weiträumig im Erdreich und fließt schließlich in die Erdelektrode des speisenden Netzes (Bild 5.4). Diese Erdelektrode, die sich in der Regel am Sternpunkt des speisenden Transformators befindet, ist ein räumlich ausgedehnter, im Erdreich eingegrabener metallischer Leiter. Er wird meistens in Form eines Gitters ausgeführt. Zusätzlich werden oft noch metallische Pfähle einige Meter tief in das Erdreich getrieben und mit dem Gitter verbunden.

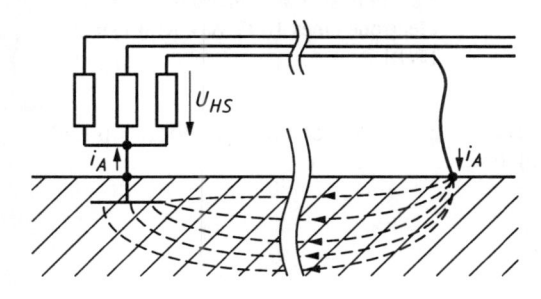

**Bild 5.4**
Strömungsfeld im Erdreich bei einem Erdschluß einer Hochspannungsleitung.

Von besonderem Interesse im Zusammenhang mit elektromagnetischen Beeinflussungen sind die Spannungen, die sich als Folge des Stromflusses im Erdreich an der Erdoberfläche bemerkbar machen. Bild 5.5 zeigt schematisch den Verlauf der Spannung $U_y$, die zwischen dem Eintrittspunkt des Stromes und einem Punkt Y an der Erdoberfläche auftritt. Im Bereich der gut leitenden metallischen Erdelektrode ist die Spannung Null oder genauer gesagt, gegenüber den Spannungen im Erdreich vernachlässigbar. Im schlecht leitenden Erdreich in der Nähe der Erdelektrode steigt die Spannung $U_y$ zunächst stark an und nimmt dann mit zunehmender Entfernung nur noch geringfügig zu, weil die Stromdichte in der Nähe der Erdelektrode hoch ist und der Strom sich mit zunehmender Entfernung zunächst immer mehr verteilt. In der Nähe der Fehlerstelle tritt der Strom punktförmig aus mit entsprechend hoher Stromdichte im Erdreich und entsprechend starker Zunahme der Spannung $U_y$ in der Umgebung dieses Punktes.

♦ **Beispiel 5.2**
Bild 5.6 zeigt entsprechend dem linken Teil von Bild 5.5 den gemessenen Verlauf der Spannung $U_x$ außerhalb der flächenhaften Erdelektrode im Bereich eines 1000 MW-Kernkraftwerkes [5.4]. Es ist die Spannung, die entsteht, wenn in der Nähe dieses Kraftwerkes ein Erdschluß einer abgehenden Hochspannungsleitung entstehen würde, wobei zu erwarten ist, daß ein Kurzschlußstrom von etwa 40 kA vom Erdnetz aus in das Erdreich fließt. ♦

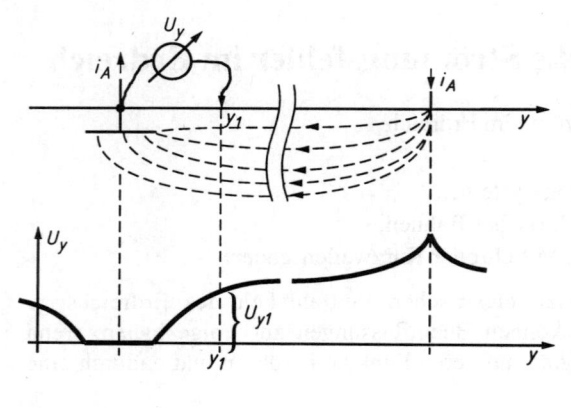

**Bild 5.5**
Der Verlauf der Spannung $U_x$ an der Erdoberfläche als Folge eines Stromes $i_A$ im Erdreich (schematische Darstellung).

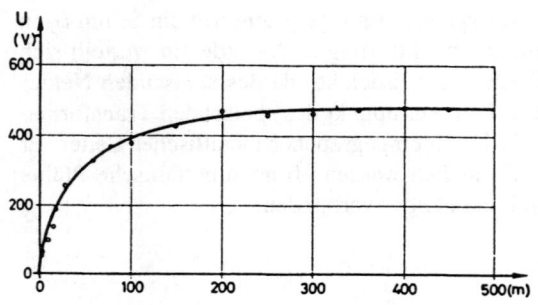

**Bild 5.6**
Spannungsverlauf außerhalb der Erdelektrode eines 1000 MW Kraftwerks [5.4.]

Im Zusammenhang mit Erdelektroden und den durch sie geformten Strömungsfeldern im Erdreich werden häufig drei Begriffe verwendet, nämlich
- Erdungsspannung,
- Erdungswiderstand,
- und Berührungsspannung.

## 5.4 Kopplungen durch ohmsche Strömungsfelder im Erdreich

Unter Erdungsspannung versteht man die Spannung $U_E$, die man zwischen der Erdelektrode und einem sehr weit von dieser Elektrode entfernten Punkt messen kann (Bild 5.7).
Der Erdungswiderstand $R_E$ ist der Quotient aus Erdungsspannung und dem Strom $i_A$, der über die Erdelektrode in das Erdreich geleitet wird

$$R_E = \frac{U_E}{i_A}.$$

Von besonderer Bedeutung ist der Begriff der Berührungsspannung. Es ist die Spannung, die man abgreift, wenn man zwei Punkte $a$ und $b$ der stromführenden Erde berührt (Bild 5.7). Dies ist die im Strukturbild 5.1 angegebene Spannung $U_X$, die von einer Störsenke am Widerstand $R_G$ abgegriffen wird, der von Störquelle und Störsenke gemeinsam benutzt wird. Nach den einschlägigen Vorschriften für die Sicherheit von Personen (z.B. DIN VDE 0115/0141) darf eine solche Spannung, wenn sie unbegrenzt andauert, 50 Volt nicht überschreiten.

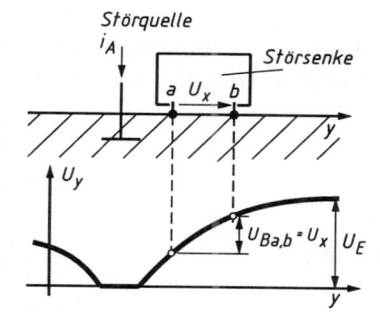

**Bild 5.7**
Zur Erläuterung der Begriffe Erdungsspannung ($U_E$) und Berührungsspannung ($U_B$) aufgrund des Spannungsverhältnisses in Bild 5.5.

Für kurze Einwirkzeiten sind höhere Berührungsspannungen zulässig (Bild 5.8). Da die Schutzeinrichtungen von Hochspannungsanlagen eine Fehlerabschaltzeit von weniger als 100 ms garantieren, kann man gemäß Bild 5.8 für solche Systeme eine Berührungsspannung von etwa 700 V zulassen. Die in Bild 5.8 vorgestellten Verhältnisse sind also in diesem Sinn völlig ungefährlich, weil die kritische Spannung höchstens einen Wert von etwa 500 V erreicht.

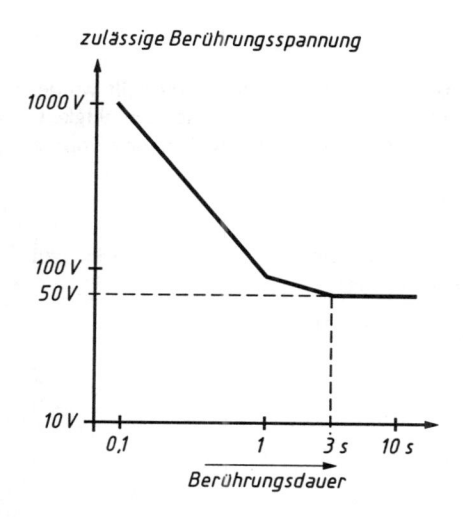

**Bild 5.8**
Zulässige Berührungsspannung $U_B$ in Abhängigkeit der Dauer des Fehlerstroms $i_A$.

Bei einem Blitzeinschlag in das Erdreich ist die räumliche Stromverteilung in der Nähe der Einschlagstelle ähnlich der an der Fehlerstelle eines Netzkurzschlusses. Das heißt, der Strom tritt ebenfalls punktförmig in die Erde ein und verteilt sich dann weiträumig im Erdreich, um schließlich den in einiger Entfernung befindlichen Gegenladungen zuzufließen, die von der Gewitterwolke influenziert wurden.

## 5.5 Mathematische Beschreibung eines Flächenerders

Wegen der in der Regel geometrisch unregelmäßigen Struktur von Erdern und der meist nur ungenauen Kenntnisse über die Leitfähigkeit des vorhandenen Erdbodens, erhält man sichere Aussagen über die Eigenschaften eines Erdungssystems wie in Bild 5.6 nur durch eine Messung. Eine mathematische Beschreibung eines Erders kann deshalb nur für den ersten Grobentwurf hilfreich sein und vor allem einen Eindruck davon vermitteln, welche Parameter die Wirksamkeit des Erders beeinflussen.

Der Spannungsverlauf an der Erdoberfläche, der sich zum Beispiel in der Umgebung eines runden, plattenförmigen Erders im Abstand $y$ vom Plattenmittelpunkt einstellt, wird nach Ollendorff [5.5] außerhalb der Platte durch die Gleichung

$$U(y) = i_A \frac{1}{2\pi \varkappa A}\left(\frac{\pi}{2} - \arcsin\frac{A}{y}\right) \tag{5.11}$$

beschrieben. Darin ist $A$ der Plattenradius. Die Erdungsspannung hat den Wert

$$U_E = \frac{i_A}{4\varkappa A} \tag{5.12}$$

und der Erdungswiderstand beträgt

$$R_E = \frac{1}{4\varkappa A}. \tag{5.13}$$

Es wird bei dieser Berechnung angenommen, daß der Strom $i_A$ über die Platte bei $y = o$ in das Erdreich eintritt und es in einer unendlich fernen Elektrode wieder verläßt.

♦ **Beispiel 5.3**
Nimmt man für das Erdsystem des Kraftwerks, dessen Erdspannung in Beispiel 5.2 vorgestellt wurde, eine runde Platte mit einem Radius A von etwa 250 m an, die auf feuchtem Humus mit einer Leitfähigkeit $\varkappa$ von $10^{-1}$ S/m aufliegt, dann ergibt sich rechnerisch mit Gleichung (5.13) ein Erdungswiderstand von

$$R_E = \frac{1}{4 \cdot 10^{-1} \cdot 250} = 0{,}01\,\Omega.$$

Wenn über diese Platte ein Strom von 40 kA in das Erdreich geleitet wird, entsteht zwischen ihr und einem weit entfernten Punkt die größtmögliche Berührungsspannung von

$$U_E = i_A \cdot R_E = 400\,\text{Volt}.$$

Dies entspricht etwa der gemessenen Größenordnung. ♦

## 5.6 Abschirmung gegen elektrische Strömungsfelder im Erdreich

Die Spannungen, die durch den Stromfluß in der Erde verursacht werden, kommen durch den verhältnismäßig hohen spezifischen Widerstand des Erdreichs zustande. Es liegt deshalb nahe, eine störende Berührungsspannung dadurch zu verringern, daß man den Widerstand zwischen den Berührungspunkten verkleinert. Man kann dies leicht mit einer Metallschiene PA erreichen, die man zwischen den Berührungspunkten $a$ und $b$ anbringt (Bild 5.9), denn die spezifische Leitfähigkeit eines gut leitenden Metalls ist mit etwa $10^8$ S/m um zehn Zehnerpotenzen besser, als gut leitendes Erdreich mit etwa $10^{-1}$ S/m.

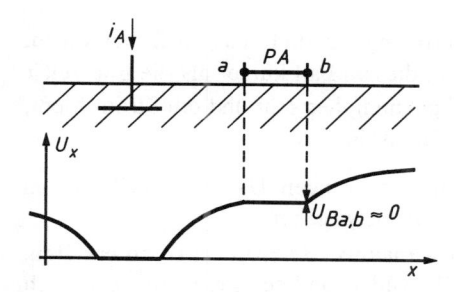

**Bild 5.9**
Reduktion der Berührungsspannung $U_{Bab}$ zwischen den Punkten $a$ und $b$ durch die gut leitende Verbindung PA.

Mit anderen Worten, das Abschirmungsprinzip gegen elektrische Strömungsfelder im Erdreich beruht auf dem Prinzip des elektrisch besser leitenden Nebenschlusses.

Weil man den Spannungsverlauf im Erdreich gelegentlich auch Potentialverlauf oder wegen seiner trichterförmigen Struktur auch Potentialtrichter nennt, hat man für den gut leitenden abschirmenden Nebenschluß zwischen den Berührungspunkten $a$ und $b$ die Bezeichnung Potentialausgleich (PA) oder auch Potentialausgleichsschiene (PAS) eingeführt.

Der Potentialausgleich ist eine wichtige Komponente im Rahmen jedes Gebäudeblitzschutzes. Alle elektrisch leitfähigen Strukturen, die aus dem Erdreich in das Gebäude geführt werden, wie elektrische Energieversorgungskabel, Gasleitungen, Wasserleitungen und Nachrichtenkabel, werden dort mit der Potentialausgleichsschiene verbunden. Auf diese Weise kann man verhindern, daß zwischen den genannten Leitungen unzulässig hohe Berührungsspannungen entstehen.

## 5.7 Die Grenze zwischen ohmschem Widerstand und Wellenwiderstand

Die Betrachtungen in den vorhergehenden Kapiteln 5.1 und 5.2 waren quasistationärer Natur. Das heißt, die theoretischen Analysen gingen davon aus, daß die ohmsche Spannung zwischen den Punkten $a$ und $b$ in Bild 5.1 als Ganzes entsteht, weil überall auf dem Leitungsstück der gleiche Strom $i_A$ gleichzeitig fließt. Das gilt für Punkt $a$ genauso wie für Punkt $b$ und auch die Mitte des Drahtstücks. Diese Gleichzeitigkeit ist gewährleistet, wenn sich der Strom $i_A$ nicht wesentlich ändert, während er mit der Geschwindigkeit des Lichts vom Punkt a zum Punkt $b$ läuft.

In Bild 5.10 ist eine Versuchsanordnung skizziert, mit der untersucht wurde, was geschieht, wenn die Gleichzeitigkeit der Ereignisse auf dem Leitungsstück nicht mehr gegeben ist. System $A$, die Störquelle, wird durch einen Generator gebildet, der Impulse mit unterschiedlich langer Anstiegszeit $t_a$ liefern kann. System $B$, die Störsenke, wird in diesem Modellversuch durch einen Oszillographen repräsentiert, der die durch die Kopplung übertragene Spannung registriert. Der gemeinsame Widerstand $R_G$, über den die Kopplung zwischen der Störquelle $A$ und der Störsenke $B$ zustande kommt, besteht aus der Reihenschaltung von Mantel und Seele eines 10 m langen Koaxialkabels. Die Reihenschaltung entsteht durch einen Kurzschluß am Ende des Kabels.

Das Kabel hat einen Wellenwiderstand von $Z = 50\ \Omega$. Die Laufzeit $\tau$ des Kabels beträgt 50 ns und die Reihenschaltung von Mantel und Seele weist einen ohmschen Gleichstromwiderstand von 2,6 $\Omega$ auf.

Die Nicht-Gleichzeitigkeit drückt sich in dieser Anordnung dadurch aus, daß bei einem schnellen Anstieg der Störspannung $U_A$ – schnell heißt in diesem Fall kürzer als die Laufzeit $\tau$ – am Anfang des 10 m langen Kabelstücks schon eine Spannung herrscht und ein Strom fließt, während das Ende zur gleichen Zeit noch strom- und spannungslos ist.

In Bild 5.10 sind die Oszillogramme der impulsförmigen Störungen $U_A$ mit verschiedenen Frontzeiten und die Reaktion der Spannung $U_X$ am Kabel wiedergegeben:
- Das Oszillogramm von $U_X$ beim niedrigen Frontzeitverhältnis $t_a/\tau = 0{,}1$ ist so zu erklären, daß das Kabel des Generators zuerst mit seinem Wellenwiderstand belastet ist und erst nach der doppelten Laufzeit $2\tau$ mit seinem ohmschen Widerstand wirkt.

    Weil der Generator einen Innenwiderstand aufweist, der genauso groß ist wie der Wellenwiderstand, kommt es nach dem Impulsbeginn bis zur doppelten Laufzeit zu einer gleichmäßigen Spannungsaufteilung zwischen dem Innenwiderstand des Generators und dem Wellenwiderstand des Kabels. Das heißt, am Kabel tritt die halbe Leerlaufspannung des Generators auf.

    Nach der doppelten Laufzeit wirkt das Kabel mit seinem ohmschen Widerstand als Belastung für den Generator. Zunächst macht sich dabei noch der Skineffekt mit einem erhöhten Widerstandswert bemerkbar und anschließend sinkt die ohmsche Spannung langsam exponentiell auf den Wert ab, welcher durch den Gleichstromwiderstand bestimmt wird.

- Mit zunehmender Frontzeit der Störspannung wird der Einfluß des Wellenwiderstands geringer. Wenn die Frontzeit $t_a$ etwa das 10fache der Laufzeit $\tau$ erreicht hat (Bild 5.10c), macht sich der Wellenwiderstandseinfluß nur noch schwach im Verlauf von $U_X$, bemerkbar.

Man kann aus diesem Beispiel folgende Aussagen ableiten, die der Größenordnung nach wahrscheinlich auch für andere Anordnungen gelten:
- Wenn die Anstiegszeit $t_a$ des elektrischen Vorgangs in der Störquelle kürzer ist als die 10fache Laufzeit über das gemeinsame Leitungsstück, ist als Kopplungswiderstand der Wellenwiderstand wirksam.
- Wenn die Anstiegszeit $t_a$ im Bereich des 10- bis 100fachen der Laufzeit liegt, wirkt der durch den Skineffekt erhöhte ohmsche Widerstand.

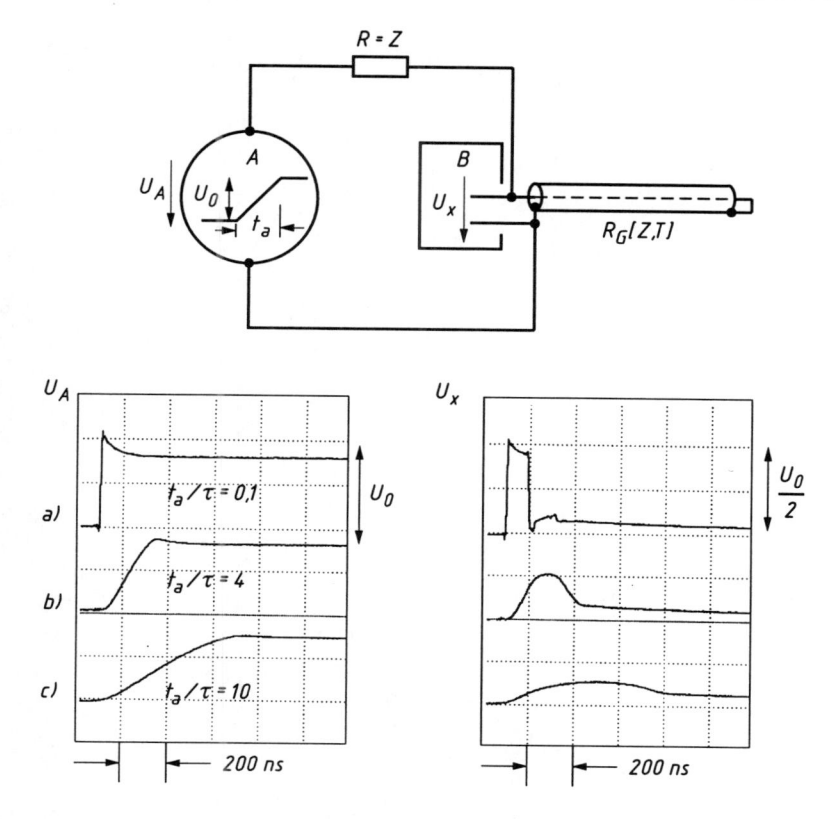

**Bild 5.10** Versuchsanordnung, die das Verhalten eines Koaxialkabels als Wellenwiderstand oder ohmschen Widerstand bei steilen bzw. flachen Impulsen zeigt.

## 5.8 Literatur

[5.1] *K. Landt:* The reduction of EMC due to nonlinear elements and unintended random contacts in the proximity of antennas of high power RF transmitters,
EMC Symposium Montreux 1975, pp. 374-380

[5.2] *R. F. Elsner*: Rusty bolt demonstrator,
IEE transactions on EMC, Vol. 24, No. 4,
November 1982, pp. 420-421

[5.3] *R. Elsner*: Environmental interference study aboard a naval vessel,
IEEE EMC Symposium 1968

[5.4] *F. Schwab*: Erdungsmessungen in ausgedehnten Anlagen,
Bull. SEV 71 (1980)

[5.5] *F. Ollendorf*: Erdströme,
Birkhäuser, Basel, Stuttgart 1969

# 6 Kabelmantelkopplung

Wenn ein Strom im Mantel eines Koaxialkabels fließt, entsteht im Inneren des Kabels eine unbeabsichtigte Spannung. Man nennt diese Kopplung zwischen Mantel und dem Inneren des Kabels Kabelmantelkopplung.

Kabelmäntel können aus verschiedenen Gründen Ströme führen. Am häufigsten trifft man Mantelströme in Situationen an, in denen – wie in Abschnitt 3 näher erläutert wurde – Kabelmäntel Abschnitte von Kurzschlußmaschen bilden, mit denen zeitlich veränderliche Magnetfelder abgeschirmt werden. Der Strom im Kabelmantel wird dabei absichtlich induziert, um mit seinem Magnetfeld dem störenden Feld entgegenzuwirken. Mit anderen Worten, die Kabelmantelkopplung ist als störender Nebeneffekt zu beachten, wenn man Kurzschlußmaschen zur Abschirmung zeitlich veränderlicher Magnetfelder benutzt.

Gelegentlich fließen auch Betriebsströme und Fehlerströme geerdeter elektrischer Systeme unbeabsichtigt über die leitenden Mäntel von geerdeten Kabeln, die sich zum Beispiel in der Nähe elektrischer Bahnen befinden und die die geerdeten Schienen als Rückleiter benutzen.

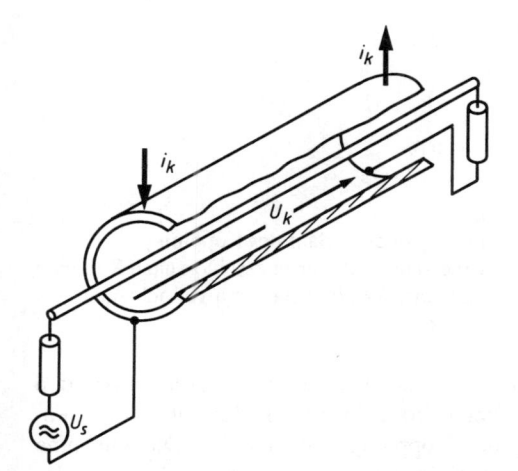

**Bild 6.1**
Durch einen Strom $i_K$ im Kabelmantel entsteht eine störende Spannung $U_K$ entlang der Rohrwand.

Wenn man ein Koaxialkabel verwendet, dessen Mantel aus einem metallischen Rohr besteht – z.B. dem Kabeltyp UTC 141 C –, dann ergibt sich die in Bild 6.1 dargestellte Situation:

Der Strom $i_K$, der über dem Kabelmantel geführt wird, erzeugt längs der Rohrwand die Spannung $U_K$, die sich dem Signal $U_S$, das vom Kabel übertragen wird, störend überlagert.

$U_K$ ist die Spannung an der Innenwand des Rohres. Sie wird durch die dort herrschende Stromdichte $G(r_i)$ bestimmt sowie durch Leitfähigkeit $\varkappa$ des Rohrmaterials und die Rohrlänge $l$.

$$U_K = l_K \cdot G(r_i) \cdot \frac{1}{\varkappa} \qquad (6.1)$$

Es wurde bereits in Abschnitt 3.4.5 im Zusammenhang mit der Wirkung von Wandströmen in rohrförmigen Gehäusen der sogenannte Kopplungswiderstand $Z_K$ eingeführt. Mit diesem Begriff erhält die Gleichung (6.1) die Form

$$|U_K| = i_K \cdot |Z_K| \ . \tag{6.2}$$

Dort wurde auch gezeigt, daß $Z_K$ wegen der Stromverdrängung im Rohr von der Änderungsgeschwindigkeit bzw. Frequenz des Stromes $i_K$ abhängt, und daß dieses Verhalten quasistationär durch die Gleichung (3.25) und (3.26) beschrieben wird

$$Z_K = R_o \frac{U}{\sqrt{\cosh U - \cos U}} \tag{3.25}$$

$$U = t \cdot \sqrt{2\varkappa\omega\mu} \ . \tag{3.26}$$

$R_2$ = Gleichstromwiderstand der Wand
$t$ = Wanddicke
$\varkappa$ = elektrische Leitfähigkeit der Wand
$\mu$ = Permeabilität der Wand
$\omega$ = Kreisfrequenz des Stromes $i_K$

Der Kopplungswiderstand eines geschlossenen Rohres sinkt, ausgehend vom Gleichstromwiderstand $R_o$, monoton mit der Frequenz ab, so wie das durch die Gleichung (3.25) beschrieben wird (Bild 6.2).

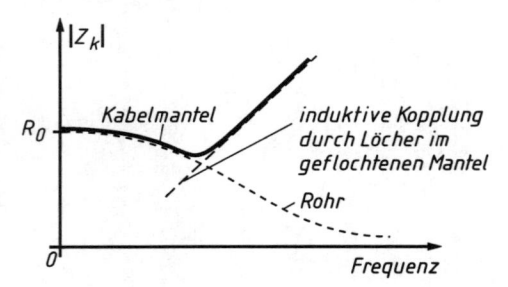

**Bild 6.2**
Prinzipieller Verlauf des Kopplungswiderstandes $Z_K$ eines geschlossenen Rohres und eines Koaxialkabels mit geflochtenem Mantel.

Der Frequenzgang eines Kabelmantels, der Löcher aufweist, hat bei tiefen Frequenzen den gleichen Verlauf wie ein Rohr mit gleich großem Gleichstromwiderstand. Bei hohen Frequenzen zeigen die Messungen dagegen einen Anstieg des Kopplungswiderstandes. Die Zunahme beträgt 20 dB pro Dekade (Bild 6.2). Aus dieser Vergrößerung proportional zur Frequenz des Stromes $i_K$ kann man schließen, daß der Anstieg durch eine induktive Kopplung zustande kommt, und zwar greift das Magnetfeld des Mantelstromes durch die Löcher und Schlitze im Mantel induzierend in den Raum zwischen Kabelseele und Kabelmantel ein. Die absolute Höhe des Kopplungswiderstandes in diesem Frequenzbereich hängt vom Aufbau des Kabelmantels ab, das heißt, ob er aus einem eng- oder weitmaschigen Geflecht besteht, ob mehrere Geflechte übereinanderliegen oder ob die einzelnen Drähte des Mantels gar nicht miteinander verflochten wurden, sondern nur als Wendel ausgeführt sind.

In Bild 6.3 sind die gemessenen Frequenzgänge von drei verschiedenen Kabeltypen wiedergegeben, die alle drei einen Wellenwiderstand von 50 Ω aufweisen. Kabeltyp A ist 10 mm dick. Sein Mantel besteht aus zwei übereinanderliegenden Kupfergeflechten. Kabeltyp B ist ein 3 mm dickes Kabel, dessen Mantel durch ein einfaches Cu-Geflecht gebildet wird.

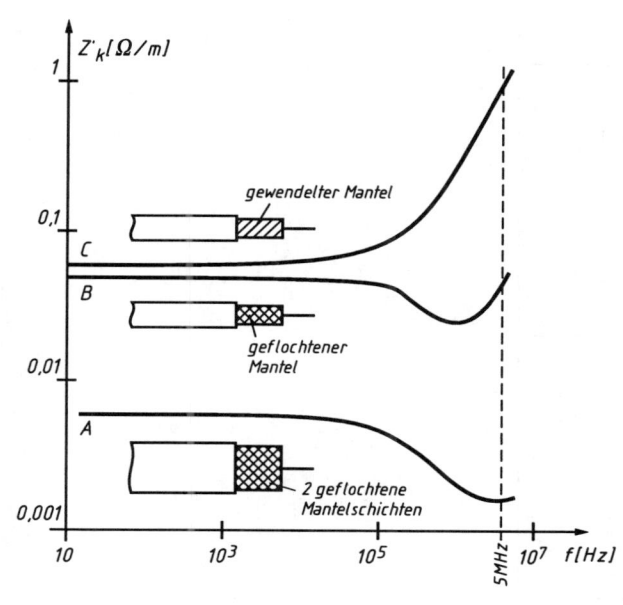

# 6 Kabelmantelkopplung

**Bild 6.3**
Die Kopplungswiderstände drei verschiedener Kabeltypen:
A  RG 214U (geflochtener Mantel),
B  RG 142 BU (geflochtener Mantel),
C  wie B, aber mit gewendeltem Mantel.

Der Mantel des Kabeltyps C besteht aus etwa gleich viel feinen Cu-Drähten, wie der des Typs B, nur sind sie nicht miteinander verflochten, sondern in Form einer Wendel ausgeführt.

Man erkennt, daß der Frequenzgang des Kopplungswiderstandes des dickwandigen Typs A bei tiefen Frequenzen wesentlich tiefer liegt als bei den dünnwandigen Typen B und C. Dies ist die Folge der unterschiedlichen Gleichstromwiderstände.

Alle Kabel zeigen bei hohen Frequenzen den Anstieg des Kopplungswiderstandes mit 20 dB pro Dekade durch die induktive Kopplung zwischen dem Strom $i_K$ und dem Kabelinneren. Dieser Effekt ist beim Kabel A durch das dichte, doppelt ausgeführte Geflecht des Kabels am schwächsten ausgeprägt.

Besonders bemerkenswert ist der Unterschied zwischen den Kabeln B und C bei hohen Frequenzen. Für beide wurde etwa die gleiche Menge Material in Form von feinen Cu-Drähten für den Mantel verwendet. Aber wegen der Stromführung durch die einsinnige Wendel im Mantel des Kabels C ist die induktive Kopplung offensichtlich viel stärker als im Kabel B, dessen Manteldrähte miteinander verflochten sind.

Während sich die Kopplungswiderstände bei tiefen Frequenzen nur um den Faktor 5 voneinander unterscheiden, wachsen die Unterschiede vor allem zwischen den Kabeln B und C im Bereich > 1 MHz auf zwei Zehnerpotenzen an. Es ist deshalb zu erwarten, daß insbesondere die Kabel B und C auf impulsförmige Mantelströme $i_K$, die in ihrem Spektrum hohe Frequenzanteile enthalten, extrem unterschiedlich reagieren. Diese Vermutung wird durch die Oszillogramme in Bild 6.4 und 6.5 bestätigt. Sie zeigen die Verläufe der Spannung $U_K$ an den drei 7 m langen Kabelstücken unter Einwirkung des gleichen Mantelstromes $i_K$. Alle drei Kabelstücke wurden dabei an einem Ende kurzgeschlossen, so daß am anderen Ende die Spannung $U_K$ abgegriffen werden konnte.

Der Mantelstrom $i_n$, mit dessen Hilfe das Verhalten der Kabel im Zeitbereich dargestellt wird, steigt in etwa 200 µs exponentiell auf 1,4 A an (Bild 6.4). Zu Beginn des Anstiegs gibt es einen kurzen Vorimpuls mit einer Amplitude von 0,4 A, dessen genauer zeitlicher Verlauf in Bild 6.5 im Zeitraster von 1 µs pro Teilung klarer zu erkennen ist.

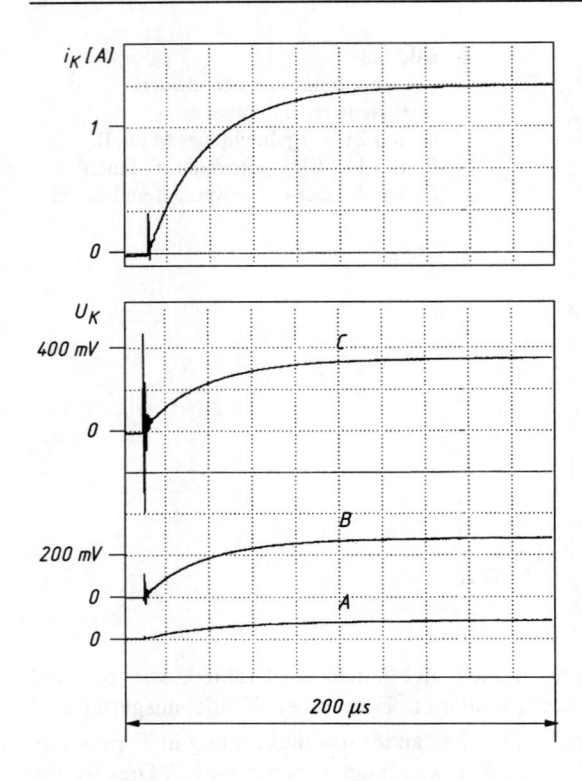

**Bild 6.4**
Der Strom $i_K$ und die Spannungen $U_K$ an den drei Kabeltypen gemäß Bild 6.3 im Zeitbereich von 200 µs.

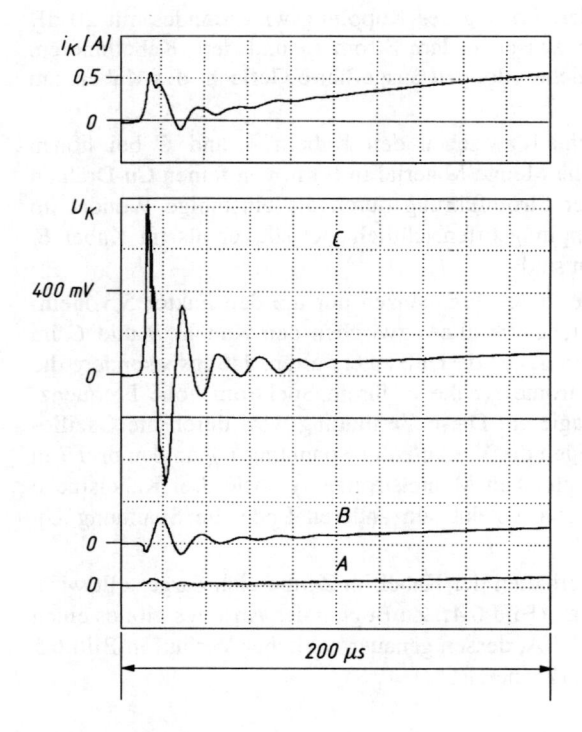

**Bild 6.5**
Der Strom $i_K$ und die Spannungen $U_K$ an den drei Kabeltypen gemäß Bild 6.3 im Zeitbereich von 1 µs

# 6 Kabelmantelkopplung

Die Kopplungswiderstände sind bei allen drei Kabeltypen über einen Frequenzbereich von Null bis etwa 100 kHz jeweils praktisch konstant. Mit anderen Worten, die Kabelmäntel verhalten sich in diesem Frequenzbereich wie ohmsche Widerstände. Deshalb werden langsam veränderliche Mantelströme, deren Spektren nur diese Frequenzanteile enthalten, praktisch verzerrungsfrei in den Verläufen der Spannung $U_K$ abgebildet. Das heißt, der verhältnismäßig langsame exponentielle Anstieg von $i_K$ führt zu gleichartigen exponentiellen Verläufen von $U_K$ (Bild 6.4). Es gibt lediglich Unterschiede in den Amplituden entsprechend den unterschiedlichen $Z_K$-Niveaus im Frequenzgang.

Ganz anders ist die Reaktion der einzelnen Kabeltypen auf den schnellen Impuls zu Beginn von $i_K$. Da sein Verlauf etwa demjenigen einer Viertelwelle aus einer 5 MHz Sinusschwingung entspricht, muß man die Oszillogramme in Bild 6.5 mit den Amplituden von $Z_K$ bei dieser Frequenz erklären:

- Beim Kabeltyp A ist $Z_K$ bei 5 MHz deutlich kleiner als bei den vorher betrachteten tiefen Frequenzen. Der schnelle Vorimpuls ist also im Verlauf von $U_K$ wesentlich schwächer ausgeprägt als der exponentielle Anstieg.
- Im Frequenzgang des Kabeltyps C ist 5 MHz die induktive Komponente wesentlich höher als die ohmsche. Die Änderungsgeschwindigkeit des Vorimpulses kommt deshalb im Verlauf von $U_K$ wesentlich stärker zur Wirkung als der langsame Verlauf des exponentiellen Anstiegs, der durch die niedrigere ohmsche Komponente geprägt wird.
- Beim Kabeltyp B liegt 5 MHz im unteren Teil der mit 20 dB ansteigende induktiven Komponente von $Z_K$. Deshalb macht sich die zeitliche Ableitung des Stromes $di/dt$ im Vorimpuls weniger stark bemerkbar als beim Kabel C.

Die Auswahlkriterien für Koaxialkabel, deren Mäntel als Teile von Kurzschlußmaschen zur Abschirmung gegen magnetische Felder eingesetzt werden sollen, lauten demnach:

- Es sollten möglichst große Mantelquerschnitte verwendet werden, um den Kopplungswiderstand bei tiefen Frequenzen niedrig zu halten.
- Vor allem aber sollten die Kabelmäntel geflochten ausgeführt werden, damit die induktive Kopplung erst bei möglichst hohen Frequenzen wirksam wird.

# 7 Kopplungen zwischen parallelen Leitungen

Mit Störungen, die von einer Leitung auf eine parallel verlaufende übertragen werden, mußte man sich bereits im Frühstadium der Elektrotechnik auseinandersetzen, zum Beispiel mit gefährlichen Spannungen auf Leitungen, die parallel zu Hochspannungsleitungen verliefen, oder mit dem sogenannten Nebensprechen in den Telefonsystemen, wodurch man Telefongespräche, die offenbar auf benachbarten Leitungen geführt wurden, mehr oder weniger deutlich mithören konnte.

Im englischen Sprachgebrauch wird heute noch in Anlehnung an diese frühe Form der Störung die sehr bildhafte Bezeichnung crosstalk für alle Arten von Kopplungen zwischen benachbarten Leitungen verwendet.

In neuerer Zeit haben die Kopplungen zwischen den eng benachbarten Leitungen in Flachkabeln und auf gedruckten Schaltungen besondere Bedeutung erlangt, vor allem in digitalen Schaltungen, die mit so steilen Impulsen betrieben werden, daß Wanderwellen auf den störenden und damit auch auf den gestörten Leitungen auftreten.

Es ist besonders bemerkenswert, daß die Kopplungen zwischen den Leitungen auf Wanderwellen ganz anders reagieren als auf quasistationäre Vorgänge. Quasistationär verhalten sie sich so, wie man es gefühlsmäßig erwartet: Die Amplitude des Signals auf der gestörten Leitung nimmt ab, wenn man die Strecke verkürzt, auf der die Leitungen parallel laufen, und sie nimmt zu, wenn man die Koppelstrecke verlängert. Bei Wanderwellenvorgängen bleibt dagegen die Amplitude der Störung unverändert, wenn man die Koppelstrecke verlängert oder verkürzt, nur die Dauer der Störung nimmt zu oder ab.

◆ **Beispiel 7.1**

Gegenstand der Betrachtung sind zwei Leitungen, die von drei dicht zusammenliegenden Drähten gebildet werden (Bild 7.1). Die störende Leitung besteht, wie bei der in Abschnitt 4 geschilderten kapazitiven Kopplung, aus den Leitern 1 und 2, und die gestörte Leitung aus den Leitern 2 und 3. Die größte untersuchte Leitungslänge beträgt 3 m, so daß bei einer sinusförmigen Spannung mit einer Frequenz von 100 kHz auf der störenden Leitung sicher quasistationäre Verhältnisse vorliegen.

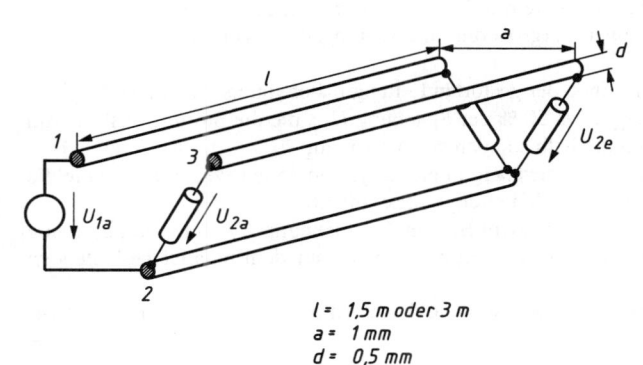

$l$ = 1,5 m oder 3 m
$a$ = 1 mm
$d$ = 0,5 mm

**Bild 7.1**
Die Spannung in zwei parallelen Leitungen mit einem gemeinsamen Leiter.
Leiter 1-2 störende Leitung
Leiter 2-3 gestörte Leitung

Die gestörte Leitung ist am Anfang offen und am Ende mit dem Wellenwiderstand von 100 Ω abgeschlossen. Die Oszillogramme in Bild 7.2a zeigen, daß eine sinusförmige Spannung mit einer Amplitude von 4 Volt peak to peak und einer Frequenz von 100 kHz auf der benachbarten Leitung zu einer Störung von etwa 1 mV führt, wenn die beiden Leitungen auf einer Länge von 1,5 m dicht aneinander liegen. Die Störung steigt auf den doppelten Wert, wenn man die Berührung der beiden Leitungen auf 3 m ausdehnt. Es ist kein nennenswerter Unterschied zwischen der Spannung am Anfang und am Ende der gestörten Leitung zu erkennen.

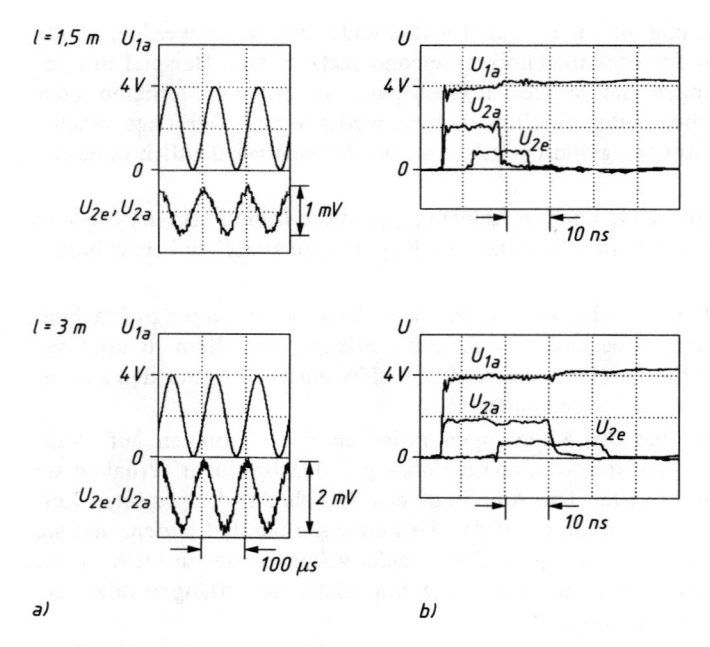

**Bild 7.2** Der zeitliche Verlauf der Spannungen in einem Leitungssystem gemäß Bild 7.1,
a) bei sinusförmiger Störung (100 kHz),
b) bei Störung durch einen steilen Impuls.

Eine Wanderwellenstörung durch einen Impuls, dessen Frontzeit sehr viel kürzer ist als die Laufzeit, zeigt das Bild 7.2b. Verglichen mit dem oben geschilderten quasistationären Verhalten ergeben sich folgende Unterschiede:
– Die Amplitude der Störung ist um drei Zehnerpotenzen höher als beim Versuch mit 100 kHz.
– Die Amplitude der Störung bleibt bei einer Vergrößerung der Leitungslänge konstant. Lediglich die Dauer des Störimpulses nimmt zu.
– Die Störspannungen am Anfang und am Ende der gestörten Leitung haben unterschiedliche Amplituden. Am Anfang erreicht die Störung $U_{2a}$ etwa 50 % der Spannung $U_{1a}$, die die Störung auslöst. Am Ende der gestörten Leitung ist die Spannung halb so hoch wie am Anfang.
  Als Anfang der Leitung wird in diesem Zusammenhang immer diejenige Seite bezeichnet, auf die die störende Wanderwelle auf das parallel verlaufende Leitungsstück auftrifft.
– Die Zeitdifferenz von 7 ns (bzw. 13 ns) zwischen dem Beginn der Spannung $U_{2a}$ am Leitungsanfang und der Spannung $U_{2e}$ am Ende ist gleich der Laufzeit des Signals auf dem parallel verlaufenden Leitungsstück.
  Die Breite der Impulse auf der gestörten Leitung ist sowohl am Anfang als auch am Ende offensichtlich gleich der doppelten Laufzeit. ♦

## 7.1 Kopplung zwischen parallelen Leitungsstücken im quasistationären Frequenzbereich 131

Die Spannung, die am Anfang der gestörten Leitung auftritt, wird in der Literatur als Nahüberkoppelspannung (engl. backward crosstalk) bezeichnet. Für die Spannung am Ende der gestörten Leitung wird die Bezeichnung Fernüberkoppelspannung (engl. forward crosstalk) verwendet.

In digitalen Schaltungen muß man die Impulse, die auf eine Nachbarleitung übertragen werden, im Zusammenhang mit der dynamischen Störfestigkeit der jeweils eingesetzten logischen Schaltelemente sehen. Man versteht darunter das Verhalten gegenüber rechteckförmigen Impulsen mit unterschiedlicher Zeitdauer und Amplitude, die auf den Eingang eines Schaltelements einwirken und je nach Höhe und Dauer eine logische Zustandsänderung verursachen oder wirkungslos bleiben [7.4]. Der Zusammenhang ist in Bild 7.3 schematisch skizziert:

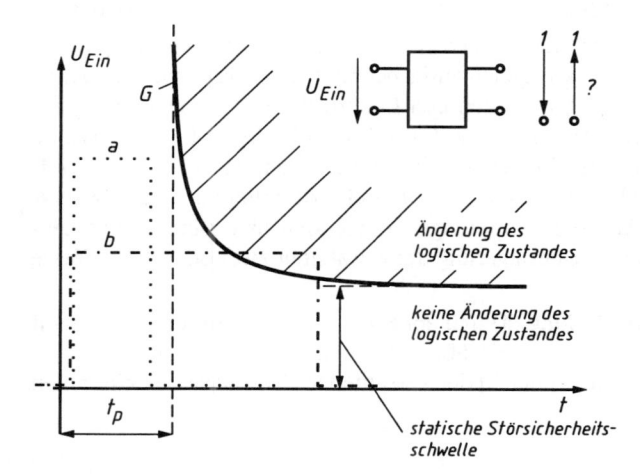

**Bild 7.3**
Schematische Darstellung der dynamischen Störsicherheit eines logischen Schaltelements auf Halbleiterbasis.
G Grenze der logischen Zustandsänderung,
a kurzer, nicht schaltender Impuls,
b langer Impuls, der zur Änderung des logischen Zustands führt.

Jedes logische Schaltelement ist in bezug auf die Höhe der Eingangsspannung und ihre Dauer durch eine Grenzkurve $G$ gekennzeichnet, oberhalb der eine Zustandsänderung stattfindet und unter der eine solche Änderung ausbleibt. Es gibt darüber hinaus eine für jede Halbleiterstruktur typische Zeit $t_p$ – die sogenannte Durchlaufverzögerung – unterhalb der ein logisches Schaltelement überhaupt nicht anspricht. Ein kurzer hoher Impuls ($a$ in Bild 7.3) bleibt unterhalb der Grenzkurve und verursacht keine Veränderung, während der länger andauernde Impuls $b$ einen Umschaltvorgang im Bauelement zur Folge hat.

Aus Bild 7.2b ist erkennbar, daß die Dauer der Impulse, die auf eine benachbarte Leitung übertragen werden, von der Länge des Weges abhängt, auf der die störende und die gestörte Leitung parallel verlaufen. Man darf deshalb beim Schaltungsentwurf eine für jede Schaltelementart typische parallele Weglänge nicht überschreiten, wenn man die überkoppelten Signale nicht zur Wirkung kommen lassen will. Allein von der Amplitude her würden die in Bild 7.2 oszillografierten Störspannungen bei weitem ausreichen, um die statische Störsicherheitsschwelle einer logischen Schaltung zu überwinden.

## 7.1 Kopplung zwischen parallelen Leitungsstücken im quasistationären Frequenzbereich

Der quasistationäre Frequenzbereich wird durch die Grenzfrequenz $f_q$ nach oben abgegrenzt. Die zugehörige Grenzwellenlänge ist gleich der zehnfachen räumlichen Ausdehnung des Systems (siehe Abschnitt 2.3.2). Im vorliegenden Fall ist dies die Länge $x$ des betrachteten Leitungsstückes. Für die Grenzfrequenz gilt also die Gleichung

$$f_q = \frac{v}{10\,x} \quad , \tag{7.1}$$

in der $v$ die Lichtgeschwindigkeit in dem Medium darstellt, in dem sich die Leitung befindet.

Die Kopplung zwischen zwei parallelen Leitungsstücken ist eine zusammengesetzte Kopplung. An ihr sind mindestens zwei Kopplungseffekte gleichzeitig beteiligt und zwar eine kapazitive Kopplung, die durch das Feld der Spannung zwischen den Leitern der störenden Leitung zustande kommt sowie eine induktive durch das Magnetfeld des Stroms in dieser Leitung. Wenn, was häufig der Fall ist, beide Leitungen einen Leiter gemeinsam benutzen, wie z.B. in Bild 7.1, dann kommt noch eine dritte Kopplung hinzu, nämlich die ohmsche Kopplung über den Widerstand des gemeinsamen Leiterstücks. Alle drei Kopplungsbeiträge sind unabhängig voneinander, sodass sich die Gesamtkopplung durch Überlagerung der erwähnten zwei oder drei Effekte ergibt.

Weil sich die drei Kopplungsbeiträge am Anfang (a) und am Ende (e) der gestörten Leitung auf unterschiedliche Art und Weise überlagern, sind die überkoppelten Spannungen $U_{2a}$ am Anfang und $U_{2e}$ am Ende der gestörten Leitung voneinander verschieden. Das heisst, es gibt einen Kopplungsfaktor für

$$K_A = \frac{U_{2a}}{U_{1a}} \tag{7.2a}$$

für den Anfang und einen zweiten

$$K_E = \frac{U_{2e}}{U_{1a}} \tag{7.2b}$$

für das Ende der gestörten Leitung.

Wenn man die Unterschiede zwischen $U_{2a}$ und $U_{2e}$ verstehen will, muss man die Vorzeichen der Spannung beachten, die von den einzelnen Kopplungseffekten am Anfang (a) und am Ende (e) der gestörten Leitung erzeugt werden. In Bild 7.4 ist dieser Aspekt für jeden der Kopplungseffekte dargestellt, wobei angenommen wurde, dass die störende Leitung durch die Leiter 1 und 2 gebildet wird und die Richtung der störenden Spannung vom Leiter 1 zum Leiter 2 weist.

Die störende Leitung ist mit dem Widerstand $R_B$ belastet.

Die gestörte Leitung besteht aus den Leitern 3 und 2. An ihrem Anfang befindet sich der Widerstand $R_A$ und am Ende der Widerstand $R_E$. Der ohmsche Widerstand des Leiters 2 wird mit $R_{L2}$ bezeichnet.

Bei der kapazitiven Kopplung (Bild 7.4) fliesst ein Verschiebungsstrom $i_v$ über die Streukapazität $C_{1,3}$ zum Leiter 3 und von dort über die Widerstände $R_A$ und $R_E$ zum Leiter 2. Die auf diese Weise entstehenden Spannungen an den Widerständen $R_A$ und $R_E$ weisen also in die gleiche Richtung.

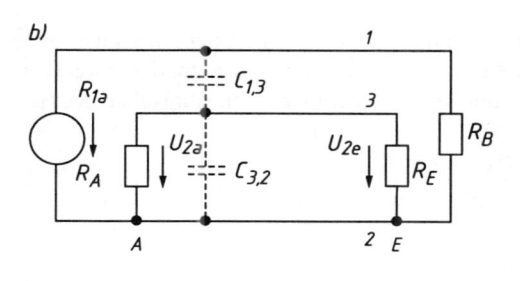

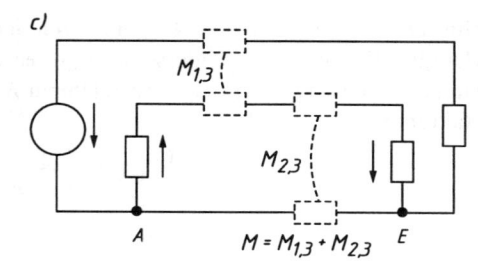

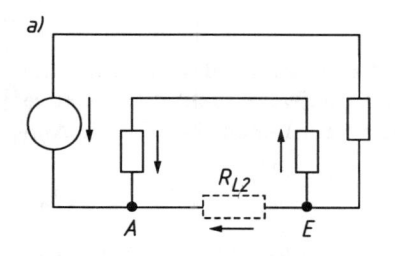

## 7.1 Kopplung zwischen parallelen Leitungsstücken im quasistationären Frequenzbereich

**Bild 7.4**
Die Richtungen der eingekoppelten ohmschen (a), kapazitiven (b) und induktiven (c) Störspannungen

Die kapazitiven Kopplungsfaktoren $K_{Ak}$ und $K_{Ek}$ sind für den Anfang und das Ende der Leitung gleich gross. Mit Hilfe der Gleichungen (4.3), (7.2a) und (7.2b) ergibt sich

$$K_{Ak} = K_{Ek} = \frac{j\omega R_2 C_{1,3}}{1 + j\omega R_2 (C_{1,3} + C_{3,2})} \qquad (7.3)$$

mit

$$R_2 = \frac{R_A R_E}{R_A + R_E}$$

Die induktive Kopplung (Bild 7.4c), die von den Magnetfeldern der Ströme $i_1$ in den Leitern 1 und 2 ausgeht, erzeugt eine Umlaufspannung in der Masche der gestörten Leitung. Die dadurch verursachten Spannungen an den Widerständen $R_A$ und $R_E$ sind, bezogen auf den Leiter 2, einander entgegen gerichtet.

Durch die induktive Kopplung fliesst in der gestörten Leitung ein Strom $i_2$, der durch die Gleichung (3.1) beschrieben wird. Dabei ist zu beachten, dass der Widerstand in der Störsenke durch die Reihenschaltung $R_A + R_E$ gebildet wird. Für den induzierten Strom in der Störsenke gilt deshalb

$$i_2 = \frac{j\omega M}{R_A + R_E + j\omega L_2} \frac{U_{1a}}{R_B} \qquad (7.3a)$$

Damit ergeben sich für den Anfang und das Ende der gestörten Leitung die induktiven Kopplungsfaktoren

$$K_{Ai} = \frac{j\omega M}{R_A + R_E + j\omega L_2} \cdot \frac{R_A}{R_B} \qquad (7.4)$$

und

$$K_{Ei} = \frac{j\omega M}{R_A + R_E + j\omega L_2} \cdot \frac{R_E}{R_B} \qquad (7.5)$$

Die ohmsche Kopplung (Bild 7.4a), die durch den Störquellenstrom $i_1$ eine Spannung zwischen den Punkten E und A am Widerstand $R_{L2}$ des Leiters 2 erzeugt, führt zu einander entgegen gerichteten Spannungen an den Widerständen $R_A$ und $R_E$ und damit zu den ohmschen Kopplungsfaktoren

$$K_{Aoh} = \frac{R_{L2}}{R_B} \frac{R_A}{R_A + R_E} \qquad (7.6)$$

und

$$K_{Eoh} = \frac{R_{L2}}{R_B} \frac{R_E}{R_A + R_E} \qquad (7.7)$$

Bei der Überlagerung der Teilspannung am Widerstand $R_A$ ist zu beachten, dass die kapazitiv eingekoppelte und die ohmsche Spannung die gleiche Richtung aufweisen und die induktive ihnen entgegen gerichtet ist. Die gesamte Störung $A_A$ am Anfang der Leitung hat also die Amplitude

$$K_A = K_{Aoh} + K_{Ak} - K_{Ai} \qquad (7.8)$$

Bei der Überlagerung am Ende der gestörten Leitung am Widerstand $R_E$ weisen die kapazitive und die induktive Komponente in die gleiche Richtung und die ohmsche wirkt ihnen entgegen. Insgesamt entsteht also am Ende der Leitung eine Störung mit der Amplitude

$$K_E = K_{Ek} + K_{Ei} - K_{Eoh} \qquad (7.9)$$

Auf der Grundlage der geschilderten Richtung der Teilspannungen kann man den vollständigen Frequenzgang gestützt auf die Gleichung (7.8) und (7.9) berechnen.

In der Praxis benötigt man nicht alle Anteile der Gleichungen (7.8) und (7.9) zur Analyse einer Leitungskopplung, weil entweder der kapazitive oder der induktive Anteil dominiert und der jeweils andere Teil demgegenüber vernachlässigt werden kann. Bei hohem Innenwiderstand $R_2$ der Störsenke ist in der Regel der kapazitive Kopplungsanteil der grössere, während bei niedrigem $R_2$ und gleichzeitig starkem Stromfluss in der störenden Leitung meistens die induktive Kopplung überwiegt.

Um einen Überblick über den Frequenzgang der Kopplung zu erhalten, ist es ausreichend, die Kopplungsteile mit ihren umhüllenden Asymptoten zu beschreiben. Bei dominant kapazitiver Kopplung besteht dann z.B. die Störung am Leitungsanfang aus folgenden drei Komponenten (Bild 7.5):

- Bei tiefen Frequenzen ist die ohmsche Kopplung stärker als die kapazitive. Deshalb verläuft der Frequenzgang in diesem Frequenzbereich horizontal auf dem Niveau des ohmschen Anteils $K_{Aoh}$.
- Die kapazitive Kopplung übersteigt die ohmsche oberhalb der Grenzfrequenz

$$f_u = \frac{R_{L2}}{2\pi R_E R_B C_{1,3}} \qquad (7.10)$$

und folgt dann einer Geraden, die mit 20dB pro Dekade ansteigt.
Bei hohen Frequenzen nähert sich die kapazitive Kopplung asymptotisch dem Grenzwert $C_{1,3} / (C_{1,3} + C_{3,2})$.

## 7.1 Kopplung zwischen parallelen Leitungsstücken im quasistationären Frequenzbereich

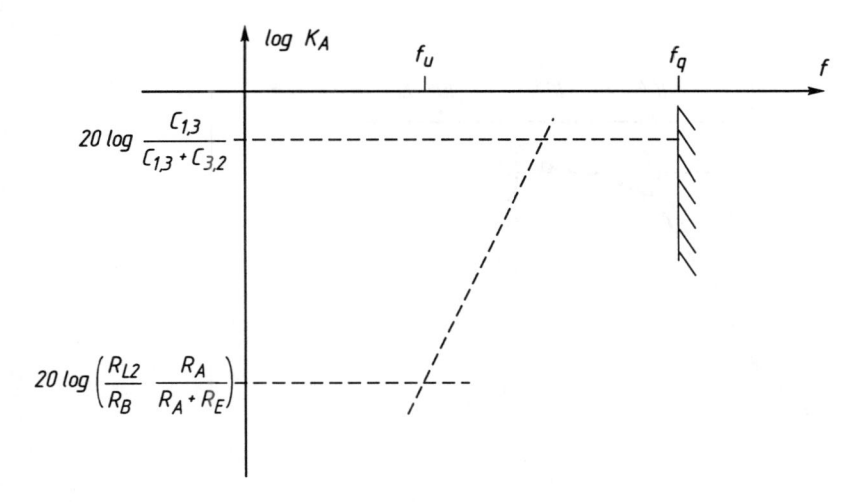

**Bild 7.5** Die Asymptoten des Frequenzgangs des Kopplungsfaktors $K_A$ bei vorwiegend kapazitiver Kopplung; ////////  Grenze der quasistationären Berechnung

♦ **Beispiel 7.2**

Es wird ein 1 m langes Flachkabel betrachtet, das drei parallele Drähte enthält. Die beiden äusseren Drähte 1 und 2 bilden die störende Leitung, die mit einem Widerstand $R_B = 50\ \Omega$ belastet ist.
Die gestörte Leitung besteht aus dem mittleren Draht 3 des Flachkabels und dem äusseren Draht 2 (Bild 7.6a). An den Enden dieser Leitung befinden sich die Widerstände $R_A$ und $R_E$ mit einem Ohmwert von je 1 M$\Omega$. Leiter 2 hat einen Widerstand $R_{L2}$ von 0,1 $\Omega$.
Für die Leitungskonstanten wurden folgende Werte ermittelt:
$C_{1,3} = 20$ pF; $C_{3,2} = 35$ pF.
Für eine Leitung von 1 m Länge im Medium Luft ergibt sich aus Gleichung (7.1) eine obere Grenze $f_q = 30$ MHz für die Gültigkeit einer quasistationären Betrachtungsweise.
Die horizontale Asymptote $A_{Aoh}$ der ohmschen Kopplung am Anfang der gestörten Leitung ergibt sich durch Einsetzen der Widerstandswerte von $R_A$, $R_E$, $R_B$ und $R_{AE}$ in die Gleichungen (7.6). Sie liegt auf dem Niveau von

$$A_{Aoh} = \frac{0,1}{50} \frac{10^6}{10^6 + 10^6} = 10^{-3} \qquad \text{entsprechend } - 60 \text{ dB}$$

Die horizontale Asymptote der kapazitiven Kopplung liegt mit $C_{1,3} = 20$ pF und $C_{3,2} = 35$ pF auf dem Niveau von

$$\frac{C_{1,3}}{C_{1,3} + C_{3,2}} = \frac{20}{20 + 35} = 0,36 \qquad \text{entsprechend } - 8,8 \text{ dB}$$

In Bild 7.6 sind die berechneten Asymptoten und die gemessenen Störspannungen eingezeichnet. Die Darstellung macht auch deutlich, dass der gemessene Frequenzgang durch die berechneten Asymptoten recht gut angenähert wird. ♦

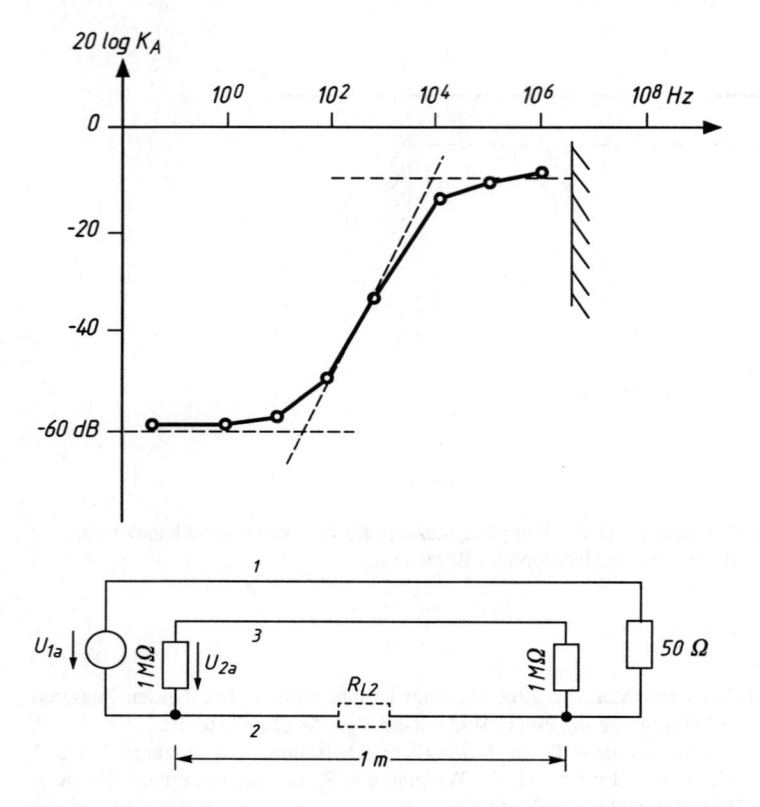

**Bild 7.6** Berechnung und Messung einer Störspannung bei Dominanz der kapazitiven Kopplung.

## 7.2 Analytische Berechnung der Impulskopplung

Die Leitungskopplung hat bei zeitlich schnell veränderlichen Vorgängen einen völlig anderen Charakter als im quasistationären Bereich. In den Bildern 7.2a und 7.2b wurden diese unterschiedlichen Verhaltensweisen am Beispiel von zwei Leitungen dargestellt, die aus drei dicht zusammenliegenden Drähten bestehen.

Zur mathematischen Beschreibung dieser Erscheinung muss man das Ersatzschaltbild von zwei gleichen Leitungen mit gemeinsamen Leiter (Bild 7.7) und die zugehörigen Differentialgleichungen heranziehen. Sie lauten:

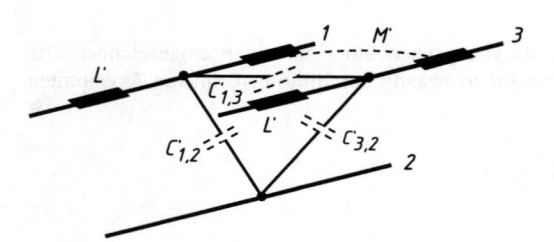

**Bild 7.7**
Das Ersatzschaltbild zur mathematischen Beschreibung der Kopplung zwischen zwei gleichen Leitungen mit einem gemeinsamen Leiter.

## 7.2 Analytische Berechnung der Impulskopplung

$$-\frac{\partial u_1}{\partial x} = L\frac{\partial i_1}{\partial t} + M'\partial\frac{i_2}{\partial t} \tag{7.11}$$

$$-\frac{\partial i_1}{\partial x} = (C'_{3,2} + C'_{1,2}) \cdot \frac{\partial u_1}{\partial t} - C'_{1,3}\frac{\partial u_2}{\partial t} \tag{7.12}$$

$$-\frac{\partial u_2}{\partial x} = M'\frac{\partial i_1}{\partial t} + L'\partial\frac{i_2}{\partial t} \tag{7.13}$$

$$-\frac{\partial i_2}{\partial \tau} = -C'_{1,3}\frac{\partial u_1}{\partial t} + (C'_{3,2} + C'_{1,2})\frac{\partial u_2}{\partial t} \;. \tag{7.14}$$

Darin sind $L'$ die Eigeninduktivitäten pro Längeneinheit beider Leitungen und $C'$ die entsprechenden Eigenkapazitäten. Die Kopplung zwischen beiden Leitungen wird durch die Gegeninduktivität $M'$ und die Kapazität $C'_{1,3}$ pro Längeneinheit gekennzeichnet. Weil die störende Leitung, die von den Leitern 1 und 2 gebildet wird, die selben geometrischen Abmessungen aufweist wie die gestörte Leitung, die aus den Leitern 2 und 3 besteht, sind auch die Teilkapazitäten $C'_{1,2}$ und $C'_{3,2}$ gleich.

Für eine Anordnung, bei der die störende Leitung am Anfang offen und am Ende mit dem Wellenwiderstand $Z_0$ abgeschlossen war, kann man aus den Leitungsgleichungen – z.B. mit Hilfe der zweidimensionalen Laplace-Transformation – eine einfache analytische Lösung angeben [7.3].

- Am Anfang der gestörten Leitung (bei $x = 0$) entsteht ein Spannungsimpuls mit der Amplitude

$$U_{2a} = 0{,}5 k_1 U_1 \tag{7.15}$$

$$\text{mit } k_1 = \frac{C'_{1,3}}{C'_{1,2} + C'_{3,2}} + \frac{M'}{L'} \tag{7.16}$$

- Die Dauer $\tau$ dieses Spannungsimpulses beträgt etwa

$$\tau = 2Tl. \tag{7.17}$$

In dieser Gleichung stellt $T$ die Laufzeit des Impulses pro Meter und $l$ die Länge der Koppelstrecke dar.

- Für das Ende der Leitung sagt die analytische Lösung einen Impuls mit der Dauer $\tau$ wie am Anfang und einer halb so hohen Amplitude voraus.

$$U_{2e} = 0{,}25 k_1 U_1 \tag{7.18}$$

Die vollständigen theoretisch zu erwartenden zeitlichen Verläufe der Spannung $U_{2a}$ und $U_{2e}$ sind in Bild 7.8 dargestellt. Sie gelten für den Fall, daß die Umgebung des Leitungssystems homogen ist, das heißt, daß überall in der Umgebung die gleiche Permeabilität und die gleiche Dielektrizitätskonstante herrscht. Für die Wellenwiderstände der störenden und der gestörten Leitung wurde dabei der gleiche Wert $Z_0$ angenommen.

Die theoretische Analyse einer Reihe von Anordnungen mit unterschiedlichen Abschlußwiderständen an der gestörten Leitung zeigt [7.3], daß in homogenen Medien die höchste Amplitude der Spannung auf der gestörten Leitung den Wert

erreicht.
$$U_{2(\max)} = 0{,}5 k_1 \cdot U_1 \tag{7.19}$$

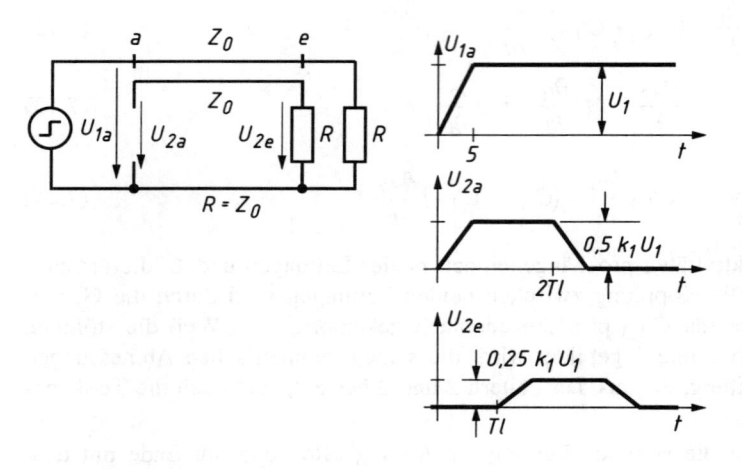

**Bild 7.8**
Berechneter Spannungsverlauf bei einer am Anfang offenen und am Ende mit dem Wellenwiderstand abgeschlossenen gestörten Leitung in einem homogenen Medium.
(*a* Anfang und *e* Ende des parallelen Leitungsverlaufs)

Um $U_{2a}$ und $U_{2e}$ mit Hilfe der Gleichungen (7.16), (7.18) und (7.19) berechnen zu können, benötigt man offensichtlich die Verhältnisse $C'_{1,3}/C'_{1,2} + C'_{1,3}$ und $M'/L'$. Für den Fall, daß sich das Leitungssystem in einem homogenen Medium befindet (d.h. überall das gleiche $\varepsilon$ und $\mu$), kann man die Ermittlung der Leitungsparameter vereinfachen, wenn man die Beziehung $L'_{ik} \cdot C'_{ik} = \varepsilon\mu$ benutzt. Man erhält dann

$$\frac{C'_{1,3}}{C'_{1,2} + C'_{3,2}} = \frac{M'}{L'} \tag{7.20}$$

Die Kapazitäten kann man entweder aus der Struktur des elektrischen Feldes der Mehrleiteranordnung berechnen oder man kann sie an einem ausgeführten Leitungssystem messen. Dabei ist aber zu beachten, daß es sich bei den hier zur Diskussion stehenden Kapazitätswerten um die Teilkapazitäten in einem Mehrleitersystem handelt, die man in Gegenwart aller Leiter des Systems messen muß, zum Beispiel mit einer Meßbrücke, die über einen sogenannten Wagnerschen Hilfszweig verfügt.

Für die im Beispiel 7.1 vorgestellte Anordnung, in die 3-Leiter-Systeme völlig symmetrisch in einem gleichseitigen Dreieck angeordnet sind, kann man das Kapazitäts- und damit auch das Induktivitätsverhältnis sogar ohne Messung und Rechnung, allein aufgrund einer Analyse der Feldsymmetrie ermitteln. Man kommt dabei zu der Aussage, daß

$$\frac{C'_{1,3}}{C'_{1,2} + C'_{3,2}} = \frac{M'}{L'} = 0{,}5 \tag{7.21}$$

ist. Der Wert von $k_1$ ist somit für ein vollständig symmetrisch aufgebautes 3-Leiter-System gleich 1. Die theoretisch zu erwartenden Amplituden der Spannung auf der gestörten Leitung erreichen deshalb die Werte $0{,}5 U_1$ am Leitungsanfang und $0{,}25 U_1$ am Leitungsende. Dies stimmt mit dem Meßergebnis in Beispiel 7.1 überein.

Die Kapazitäts- und Induktivitätsverhältnisse mit dem Wert 0,5 ergeben sich aus der Feldsymmetrie wie folgt:

## 7.2 Analytische Berechnung der Impulskopplung

- Eine Teilkapazität $C_{ik}$ zwischen zwei Leitern $i$ und $k$ in einem Mehrleitersystem beschreibt den elektrischen Fluß $\Psi_{ik}$, der durch das elektrische Feld vom Leiter $i$ zum Leiter $k$ fließt, während alle anderen Leitersysteme mit dem Leiter $k$ verbunden sind.
- Aus Symmetriegründen sind die Teilflüsse $\Psi_{1,2}$ und $\Psi_{1,3}$ gleich groß. Damit sind auch $C_{1,2}$ und $C_{1,3}$ gleich. (Bild 7.9)
- Erzeugt man analog elektrische Flüsse, die von Leiter 3 ausgehend zu den Leitern 1 und 2 gelangen, wobei die Leiter 1 und 2 miteinander verbunden sind, stellt man fest, daß auch $C_{2,3}$ gleich $C_{1,3}$ ist.
- Wenn alle Teilkapazitäten in der symmetrischen Anordnung gleich groß sind, ergibt sich

$$\frac{C'_{1,3}}{C'_{1,2}+ C'_{3,2}}=\frac{1}{2}.$$

Man kann nun schon allein aufgrund der Gleichung (7.20) die Aussage machen, daß damit auch das Verhältnis $M'/L'$ gleich 0,5 ist. Aber man kann dies auch direkt aus der Struktur des Magnetfeldes ablesen, die in Bild 7.10 skizziert ist.

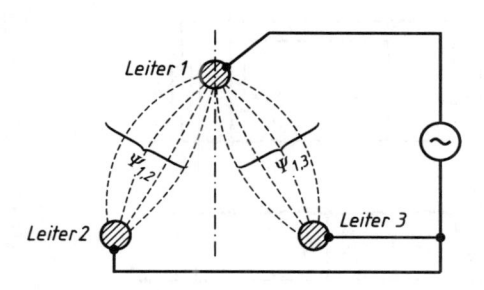

**Bild 7.9**
Darstellung der Symmetrie des elektrischen Feldes bei symmetrischer Leiteranordnung um zu zeigen, daß alle Teilkapazitäten darin gleich groß sind.

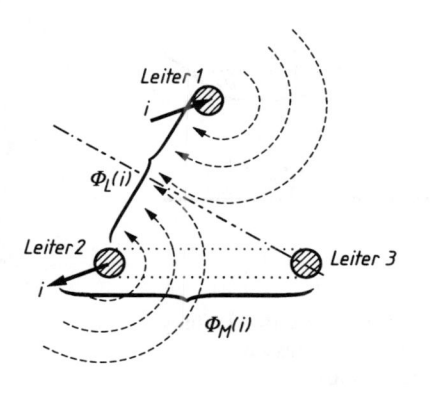

**Bild 7.10**
Darstellung des magnetischen Feldes in einer symmetrischen Leiteranordnung um zu zeigen, daß $\Phi_M = 0{,}5 \ \Phi_L$ ist.

- In Bild 7.10 ist der magnetische Fluß $\Phi_L$ angedeutet, der von der störenden Leitung durch die Ströme in den Leitungen 1 und 2 erzeugt wird. Bezieht man diesen Fluß auf den erregenden Strom, so erhält man die Eigeninduktivität $L$ der störenden Leitung

$$L=\frac{\Phi_L(i)}{i}.$$

– Es ist offensichtlich, daß die gestörte Leitung mit den Leitern 2 und 3 genau die Hälfte des störenden Flusses umfaßt, wenn sich der Leiter 3 irgendwo auf der Mittellinie zwischen den Leitern 1 und 2 befindet. Damit ist

$$\Phi_M = \frac{1}{2}\Phi_L \quad \text{oder} \quad M' = \frac{1}{2}L'.$$

Es sei an dieser Stelle daran erinnert, daß sich alle bisherigen theoretischen Erwägungen und experimentellen Ergebnisse auf gestörte Leitungen beziehen, die am Anfang offen und am Ende mit dem Wellenwiderstand abgeschlossen sind. Wenn man diese Widerstandsverhältnisse verändert, erhält man andere Spannungsformen, und zwar sowohl am Anfang als auch am Ende der gestörten Leitung. In Bild 7.11 sind zwei Beispiele dargestellt. Das erste mit Widerständen an beiden Enden der gestörten Leitung, die gleich dem Wellenwiderstand sind, und mit einem Leerlauf am Anfang und einem Kurzschluß am Ende. Weitere Beispiele findet man in der Literatur [7.3].

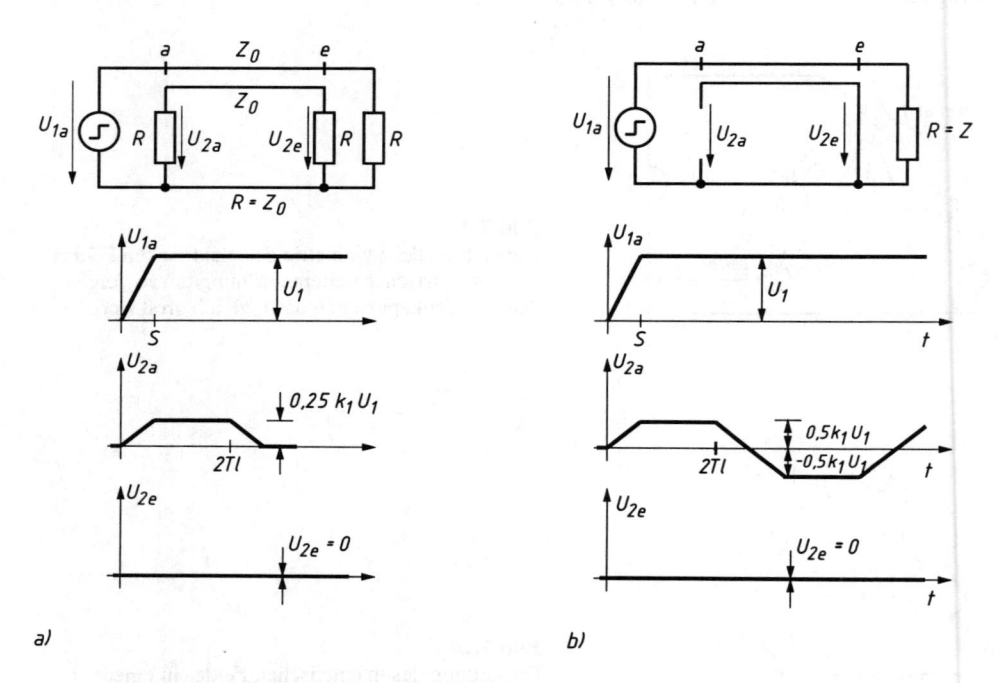

**Bild 7.11** Berechnete Spannungsverläufe am Anfang und am Ende einer gestörten Leitung
  a) gestörte Leitung beidseitig mit dem Wellenwiderstand abgeschlossen,
  b) gestörte Leitung am Anfang offen und am Ende kurzgeschlossen.

Es ist besonders bemerkenswert, daß bei keiner der möglichen Belastungsarten durch lineare Widerstände die Amplitude der Spannung auf der gestörten Leitung über den Wert $0,5\,k_1 U_1$ hinausgeht.

## 7.3 Impulskopplungen in Flachkabeln

Man kann die Analyseverfahren, die im vorigen Abschnitt auf symmetrisch im Dreieck angeordnete Leitersysteme angewendet wurden, auch auf andere Leitergeometrien übertragen, zum Beispiel auf Flachkabel. Im Mittelpunkt des Interesses steht dabei, wie oben auch, die Ermittlung des Faktors $k_1$, mit dessen Hilfe man nach der Gleichung

$$\hat{U}_{2a} = 0{,}5 k_1 \cdot \hat{U}_1$$

die Amplitude der Spannung auf der gestörten Leitung erhält.

Weil die Isolationsschicht der Flachkabelleiter in der Regel dünn ist, kann man die Umgebung der Leiter in guter Näherung als homogen annehmen. Weil dann, wie bereits erläutert wurde, die Verhältnisse der Kapazitäten und der Induktivitäten in der Gleichung (7.16), mit der $k_1$ ermittelt wird, gleich groß sind, genügt es, eines dieser Verhältnisse zu bestimmen. Für die folgende Analyse wird das Verhältnis $M'/L'$ gewählt. Damit ist dann

$$\hat{U}_{2a} = \frac{M'}{L'} \hat{U}_1 \qquad (7.22)$$

wenn die gestörte Leitung am Anfang offen und am Ende mit dem Wellenwiderstand abgeschlossen ist.

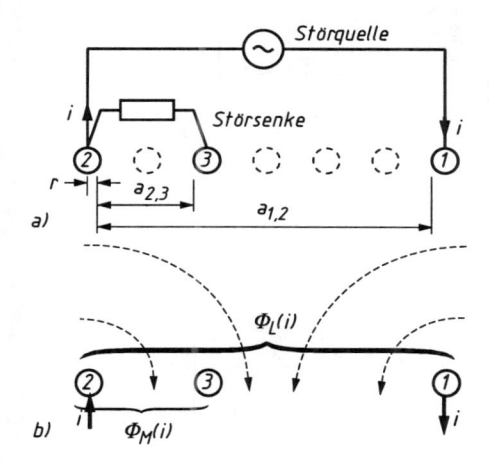

**Bild 7.12**
Querschnitt durch ein Flachkabel,
a) Anordnung der störenden und gestörten Leitung im Kabel (Beispiel),
b) schematischer Verlauf des magnetischen Feldes im Kabel.

In Bild 7.12 ist ein Ausschnitt aus einem Flachkabel dargestellt. Die Leitungen 1 und 2 gehören zur Störquelle und die Leiter 1 und 3 zur Störsenke. Daneben sind in Bild 7.12b die magnetischen Flüsse skizziert, aus denen $L'$ und $M'$ zu bestimmen sind. $\Phi_L(i_1)$ ist der gesamte Fluß, der von Hin- und Rückstrom $i_1$ der Störquelle erzeugt wird, und aus dem $L'$ zu berechnen ist. $\Phi_M$ ist der Teil von $\Phi_L$, der die Störsenke durchdringt, und aus dem $M'$ zu ermitteln ist.
Die Beiträge, welche die Ströme der Leiter 1 und 2 zum pro Stromeinheits-Fluß $\Phi_L$ leisten, sind nach Anhang 1

$$IN'_{L1} = IN'_{L2} = 0{,}2 \cdot \ln \frac{a_{1,2}}{r}.$$

Insgesamt ergibt sich deshalb für die Eigeninduktivität

$$L' = 0{,}4 \ln \frac{a_{1,2}}{r} \, [\mu H].$$

Auf die gleiche Art und Weise kann man mit Hilfe von Anhang 1 berechnen, wie stark die Ströme in den Leitern 1 und 2 zum Fluß $\Phi_M$ beitragen.
Daraus ergibt sich dann

$$M' = 0{,}2 \ln \frac{a_{1,2} \cdot a_{2,3}}{r(a_{1,2} - a_{2,3})}.$$

♦ **Beispiel 7.32**
Es wird ein 20 mm breites und 1,5 m langes Flachkabel betrachtet, in dem 16 Drähte in einem Achsabstand von 1,2 mm nebeneinander angeordnet sind. Jeder der Leiter hat einen Radius $r$ von 0,25 mm.
Die Leiter des Flachkabels werden im Rahmen dieses Beispiels mit K1 bis K16 bezeichnet.
Insgesamt werden drei Leitungsanordnungen untersucht (Bild 7.13)

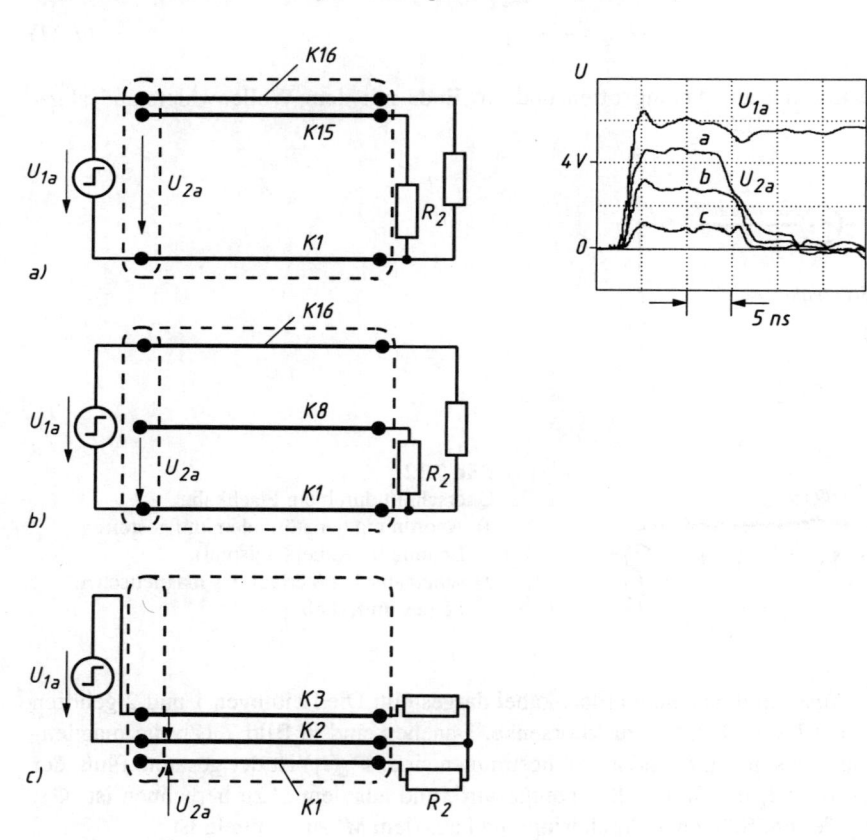

**Bild 7.13** Die Veränderung der Spannung am Anfang der gestörten Leitung bei verschiedenen Lagen der störenden und gestörten Leitung innerhalb des Flachkabels
(die gestörte Leitung ist jeweils am Anfang offen und am Ende mit dem Wellenwiderstand abgeschlossen).

## 7.3 Impulskopplungen in Flachkabeln

1) Die Leiter K1 und K16 sind mit der Störquelle verbunden. Sie bilden also in der Terminologie der Grundanordnung gemäß Bild 7.10 die Leiter 1 und 2.
Der eine am Rand liegende Leiter K1 und der mittlere Leiter K8 sind mit der Störsenke verbunden. Man umfaßt in 7.11b mit den Leitungen K1-K8 der Störsenke genau den halben magnetischen Fluß, der zwischen den Leitern K1 und K2 für die Eigeninduktion wirksam ist. $M'$ ist also gleich $0,5\ L'$. Damit ergibt sich nach Gleichung (7.22) für die Anordnung nach Bild 7.13b

$$U_{2a} = 0,5 U_1 .$$

Die Oszillogramme in Bild 7.13 bestätigen diesen Wert.

2) In der Varinate 7.13b bilden die Leiter K1 und K16 die Störquelle und K1 und K15 die Störsenke. Damit umfaßt die Störquelle nahezu den gesamten magnetischen Fluß der Störquelle. Die Berechnung von $M'$ und $L'$ ergibt mit den erwähnten Abmessungen Werte von 1,4 bzw 1,7 $\mu$H/m. Die Spannung auf der gestörten Leitung erreicht demnach eine Amplitude von

$$U_{2a} = \frac{1,4}{1,7} = 0,82 U_1 .$$

Auch dieser Wert stimmt mit dem Meßergebnis in Bild 7.13 gut überein.

3) In der Variante 7.13c liegen die beiden Drähte K2 und K3 der Störquelle dicht zusammen. Deshalb wird die Leitung der Störsenke (K2 und K3) von zwei fast gleich großen, aber einander entgegengerichteten Magnetfeldanteilen durchdrungen. Die Gegeninduktivität ist deshalb wesentlich geringer als in den Anordnungen a) und b). Dies erklärt den niedrigen oszillografierten Wert der Störspannung. ♦

Die Erfahrung zeigt, daß die Kopplungen zwischen parallelen Leitungen innerhalb eines Bandleiters wesentlich kleiner werden, wenn man nicht nur einen Draht als gemeinsamen Leiter für mehrere Leitungen benutzt, sondern wie in Bild 7.14 für den Rückstrom mehrere parallele Leiter verwendet. Häufig wird sogar die Hälfte aller Drähte eines Flachkabels als Rückleiter zu einem einzigen Rückleiter zusammengeschaltet. Dazu wird dann jeder zweite Leiter innerhalb des Kabels benutzt.

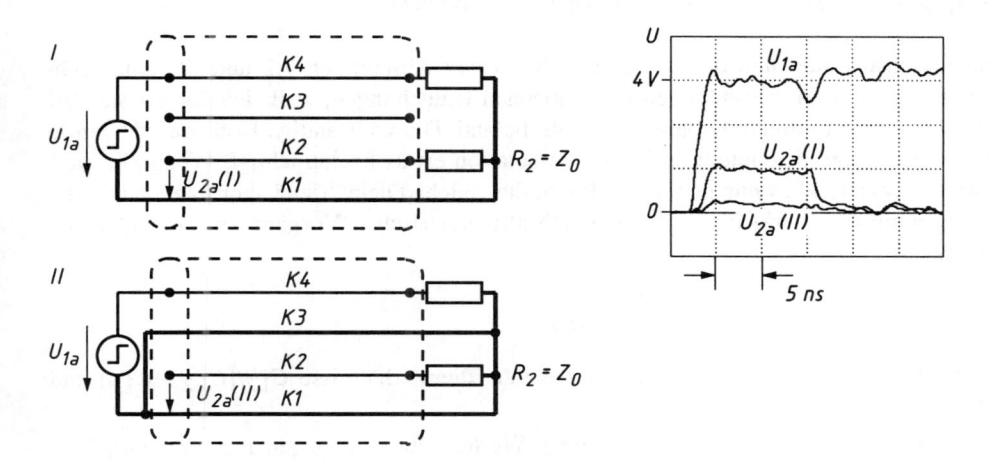

**Bild 7.14** Die Reduktion der Impulskopplung in einem Flachkabel durch Benutzung mehrerer paralleler gemeinsamer Leiter.

♦ **Beispiel 7.4**
Wie wirksam mehrere parallele Rückleiter sind, zeigen die Meßergebnisse in Bild 7.14. Dort wurde zunächst die Störung $U_{2a}$ mit einem Rückleiter registriert. Als Störquelle wirkt die Spannung zwischen den Leitern K1 und K4. Der Leiter K3 ist dabei vorerst offen (Anordnung I).
Wenn man zusätzlich zu K1 auch noch K3 als gemeinsamen Leiter von störender und gestörter Leitung einsetzt, geht die Spannung an der Störsenke deutlich zurück (Anordnung II). ♦

Die physikalische Ursache für diese starke Verringerung der Störspannung ist in Bild 7.15 dargestellt: In die Fläche zwischen den Leitern K1 und K2 der Störsenke greift vom Leiter 1 aus ein geringer Magnetfluß ein, weil jetzt nur noch der halbe Rückstrom durch K1 fließt. Zusätzlich wird aber das Magnetfeld noch durch das Feld des Leiters K3 geschwächt, der ebenfalls den halben Rückstrom führt. Sein Feld wirkt nämlich in Gegenrichtung zu dem von K1.

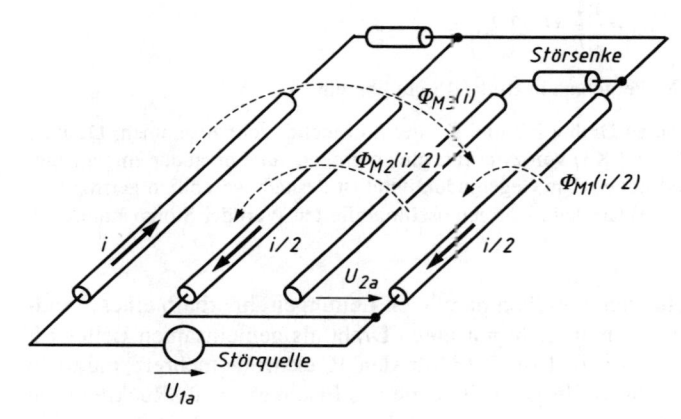

**Bild 7.15**
Schematischer Verlauf der störenden Magnetfelder bei zwei parallelen gemeinsamen Leitern (K1 und K3) in einem Flachkabel.

## 7.4 Kopplungen in nicht homogenen Medien

Die symmetrischen Leiter und die Bandleiter, die in den Abschnitten 7.2 und 7.3 untersucht wurden, befanden sich im wesentlichen in homogenen Umgebungen, weil sich der größte Teil der Felder nur in einem Material, nämlich in Luft, befand. Die vollständige Homogenität wurde lediglich durch geringe Feldanteile in der Leiterisolation etwas beeinträchtigt. Wenn eine solche Situation herrscht, d.h. wenn überall im Raum die gleiche Dielektrizitätskonstante $\varepsilon$ und die gleiche Permeabilität $\mu$ wirksam ist, breiten sich alle elektrischen Vorgänge mit der gleichen Geschwindigkeit

$$V = \frac{1}{\sqrt{\varepsilon\mu}}$$

aus. Darüber hinaus sind, wie bereits erläutert wurde, die Verhältnisse $C_{1,3}/[C_{1,2} + C_{3,2}]$ und $M'/L'$ gleich groß.

In inhomogenen Räumen mit mehreren $\varepsilon$- und $\mu$-Werten gibt es dagegen mehrere Fortpflanzungsgeschwindigkeiten, und die erwähnten Kapazitäts- und Induktivitätsverhältnisse sind nicht gleich groß. Die praktisch bedeutsamste Inhomogenität herrscht in gedruckten Schaltungen, in denen sich ein Teil des Feldes langsam im Isoliermaterial zwischen den Leiterbahnen und ein anderer Teil schnell in der Luft ausbreitet. Praktisch wirkt sich dies wie folgt aus:

## 7.4 Kopplungen in nicht homogenen Medien

- Die bisher beschriebenen Formen der überkoppelten Impulse verändern sich durch die Existenz verschieden starker Anteile mit unterschiedlicher Laufzeit.
- Bei der rechnerischen Analyse kann man die Kapazitätsverhältnisse nicht mehr einfach aus dem Induktivitätsverhältnis bestimmen oder umgekehrt, sondern man muß die Kapazitäten und Induktivitäten gesondert ermitteln.

Die Spannung auf einer gestörten Leitung kann sich durch einen zusätzlichen Impuls, der auf Laufzeitdifferenzen zurückzuführen ist, noch über den Maximalwert für homogene Umgebung ($0{,}5 \cdot K1 \cdot U_1$) hinaus erhöhen. Wenn die gestörte Leitung am Anfang offen und am Ende kurzgeschlossen ist, ergibt sich zum Beispiel der in Bild 7.16 skizzierte Verlauf [7.3]. Dem homogenen Verlauf (Bild 7.11b) überlagert sich noch ein zusätzlicher Impuls mit der Amplitude

$$U = k_2 \cdot U_1. \qquad (7.23)$$

Darin ist

$$k_2 = \left[\frac{C'_{1,3}}{C'_{1,2}+C'_{3,2}} - \frac{M'}{L'}\right] \cdot l \cdot \frac{\sqrt{L'C'}}{s} U_1. \qquad (7.24)$$

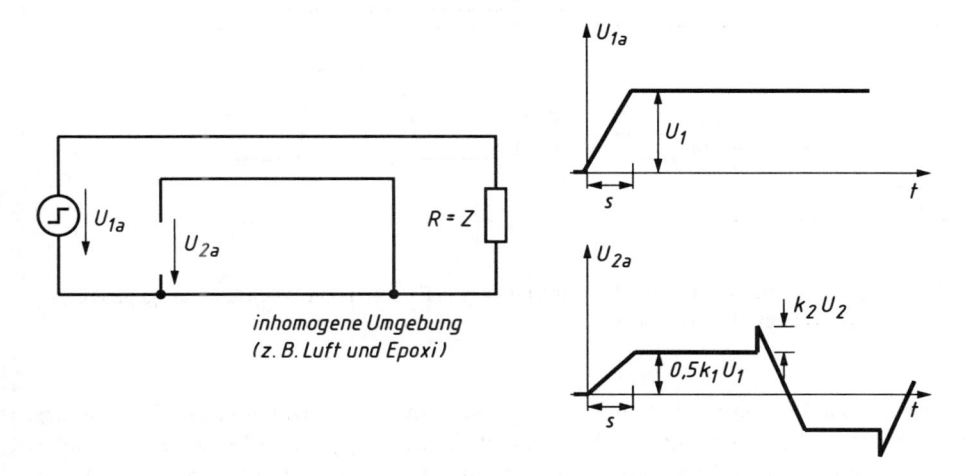

**Bild 7.16** Verlauf der Spannung am Anfang einer gestörten Leitung in inhomogenen Verhältnissen (z.B. mehrere $\varepsilon_r$).

Man erkennt aus der Gleichung (7.24), daß diese Spannungserhöhung nur dann auftritt, wenn die Kapazitäts- und Induktivitätsverhältnisse infolge der Inhomogenität nicht gleich sind, und wenn darüber hinaus das Verhältnis von Laufzeit ($\sqrt{L'C'}$) zur Stirnzeit ($s$) des störenden Impulses groß ist.

## 7.5 Die kritische Anordnung in digitalen Schaltungen

Die Ausführungen im vorigen Abschnitt haben gezeigt, daß die höchsten überkoppelten Spannungen immer am Anfang der gestörten Leitung auftreten, und daß die maximale Amplitude auch noch von den Belastungen am Anfang und am Ende dieser Leitung abhängt. Der kritische Fall ist dann gegeben, wenn die Leitung am Anfang offen und am Ende kurzgeschlossen ist (Bild 7.11b und 7.16).

Praktisch tritt diese Situation in digitalen Schaltungen dann ein, wenn der Betrieb der störenden und der gestörten Leitung in entgegengesetzter Richtung erfolgt. Dabei liegt der Sender 1A der störenden Leitung dem Empfänger der gestörten Leitung 2E gegenüber (Bild 7.15). Wenn sich der Empfänger 2E im logischen Status H befindet, ist sein Eingang hochohmig, und damit ist der Anfang der gestörten Leitung offen.

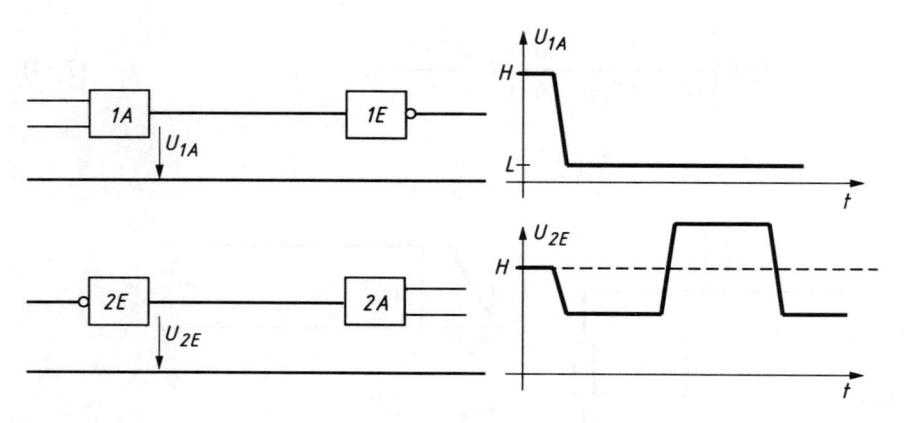

**Bild 7.17** Störung eines auf logisch H befindlichen Eingangs (2E) durch den Wechsel eines gegenüberliegenden Ausgangs (1A) von H auf L.

Wenn nun der Sender 1A vom logischen Zustand H zu L wechselt, erzeugt er am Eingang des Empfängers 2E einen negativen Impuls. Wenn damit die zulässige Schwelle des H-Zustandes von 2E lange genug unterschritten wird, kommt es zu einem unabsichtlichen Schalten dieses Bauelements.

Wenn die Koppelstrecke aber so kurz ist, daß die Impulsbreite kleiner ist als die Durchlaufverzögerung des Bauelements (siehe Bild 7.3), tritt auch bei starker Kopplung in dieser kritischen Anordnung keine Störung ein.

## 7.6 Impulskopplungen bei beliebigen Leitungsabschlüssen

In den vorangegangenen vier Abschnitten wurde gezeigt, daß man die Impulskopplung mit einfachen mathematischen Formeln beschreiben kann, wenn die gestörte Leitung an den Enden der Koppelstrecke offen, kurzgeschlossen oder mit dem Wellenwiderstand abgeschlossen ist. Wenn die Leitungsabschlüsse nicht diesen speziellen Charakter haben, muß man ein anderes mathematisches Verfahren anwenden, das in diesem Abschnitt grob erläutert wird. Man kann

## 7.6 Impulskopplungen bei beliebigen Leitungsabschlüssen

damit nicht nur die Kopplung für beliebige lineare Abschlußwiderstände voraussagen. Die Methode ist auch für nichtlineare Leitungsabschlüsse anwendbar, wie sie zum Beispiel durch die Ein- und Ausgänge logischer Halbleiterbauelemente gebildet werden.

Das Berechnungsverfahren beruht, vom mathematischen Standpunkt aus betrachtet, auf einer Substitution. Dabei werden die physikalisch realen Ströme und Spannungen $U_1$, $i_1$, $U_2$, und $i_2$ des Gleichungssystems (7.11) bis (7.14) durch virtuelle Rechnungsgrößen $U_p$, $U_n$, $i_p$ und $i_n$ ersetzt. Die physikalischen und die virtuellen Werte sind durch folgende Gleichungen miteinander verknüpft:

$$U_1 = U_p + U_n \tag{7.25a}$$

$$U_2 = U_p - U_n \tag{7.25b}$$

$$i_1 = i_p + i_n \tag{7.25c}$$

$$i_2 = i_p - i_n \tag{7.25d}$$

Wenn man diese Bezeichnungen in das Gleichungssystem (7.11) bis (7.14) einsetzt, stellt man fest, daß sich die Verbindung zwischen den Gleichungen auflöst: Aus den vier Gleichungen mit je drei Variablen entstehen vier Gleichungen mit nur je einer veränderlichen Größe. Für die Spannungen $U_p$ und $U_n$ ergeben sich zum Beispiel die Gleichungen

$$\frac{\partial^2 U_p}{\partial x^2} = C'[L'+M']\frac{\partial^2 U_p}{\partial t^2} \tag{7.26a}$$

und

$$\frac{\partial^2 U_n}{\partial x^2} = [C'+2C'_{1,3}][L'-M']\frac{\partial^2 U_n}{\partial t^2}. \tag{7.26b}$$

Dies sind Gleichungen des Typs

$$\frac{\partial^2 U}{\partial x^2} = K'N'\frac{\partial^2 U}{\partial t^2}. \tag{7.27a}$$

Sie beschreiben Wanderwellen, die sich auf einer Leitung mit dem Wellenwiderstand

$$Z = \sqrt{\frac{N'}{K'}} \tag{7.27b}$$

mit der Geschwindigkeit

$$v = \frac{1}{\sqrt{N'K'}} \tag{7.27c}$$

bewegen. Man kann nun leicht – wenn $C'$, $C'_{1,3}$, $L'$ und $M'$ bekannt sind – die Wellenwiderstände $Z_p$ und $Z_n$ sowie die Geschwindigkeit $v_p$ und $v_n$ für die Spannungen $U_p$ bzw. $U_n$ aus den Gleichungen (7.26) und (7.27) bestimmen. Mit diesen Informationen ist es dann möglich, die zeitlichen Verläufe von $U_p$ und $U_n$ auch für beliebige nichtlineare Abschlußwiderstände an der gestörten Leitung mit Hilfe von Bergeron-Diagrammen zu ermitteln [7.5]; [7.6].

Man findet in der Literatur auch direkte Angaben von $Z_p$ und $Z_n$, insbesondere für Leiteranordnungen in gedruckten Schaltungen [7.7].

Der virtuelle Zustand mit dem Index $p$, ($U_p$, $i_p$, $Z_p$, $v_p$) wird in der Literatur häufig als Gleichtakt- oder even-Mode bezeichnet und der Zustand mit dem Index $n$ als Gegentakt- oder odd-Mode. Der Hintergrund für diese Bezeichnung wird durch eine kleine Umformung der Gleichungen (7.25) erkennbar:

$$U_p = \frac{U_1}{2} + \frac{U_2}{2} \text{ und } U_n = \frac{U_1}{2} - \frac{U_2}{2}.$$

Die virtuelle Spannung $U_p$ setzt sich also aus Spannungen zusammen, die sowohl auf der störenden als auch auf der gestörten Leitung gleiche Polarität aufweisen, während die Anteile von $U_n$ im Gegentakt verlaufen.

## 7.7 Literatur

[7.1]   C. R. Paul: On the superposition of induktive and capacitive coupling in crosstalk-prediction models, IEEE Transactions on Electromagnetic Compatibility Vol 24 (1982), pp. 335-343

[7.2]   C. R. Paul: Estimation of crosstalk in three-conductor transmission lines, IEEE Transactions on Electromagnetic Compatibility Vol 26 (1984), pp. 182-192

[7.3]   J.A. De Falco: Reflection and crosstalk in logic circuit interconnections, IEEE Spektrum July 1970, pp. 44-50

[7.4]   M. Abdel Latif; M.J.O. Strutt: Pulse noise immunity and its relationship to propagation – delay-time in high speed logic – integrated circuits, AEÜ 23 (1969), pp. 577-578

[7.5]   H. Prinz; W. Zaengl; O. Völcker: Das Bergeron-Verfahren zur Lösung von Wanderwellenaufgaben, Bull, SEV 53 (1962), pp. 725-739

[7.6]   Hilberg, W.: Impulse auf Leitungen, Oldenbourg Verlag, München 1981

[7.7]   T.G. Bryan; J.A. Weiss: Parameters of microship transmission lines and of coupled pairs of microship lines, IEEE Transactions on Microwave Theory and Techniques MTT-16, pp. 1021-1027 December 1968

# 8 Störende unbeabsichtigte Impulse

Elektrische Impulse, die hohe Änderungsgeschwindigkeiten von Strom oder Spannung aufweisen, sind von Natur aus starke potentielle Störquellen, weil die weit verbreiteten induktiven und kapazitiven Kopplungen auf hohe $di/dt$- und $du/dt$-Werte besonders stark reagieren. Es gibt in diesem Zusammenhang drei physikalische Vorgänge, durch die unbeabsichtigt elektrische Impulse mit hohen Änderungsgeschwindigkeiten und damit entsprechend hohem Störpotential zustande kommen können. Es sind dies:
- Schaltvorgänge in elektrischen Energieversorgungen
- Entladungen elektrostatischer Aufladungen
- Gewitterentladungen (Blitze)

## 8.1 Störende Schaltvorgänge in elektrischen Energieversorgungen

Wenn man eine größere Zahl von Beeinflussungen analysiert, die offensichtlich durch Schaltvorgänge verursacht werden, stellt man folgendes fest:
1. Der Bereich der Betriebsspannungen, in denen solche Situationen auftreten, ist sehr weit gespannt. Er reicht von einigen Volt, mit denen Transistoren in digitalen Schaltkreisen logische Zustandsänderungen herbeiführen, über mechanisch bewegte Schalter und Thyristoren im Niederspannungsnetz (220 V) bis in den Hochspannungsbereich, in dem Leistungs- oder Trennschalter die Steuer- und Überwachungseinrichtungen stören.
2. Die stärksten Beeinflussungen entstehen meistens beim Schließen der Schalter, und zwar nicht nur, wenn dies absichtlich geschieht, sondern auch, wenn sie sich beim Öffnen durch Rückzündungen unbeabsichtigt wieder schließen.
3. In räumlich sehr ausgedehnten Systemen kann man häufig eine regelrechte Hierarchie von Ausgleichsvorgängen beobachten (Bild 8.1):
   - In unmittelbarer Nähe des Schalters fließt ein schneller Ausgleichsstrom mit Anstiegszeiten von einigen Nanosekunden und Schwingungsanteilen im MHz-Bereich (Komponente $i_1$).
   - Der Ausgleich zwischen den konzentrierten Energiespeichern, die weiter vom Schalter entfernt sind, führt zu Ausgleichsschwingungen im kHz-Bereich (Komponente $i_2$).
   - Schließlich reagieren dann auch noch die sehr weit entfernten Energiequellen und Verbraucher (Komponente $i_3$).

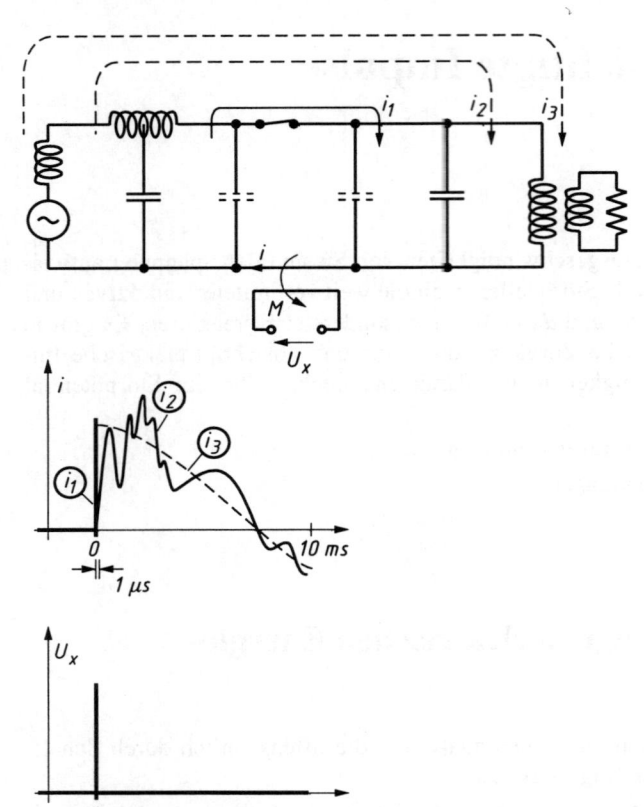

**Bild 8.1**
Prinzipskizze der Ausgleichsströme $i_1$, $i_2$, $i_3$ nach einem Schaltvorgang und einer induzierten Spannung $U_x$ in der Nähe des Schalters.

Wenn man eine elektromagnetische Beeinflussung in der Nähe des Schalters registriert – zum Beispiel in Form einer induzierten Spannung $U_x$ wie in Bild 8.1 –, dann stellt man fest, daß sie zeitlich mit der Stromkomponente $i_1$ übereinstimmt (s. Beispiel 1.2). Die anderen drei Komponenten sind demgegenüber im Oszillogramm der Spannung $U_x$ wirkungslos. Die folgenden Abschnitte beschäftigen sich deshalb nur mit der Stromkomponente $i_1$. Es wird erläutert, wodurch sie räumlich begrenzt wird, und welche Parameter die Änderungsgeschwindigkeiten und Amplituden der sehr schnellen transienten Felder in diesem räumlichen Bereich bestimmen.

Die Anfangsbedingung für den Strom $i_1$ ergibt sich aus dem elektrischen Feld, das vor dem Schließen auf der spannungsführenden Seite herrscht (Bild 8.2a).

In jedem Fall gibt es ein Feld $A$, das sich zwischen den Leitern ausbildet, die nach dem Einschalten den Betriebsstrom führen. Häufig existiert aber auch noch ein Feldteil $B$ zwischen dem spannungsführenden Leiter und benachbarten geerdeten Strukturen, die nicht unmittelbar zum elektrischen System gehören.

Nach dem Schließen setzen sich beide Feldteile zwischen den feldbegrenzenden Leitern in Bewegung und bilden Wanderwellen, wobei gleichzeitig in allen Leitern Ströme mit den zugehörigen Magnetfeldern entstehen (Bild 8.2b).

## 8.1 Störende Schaltvorgänge in elektrischen Energieversorgungen

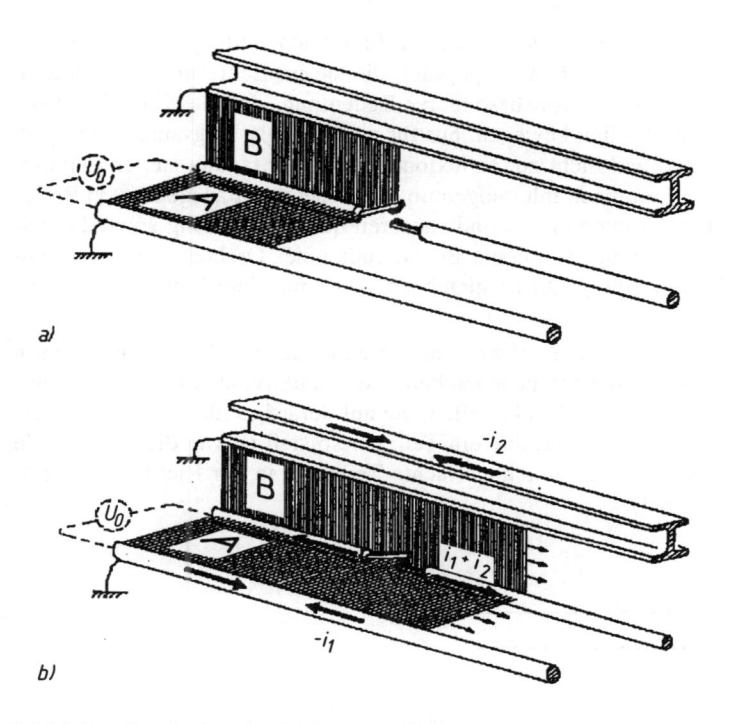

**Bild 8.2** Die Anfangsbedingungen (a) und die Bewegung der Wanderwelle (b) nach dem Einschalten.
    A  Das elektrische Feld zwischen den beabsichtigten Leitern
    B  Das Feld zwischen dem beabsichtigten Leiter und den benachbarten metallischen Strukturen.

Es ist besonders bemerkenswert, daß fremde metallische Strukturen, die sich in der Nähe eines schließenden Schalters befinden, ebenfalls Wanderwellenströme führen. Auch diese Ströme können mit ihren Magnetfeldern störend wirken (Bild 8.3).

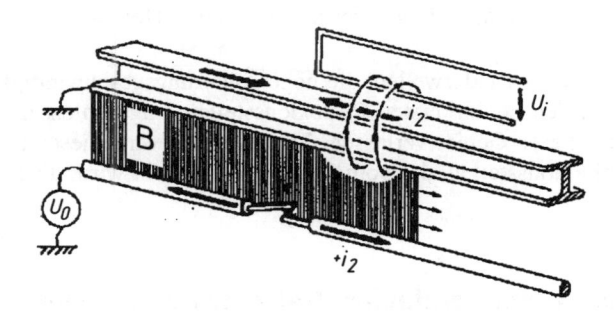

**Bild 8.3** Störung durch Wanderwellenströme in Strukturelementen, die nicht zur elektrischen Schaltung gehören.

Das weitere Schicksal der ersten Welle auf den spannungsführenden Leitungen wird im wesentlichen durch die Reflexionen und Brechungen geprägt, die sie im Laufe ihrer Wanderung erleidet. In diesem Zusammenhang ist es von besonderer Bedeutung, daß die Energieversorgungsleitungen, auf denen sich die Wellen bewegen, nur für einen relativ langsamen Transport elektrischer Energie ausgelegt sind und nicht zur reflexionsfreien Übertragung steiler Impulse. Für die Wanderwellen sind diese Leitungen inhomogen und durchsetzt mit ausgeprägten Reflexionsstellen in Form von Streukapazitäten oder Kondensatoren quer zur Leitung sowie Schleifen oder gar Spulen im Zuge der Leitung. Schon die Befestigung eines Drahtes an einer Klemme oder einem sonstigen isolierten Stützpunkt ist gleichbedeutend mit dem Einbau einer konzentrierten Streukapazität.

Für die räumliche Begrenzung des Stromes $i_I$ sind die ersten wesentlichen Reflexionsstellen in Form von Kondensatoren, konzentrierten Streukapazitäten oder Induktivitäten rechts und links vom Schalter von besonderer Bedeutung: Wanderwellen, die auf derartige Elemente auftreffen, werden bekanntlich auf die Weise umgeformt, daß ein Teil, der so steil ist wie die einlaufende Welle, zurückgeworfen wird, während nur eine abgeflachte Teilwelle in der Richtung der einfallenden Welle weiterläuft (Bild 8.4).

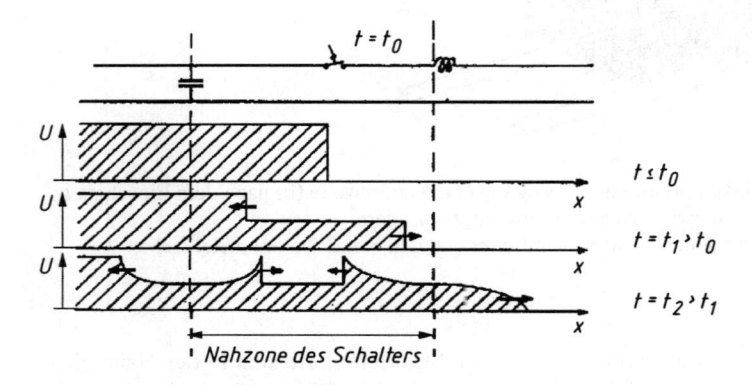

**Bild 8.4** Reflexion und Brechung der Wanderwellen an Diskontinuitäten in der Nähe des Schalters.

Die steile zurückgeworfene Teilwelle läuft zurück zum inzwischen geschlossenen Schalter und dann darüber hinaus bis zur ersten Reflexionsstelle auf der anderen Seite. Dort wird sie erneut steil reflektiert, läuft wieder zurück usw.

Auf diese Weise werden die Anteile der Wanderwellen, die hohe Änderungsgeschwindigkeiten enthalten, gewissermaßen zwischen den beiden ersten Reflexionsstellen eingeschlossen, während nur flach ansteigende Wellen dieses Gebiet verlassen. Im folgenden wird dieser Bereich zwischen den nächstgelegenen Reflexionsstellen, der vom Strom $i_I$ beherrscht wird, als Nahzone des Schalters bezeichnet.

### 8.1.1 Mathematische Analyse einer einfachen Nahzone mit idealem Schalter

Das Nahzonenmodel, welches der mathematischen Analyse zugrunde liegt, [8.1], [8.2], ist durch folgende Einzelheiten gekennzeichnet:

## 8.1 Störende Schaltvorgänge in elektrischen Energieversorgungen

- Es besteht aus einem einzelnen Leitungsabschnitt, der durch zwei ausgeprägte Reflexionsstellen in Form von Kondensatoren oder ausgeprägten Streukapazitäten begrenzt wird. Die Kondensatoren oder Streukapazitäten $C$ rechts und links sind gleich groß (Bild 8.5).
- Der Schalter befindet sich an einem Ende des Leitungsstücks, so daß nur eine einzige hin- und herlaufende Wanderwelle entsteht. Die Überlagerung läßt sich deshalb besonders übersichtlich darstellen.
- Der Einfluß, den die Leitungen $Z_1$ und $Z_2$ links und rechts von der Nahzone auf die Ausgleichsvorgänge haben, wird im Sinn einer ersten Näherungsbetrachtung vernachlässigt.

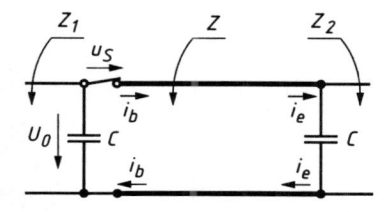

**Bild 8.5**
Das Modell einer Schalter-Nahzone.

Die mathematische Beschreibung erfolgt in der Form, daß die Ströme der einzelnen Wanderwellen ermittelt werden, die nach dem Schließen des Schalters in der Nahzone hin- und herlaufen. Der Gesamtstrom ergibt sich dann durch eine Überlagerung der Teilströme.
Unmittelbar nach dem Schließen des Schalters fließt am Anfang der Leitung der Strom $i_{bo}$. Ihm folgt nach der doppelten Laufzeit, wenn die erste am Ende reflektierte Welle wieder am Anfang eintrifft, der Strom $i_{b2}$. Nach der vierfachen Laufzeit überlagert sich der Strom $i_{b4}$ usw. Der Gesamtstrom $i_b$ am Anfang der Leitung ist dann

$$i_b = i_{bo} + i_{b2} + i_{b4} + i_{b6} + \ldots \tag{8.1}$$

Die einzelnen Teilströme lassen sich leicht mit Hilfe der Leitungsgleichungen bestimmen [8.1] [8.2]. Für den $n$-ten Teilstrom erhält man

$$i_{bn}(t) = \frac{2U_o}{Z} e^{-at} \left[ L_{n-1}(2at) - a \int_0^t L_{n-1}(2a\tau) d\tau \right]. \tag{8.2}$$

In dieser Gleichung bedeuten

$U_o$ = die Spannung vor dem offenen Schalter
$Z$ = der Wellenwiderstand der Nahzonenleitung
$L_n$ = das Laguerssche Polynom n-ter Ordnung
$a$ = 1/ZC
$C$ = die Kapazitäten an den Enden der Nahzone

Es wird zunächst angenommen, der Schalter verhalte sich ideal. Das heißt, der Übergang vom isolierenden zum leitenden Zustand erfolgt unendlich schnell, so daß der Verlauf der Spannung über dem schließenden Schalter die Form eines idealen Rechtecksprungs aufweist (Bild 8.4).
Der Strom $i_{bo}$, der unmittelbar nach dem Schließen des Schalters im Anfang des Leitungsstücks fließt, wird durch die Gleichung

$$i_{bo} = \frac{U_o}{Z} \cdot e^{-\frac{t}{ZC}} \tag{8.3}$$

beschrieben. Der aufgeladene Kondensator neben dem Schalter wird also durch den plötzlich angeschlossenen Wellenwiderstand mit der Zeitkonstanten $ZC$ entladen.

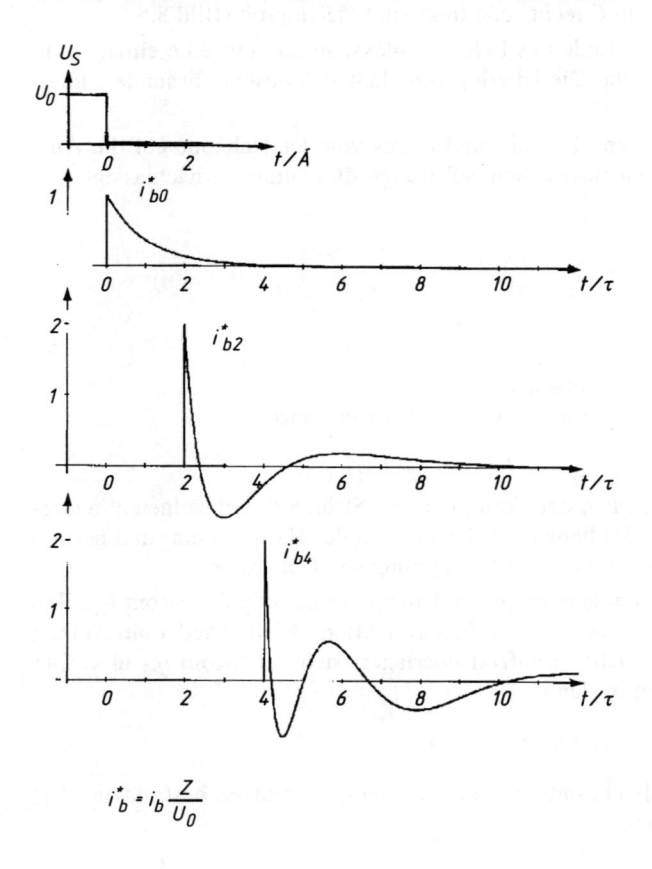

$$i_b^* = i_b \frac{Z}{U_0}$$

**Bild 8.6**
Der nullte, zweite und vierte Teilstrom in der Nahzone ($i_{b^*} = i_b\, Z/U_o$).

Der Strom $i_{b2}$, der nach der doppelten Laufzeit $\tau$, vom Leitungsende kommend, wieder am Anfang eintrifft, hat die Form

$$i_{b2} = \frac{2U_o}{Z} e^{-at} \left[1 - 3at + a^a t^2\right] \tag{8.4}$$

und der Strom, der nach der vierfachen Laufzeit am Leitungsanfang einsetzt, wird durch die Gleichung

$$i_{b4} = \frac{2U_o}{Z} e^{-at} \left[1 - 7at + 9a^2 t^2 - \frac{10}{3} a^3 t^3 + \frac{1}{3} a^4 t^4\right] \tag{8.5}$$

beschrieben. Mit zunehmender Ordnungszahl $n$ nimmt der Grad der Polynome, mit denen die Teilströme beschrieben werden, immer mehr zu.

In Bild 8.6 sind die zeitlichen Verläufe der ersten drei Teilströme grafisch dargestellt.

Die Gestalt des Gesamtstromes $i_b$, der durch die Überlagerung der Teilströme entsteht, hängt wesentlich davon ab, zu welchen Zeitpunkten die Überlagerung einsetzt. Wenn sie auf die Weise stattfindet, daß der neu hinzukommende Teilstrom erst beginnt, wenn die vorhergehenden Teilströme bereits weitgehend abgeklungen sind, ergibt sich zum Beispiel ein Stromverlauf wie

## 8.1 Störende Schaltvorgänge in elektrischen Energieversorgungen

in Bild 8.7a. Hier ist die Zeitkonstante $1/a = ZC$ gleich der Laufzeit $\tau$, die die Wanderwellen benötigen, um über das Leitungsstück zu laufen.

Das Bild 8.7b zeigt dagegen die Form des Gesamtstromes, wenn sich der neu hinzukommende Teilstrom dem vorhergehenden schon überlagert, bevor dieser Zeit hatte, nennenswert abzuklingen. Es ist bei dieser Form der zeitlichen Abfolge klarer erkennbar als in Bild 8.7a, daß sich allein durch die Überlagerung der impulsförmigen Teilströme eine sinusförmige Grundwelle herausbildet. Es läßt sich zeigen, daß dies die Schwingung ist, die man rechnerisch durch eine quasistationäre Betrachtungsweise erhalten würde, wenn man die Eigeninduktivität des Leitungsabschnitts zusammen mit den beiden Kapazitäten $C$ an den Leitungsenden als Schwingkreis betrachtet.

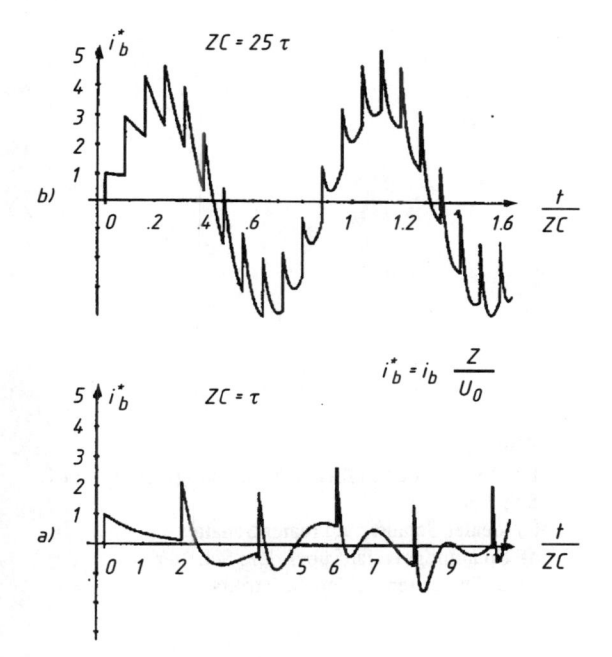

**Bild 8.7**
Der Gesamtstrom in der Nahzone in der Nähe des Schalters bei verschiedenen Verhältnissen von Laufzeit $\tau$ zur Zeitkonstante $ZC$.

Wenn man die Voraussetzung, der Schalter sei ideal und schließe unendlich schnell, aufgibt, und das Verhalten realer Schalter in die mathematische Analyse einbezieht, muß man berücksichtigen, daß sich die Spannung $U_s$ über dem Schalter beim Schließen mit endlicher Geschwindigkeit ändert (Bild 8.8a). Der Übergang von sehr schlechter zu sehr guter Leitfähigkeit erfordert einen endlichen Zeitabschnitt $T_s$, der z.B. in einem schaltenden Halbleiter nötig ist, um die entsprechenden Materialschichten mit Ladungsträgern zu füllen. Bei einem Schalter mit bewegten Kontakten wird Zeit benötigt, um das Plasma eines Funkens aufzubauen, der vor dem Berühren von Kontakten entsteht. Als Folge der endlichen Schließungszeit $T_s$ steigen die Ströme der einzelnen Wanderwellen deshalb nicht sprungartig an, sondern verlaufen flacher (Bild 8.8b, c).

Bei der Überlagerung der abgeflachten Teilströme erhält man Stromverläufe, wie sie in Bild 8.9 dargestellt sind. Es wurde dort zum Beispiel bei der Berechnung des Bildes a) angenommen, daß $T_s$ gleich der halben Laufzeit $\tau$ ist, die eine Wanderwelle benötigt, um von Anfang bis zum Ende der Nahzonenleitung zu laufen. Unter diesen Umständen ergibt sich eine ähnliche Gestalt des Gesamtstromes, wie mit idealem Schalter berechnet wurde, lediglich die Flankensteilheit beim Einsatz der Teilströme hat sich verändert.

Das Erscheinungsbild ändert sich grundlegend, wenn der Zusammenbruch der Spannung am Schalter in der Zeit $T_s$ größer ist als die doppelte Laufzeit der Wanderwellen. Bild 8.9b wurde zum Beispiel unter der Voraussetzung berechnet, daß $T_s$ gleich der 2,5-fachen Laufzeit ist. Das heißt, wenn der Anstieg eines Teilstroms noch nicht ganz beendet ist, überlagert sich schon der nächste und setzt den Anstieg fort. Es treten deshalb keine ausgeprägten Stufen mehr im Stromverlauf auf, und das Gesamtbild des Stromes nähert sich dann einer Sinusschwingung.

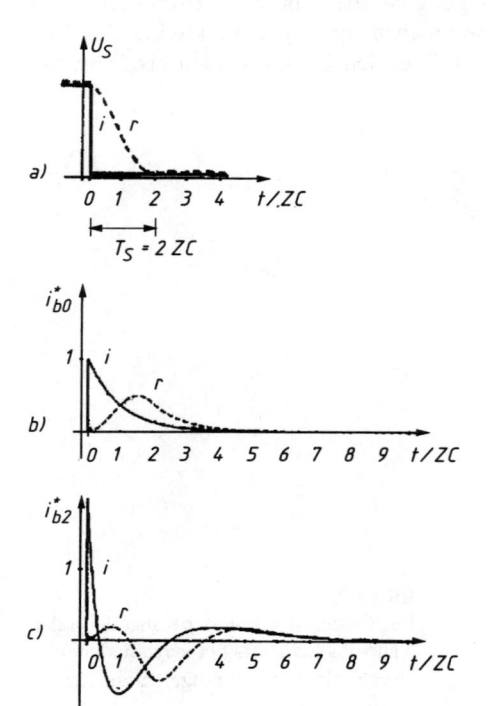

**Bild 8.8**
Der Einfluß der endlichen Schließungszeit $T_s$ eines Schalters.
(i) idealer Schalter; (r) realer Schalter
a) Spannungsverlauf über dem Schalter
b), c) Die ersten beiden Teilströme

Im Hinblick auf die Änderungsgeschwindigkeiten der Nahzonenströme und damit auf das Störquellenpotential, das in ihnen steckt, kann man aus der mathematischen Analyse folgende Schlüsse ziehen:
– Es gibt einen einfachen Zusammenhang zwischen der Form, mit der die Spannung über dem schließenden Schalter zusammenbricht, und der Gestalt der Teilströme, die anschließend in der Nahzone fließen: Er besteht darin, daß sich die Form des Spannungszusammenbruchs nur wenig verzerrt in den vorderen Flanken der ersten und zweiten Teilströme abbildet.

Diese Erkenntnis ergibt sich insofern aus der mathematischen Analyse mit idealem Schalter, als sich gezeigt hatte, daß eine sprungartige Änderung der Schalterspannung ebenfalls zu einem sprungartigen Beginn der Teilströme führt. Im weiteren Zeitablauf wird dann die Form der Spannung durch die Teilströme leicht verzerrt wiedergegeben. Während die Spannung konstant auf dem Wert Null bleibt, sinken die Ströme langsam exponentiell ab.

Zur Illustration dieser fast idealen Abbildung des Spannungsverlaufs in den Stufen des Nahzonenstromes ist in Bild 8.10a die Spannung über einem schließenden Thyristor wiedergegeben, die durch eine auffällige Einzelheit gekennzeichnet ist. Sie besteht in einem kurzen Aufwärtsimpuls, der dem Beginn des Spannungszusammenbruchs überlagert ist. Der registrierte Stromverlauf in Bild 8.10b zeigt deutlich, wie sich der Spannungsverlauf mit dem charakteristischen Zusatzimpuls in den Stromstufen, d.h. in den Flanken der Teilströme, abbildet.

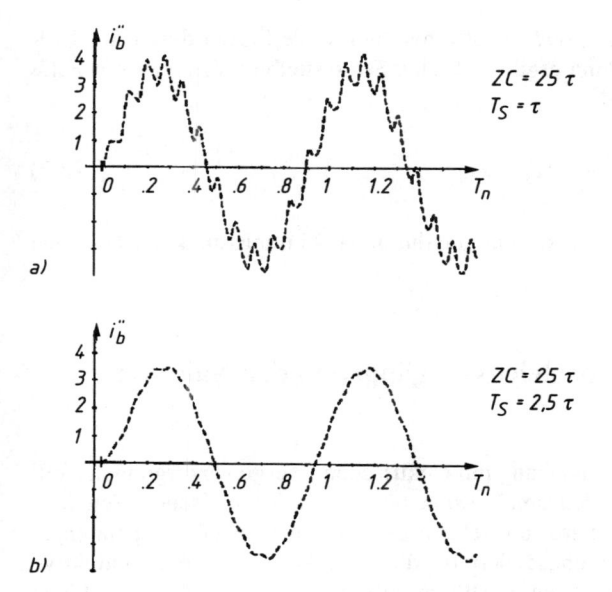

**Bild 8.9**
Der Einfluß einer kurzen (a) oder langen (b) Schließungszeit $T_s$ auf die Form des Gesamtstromes.

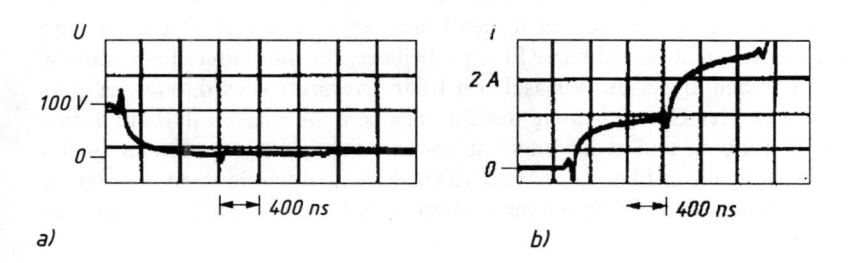

**Bild 8.10** Spannungsverlauf an einem einschaltenden Thyristor und das Abbild des Spannungsverlaufs in den Stufen des Nahzonenstroms.

– Die fast exakte Abbildung der Spannungsform im Stromverlauf erlaubt für den Fall, daß die Schließungszeit des Schalters kürzer ist als die doppelte Laufzeit der Nahzone, eine Abschätzung der höchsten Stromänderungsgeschwindigkeit. Sie tritt in den Stufen auf, die durch die Flanken der Teilströme verursacht werden. Bei idealem Schalter springen die zweiten und folgenden Teilströme auf den Wert

$$i_{b2}(\max) = \frac{2U_o}{Z}.$$

Bei gleichmäßigem Spannungszusammenbruch in der Zeit $T_s$ erzeugt deshalb der Schalter eine Stromänderungsgeschwindigkeit von

$$\frac{di}{dt_{max}} = \frac{2U_o}{ZT_s} \quad [T_s < 2\tau]. \tag{8.6}$$

– Wenn der Schalter so langsam schließt, daß im Stromverlauf keine Stufen durch die Teilströme auftreten (wie in Bild 8.9b), dann ergibt sich eine Stromsteilheit, die man mit Hilfe der bekannten quasistationären Formel

$$\frac{di}{dt_{max}} = \frac{U_o}{L} \quad [T_s > 2\tau] \tag{8.7}$$

abschätzen kann. $L$ ist dabei die Eigeninduktivität, die durch das Leitungsstück der Nahzone gebildet wird.

## 8.1.2 Praktische Beispiele von Ausgleichsvorgängen in der Nähe von Schaltern

Eines der größten Störpotentiale im Zusammenhang mit elektrischen Energieversorgungen stellt die Speisung digitaler Schaltungen dar. Jedesmal, wenn an einem der logischen Schalterelemente eine Zustandsänderung bewirkt wird, entsteht in der zugehörigen Gleichspannungsspeisung eine schnelle Strom- und Spannungsänderung, die über kapazitive oder induktive Kopplungen benachbarte Strukturen der eigenen Schaltung, oder auch in der Nähe befindliche fremde Geräte, stören kann.

Um dies zu verhindern, muß man in digitalen Schaltungen sogenannte Stützkondensatoren (decoupling capacitors) verwenden. Sie werden in der Nähe der schaltenden Logikelemente angeordnet und sorgen so, als dicht benachbarte Energiespeicher, für die unmittelbare Zufuhr des Impulsstroms, der durch den logischen Wechsel von 1 auf 0 verursacht wird, oder sie glätten Spannungsspitzen, die bei der Unterbrechung des Stromes beim Wechsel von 0 auf 1 entstehen. Ohne diese Kondensatoren müßte der Impulsstrom von einer weiter entfernten Quelle geliefert werden, und auf der ganzen Länge der Verbindungsleitungen würde dann die Gefahr induktiver Kopplungen bestehen, oder die Spannungsspitzen beim Wechsel von 0 auf 1 würden sich ungehindert ausbreiten können.

♦ **Beispiel 8.1**
In Bild 8.11 ist eine Situation dargestellt, in der ein logischer Schaltkreis A einen benachbarten Schaltkreis B stört, wenn er ohne Stützkondensator betrieben wird.
Die Oszillogramme, die mit einem Stützkondensator $C_{st}$ im Schaltungsteil A aufgenommen wurden, zeigen den Normalbetrieb des Systems B. Es handelt sich um einen sogenannten toggle-flipflop, der immer nur bei einer abfallenden Flanke des Eingangssignals mit einer logischen Zustandsänderung reagiert.
Die Oszillogramme ohne Stützkondensator zeigen zunächst im Verlauf der Spannung $A_{aus}$ hohe Spannungsspitzen beim Wechsel von logisch 0 nach logisch 1. Diese Spitzen werden offensichtlich kapazitiv auf den Eingang des toggle-flipflop im Systemteil B übertragen und führen dort mit den zusätzlichen negativen Flanken zu unerwünschten zusätzlichen logischen Zustandsänderungen. ♦

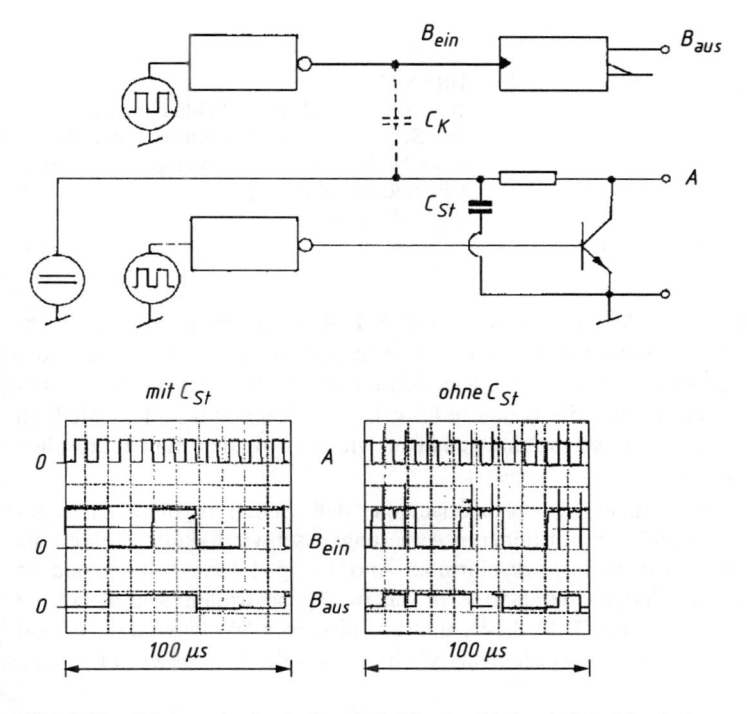

## 8.1 Störende Schaltvorgänge in elektrischen Energieversorgungen

**Bild 8.11** Störung des logischen Schaltkreises B durch Schaltkreis A, wenn die Spannung in A nicht durch einen Kondensator $C_{St}$ gestützt wird.

In Schaltern mit bewegten Kontakten kommt es häufig kurz vor der Berührung der Kontaktstücke zu einem Funken.

In solchen Schaltern hängt die Zeit $T_s$ von der Feldstärke ab, die unmittelbar vor der Funkenbildung an dieser Stelle geherrscht hat. Kärner [8.3] gibt dafür eine Näherungsformel für Luft an. Sie lautet

$$T_s = \frac{1300}{E[\text{kV}/\text{cm}]} [\text{ns}] . \tag{8.8}$$

Die gleiche Beziehung gilt auch für Funkenstrecken mit festem Abstand, die zum Beispiel in der Hochspannungsprüftechnik als Schalter eingesetzt werden. Die Funkenbildung kommt dabei entweder durch eine Steigung der Spannung über die Durchschlagfestigkeit hinaus zustande, oder es werden Hilfsfunken zur Zündung eingesetzt.

Wenn man annimmt, das elektrische Feld zwischen den Kontakten sei ziemlich homogen, dann kann man aus der von Paschen entdeckten Abhängigkeit der Durchschlagsspannung vom Kontaktabstand die elektrische Feldstärke berechnen. Mit Hilfe der Näherungsgleichung (8.8) entsteht dann ein Zusammenhang zwischen $T_s$ und der geschalteten Spannung (Bild 8.12). Daraus ergibt sich, daß $T_s$ bei niedrigen Spannungen von einigen 100 V nur etwa 1 ns beträgt und im kV-Bereich Werte von etwa 50 ns erreicht.

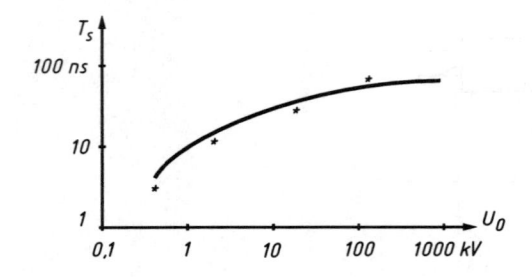

**Bild 8.12**
Berechneter Verlauf der Schließungszeit $T_s$ von Schaltern zwischen Kontakten in Luft unter Normaldruck in Abhängigkeit von der geschalteten Spannung (*: Meßwerte).

Bild 8.13 zeigt zum Beispiel die Ausgleichsströme bei Schaltvorgängen in einem Hochspannungsprüfkreis, wobei als Schalter einmal eine Kugelfunkenstrecke in Luft und zum anderen in Öl benutzt wurde. Man sieht sehr deutlich, wie sich die unterschiedlichen Zusammenbruchszeiten der Spannung – in Luft etwa 50 ns und in Öl < 10 ns – deutlich in unterschiedlich ausgeprägten Stufen im Stromverlauf auswirken, genauso, wie dies in der mathematischen Analyse bereits geschildert wurde.

Man kann bei Hochspannungsversuchen auch beobachten, daß Schaltvorgänge in abgeschirmten Räumen zu Ausgleichsströmen mit höheren Änderungsgeschwindigkeiten führen als mit der gleichen Einrichtung in einer nicht abgeschirmten Anordnung. Dieser Unterschied ist darauf zurückzuführen, daß der Wellenwiderstand Z in einem abgeschirmten Raum halb so groß ist wie in einer offenen Schaltung (Bild 8.14), und ein niedriger Wellenwiderstand hat nach Gleichung (8.6) eine höhere Änderungsgeschwindigkeit des Ausgleichsstromes zur Folge.

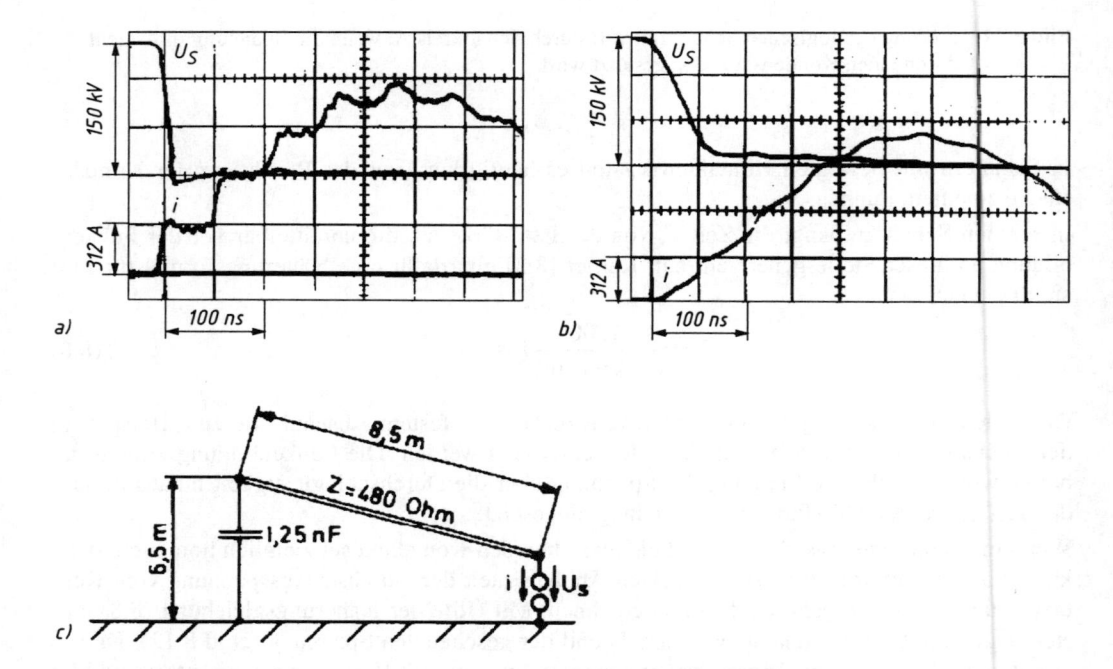

**Bild 8.13** Die Auswirkung unterschiedlicher Schalter-Schließungszeiten in einem Hochspannungsprüfkreis [8.7].
    a) Verhältnisse bei einer Funkenstrecke unter Öl,
    b) Strom und Spannung bei einer Funkenstrecke Luft (Normaldruck),
    c) Skizze der Versuchsanordnung.

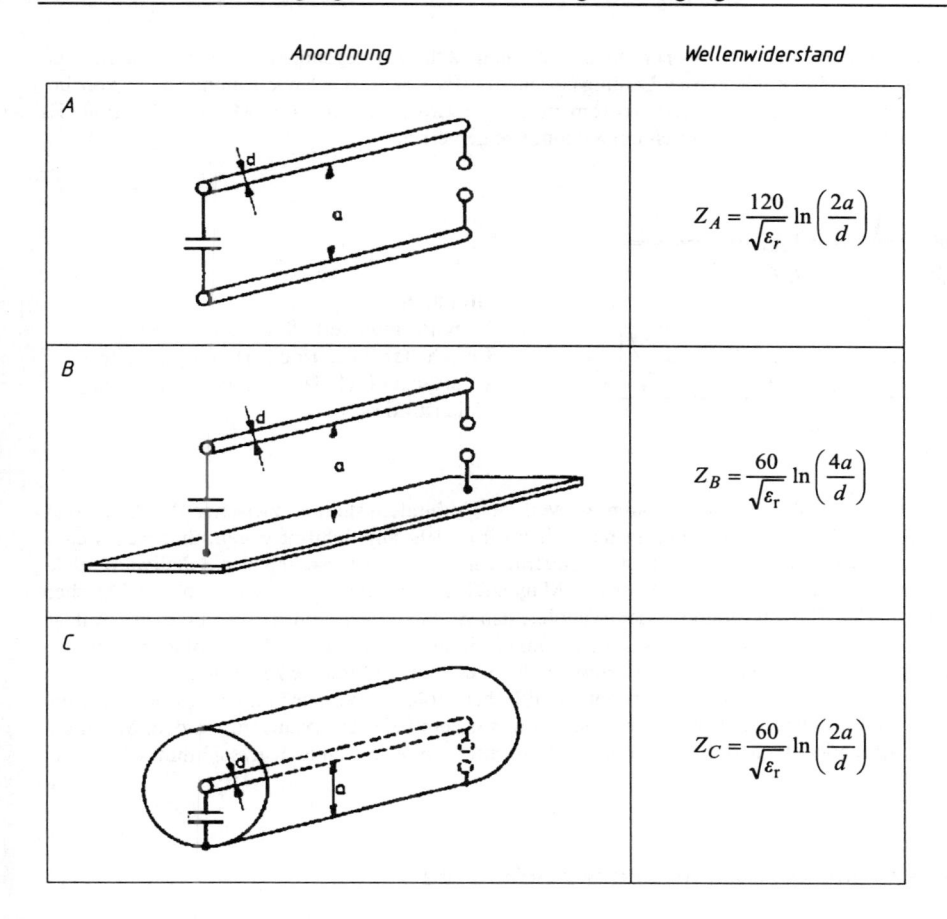

## 8.1 Störende Schaltvorgänge in elektrischen Energieversorgungen

| Anordnung | Wellenwiderstand |
|---|---|
| A | $Z_A = \dfrac{120}{\sqrt{\varepsilon_r}} \ln\left(\dfrac{2a}{d}\right)$ |
| B | $Z_B = \dfrac{60}{\sqrt{\varepsilon_r}} \ln\left(\dfrac{4a}{d}\right)$ |
| C | $Z_C = \dfrac{60}{\sqrt{\varepsilon_r}} \ln\left(\dfrac{2a}{d}\right)$ |

**Bild 8.14** Die Wellenwiderstände von Anordnungen mit unterschiedlicher Form der Rückleitung.

Man hat zwar in einem abgeschirmten Raum grundsätzlich bessere Möglichkeiten, Meßgeräte und Leitungen zu schützen, aber wegen der hohen Änderungsgeschwindigkeit der Ausgleichsströme sind sie potentiell höheren Gefahren durch elektromagnetische Beeinflussungen ausgesetzt als in offenen Anordnungen.

Daß man aber auch in offenen Hochspannungsanlagen nicht ohne jede Vorkehrung gegen elektromagnetische Beeinflußung auskommt, zeigt das folgende Beispiel:

◆ **Beispiel 8.2**
Im Rahmen des Neubaus einer 220 kV-Freiluftschaltanlage wurden bei den ersten Schaltversuchen mit den Trennschaltern eine Reihe von Meßinstrumenten in der Schaltwarte zerstört [8.4]. Die Art des Schadens ließ vermuten, daß sie durch beträchtliche Überspannungen zustande gekommen sein mußten.
Bei näherem Hinsehen ergab sich, daß die Zerstörungen auf Ausgleichsströme nach dem Schließen der Schalter in den Nahzonen zurückzuführen waren. Die Nahzonen der Schalter bestanden in diesem Fall aus den Leitungsabschnitten zwischen den Meßwandlern, die sich rechts und links vom Schalter befanden (Bild 8.15), wobei die Leitung einerseits aus dem Draht auf der Hochspannungsseite und andererseits aus dem Erdnetz der Schaltanlage bestand. Nach dem Schließen eines Schalters floß ein impulsförmiger Strom von der aufgeladenen Streukapazität des Meßwandlers auf der spannungsführenden Seite in die

Nahzone und führte dann mit Reflexionen an der Streukapazität des gegenüberliegenden Wandlers zu einem Ausgleichsstrom innerhalb dieses Leitungsabschnitts. Es war in diesem Zusammenhang von besonderer Bedeutung, daß dieser Ausgleichsstrom durch die Erdverbindung des Meßwandler floß. Es wurden dort Stromamplituden von etwa einem Kiloampere gemessen.

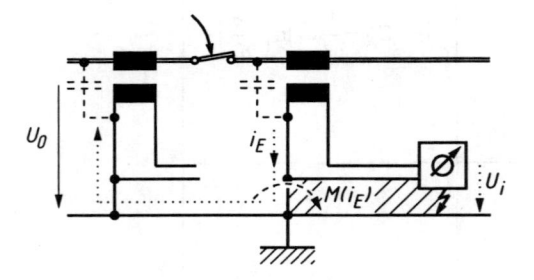

**Bild 8.15**
Störende induzierte Spannung $U_i$ beim Einschalten eines Hochspannungsschalters verursacht durch das Magnetfeld des Ausgleichsstromes $i_E$.

Zu den Zerstörungen der Meßinstrumente kam es, weil die Verbindungsleitung zwischen den Sekundärseiten der Wandler und den Instrumenten in der Schaltwarte nicht abgeschirmt waren, und weil wegen der seinerzeit geltenden Erdungsvorschriften die Instrumente von den Gestellen der Schaltwarte elektrisch isoliert sein mußten. Deshalb konnten die Magnetfelder der Ausgleichsströme in die Maschen eingreifen, die von den Erdverbindungen der Wandler, den Meßleitungen und dem Erdnetz der Anlage gebildet wurden. Dort wurde dann eine so hohe Spannung induziert, daß es zu Überschlägen zwischen den Instrumenten und den Gestellen in der Schaltwarte kam, die die Instrumente zerstörten.
Die Abhilfe bestand darin, die Meßleitungen mit metallischen Rohren zu umgeben, deren Enden sowohl auf der Seite der Meßwandler als auch in der Schaltwarte mit dem Erdnetz verbunden wurden. Mit anderen Worten, das störende Magnetfeld des Ausgleichsstromes wurde mit einer Kurzschlußmasche abgeschirmt. ♦

### 8.1.3 Rückzündungen an öffnenden Schaltern

Ein Schalter mit bewegten Kontakten kann sich bei der Absicht, ihn zu öffnen, unbeabsichtigt durch einen Funken wieder schließen. Um zu verstehen, wie eine solche Rückzündung zustande kommt, muß man zwei physikalische Vorgänge beachten:
- Zum einen die Entwicklung der elektrischen Festigkeit des Isoliermediums (z.B. der Luft) zwischen den sich öffnenden Kontakten
- und zum anderen die Spannung, mit der die Isolation zwischen den Kontakten beansprucht wird.

Es kommt zu Rückzündungen, wenn die Spannung, mit der der öffnende Schalter beansprucht wird, das Isolationsvermögen der Kontaktabstände übersteigt.
Die Entwicklung des Isoliervermögens mit zunehmendem Kontaktabstand kann man im Sinne einer Abschätzung nach oben mit der von Paschen entdeckten Gesetzmäßigkeit beurteilen. Sie besagt, daß die Durchschlagsspannung $U_d$ in Abhängigkeit vom Kontaktabstand den Charakter einer V-Kurve hat (Bild 8.16).
Die Spannung $U_s$, mit der die Isolation zwischen den sich öffnenden und schließlich den offenen Kontakten beansprucht wird, nennt man wiederkehrende Spannung. Sie geht aus von der Spannung Null zwischen den geschlossenen Kontakten und endet im Lauf der Zeit bei der Betriebsspannung $U_o$ des Systems. Dazwischen gibt es, wie in Bild 8.16 schematisch dargestellt

## 8.1 Störende Schaltvorgänge in elektrischen Energieversorgungen

ist, eine Übergangsphase, deren Charakter durch die beabsichtigten und parasitären Schaltelemente bestimmt wird, die sich vor und hinter dem Schalter befinden.

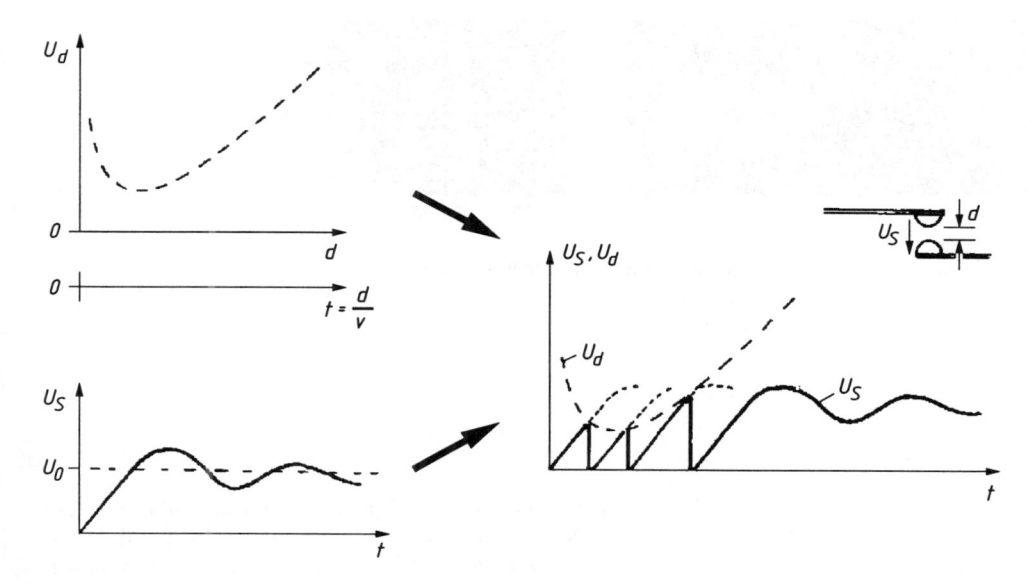

**Bild 8.16** Prinzipskizze zur Erläuterung von Rückzündungen an einem öffnenden Schalter.
$U_d$  Die Durchschlagsfestigkeit zwischen den Kontakten (Paschenkurve),
$U_s$  Die wiederkehrende Spannung über dem öffnenden Schalter.

Man kann unter der Annahme, die Kontakte öffnen sich gleichmäßig mit der Geschwindigkeit $v$, die Beziehung $t = d/v$ benutzen und zusätzlich die Abszisse der Spannung $U_d$ in Bild 8.16 mit einer Zeitachse versehen. Damit ergibt sich dann die Möglichkeit, das Isoliervermögen in Form der Paschen-Kurve und die wiederkehrende Spannung, mit der die Isolation beansprucht wird, gemeinsam in einem Diagramm darzustellen.

Falls nun die wiederkehrende Spannung so groß wird, daß sie – wie in Bild 8.16 – zum Zeitpunkt $t_1$ die Durchschlagsspannung zwischen den Kontakten erreicht, kommt es zu einem Funken, d.h. zu einer Rückzündung. Der Funken erlischt dann nach kurzer Zeit wieder, in der Regel unterstützt durch einen Stromnulldurchgang, und die wiederkehrende Spannung versucht sich erneut über dem Schalter aufzubauen. Dieser Versuch kann scheitern, wie z.B. in Bild 8.16, und es kommt zu einem zweiten Funken, anschließendem Wiederanstieg der wiederkehrenden Spannung usw.

Erst wenn der Wert der Durchschlagsspannung durch hinreichende Öffnung der Kontakte so weit angestiegen ist, daß sie von der wiederkehrenden Spannung nicht mehr erreicht werden kann, hört die Funkenbildung auf und der Schalter ist elektrisch gesehen endgültig offen, auch wenn sich seine Kontakte noch weiter auseinanderbewegen.

Wiederholte Rückzündungen treten sowohl an Niederspannungs- als auch an Hochspannungsschaltern auf. In Bild 8.17 sind Oszillogramme solcher Vorgänge wiedergegeben. Man erkennt die Tendenz, daß die Spannungsscheitelwerte, bei denen die Rückzündungen stattfinden, dem Verlauf der Paschen-Kurve folgen. Sie ist jedoch nur die obere Grenze des Erreichbaren. Tatsächlich bleiben von den vorhergehenden Rückzündungen Plasmareste zurück, die die elektrische Festigkeiten bei den folgenden Spannungsanstiegen beeinträchtigen und auch schwanken lassen.

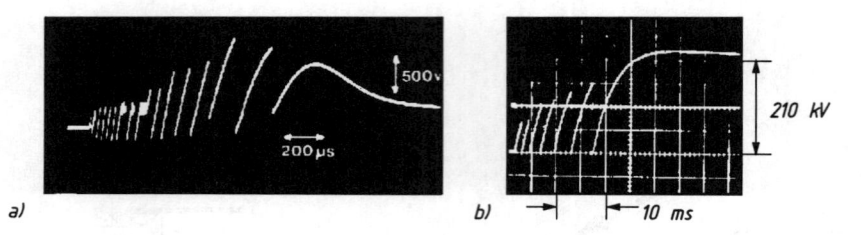

**Bild 8.17** Oszillogramme von Rückzündungen an öffnenden Schaltern.
a) Niederspannungsrelais [8.5],
b) Hochspannungsschalter [8.6].

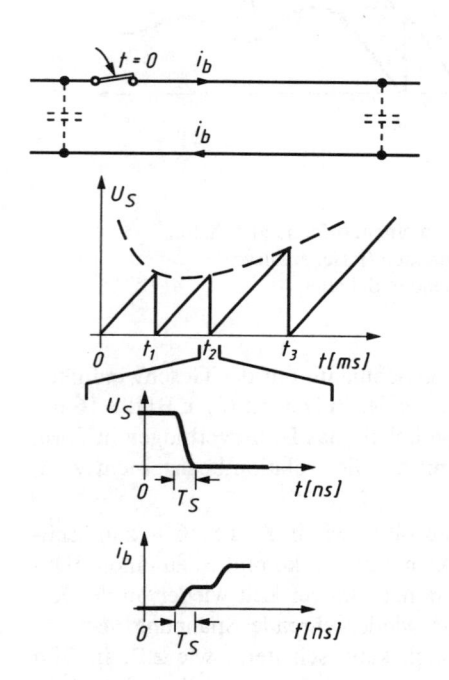

Die wiederholten Spannungszusammenbrüche der wiederkehrenden Spannung zu den Zeitpunkten $t_1$, $t_2$, $t_3$ usw. sind unbeabsichtigte Einschaltvorgänge. Sie haben genau dieselbe Charakteristik in bezug auf $T_s$ und Ausgleichstrom $i_b$ in der Nahzone wie beim absichtlichen einmaligen Einschalten (Bild 8.18).

**Bild 8.18**
Zeitliche Auflösung einer einzelnen Rückzündung mit dem Strom in der Schalter-Nahzone.

Eine Spannung $U_x$, die durch das Magnetfeld des Stromes $i_b$ in einer benachbarten Masche induziert wird, und die sich beim einmaligen Einschalten nur einmal kurz in einem Zeitraum von etwa einer Mikrosekunde bemerkbar macht (siehe Bild 8.1), tritt beim mehrfachen unbeabsichtigten Wiedereinschalten durch Rückzünden mehrfach hintereinander auf (Bild 8.19). Man nennt eine solche Folge von mehrfach miteinander durch Schalter-Rückzündungen induzierter Spannungsimpulse Burst (engl. burst). Bursts gehören zu den gefürchtetsten Störungen. Deshalb sind besondere Simulatoren entwickelt worden, mit denen diese Spannungsimpulsfolgen nachgeahmt werden können. Burstprüfungen sind in bezug auf die Form der Einzelimpulse, die zeitliche Breite des Impulspakets und die Amplitude durch die Norm IEC 801-4 vorgeschrieben.

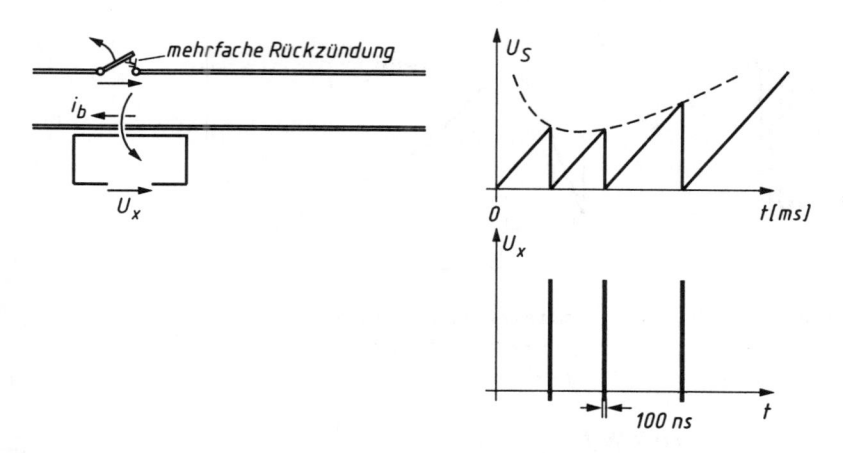

## 8.1 Störende Schaltvorgänge in elektrischen Energieversorgungen

**Bild 8.19** Eine Folge induzierter Spannungsimpulse (burst) in der Nähe eines rückzündenden Schalters.

Bild 8.20 zeigt die Form der genormten Impulse, die ein Burst-Prüfgenerator erzeugt, sowie eine Prüfanordnung, in der die Impulse kapazitiv, mit Hilfe einer sogenannten Koppelzange, auf einen Prüfling übertragen werden.

Wenn man Rückzündungen und damit Bursts vermeiden oder unterbinden will, muß man dafür sorgen, daß die wiederkehrende Spannung so langsam ansteigt, daß zu keinem Zeitpunkt während des Öffnens der Kontakte die elektrische Festigkeit überschritten wird. Das heißt bezogen auf Bild 8.16, die wiederkehrende Spannung $U_s$ muß immer unterhalb der Paschen-Kurve bleiben, die den Verlauf der Durchschlagsspannung in Abhängigkeit vom Abstand beschreibt. Es werden im wesentlichen zwei Mittel angewendet, um dies zu erreichen:

- Ein Kondensator $K$ wird parallel zum Schalter angebracht, der die wiederkehrende Spannung so weit abflacht, daß sie unter der Paschen-Kurve bleibt (Bild 8.20a).

  Dabei ist aber zu beachten, daß der Kondensator $K$ bei offenem Schalter aufgeladen wird, und daß er sich beim Schließen des Schalters unmittelbar über die Kontakte entlädt. Um einen Abbrand an den Kontakten zu verhindern, ist es sinnvoll, diese Entladung durch einen Widerstand in Reihe zu $K$ zu dämpfen.

- Die zweite Möglichkeit, die wiederkehrende Spannung unterhalb der Paschen-Kurve zu halten, besteht darin, die Amplitude des transienten Anteils der wiederkehrenden Spannung zu begrenzen.

  Dies kann man zum Beispiel in Niederspannungssystemen, wie in Bild 8.21b, mit einem spannungsbegrenzenden nichtlinearen Widerstand erreichen, den man parallel zur abzuschaltenden Last anbringt. Typische Formen nichtlinearer Widerstände sind in diesem Zusammenhang Zinkoxid-Widerstände und Zenerdioden.

  Wenn es darum geht, Gleichströme, die in Spulen fließen, abzuschalten, bringt man häufig sogenannte Freilaufdioden parallel zur Spule an, um zu verhindern, daß durch ein hohes $di/dt$ eine hohe induktive Spannung in Verlauf der wiederkehrenden Spannung entsteht.

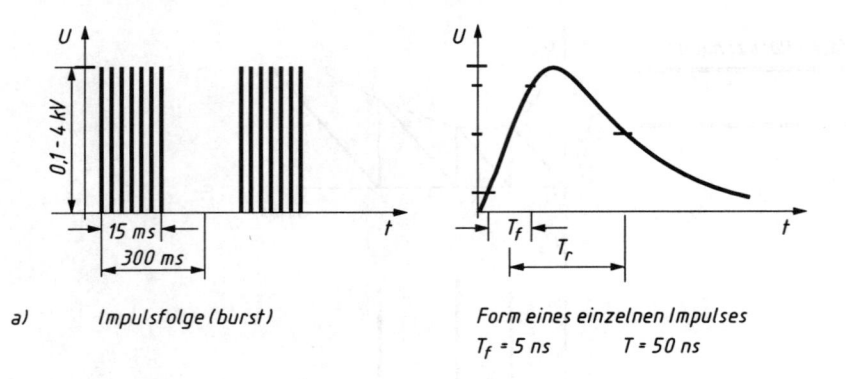

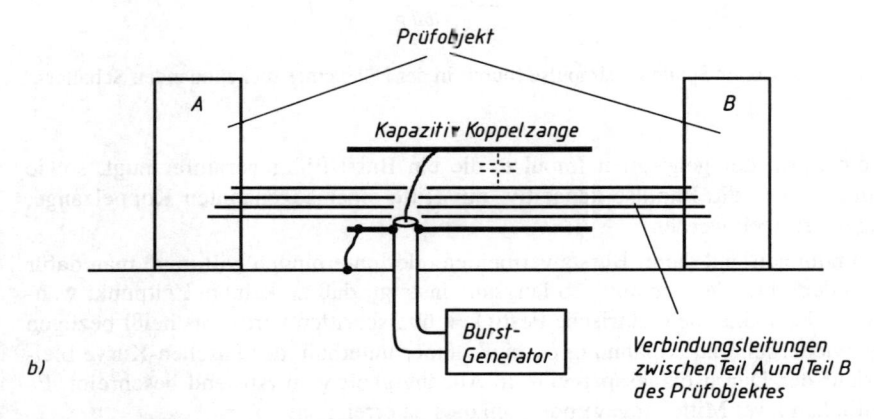

**Bild 8.20** Simulation eines Burst mit einem Burstgenerator gemäß Norm IEC 801-4.
   a) Impulsform
   b) Prüfanordnung

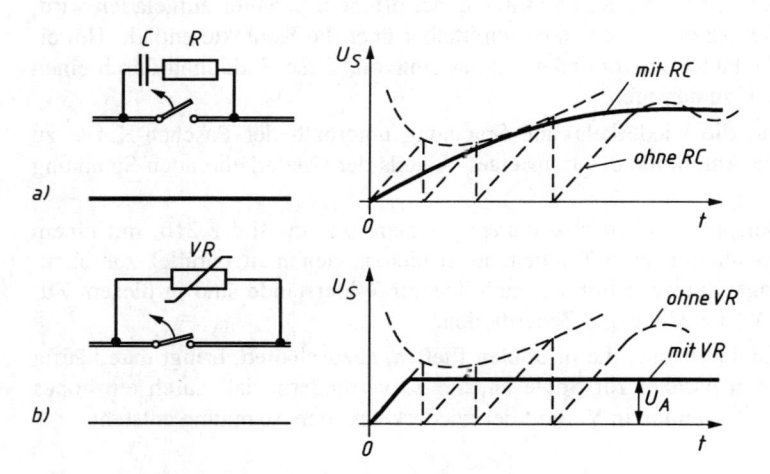

**Bild 8.21** Methoden zur Verhinderung von Rückzündungen.
   a) Abflachung der wiederkehrenden Spannung durch eine Kapazität parallel zum Schalter.
   b) Begrenzung der wiederkehrenden Spannung durch einen spannungsabhängigen Widerstand VR.

## 8.2 Entladung elektrostatischer Aufladungen

Elektrostatische Aufladungen entstehen immer dann, wenn sich zwei unterschiedliche Materialien berühren. Unterschiedlich heißt in diesem Zusammenhang: die freien Elektronen, die sich im Innern der Stoffe befinden, benötigen verschieden große Mindestenergien, um aus der Materialoberfläche auszutreten. An der Berührungsstelle entsteht dann in jedem der beiden beteiligten Körper eine Ladungsschicht, weil aus dem Material mit der niedrigen Austrittsenergie mehr Elektronen austreten als aus dem Berührungspartner mit der höheren Energieschwelle (Bild 8.22a). Die Ladungswanderung, die unmittelbar nach der Berührung einsetzt, findet so lange statt, bis die abstoßende Kraft der ausgetretenen Ladungen einen weiteren Ladungsnachschub verhindert.

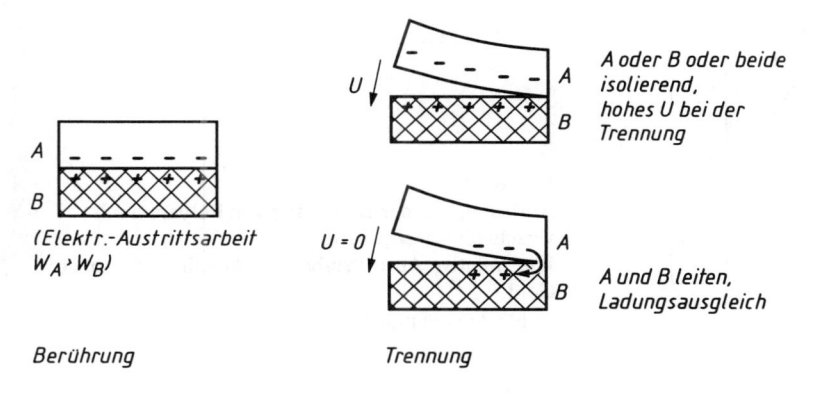

**Bild 8.22** Prinzipskizze zur elektrostatischen Aufladung.

An der Berührungsstelle entsteht auf diese Weise ein elektrisches Feld mit ganz kurzen Feldlinien zwischen den negativen Ladungen auf der einen und den Ladungslöchern auf der anderen Seite. Die Ladungsdichte liegt in der Größenordnung von $10^{-5}$ As/m² [8.7], die Spannung zwischen den Schichten beträgt einige Volt [8.8], und die Substanz mit der höheren Dielektrizitätskonstante lädt sich im allgemeinen positiv auf (Ladungsregel von Coehn).

Die Vorstellung, daß die Ladungsdichte von der Differenz der Elektronen-Austrittsarbeit der sich berührenden Materialien abhängt, wird durch eine Versuchsreihe gestützt, bei welcher der gleiche Kunststoff nacheinander mit verschiedenen Metallen in Berührung gebracht wurde. Die gemessenen Ladungsdichten in Abhängigkeit der Austrittsarbeit der Metalle sind in Bild 8.23 dargestellt.

Solange sich die beiden Gegenstände, auf denen sich die Ladungsschichten befinden, noch berühren, stellen die elektrostatischen Aufladungen keine Gefahr für die elektromagnetische Verträglichkeit dar. Das ändert sich jedoch, wenn die aufgeladenen Körper voneinander getrennt werden. Mit der Trennung verringert sich die Kapazität bei gleichbleibender Ladung, so daß die Spannung gemäß

$$U = \frac{Q}{C}$$

ansteigt. Es können auf diese Weise Spannungen bis zur Größenordnung von $10^4$ Volt entstehen.

Dieser Spannungsanstieg kann aber nur dann stattfinden, wenn mindestens einer der Gegenstände, die sich vorher berührt hatten, elektrisch sehr schlecht leitfähig ist. Bei beiderseits guter Leitfähigkeit gleichen sich die Ladungen beim Vorgang der Trennung sehr schnell aus (8.22).

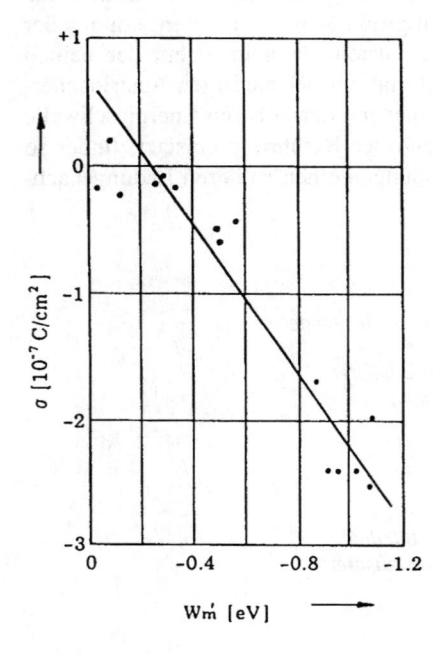

**Bild 8.23**
Aufladung bei der Berührung von Polyamid mit verschiedenen Metallen.
$Wm'$: relative Austrittsarbeit der Metalle bezogen auf Gold.
$\sigma$: Flächenladungsdichte.

Es müssen also drei Voraussetzungen erfüllt sein, damit hohe Spannungen durch elektrostatische Aufladungen auftreten:
1. Zwei Materialien mit unterschiedlicher Austrittsarbeit für Elektronen müssen sich berühren.
2. Mindestens einer der beiden Berührungspartner muß aus elektrisch isolierendem Material bestehen.
3. Die Trennung hat so schnell zu erfolgen, daß kein Ladungsausgleich über den Widerstand des isolierenden Materials stattfinden kann.

In alten Physikbüchern wird erwähnt, daß hohe Spannungen entstehen, wenn man geeignete Materialien und Gegenstände aneinander reibt. Deshalb wird dort auch der Begriff Reibungselektrizität verwendet. Der Zusammenhang zwischen dieser Art der Spannungserzeugung und der oben geschilderten wird sofort erkennbar, wenn man sich vor Augen führt, daß sich der Vorgang des Reibens aus den Komponenten Berühren und Trennen zusammensetzt. Nur werden nicht die reibenden Gegenstände voneinander abgehoben, sondern die Trennung erfolgt durch seitliches Wegziehen auf isolierende Oberflächen, auf denen die Ladungen liegen bleiben müssen.

Es gibt drei Bereiche, in denen durch Berührung und Trennung so hohe Spannungen erzeugt werden, daß daraus Gefahren erwachsen. Dies sind:
- Transportvorgänge in technischen Prozessen,
- Bewegung von Menschen auf Bodenbelägen oder Sitzflächen,
- Aufwinde oder Schwerkraftwirkungen in der Atmosphäre, die zu Gewittern führen.

Die Transportvorgänge in technischen Prozessen – z.B. Materialtransport in Rohrleitungen oder auch nur Ausgießen oder Ausschütten – führen insbesondere in der chemischen Industrie zu Gefahrensituationen, weil dort häufig sich entzündende Dämpfe oder Stäube anzutreffen sind, die durch Funkenentladung der elektrischen Aufladung zur Explosion gebracht werden können [8.7]. Im Rahmen der Sicherheitstechnik für chemische Verfahren hat sich herausgestellt, daß man eine Kombination von Oberflächenwiderstand und Trennungsgeschwindigkeit beachten muß. Die Erfahrungen haben gezeigt, daß eine Bewegung mit 0,1 m/s auf einem Oberflächenwiderstand von $10^{11}$ $\Omega$ (gemessen nach DIN 53482) noch zu keiner gefährlichen Aufladung führt.

Im Rahmen der elektromagnetischen Verträglichkeit elektrischer Geräte und Systeme sind vor allem die Entladungen elektrostatisch aufgeladener Personen und die möglichen Zerstörungen durch Gewitterentladungen zu beachten.

## 8.2.1 Die Entladung elektrostatisch aufgeladener Personen

Personen können sich beim Gehen über Bodenbeläge, die einen hohen Isolationswiderstand aufweisen, bis auf Spannungen in der Größenordnung von $10^4$ Volt aufladen. Wenn sich Schuhsohlen und Teppich berühren und beide aus Materialien mit unterschiedlicher Elektronen-Austrittsarbeit bestehen, bildet sich dort eine Ladungs-Doppelschicht und beim Abheben der Sohle während des Gehens findet die Ladungstrennung statt. Dieser Vorgang wiederholt sich mit jedem Schritt und führt so kumulativ zu einem Spannungsanstieg bis zur genannten Größenordnung.

Spannungen ähnlicher Höhe können auch durch Reibung auf Sitzflächen entstehen, wenn die Kleidung und das Material des Sitzes die entsprechenden Voraussetzungen für die Elektronen-Austrittsarbeiten und das Isoliervermögen erfüllen.

Neben dem Isoliervermögen der eigentlichen Materialien kommt es zusätzlich noch auf das Isolierverhalten der Materialoberflächen an. Der Oberflächenwiderstand kann zum Beispiel durch Verschmutzung oder auch durch Feuchtigkeit so stark absinken, daß es trotz hoher Isolationsfähigkeit des Materials nicht zum Spannungsanstieg beim Trennungsvorgang kommt, weil sich die Ladungen über dem niedrigen Oberflächenwiderstand ausgleichen. Deshalb erlebt man im Winter bei trockener Luft und damit trockener Oberfläche häufiger elektrostatische Aufladungen als im Sommer bei hoher Luftfeuchtigkeit.

Die Wirkung sogenannter Antistatic-Sprays besteht darin, daß auf die Oberfläche eines Materials eine hinreichend leitende dünne Schicht aufgebracht wird, mit deren Hilfe sich die Ladungen beim Trennvorgang ausgleichen.

Gefahren für die elektromagnetische Verträglichkeit elektrischer Systeme ergeben sich nicht aus der Spannung, mit der eine Person aufgeladen ist, sondern aus dem Strom bei der Entladung. Ein Mensch wirkt in diesem Zusammenhang wie ein aufgeladener Kondensator mit einer Kapazität von etwa 100 pF. Bei der Entladung fließt ein Strom, der in etwa einer Nanosekunde auf einige Ampere ansteigt, und der dann in einigen Zehn Nanosekunden auf Null absinkt (Bild 8.24). Für die Entladung elektrostatischer Aufladungen hat man die aus dem Englischen stammende Abkürzung ESD (**e**lectrostatic **d**ischarge) eingeführt.

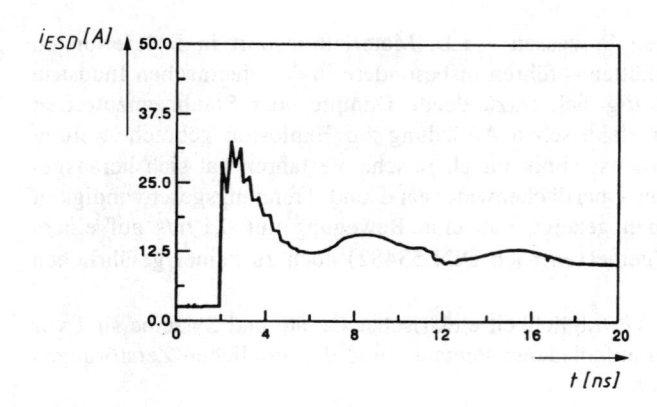

**Bild 8.24** Stromimpuls bei der Entladung einer aufgeladenen Person [8.9].

Im Hinblick auf die elektromagnetische Verträglichkeit hat der ESD-Strom zwei Wirkungen:
– Er kann bei der direkten Einwirkung auf mikroelektronische Strukturen Zerstörungen anrichten, z.B. durch Wegbrennen dünner Verbindungen oder Isolierschichten (Bild 8.25).
– Er kann mit seinem Magnetfeld steile Spannungsspitzen induzieren, die störend oder zerstörend wirken.

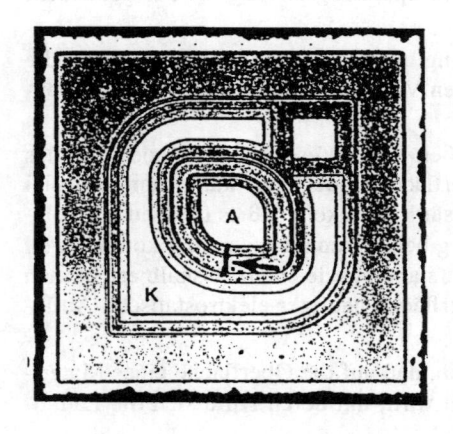

**Bild 8.25**
Zerstörung eines Transistors durch eine elektrostatische Entladung (3 kV)
(Vergrößerung 140 fach) [8.10].

Mikroelektronische Bauelemente sind der möglichen Zerstörung durch elektrostatische Entladungen nicht erst nach dem Einbau in eine elektrische Schaltung ausgesetzt, sondern sie sind bereits während des Transports zum Montageort und während des Montageprozesses gefährdet. Es müssen deshalb sowohl für die Verpackung als auch für die Umstände der Montage besondere Vorkehrungen getroffen werden, um mögliche Entladungen abzufangen bzw. die Entstehung von Aufladungen zu verhindern [8.12].
Um eine störende induzierende Wirkung zu erzielen, muß der Funke der elektrostatischen Entladung nicht unbedingt direkt auf die Verdrahtung oder die Bauelemente dieser Schaltung auftreffen. Ein Gerät kann auch gestört werden, wenn die Entladung auf das Gehäuse oder die Abschirmung von angeschlossenen Kabeln auftrifft und dann anschließend eine Gelegenheit findet, in das Innere zu gelangen. Bild 8.26 zeigt zum Beispiel eine Versuchsreihe, bei der elektrostatische Entladungen auf die Abschirmung eines Kabels erfolgten, dass über verschie-

## 8.2 Entladung elektrostatischer Aufladungen

dene Arten von Steckern mit einem Gerät verbunden war. Es wurde jeweils registriert, bei welcher Höhe der elektrostatischen Aufladung Störungen durch den Entladestrom im Gerät auftraten.

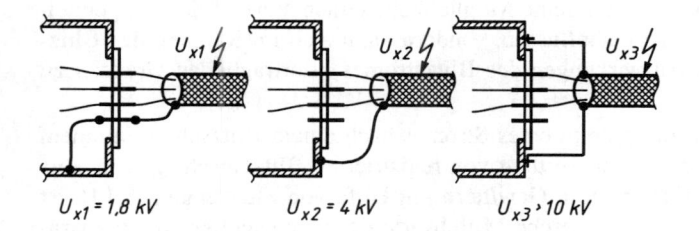

$U_{x1} = 1{,}8\ kV \qquad U_{x2} = 4\ kV \qquad U_{x3} > 10\ kV$

**Bild 8.26** Das Verhalten unterschiedlicher Steckverbindungen gegenüber elektrostatischen Entladungen (ESD). ($U_{x1}$, $U_{x2}$, $U_{x3}$, ist die Ladespannung des ESD-Simulators, bei der sich eine Störung bemerkbar machte).

Zur Simulation einer elektrostatischen Entladung für Prüfzwecke entsprechend der Norm IEC 801-2 (VDE 0843-2) werden Kondensatoren mit einer Kapazität von etwa 150 pF aufgeladen und über einen Widerstand von 300 Ω entladen. Die Stirnzeit des Entladestroms wird dabei durch die Art des Schalters beeinflußt, mit dem die Entladung eingeleitet wird. Bild 8.27 zeigt den Unterschied zwischen einer Entladung in Luft unter Normaldruck, ausgehend von einer kugeligen Elektrode mit 8 mm Durchmesser, und einer Entladung unter SF-6 mit etwa 2 bar Überdruck. Die unterschiedlichen Stirnsteilheiten sind gemäß Gleichung (8.7) auf die höhere Feldstärke in der schaltenden Funkenstrecke unmittelbar vor der Entladung zurückzuführen.

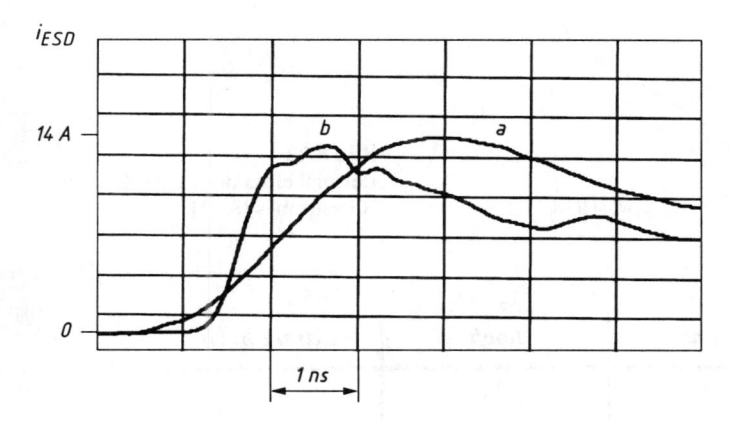

**Bild 8.27** Stromformen eines ESD-Simulators mit verschiedenen Entlade-Schaltern.
 a) Entladung über Luftfunkenstrecke (Normaldruck),
 b) Entladung über Schalter in SF6 (2 bar) (ESD-Simulator der Firma EM TEST).

Praktische Erfahrungen zeigen, daß Prüfungen mit der steileren Frontzeit (< 1 ns), wie sie mit dem Schalten unter SF 6 und Druck erzielt werden, Schwachstellen in Geräten eher aufdecken, und daß die auf diese Weise geprüften Geräte elektrostatischen Entladungen durch Personen im späteren Betrieb mit größerer Wahrscheinlichkeit widerstehen als solche, die mit flacheren Impulsen geprüft wurden.

## 8.3 Gewitterentladungen (Blitze)

Ein Blitzeinschlag während eines Gewitters wirkt vom elektrischen Standpunkt aus betrachtet wie ein geprägter Strom. Das heißt, man hat keine Möglichkeit, seinen Verlauf durch irgendeine schaltungstechnische Maßnahme zu beeinflussen, sondern kann sich im Rahmen des Blitzschutzes nur darum bemühen, die Auswirkungen des Blitzstromes in erträglichen Grenzen zu halten.

In Bild 8.28 ist als Beispiel das Oszillogramm eines Stromes nach einem Blitzschlag in einem Turm wiedergegeben [8.13]. Durch die Auswertung von registrierten Blitzeinschlägen in Türmen [8.13] und Messungen von Feldstärken in Gewittern mit Hilfe von Flugzeugen [8.14], ist im Laufe der Jahre ein Überblick über statistische Mittelwerte der vier wichtigsten Blitzparameter entstanden.

- Scheitelwert des Blitzstromes $i$,
- Änderungsgeschwindigkeit des Stromes $di/dt$,
- vom Blitz transportierte Ladung $\int i\, dt$
- und Integral des Stromquadrats $\int i^2\, dt$

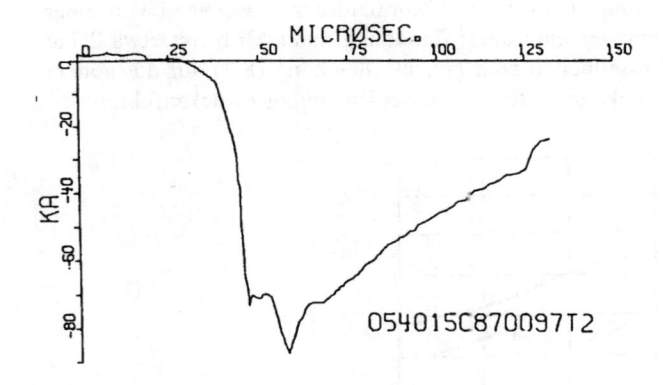

**Bild 8.28**
Beispiel eines oszillographierten Blitzstromes [8.13].

| Parameter | normal | hoch | extrem hoch |
|---|---|---|---|
| $\hat{\imath}$ [kA] | 150 | 250 | 400 |
| $di/dt$ [A/s] | $10^{11}$ | $2 \cdot 10^{11}$ | $4 \cdot 10^{11}$ |
| $\int i\, dt$ [As] | 50 | 300 | 800 |
| $\int i^2 dt$ [A²s] | $10^6$ | $10^7$ | $10^8$ |

Jeder dieser Parameter hat eine bestimmte Wirkung:
- Der Stromscheitelwert $i$ bestimmt die ohmschen Spannungen im Erdreich
- Die Stromänderungsgeschwindigkeit $di/dt$ ist der maßgebende Parameter für die induzierten Spannungen neben dem Blitzstrompfad, also z.B. neben dem Blitzableiter.

## 8.3 Gewitterentladungen (Blitze)

- Die vom Blitz transportierte Ladung ist für das Abtragen des Materials an der Einschlagstelle verantwortlich. Dieser Parameter ist deshalb besonders im Flugzeugbau und beim Bau von Behältern für explosive Stoffe zu beachten, um zu vermeiden, daß beim Blitzschlag Löcher entstehen.
- Der Parameter $\int i^2 dt$ bestimmt die Erwärmung der Leiter, die den Blitzstrom führen. Dabei ist zu beachten, daß die Erwärmung adiabatisch erfolgt, weil während der kurzen Stromdauer keine Wärme vom Leiter in die Umgebung abgegeben werden kann.

Wenn man diese Einflüsse beim Entwurf des Blitzschutzes für ein Gebäude berücksichtigt, ergibt sich etwa folgendes Bild:

1. Der Querschnitt des Leiters, der den Blitzstrom $i_B$ von der Fangstange zur Erde leitet (Bild 8.29a), muß der thermischen Belastung ($\int i^2 dt$) durch den Blitzstrom gewachsen sein. Dies ist bei Kupferleitungen, etwa mit einem Querschnitt > 20 mm², der Fall.

2. Die induzierte Spannung $U_{i1}$, die zwischen der Blitz-Strombahn und benachbarten geerdeten Leitern durch die Gegeninduktivität $M_1$ zustande kommt (Bild 8.29b), darf nicht so hoch werden, daß sie zu einem Überschlag vom blitzstromführenden Leiter zum benachbarten Leiter führt. In der Regel wäre dieser Leiter (z.B. des 220 V-Netzes) thermisch nicht in der Lage, Teile des Blitzstromes zu führen und würde verdampfen.
   Überschlagssichere Abstände $s$ kann man mit der Faustformel

$$s > \frac{U_{i1}}{E_d}$$

   abschätzen. Für Luftstrecken gilt

$$E_d \approx 5 \text{ kV/m}$$

   und für Baumaterial (Ziegel, Beton, Holz)

$$E_d \approx 10/\sqrt{s} \text{ kV/m}$$

   wobei s in Meter einzusetzen ist [8.15].

3. Es ist ratsam, von der Fangstange nicht nur eine einzelne Verbindung zur Erde herzustellen, sondern mehrere parallele Ableitungen zu benutzen, die am Umfang des Gebäudes verteilt sind, zum Beispiel auch unter Einbezug der Regenrohre (Bild 8.29d). Dadurch verteilt sich einerseits der Blitzstrom auf mehrere Bahnen und die Magnetfelder dieser Teilströme wirken im Innern des Hauses gegenläufig. Beide Effekte zusammen führen zu geringeren induzierten Spannungen im Innern des Gebäudes.

4. Die induzierten Spannungen $U_{i2}$ in Leiterschleifen im Innern des Gebäudes müssen mit Überspannungsableitern bewältigt werden.

5. Um zu vermeiden, daß die ohmschen Spannungen, die der Blitzstrom bei seinem Weg durch die Erde erzeugt, im Inneren des Hauses wirksam werden, müssen alle leitenden Strukturen, die von der Erde in das Haus führen, mit einem Potentialausgleich verbunden werden (Bild 8.29c) (siehe Abschnitt 5.6).

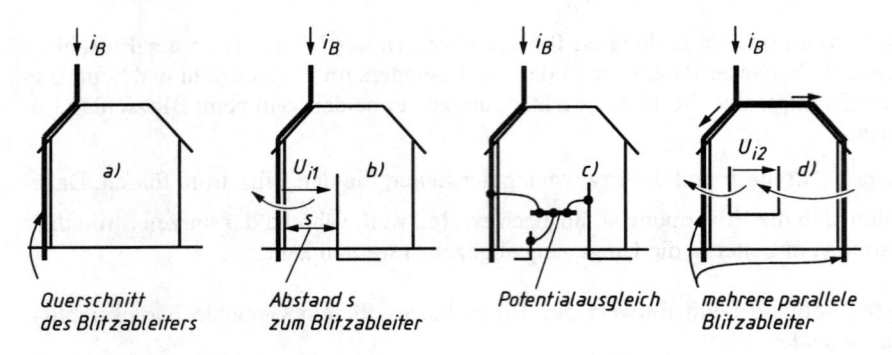

**Bild 8.29** Die vier wichtigsten Aspekte eines Gebäude-Blitzschutzes.

a) Querschnitt des Blitzableiters
b) Abstand s zum Blitzableiter
c) Potentialausgleich
d) mehrere parallele Blitzableiter

Mit diesen fünf Punkten sind nur die wichtigsten physikalischen Zusammenhänge umrissen worden. Bei der praktischen Ausführung von Blitzschutzanlagen müssen auf jeden Fall die einschlägigen Vorschriften und Erfahrungen berücksichtigt werden. Entsprechende Hinweise findet man in der Literatur [8.15] und [8.16].

## 8.4 Literatur

[8.1] *A. Rodewald:* Eine Abschätzung der maximalen di/dt-Werte beim Schalten von Sammelschienenverbindungen oder Hochspannungsprüfkreisen,
ETZ-A 99 (1978) Nr. 1, S. 19-23

[8.2] *A. Rodewald:* A Model for Fast Switching Transients in Power Systems: The Near Zone Concept.
IEEE Transaction on Electromagnetic Compatibility
Vol. 31, No. 2, pp. 148-156

[8.3] *F. Heilbronner; H. Kärner:* Ein Verfahren zur digitalen Berechnung des Spannungszusammenbruchs von Funkenstrecken
ETZ-A 89 (1968) S. 101-108

[8.4] *K. Berger:* Notwendigkeit und Schutzwert metallischer Mäntel von Sekundärkabeln in Hochspannungsanlagen und Hochgebirgsstollen als Beispiel der Schutzwirkung allgemeiner Faradaykäfige,
Bull. SEV (51) 1960, S. 549-563

[8.5] *E.P. Fowler; J.R. Taylor:* Diagnosis and cure of some EMC and interference immunity problems
Proc. EMC Conf. Guildford Apr. 1978, pp. 91-102

[8.6] *A.T. Roguski:* Laboratory test circuits for predicting overvoltages when interrupting small inductive currents with an SF6 circuit breaker
IEEE Transactions on power apparatus and systems
Vol. PAS-99, pp. 1243-1279

[8.7] *G. Newi:* Zum Verhalten von Versuchskreis und Prüfling bei Durchschlagsuntersuchungen in Luft,
Diss. TU Braunschweig 1973

[8.8]  *D.K. Davis:* Charge generation on Solids,
Advances in Static Electricity,
1970, Vol. 1, p. 10

[8.9]  *A.S. Podgorski; J. Dunn:* Study of picosecond rise time in human-generated ESD,
IEEE EMC Symposium 1991, pp. 263-264

[8.10] *T.W. Lee:* Construction and application of a tester for measurement of EOS/ESD thresholds to 15 kV.
Electrical overstress/electrostatic discharge
Symposium proceedings, Las Vegas, Nevada, Sept. 1983, pp. 37-47

[8.11] *M. Mardiguian; D.R.J. White:* Electrostatic discharge diagnostics and control,
EMC Symposium Zürich, 1983, S. 411-414

[8.12] *O.J. Mc Ateer:* Electrostatic discharge control,
McGraw-Hill, 1990

[8.13] *K. Berger:* Methoden und Resultate der Blitzforschung auf dem Monte San Salvatore bei Lugano in den Jahren 1963-1971,
Bull SEV 63 (1972), S. 1403-1422

[8.14] *C.D. Weidmann; E.P. Krider:* Submicrosecond risetimes in lightning return stroke fields
Geophysical Research Letters, Vol. 7 (1980), pp. 955-958

[8.15] *P. Hasse; J. Wiesinger:* Handbuch für Blitzschutz und Erdung
VDE-Verlag 1982

[8.16] *E. Montanton; W. Hadrian:* Neuartiges Blitzschutzkonzept eines Fernmeldegebäudes
Bull SEV 75 (1984), S. 45-53

# 9 Unabsichtliche Hochfrequenzeffekte

Es gibt neben der bereits in Abschnitt 5.3 erwähnten unabsichtlichen Demodulation von amplitudenmodulierten Signalen und der parasitären Erzeugung von Oberwellen durch korrodierte Kontakte noch zwei weitere Hochfrequenzeffekte, die sich für die EMV von Geräten und in der EMV-Messtechnik gelegentlich bemerkbar machen.
Es sind dies
- unabsichtliche Sendeantennen und
- unabsichtliche Hohlraumresonanzen.

## 9.1 Leitungen und Leitungsschirme als unabsichtliche Antennen

In Bild 9.1a ist das Prinzip einer erdunsymmetrisch gespeisten Stab-Sendeantenne grob skizziert: zwischen dem Fusspunkt des Antennenstabs und der Erde befindet sich eine Spannungsquelle, die einen hochfrequenten Strom in den Stab einspeist. Dieser Strom fliesst durch das Feld der Antenne, das in Bild 9.1a durch die Streukapazität $C_E$ symbolisiert wird, über das Erdreich zur Spannungsquelle zurück. Die erste Resonanz der Antenne liegt bei einer Frequenz, deren Wellenlänge gleich der vierfachen Stablänge ist.

Mit der in Bild 9.1b dargestellten Einrichtung lässt sich zeigen, wie eine Zweidrahtleitung als Sendeantenne wirkt. In ihr werden hochfrequente Signale von einem Generator über eine Zweidrahtleitung, die sich über einer leitenden Fläche befindet, zu einem Widerstand übertragen. Die Anordnung enthält alle Merkmale, die das Wesen einer Stab-Sendeantenne ausmachen: Der spannungsführende Leiter wirkt als Stab, an dessen einem Ende ein Strom eingespeist wird und der als Verschiebungsstrom über eine Streukapazität zur Quelle zurückfliesst. Mit der Leiterlänge von einem Meter ergibt sich für die tiefste Resonanzfrequenz eine Wellenlänge von vier Metern. Dies entspricht einer Frequenz von 75 MHz.

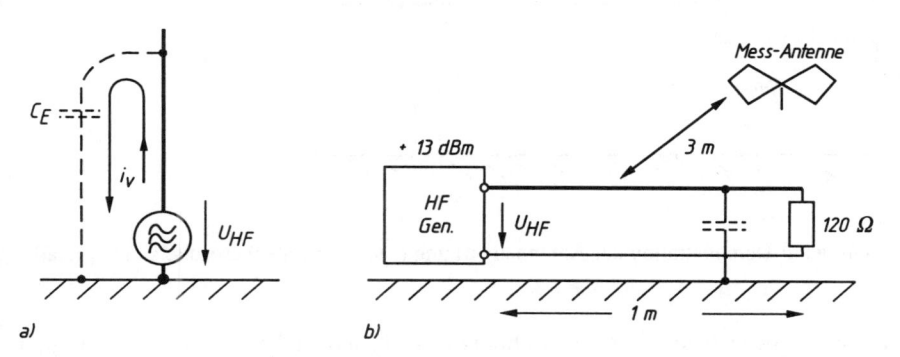

**Bild 9.1** Gegenüberstellung einer Stabantenne (a) mit einer Anordnung zur Demonstration der Sendeantennenwirkung einer Zweidrathleitung (b)

Bild 9.2 zeigt das Ergebnis einer Feldstärkemessung in drei Metern Abstand von der abstrahlenden Leitung [9.1]. Die Messung bestätigt im wesentlichen die Lage der ersten Resonanzfrequenz. Die Leitung wurde dabei mit einer Leistung von 20 mW in dem dargestellten Frequenzbereich gespeist.

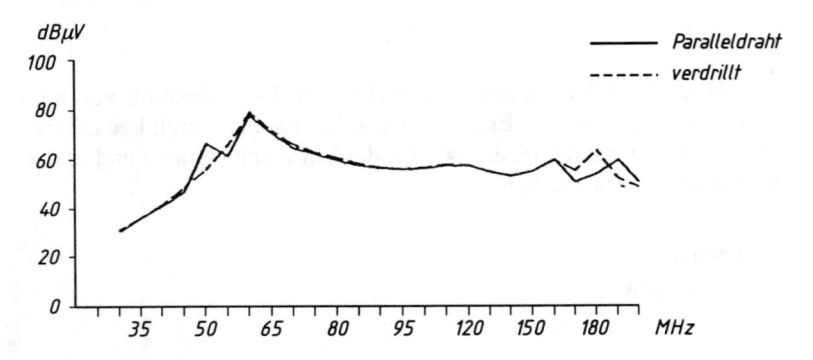

**Bild 9.2**  Messergebnis mit der Anordnung 9.1b

Zusätzlich ist anzumerken, dass mit einer verdrillten Leitung gleicher Länge (10 Schläge/m) der gleiche Verlauf der abgestrahlten Feldstärke gemessen wurde. Dieses Ergebnis ist insofern nicht überraschend, als sich durch das Verdrillen das äussere Feld des spannungsführenden Leiters – und damit dessen Streukapazität – nicht wesentlich verändert hat.

Auch die Mäntel von Koaxialkabeln können unabsichtlich als Sendeantennen wirken, insbesondere dann, wenn der Mantelanschluss nicht koaxial sondern asymmetrisch über einen Kabelmantelzopf (engl. „pigtail") erfolgt (Bild 9.3). Falls ein Hochfrequenzstrom $i_K$ oder ein Impulsstrom mit entsprechenden Hochfrequenzanteilen durch den Kabelmantel fliesst, übernimmt der pigtail mit dem darin fliessenden Strom und dessen Magnetfeld die Rolle der Spannungsquelle, die die Antenne speist. Durch das Magnetfeld des pigtail-Stromes wird eine Spannung in der Masche A-B-C-D-E induziert, die wiederum den Strom $i_V$ durch die Streukapazität zwischen Kabelmantel und Erde treibt.

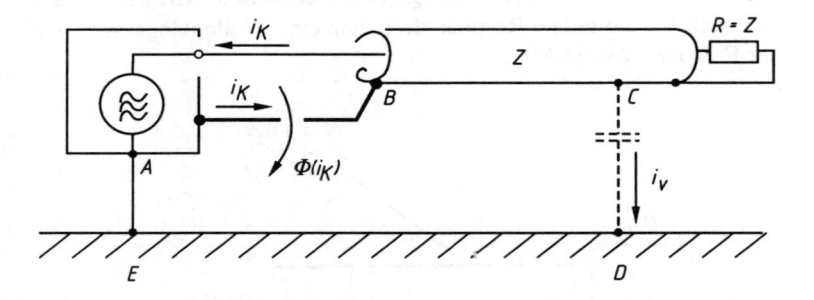

**Bild 9.3**  Anordnung zur Demonstration der Antennenwirkung eines Koaxialkabelmantels mit „pigtail"

In Bild 9.4 sind die Frequenzspektren der Abstrahlung eines Koaxialkabels mit und ohne pigtail dargestellt, wobei das Kabel mit einer Folge steiler Impulse gespeist wurde [9.2]. Der Abstand zwischen Kabel und Messantenne betrug dabei ein Meter.

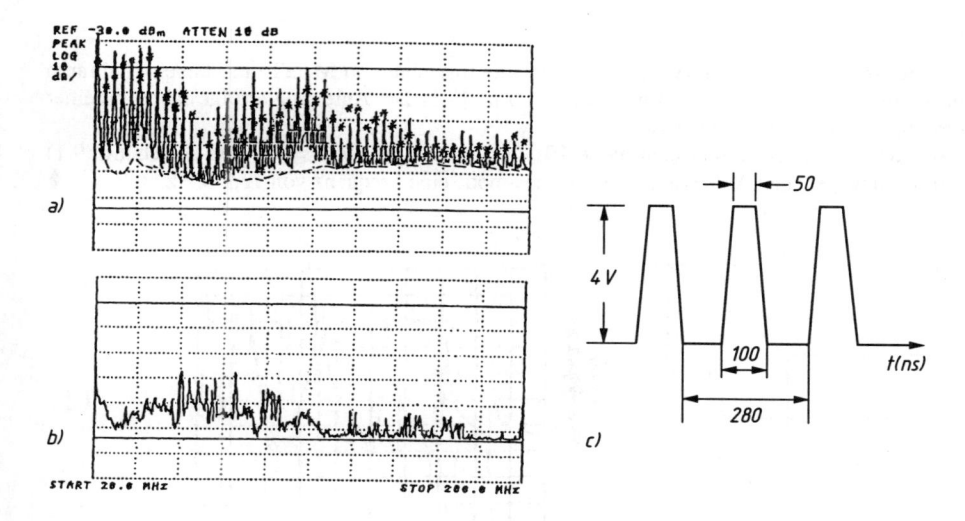

**Bild 9.4** Gemessener Störpegel in 1 m Abstand von Anordnung Bild 9.3 mit (a) und ohne (b) pigtail bei Speisung des Kabels mit Impulsfolgen (c)

## 9.2 Unabsichtliche Hohlraumresonanzen

Hohlraumresonatoren sind wichtige Bauelemente in der Hochfrequenztechnik. Sie beruhen auf dem Effekt, dass man in Hohlräumen, die von metallischen Wänden umgeben sind, resonanzartig Eigenschwingungen elektrischer und magnetischer Felder entstehen lassen kann. In ihnen wird nur in einem kleinen Bereich des Hohlraumes ein elektrisches oder magnetisches Feld erzeugt. Wenn das mit einer Frequenz geschieht, die mit einer der Eigenfrequenzen des Hohlraums übereinstimmt, füllt sich der gesamte Hohlraum resonanzartig mit einem elektrischen und einem magnetischen Feld bestimmter Form.

Dieser Effekt kann auch unabsichtlich auftreten, wenn in einem von Metall umgebenen Hohlraum, wie z.B. in einem Gerätegehäuse, einem Geräteschrank oder einem abgeschirmten Laborraum an irgendeiner Stelle ein Feld mit einer Frequenz erzeugt wird, die nahe bei einer der Eigenfrequenzen des Raumes liegt.

Der Resonanzzustand kann dann zu Beeinflussungen in Bereichen des Raumes führen, die ohne Resonanz vom erregenden Feld garnicht erreicht würden. Zum Beispiel beschränkt sich ein Feld, das durch ein Loch in einer Abschirmwand in das Innere eines geschirmten Raumes eindringt, ohne Resonanz auf die Nähe des Loches. Bei Resonanz hingegen hat das Einwirken zur Folge, dass im gesamten Innenraum ein starkes Feld entsteht.

Die Hohlraumschwingung kann durch verlusterzeugendes Material, das an den Innenwänden angebracht wird, abgeschwächt werden [9.3].

Für einen rechteckigen Hohlraum mit metallischen Wänden und den Abmessungen $a$, $b$, $c$ kann man die Resonanzfrequenzen mit der Gleichung

$$f^2(m,n,p) = \frac{1}{4\varepsilon\mu}\left[\left(\frac{m}{a}\right)^2 + \left(\frac{n}{b}\right)^2 + \left(\frac{p}{c}\right)^2\right] \qquad (9.1)$$

bestimmen.

♦ **Beispiel 9.1**

Bild 9.5 zeigt die Resonanzen der magnetischen Feldstärke in einem von Metall umgebenen Hohlraum mit den Abmessungen $a = 2,3$ m; $b = 2,3$ m und $c = 4,6$ m. [9.3] Die Anregung erfolgt dabei mit einer kleinen Stromschleife durch deren Magnetfeld.

Die erste Resonanzfrequenz entspricht dem mode 101 (d.h. $m = 1$, $n = 0$, $p = 1$). Aus Gleichung (9.1) ergibt sich mit den angegebenen Abmessungen für diesen mode eine Frequenz von 72,9 MHz. ♦

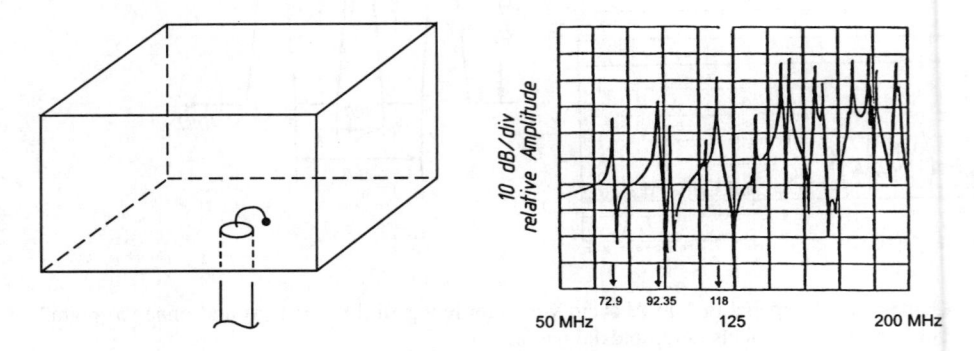

**Bild 9.5** Hohlraumresonanzen in einem rechteckigen Raum (2,3 x 2,3 x 4,6 m)

## 9.3 Literatur

[9.1]   E.B. Joffe; A. A. Axelrod:
On the Benefits (if any) of Pair Twisting in Reducing Radiated Emission from Two-Wire Cables.
IEEE Symposium on EMC, 1998, p. 474 - 478

[9.2]   F. Han:
Radiated Emission from Shielded Cables by Pigtail Effect.
IEEE Transactions on Electromagnetic Compatibility,
Vol. 34, Nr. 3, 1992, p. 345 - 348

[9.3]   M. Lilet al.:
EMI from Apertures at Enclosure Cavity Mode resonances.
IEEE Symposium on EMC, 1997, p. 183 - 187

[9.4]   L. Dawson; A. Marvin:
Alternative Methods of Damping Resonances in a Screened Room in the Frequency Range of 30 to 200 MHz.
6th int. Conf. On EMC, University of York, p. 217 - 223

# Teil 2

# Schwerpunkte der EMV-Praxis in der Geräte- und Messtechnik

In Teil 1 dieses Buches wurden die wichtigsten EMV-Effekte, wie ohmsche Kopplung, kapazitive Kopplung, Abschirmmechanismen usw. erläutert. In diesem zweiten Teil wird beschrieben, wie sich diese Effekte in der geräte- und messtechnischen Praxis auswirken. Es werden Situationen in Geräten und Systemen vorgestellt, in denen elektromagnetische Beeinflussungen erfahrungsgemäss besonders häufig auftreten und es wird erläutert, welche Massnahmen in diesen Fällen zur Sicherung der EMV zu ergreifen sind.

> Die wichtigsten Aussagen in diesem Teil 2 werden durch Umrandungen hervorgehoben.

Bei der Schilderung der EMV-Probleme und ihrer Lösungen wurde Wert darauf gelegt, dass die dabei wirksamen physikalischen Vorgänge deutlich erkennbar sind, weil sich damit die Ergebnisse der beschriebenen Beispiele leichter und sicherer auf ähnlich gelagerte Fälle übertragen lassen.

# 10 Zwei Verfahren zur Entdeckung von Signalbeeinflussungen in der Messtechnik

Bei elektrischen Messungen fragt man sich immer wieder: „Ist das Signal, dessen Verlauf ich auf dem Oszillografenschirm sehe, tatsächlich dasjenige, das ich messen will oder ist es durch eine elektromagnetische Beeinflussung verfälscht?"
In diesem Abschnitt werden zwei Verfahren vorgestellt, die sich in der Praxis als einfache Hilfsmittel bewährt haben und zwar in dem Sinn, dass man erkennen kann, ob ein Signal, das z.B. als Oszillogramm vorliegt, durch irgendeine Störung verzerrt ist oder nicht. Es sind dies die Kurzschlussprüfung und die Ferritkernprüfung.

## 10.1 Die Kurzschlussprüfung

> Die Kurzschlussprüfung besteht darin, dass an der Stelle, an der das gemessene Signal vom Mess-System aufgenommen wird (z.B. mit einem Tastkopf), ein Kurzschluss angebracht wird. Die Anzeige des Mess-Systems müsste dann Null sein. Wenn dies nicht der Fall ist, liegt eine Störung vor, die dem eigentlich zu messenden Signal überlagert ist. Das Signal, das mit dem eingefügten Kurzschluss gemessen wird, ist die Störung, die auf dem Weg vom Sensor zum Messgerät in die Signalübertragung gelangt.

◆ **Beispiel 10.1:**
Es geht um die Absicht, die Spannung an einem Widerstand zu messen, der von einem Impulsstrom durchflossen wird. In Bild 10.1a ist der Abgriff der Spannung mit einem Oszillografen-Tastkopf skizziert. Er zeigt, dass der Tastkopf Typ Tektronix P6205 und sein „Masse"-Anschluss eine rechteckige Schleife von 70 mal 35 mm bilden.
In Bild 10.1 ist das Oszillogramm der Spannung $U_a$ dargestellt, das mit dieser Art des Masse-Anschlusses auf dem Oszillografenschirm entsteht.
Zur Kurzschlussprüfung wird die Spitze des Tastkopfes vom Widerstand gelöst. Aber abgesehen von dieser Ablösung und der damit verbundenen Fortbewegung um etwa 1 mm, bleibt der Kopf in der ursprünglichen Position. Zusätzlich wird von der Spitze des Kopfes zum „Masse"-Anschluss an der anderen Seite des Widerstandes eine Kurzschlussverbindung $K$ mit einem isolierten Draht hergestellt (Bild 10.1b). Die Isolation des Kurzschlussdrahtes liegt direkt am Widerstand an.
Mit der Kurzschlussprüfung erhält man die Spannung $U_b$. Dies ist das Störsignal, das der beabsichtigten Messung überlagert ist. Die Störung lässt das Signal, das man eigentlich messen will, besonders im ersten Teil des Spannungsanstiegs steiler erscheinen als es tatsächlich ist. ◆

Damit man mit der Kurzschlussprüfung zu aussagekräftigen Ergebnissen kommt, müssen vor allem zwei Gesichtspunkte berücksichtigt werden:
1. Alle Komponenten (Geräte, Verbindungen usw.) sollten sich bei der Kurzschlussprüfung möglichst genau in der gleichen räumlichen Lage befinden wie bei der Messung, die man überprüfen will.
2. Auch die Führung der Kurzschlussverbindung sollte sich möglichst eng an der Leitungsführung im zu überprüfenden Zustand orientieren. Besondere Sorgfalt erfordern Kurzschlüsse, die zu Kurzschlussprüfungen im koaxialen System angebracht werden. Man sollte in solchen Fällen scheibenförmige Kurzschlüsse anbringen oder handelsübliche koaxiale Kurzschlussstecker verwenden.

## 10.2 Die Ferritkernprüfung

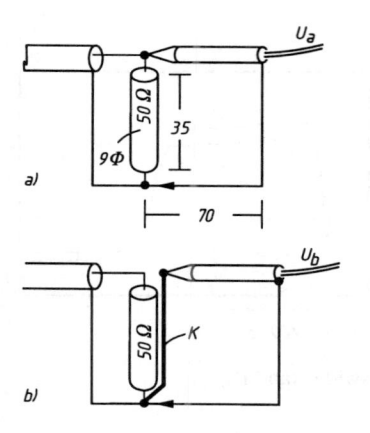

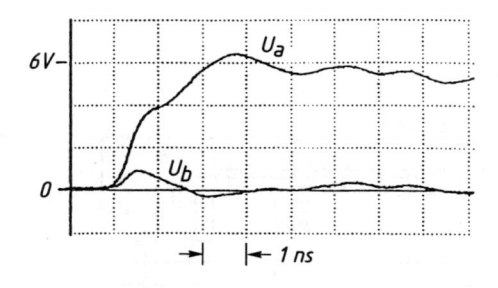

**Bild 10.1** Kurzschlussprüfung einer Spannungsmesseinrichtung.
  a) Spannungsabgriff an einem Widerstand
  b) Kurzschluss am Spannungsabgriff

## 10.2 Die Ferritkernprüfung

> Zur Überprüfung, ob ein Signal, das von einem Koaxialkabel oder einer Zweidrahtleitung übertragen wird, durch eine von einer Kabelmantelkopplung stammenden Störung verzerrt ist, führt man das Kabel oder beide Leiter der Zweidrahtleitung einfach oder mehrfach durch das Fenster eines Ferritkerns und beobachtet, ob sich dadurch das Signal ändert oder nicht. Bei einer Änderung liegt eine Störung vor.

Störungen, die mit einer Ferritkernprüfung entdeckt werden, sind meistens auf Erdschleifen zurückzuführen (siehe Abschnitt 12.4).

Die Ferritkernprüfung beruht auf dem in Abschnitt 3.4.6 beschriebenen Effekt, dass man Ströme, die in Erdschleifen oder Kurzschlussmaschen fliessen, durch Einfügen eines Ferritkerns verringern kann. Weil dieser Effekt nur bei hohen Frequenzen oberhalb $10^4$ Hz eintritt, kann man damit auch nur hochfrequente Störungen aufdecken.

♦ **Beispiel 10.2:**
In Bild 10.2 ist ein Impulsgenerator IG skizziert, der einen Widerstand $R_B$ speist. Der Strom, der vom Generator zum Belastungswiderstand fliesst, wird mit einem Messwiderstand $R_M$ gemessen. Der Spannungsabgriff am Messwiderstand führt über ein 2 m langes Koaxialkabel des Typs RG 188 zum Oszillografen. Ohne Ferritkern im Messaufbau wird vom Oszillografen (KO) die Spannung $U_a$ registriert.
Zur Ferritkernprüfung wird das Koaxialkabel, das vom Messwiderstand zum Oszillographen führt, durch das Fenster eines Ferritkerns FK geführt. Unter diesen Umständen registriert der Oszillograf die Spannung $U_b$. Der Unterschied zwischen $U_a$ und $U_b$ weist darauf hin, dass $U_a$ offenbar durch eine Störung verzerrt ist.
Die Störung entsteht durch eine Kabelmantelkopplung im Verbindungskabel zwischen dem Messwiderstand $R_M$ und dem Oszillografen, weil ein Teil ($i_2$) des Stromes zwischen dem Impulsgenerator und dem Widerstand $R_B$ über den Kabelmantel fliesst. ♦

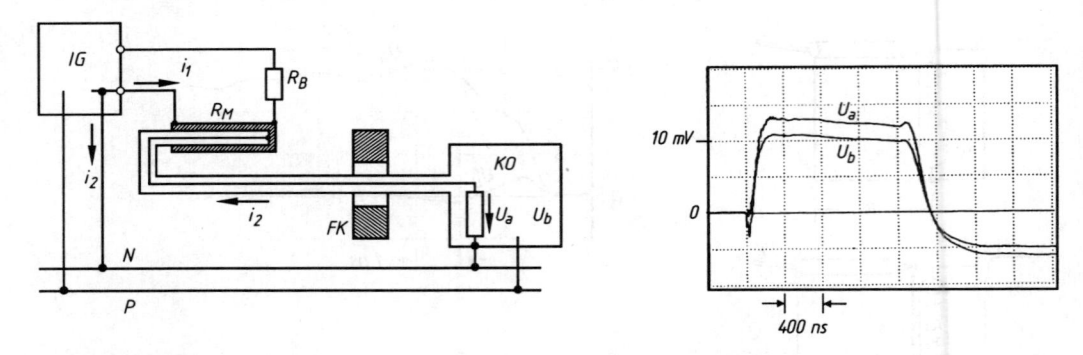

**Bild 10.2** Ferritkernprüfung eines Spannungsabgriffs an einem Messwiderstand $R_M$.
$U_a$ Messergebnisse ohne Ferritkern FK
$U_b$ Messergebnisse mit Ferritkern FK

Weil mit dem Ferritkern der störende Strom $i_2$ nur verringert, aber nicht vollständig beseitigt wird, kann man mit der Ferritkernprüfung das überlagerte Störsignal ebenfalls nur verringern. Anders gesagt: mit der Ferritkernprüfung kann man zwar feststellen, ob eine Störung vorliegt, weiss dann aber noch nicht, wie gross diese Störung tatsächlich ist. Um dies zu ermitteln, muss man nach einer Ferritkernprüfung, mit der die Existenz einer Störung aufgedeckt wurde, zusätzlich noch eine Kurzschlussprüfung durchführen. Das Ergebnis dieser Prüfung mit einem Kurzschluss am Ausgang des Messwiderstands $R_M$ in Bild 10.3 zeigt das volle Ausmass der Störung.

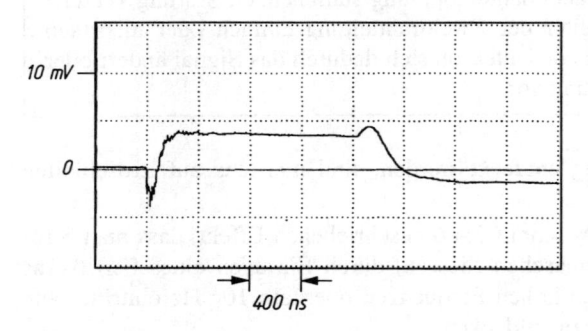

**Bild 10.3**
Das Ergebnis einer Kurzschlussprüfung der in Bild 10.2 dargestellten Messeinrichtung ohne Ferritkern.

Für die praktische Ausführung einer Ferritkernprüfung ist es von Vorteil, geteilte Kerne zu benutzen, weil man damit das zu untersuchende Kabel einfach oder mehrfach durch das Kabelfenster führen kann, ohne die Kabelverbindung vorher auftrennen zu müssen.

---

Man kann Ferritkerne nicht nur als Mittel zum Nachweis von Störungen einsetzen, sondern man kann sie natürlich auch während der Messung in der Schaltung belassen, um damit das überlagerte Störsignal zu verringern.

# 11 EMV-Probleme bei Messungen mit Spannungssonden (engl.: probes)

Um Spannungen an Bauteilen elektrischer Schaltungen zu messen, werden häufig sogenannte Spannungssonden benutzt. Sie bestehen aus einem Kopfteil, von dem aus die beiden Verbindungen zum Messobjekt abgehen, und einem mit dem Kopf fest verbundenen Koaxialkabel, das die Verbindung zum Messgerät – z.B. zu einem Oszillografen – herstellt.

Ein Pol (P1) des Messobjekts wird immer mit der Spitze der Sonde verbunden. Für den Anschluss des anderen Pols sind zwei Varianten gebräuchlich. Bei der Bauart A erfolgt die Verbindung vom zweiten Pol (P2A) des Messobjekts über einen Draht zum Kabelmantel an der Rückseite des Kopfes (Bild 11.1A). Andere Sonden verfügen zusätzlich zu dieser Verbindungsart über eine koaxiale Anschlussmöglichkeit P2B an der Spitze (Bild 11.1B). Zum Anschluss dieser koaxialen Spitzen gibt es besondere Bauelemente, die man in Schaltungen einlöten kann (Bild 11.1C) oder Verbindungsstücke, die auf der einen Seite die Spitze aufnehmen und auf der anderen Seite über einen BNC-Übergang verfügen.

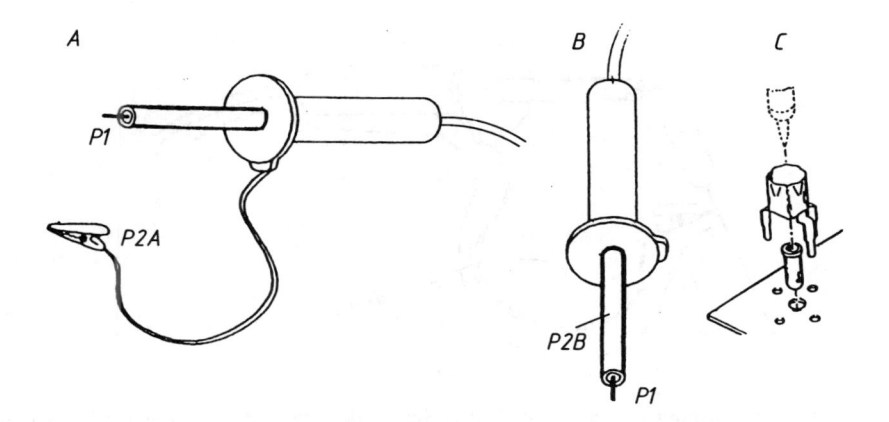

**Bild 11.1** Anschlussmöglichkeiten von Spannungssonden am Beispiel Tektronix Typ P 6205.
    A mit Spitze und Drahtanschluss
    B koaxialer Anschluss
    C Vorrichtung zum Anschluss der koaxialen Spitze B (einzulöten in eine Schaltung)

Die Messung mit einer Spannungssonde kann durch drei verschiedene Beeinflussungseffekte verfälscht werden:

**Störeffekt 1:** Das Magnetfeld des Stromes $i_1$, der durch das Messobjekt fliesst, greift mit dem Teilfluss $\Phi_{M1}$ in die Masche ein, die vom Messobjekt und den Anschlüssen zum Tastkopf gebildet wird. Dadurch wird in dieser Masche eine Störspannung induziert, die sich der zu messenden Spannung überlagert (Bild 11.2). Die physikalischen Grundlagen dieses Induktionsvorganges sind in Abschnitt 3.3 näher beschrieben.

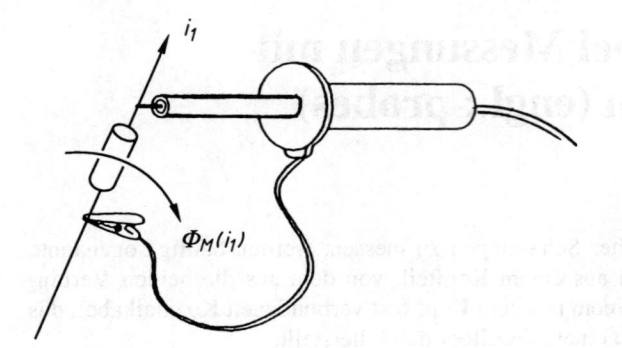

**Bild 11.2** Störung des Spannungsabgriffs durch das Magnetfeld des Stromes, der durch das Messobjekt fliesst.

Der Effekt 1 ist vor allem dann zu beachten, wenn niederohmige Messobjekte von zeitlich schnell veränderlichen Strömen durchflossen werden, weil unter diesen Umständen die hohen induzierten Störspannungen gegenüber den zu messenden niedrigen ohmschen Spannungen besonders stark ins Gewicht fallen.

**Störeffekt 2:** Durch den Mantelanschluss und den Kabelmantel fliesst – in der Regel unbeabsichtigt – ein Strom $i_2$ (Bild 11.3). Durch das Magnetfeld $\Phi_{M2}$ dieses Stromes wird eine Störspannung in der Anschlussmasche induziert.

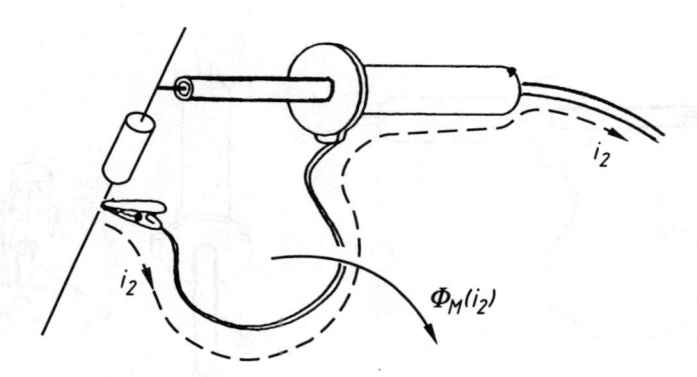

**Bild 11.3** Störung des Spannungsabgriffs durch den Strom, der durch den Sondenanschluss und den Kabelmantel der Sonde fliesst.

Der Effekt 2 ist unabhängig von der Impedanz des Messobjekts. Er kann also auch bei Messungen an hochohmigen Impedanzen auftreten.

**Störeffekt 3:** Ein Strom $i_2$, der wie in Bild 11.3 skizziert, über den Mantelanschluss durch den Mantel des Koaxialkabels der Spannungssonde fliesst, erzeugt über eine Kabelmantelkopplung eine Spannung im Innern des Kabels, die sich dem zu messenden Signal überlagert. Die Grundlagen der Kabelmantelkopplung sind in Kapitel 6 dargestellt.

Während sich die störende induzierte Spannung in der Anschlussmasche (Effekt 1 und 2) nur bei der Messung zeitlich sehr schnell veränderlicher Vorgänge bemerkbar macht, kann die Wirkung eines Stromes im Kabelmantel der Spannungssonde (Effekt 3) sowohl bei hohen als auch bei tiefen Frequenzen und sogar bei Gleichströmen auftreten.

## 11.1 Beispiel für den Störeffekt 1

Als ein Beispiel für den Störeffekt 1 kann die im vorangegangenen Kapitel beschriebene und in Bild 10.1 dargestellte Spannungsmessung an einem 50 Ω Widerstand dienen. Dort wurde die Spannung mit der Anschlussart A der Sonde (Bild 11.1) vom Messobjekt abgegriffen. Die Spannung $U_{K1}$, die mit der Kurzschlussprüfung ermittelt wurde, ist auf den Störeffekt 1 zurückzuführen.

Wie sich die Störung verringert, wenn man mit Hilfe der Anschlussart B die Messung mit einer kleinen Anschlussmasche ausführt, zeigt das folgende Beispiel.

♦ **Beispiel 11.1**

Am gleichen, von einem Impulsstrom durchflossenen 50 Ω-Widerstand, der im Beispiel 10.1 als Messobjekt diente, wird die Spannung mit Hilfe der koaxialen Spitze einer Spannungssonde abgegriffen (Anschlussart B) und zwar über einem dicht am Widerstand entlanggeführten Draht (Bild 11.4a).
Das Oszillogramm der gemessenen Spannung $U_{Mess}$ ist in Bild 11.4b wiedergegeben. Eine Kurzschlussprüfung dieser Messanordnung mit dem im Abschnitt 10.1 beschriebenen Verfahren ergibt die Spannung $U_K$ in Bild 11.4b. Die Tatsache, dass $U_K$ praktisch Null ist, bedeutet, dass der gemessenen Spannung $U_{mess}$ kein nennenswertes Störsignal überlagert ist. ♦

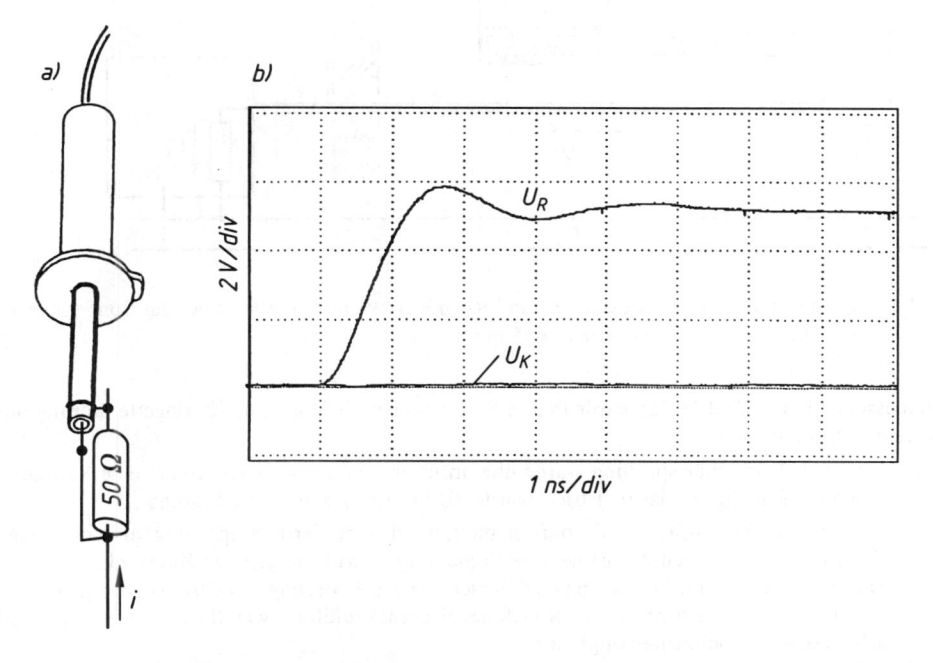

**Bild 11.4** Spannungsabgriff an einem Widerstand mit kleiner Anschlussmasche mit Hilfe einer koaxialen Sondenspitze.
$U_R$ Messergebnis
$U_K$ Ergebnis der Kurzschlussprüfung

Aus einem Vergleich der Beispiele mit grosser und kleiner Anschlussmasche kann man folgenden Schluss ziehen:

> Für Spannungsmessungen an niederohmigen Bauelementen, die von schnell veränderlichen Strömen durchflossen werden, sollte man Spannungssonden verwenden, die über koaxial ausgeführte Spitzen verfügen, und mit ihrer Hilfe möglichst kleine Anschlussmaschen aufbauen.

## 11.2 Beispiel für den Störeffekt 3

♦ **Beispiel 11.2**
In der gleichen Schaltung, die bereits in Abschnitt 10.2 zur Demonstration der Ferritkernprüfung diente, wird anstelle des Koaxialkabels eine Spannungssonde zum Abgriff der Spannung am Messwiderstand $R_M$ benutzt und zwar mit der Anschlussart A (Bild 11.5).

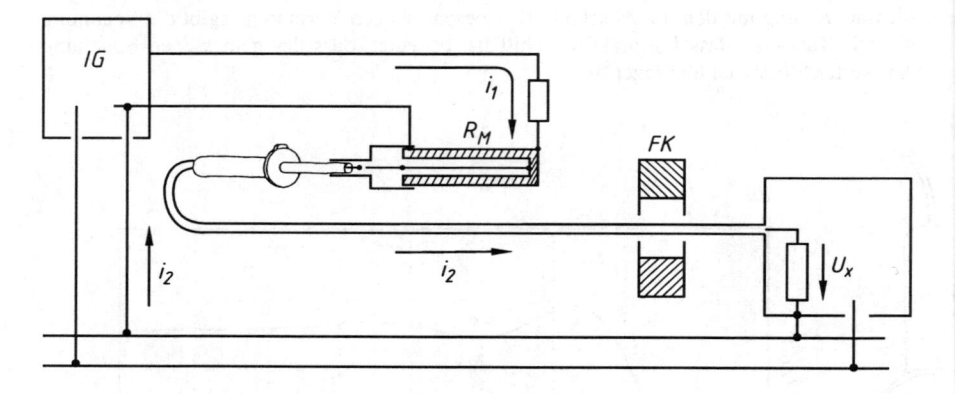

**Bild 11.5** Spannungsabgriff am Messwiderstand $R_M$ mit starkem Stromfluss über das Sondenkabel
($i_1$ = 200 mA; $i_2$ = 100 mA; $R_M$ = 55 m$\Omega$.

Das gemessene Signal (Bild 11.6a) wurde in drei Stufen im Hinblick auf eine überlagerte Störung und die Störungsursache untersucht.

Stufe 1: Mit einer Kurzschlussprüfung wurde überprüft, ob dem gemessenen Signal eine Störung überlagert ist. Das Signal, das registriert wurde, (Bild 11.6b), zeigt diese Störung.

Stufe 2: Um festzustellen, woher die Störung stammt, wurde eine Ferritkernprüfung vorgenommen. Aus der Tatsache, dass sich das gemessene Signal durch das Einfügen des Kurzschlusses stark veränderte (Bild 11.6c), konnte man schliessen, dass die Störung mindestens zu einem beträchtlichen Teil auf einen Strom im Kabelmantel zurückzuführen war (Strom im Mantel und anschliessende Kabelmantelkopplung).

Stufe 3: Um diese Vermutung zu bestätigen, wurde das Sondenkabel durch einen Schlauch aus Kupfergeflecht geführt und beidseitig mit dem Geflecht verbunden. Bei dem Geflecht handelt es sich um den abgezogenen Mantel eines Koaxialkabels. Der Sinn dieser Massnahme war, den Strom im Sondenmantel durch eine parallel angebrachte Strombahn zu verringern und mit dem Mantelstrom auch die Störung zu verkleinern.

Die Messergebnisse (Bild 11.6d und e) zeigen, dass die Störung durch diese Massnahme stark abnahm und dass sich damit die Ursache der ursprünglich gemessenen Störung bestätigte. ♦

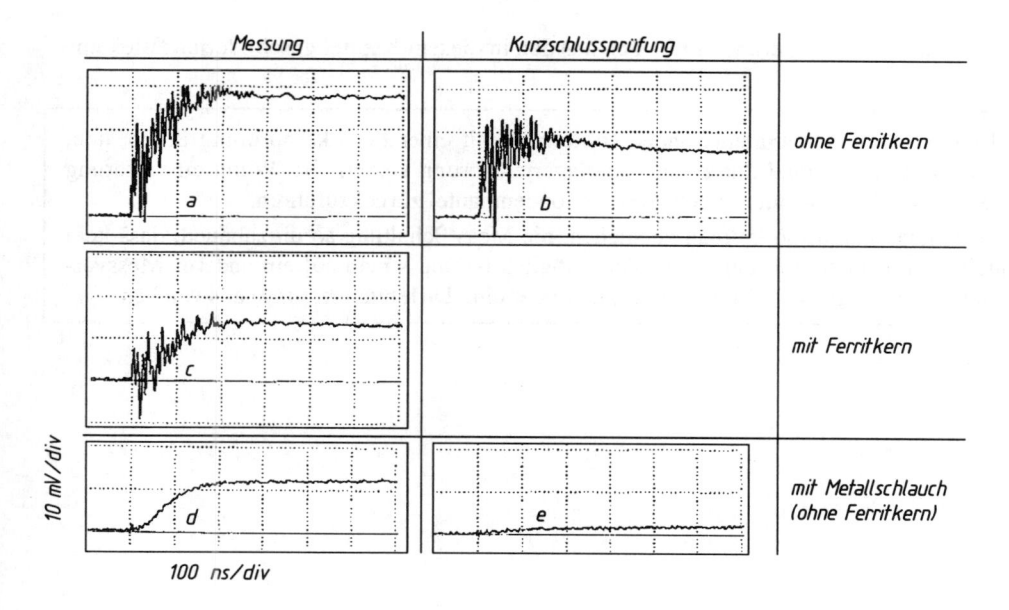

**Bild 11.6**  Spannung $U_X$ in der Schaltung Bild 11.5.

## 11.3 Beispiel für den Störeffekt 2

In Bild 11.7 sind die Ergebnisse von Spannungsmessungen mit den Sondenanschlussarten A und B gegenübergestellt. Die Spannung $U_{XB}$, die mit der koaxialen Anschlussart B gemessen wurde, zeigt die bereits im vorangegangenen Beispiel analysierte überlagerte Störung durch die Kabelmantelkopplung. Bei der Messung mit der Anschlussart A kommt, wie der Verlauf der Spannung $U_{XA}$ zeigt, noch eine weitere starke Störung hinzu, die auf den Störeffekt 2 zurückzuführen ist. In der registrierten Spannung $U_{XA}$ sind also sowohl der Störeffekt 2 als auch der Effekt 3 wirksam.

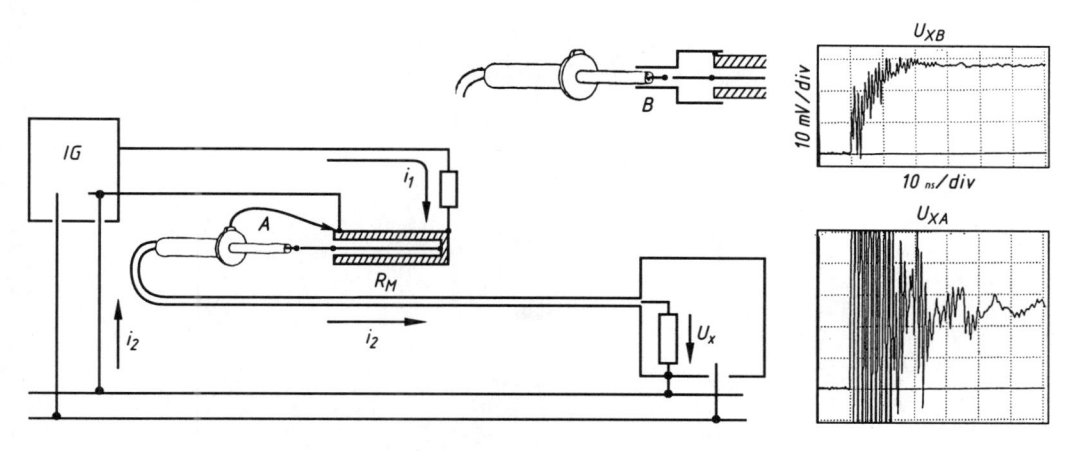

**Bild 11.7**  Vergleiche der Spannungsmessungen mit Sondenanschlüssen A und B bei starkem Stromfluss durch das Sondenkabel.

Als praktische Schlussfolgerung ergibt sich aus den in diesem Kapitel geschilderten Effekten:

> Bei Messungen mit Spannungssonden sollte man mit einer Ferritkernprüfung überprüfen, ob das registrierte Signal durch eine überlagerte Störung verzerrt ist. Wenn eine Störung festgestellt wird, ist sie auf einen Strom im Sondenmantel zurückzuführen.
>
> Als Gegenmassnahme sollte man versuchen, die Mess-Schaltung so umzubauen, dass kein Mantelstrom mehr fliesst. Falls dies nicht möglich ist, muss man auf ein anderes Messverfahren (z.B. eine optische Signalübertragung oder eine Differenzmessung) ausweichen.

# 12 EMV-gerechte Masse- und Bezugsleiterstrukturen

> Die Art und Weise, wie die Baugruppen eines Systems auf der Ebene der Masse miteinander verbunden werden, hat erfahrungsgemäss einen grossen Einfluss auf dessen innere elektromagnetische Verträglichkeit.

Zur Masse zählt man die Rückleiter der Energieversorgung, die Gehäuse (einschliesslich der mit ihnen verbundenen sonstigen Metallteile), sowie die Verbindung zwischen der Schaltung und dem Gehäuse, in dem sie sich befindet. In elektrisch unsymmetrisch ausgeführten Schaltungen gehören auch noch die Rückführungen der Signalströme zur Masse (Bild 12.1).

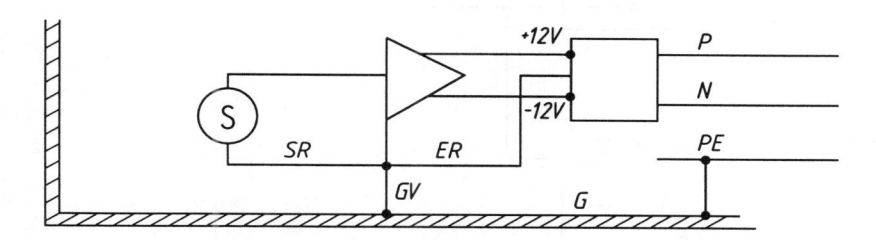

**Bild 12.1** Die an der Masse beteiligten Verbindungen.
- SR  Rückführung Signalstrom
- ER  Rückführung Energieversorgung
- GV  Verbindung Bezugsleiter - Gehäuse
- PE  Schutzleiter
- G   Gehäuse

Man darf beim Entwurf einer EMV-gerechten Massestruktur nicht davon ausgehen, dass sich die gesamte Masse auf einem Potential befindet, wie dies z.B. in der betreffenden Norm VDE 0870 angenommen wird. In ihr wird die Masse als die Gesamtheit der untereinander elektrisch leitend verbundenen Metallteile definiert, die den Ausgleich unterschiedlicher Potentiale bewirkt und ein Bezugspotential bildet. Bezugsleiter sind nach VDE 0870 die Leiter, auf deren Potential die Potentiale aller anderen Leiter bezogen werden. Diese Definitionen sind sicher sinnvoll, wenn man sie in Zusammenhang mit der Berechnung elektrischer Systeme auf der Grundlage von Ersatzschaltbildern anwendet, dabei nur die Hauptfunktionen der Schaltungen ermittelt und die Spannungen, die durch Stromfluss in der Masse entstehen, vernachlässigt. Um die Beeinflussung in einer Masse zu verstehen, darf man aber nicht, wie dies bei der Berechnung von Schaltungsfunktionen üblich ist, alle der Masse zugeordneten Leiter als widerstandslos ansehen. Man muss vielmehr den Widerstand jedes einzelnen Leiters innerhalb der Masse berücksichtigen und ebenso die Spannung, die durch den Stromfluss entsteht. Ergänzend dazu muss man sich Klarheit darüber verschaffen, wie die Ströme in den Masseabschnitten mit ihren Magnetfeldern induzierend in die Schaltung eingreifen, d.h. welche Gegeninduktivitäten zwischen den Masseleitern und der Schaltung existieren.

Aus diesem kurzen Überblick über die Enstehungsursachen von Beeinflussungen innerhalb der Masse ergibt sich:

> Die Auffassung, eine Masse befinde sich als Ganzes auf einem einheitlichen Potential (z.B. Null), ist zur Erklärung elektromagnetischer Beeinflussungen innerhalb der Masse unbrauchbar und irreführend.

Es kommt zu Beeinflussungen über Masseleiter, wenn zwei Voraussetzungen gleichzeitig erfüllt sind:

1) Es muss eine Fremdstromsituation vorliegen. Das ist z.B. der Fall, wenn ein Strom, der von einer Baugruppe A1 zu einer Baugruppe A2 fliessen muss, dies nicht nur direkt tut, sondern teilweise über eine dritte Baugruppe B fliesst, ohne dass es für die Funktion von B nötig wäre (Bild 12.2).

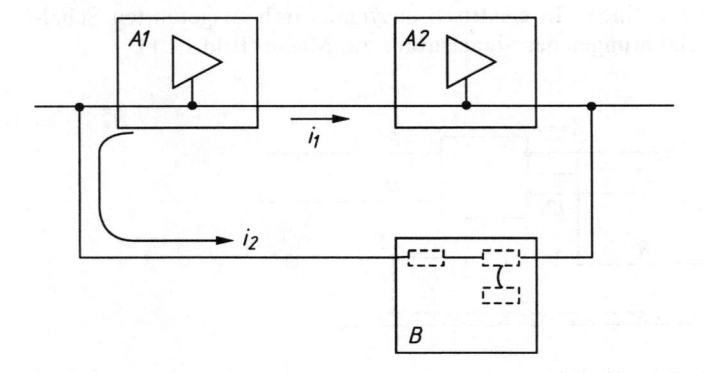

**Bild 12.2** Beispiel einer Fremdstromsituation
(von der Funktion her unnötiger Stromfluss von $A_1$ nach $A_2$ über B).

2) Die Fremdstromsituation muss sich so auswirken, dass der Fremdstrom im Systemteil B Spannungen erzeugt, die gegenüber dem Spannungsniveau, das in B herrscht, ins Gewicht fallen.

Daraus ergibt sich folgende Grundregel:

> Man muss sich beim Entwurf eines Systems zunächst für jede Baugruppe klar machen, welcher andere Systemteil für sie als Störquelle wirken könnte und dann die Stromrückführung innerhalb der Masse so gestalten, dass kein Strom von einer dieser potentiellen Störquellen durch eine empfindliche Baugruppe fliessen kann.

In Tabelle 12.1 sind einige als besonders kritisch bekannte Störquellen-Störsenken-Kombinationen zusammengestellt.

**Tabelle 12.1**

| Schaltungstyp (Störsenke) | Potentielle Störquellen |
|---|---|
| analoge Kleinsignalverarbeitung | – digitale Signalverarbeitung<br>– Logik-Schaltkreis<br>– Leistungselektronik<br>– elektrische Antriebe<br>– Hochfrequenzgeneratoren |
| digital arbeitende Schaltungen | – Leistungselektronik<br>– elektrische Antriebe<br>– Schaltungen in elektrischen Energiesystemen<br>– Hochfrequenzsender<br>(s. Beispiel 1.5) |

Weil sich hochfrequente Ströme anders ausbreiten als niederfrequente, müssen für die Stromführung innerhalb einer Masse für Systemteile, die mit höheren Frequenzen (etwa > 10 MHz) oder mit steilen Impulsen arbeiten, andere Schaltungstechniken angewendet werden als für niederfrequente Schaltungsteile.

## 12.1 Schaltungstechniken zur Trennung der Strombahnen in einer Masse bei tiefen Frequenzen

> In Schaltungen, die mit tiefen Frequenzen (< 10 MHz) arbeiten, kann man die Wege, die die Rückströme in der Masse nehmen sollen, am besten dadurch festlegen, dass man Drähte oder Leiterbahnen als Strombahnen verwendet.

Die Verwendung von Drähten und Leiterbahnen ist deshalb sinnvoll, weil sich niederfrequente Ströme an die ihnen zugewiesenen Drähte halten und nicht wie hochfrequente Ströme Nebenwege, z.B. über Streukapazitäten, einschlagen.

Flächenhafte Leiter in Form von Platten oder Gittern sind in diesem Frequenzbereich als gemeinsame Rückleitung mehrerer Ströme ungeeignet, weil sich jeder Strom, den man an einem Punkt in eine solche Fläche einspeist und an einem anderen wieder herausführt, über die ganze Fläche verteilt (Bild 12.3). Dadurch kann sich die Spannung, die von einem Strom in der Leiterfläche erzeugt wird, auf eine andere Strombahn als Beeinflussung übertragen.

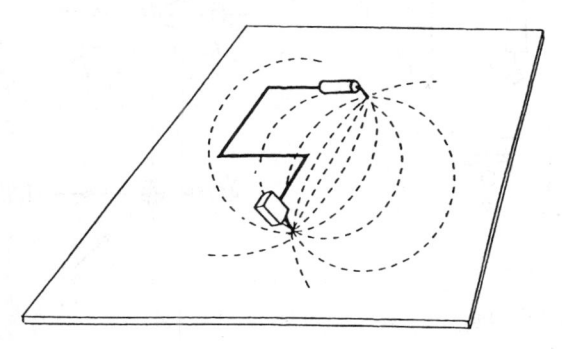

**Bild 12.3**
Räumliche Verteilung der Stromfäden bei einer Stromrückführung durch eine Platte bei tiefen Frequenzen.

> Das Prinzip, dass keine Rückströme von potentiellen Störquellen in empfindliche Systemteile gelangen dürfen, lässt sich am besten mit einer baumförmigen Anordnung von Drähten oder Leiterbahnen, innerhalb der Masse verwirklichen, in denen sich die empfindlichen Baugruppen an den Spitzen der „Baumzweige" befinden und die weniger empfindlichen weiter innen.

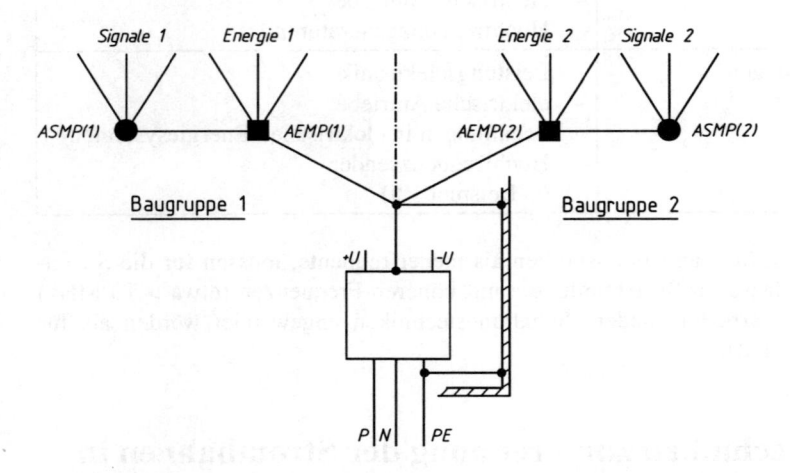

**Bild 12.4** Prinzip des baumförmigen Aufbaus der Stromrückführung in Schaltungen, die im Frequenzbereich < 10 MHz arbeiten.
A SMP Analog-Signal-Massepunkt
A EMP Analog-Energie-Massepunkt

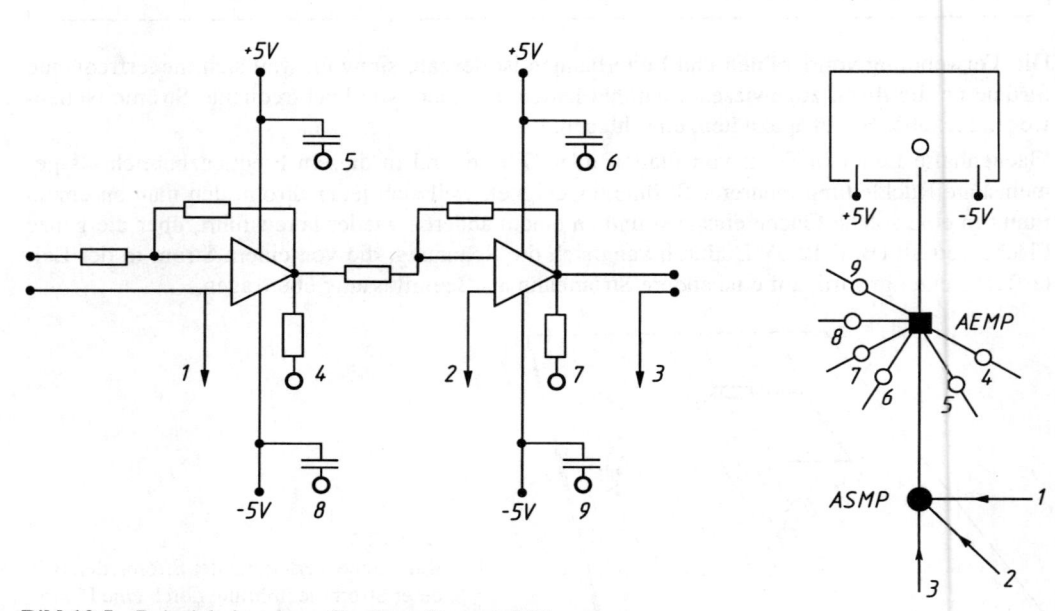

**Bild 12.5** Beispiel einer baumförmigen Stromrückführung.

## 12.1 Schaltungstechniken z. Trennung d. Strombahnen i. e. Masse bei tiefen Frequenzen 195

Für getrennte Funktionswege sollte man auch getrennte Baumzweige benutzen. In Bild 12.4 wird die Masse für das Signal 1 mit den zugehörigen Verstärkerstufen einem Zweig zugerechnet und das Signal 2 einem anderen.

In Bild 12.5 ist dargestellt, wie eine baumförmig gestaltete Massestruktur einer zweistufigen Verstärkerschaltung aussieht. Die Verzweigungspunkte für die Rückführung der Signal- und Energieversorgungsströme sind mit den Kurzbezeichnungen ASMP (Signal-Massepunkt) und AEMP (Analog-Energie-Massepunkt) markiert.

> Es ist zweckmässig, beim Entwurf von Systemen (neben dem Funktions-Schaltschema) die Struktur der Masseverbindungen wie in Bild 12.5 mit einem zusätzlichen Schema festzulegen.

Bei mehrteiligen Systemen, in denen sich Verzweigungspunkte in mehreren Zweigen befinden, sollte man auch noch die einzelnen Zweige nummerieren und den Kurzbezeichnungen für die Punkte die Zweignummern hinzufügen, z.B. ASMP-1 bzw. ASMP-2 (wie in Bild 12.4).

Für Schaltungen, die nur aus wenigen Funktionsstufen bestehen und die räumlich nicht sehr ausgedehnt sind, kann man die Stromrückführungen auch als Reihenschaltung ausführen (Bild 12.6). Man muss aber darauf achten, dass die Energieversorgung von der unempfindlichen Baugruppe her erfolgt. In Bild 12.6 ist A die Baugruppe mit dem niedrigen und B die mit dem hohen Signalpegel.

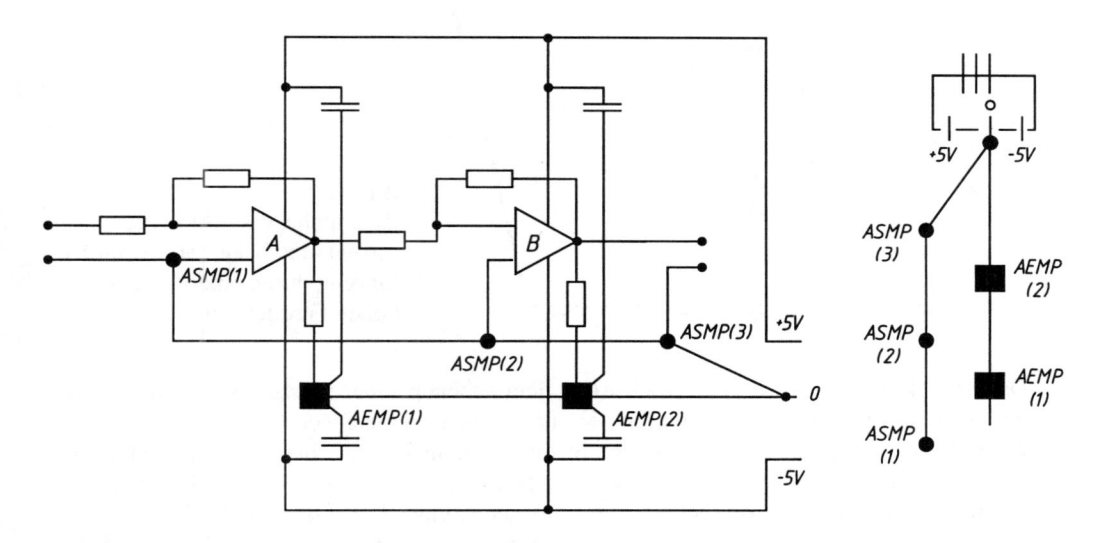

**Bild 12.6** Beispiel einer Reihenschaltung in der Stromrückführung.

## 12.2 Leiterformen und Massestrukturen für die Stromrückführungen in digitalen Schaltungen

Die Impulse, die in digitalen Schaltungen benutzt werden, haben Anstiegszeiten von etwa einer halben bis zu etwa 30 ns, je nach Bausteinfamilie. Ihre Frequenzspektren können sich bis in den GHz-Bereich erstrecken. Die Verbindungen zwischen den Bauelementen werden in der Regel als gedruckte Schaltungen ausgeführt.

> Für die Rückführung der Ströme in digitalen Schaltungen haben sich Leiter in Form von Flächen oder Gittern in mehrlagigen Leiterplatten als zweckmässig erwiesen.

Für flächenhafte Ausführung der Rückleiter gibt es drei Gründe:
- Im Gegensatz zum Erscheinungsbild bei niederfrequenten Strömen, die sich bei Einspeisung in einen flächenhaften Leiter über die ganze Fläche verteilen (Bild 12.3), konzentriert sich der Rückstrom bei hohen Frequenzen auf eine schmale Zone unterhalb des Hinstroms (Bild 12.7). Man muss deshalb keine besonderen Vorkehrungen treffen, um die einzelnen Rückströme auseinanderzuhalten, sondern sie tun dies mit ihrer Anlehnung an die getrennten Hinwege gewissermassen von selbst.

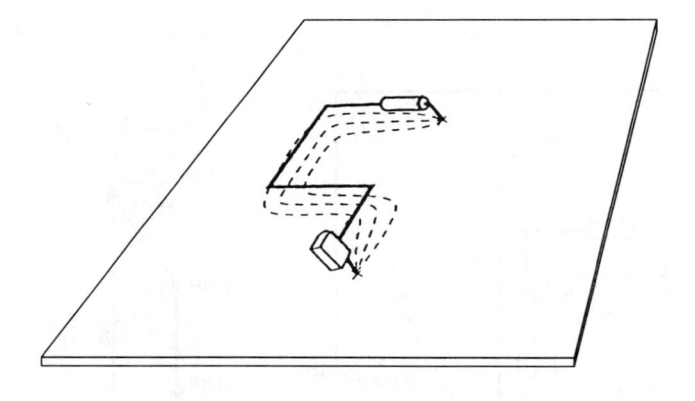

**Bild 12.7**
Räumliche Verteilung der Stromfäden bei einer Stromrückführung durch eine Platte bei hohen Frequenzen.

- Dadurch, dass jeweils Hin- und Rückstrom dicht nebeneinander fliessen, konzentrieren sich die elektrischen und magnetischen Felder nur auf eine schmale Zone längs der Strombahn. Als Folge davon ist die Abstrahlung von Strömen, die nicht über einer leitenden Fläche hin- und durch die Fläche zurückgeführt werden, geringer als bei einer Stromrückführung über Drähte. Diese Art der Stromrückführung führt neben einer Verbesserung der inneren EMV auch dazu, dass die Störstrahlung nach aussen geringer ist als mit einer verdrahteten Schaltung.
- In einer Schaltung, in der die Stromrückführung nicht über eine Leiterfläche, sondern über Drähte erfolgt, halten sich hochfrequente Ströme nur zum Teil an die in dieser Form angebotenen Strombahnen. Nach dem in Bild 12.7 skizzierten Prinzip, dass die Ströme einen Rückweg möglichst dicht am Hinweg suchen, fliessen sie über Nebenwege, die ihnen durch Streukapazitäten angeboten werden, und gefährden damit die innere elektromagnetische Verträglichkeit der Schaltung.

## 12.2 Leiterformen und Massestrukturen f. d. Stromrückführungen in digitalen Schaltungen

> Ob für die flächenförmigen Rückleitungen im Hinblick auf die innere EMV einer Schaltung Gitter benutzt werden können oder ob sie als Platten ausgeführt werden müssen, hängt von der Anstiegszeit der Impulse, d.h. von der verwendeten Logikfamilie ab [12.1].

Bei steilen Impulsen mit Anstiegszeiten < 10 ns kann die innere EMV nur mit plattenförmigen Rückleitern erreicht werden. In Schaltungen, die mit Anstiegszeiten > 10 ns arbeiten, kann man Gitter verwenden, deren Maschenfläche 10 $cm^2$ nicht übersteigen sollte.

Die Forderung nach plattenförmigen Rückleitern für Impulse mit Anstiegszeiten < 10 ns bedeutet praktisch, dass Leiterplatten mit mehr als zwei Lagen verwendet werden müssen, damit mindestens eine Lage als Platte ausgeführt werden kann. Dies betrifft folgende Logik-Familien mit folgenden Impulsanstiegszeiten:

| Logik-Familie | Anstiegszeit (ns): |
|---|---|
| 74 H | 4 |
| 74 S | 3 |
| 74 HCT | 5 |
| 74 ALS | 2 |
| 74 ACT | 2 |
| 74 F | 1,5 |
| ECL 10 k | 1,5 |
| ECL 100 k | 0,75 |
| BTL | 1 |

Gitterförmige Rückleiterstrukturen sind mit zweilagigen Leiterplatten realisierbar. Folgende Logikfamilien sind für diese Form von Rückleitung geeignet:

| Logik-Familie: | 74 L | 74 C | 4000B |
|---|---|---|---|
| Anstiegszeit (ns): | 30 | 25 | 30 |

### 12.2.1 Rückführung von Impulsströmen über Gitter mit gekreuzten Leitern für Masse und Energieversorgung in zweilagigen Leiterplatten

> Für zweilagige Leiterplatten hat sich eine Form der Stromführung bewährt, die aus einer Überkreuzung von Masseleitern auf der einen Seite und spannungsführenden Leitern auf der anderen Seite der Leiterplatten gebildet wird.

Die Anordnung wird im Englischen als `cross-hatched ground plane` bezeichnet.
Sie besteht aus drei Teilen:

1. Einer Masse, die kammförmig aufgebaut ist und die sich auf einer Seite der Leiterplatte befindet (Bild 12.8).
2. Den Leitungen, mit denen die Speisespannung an die Logikbausteine herangeführt wird. Diese Leitungen sind ebenfalls kammförmig aufgebaut und um 90 Grad gegenüber dem Masse-Kamm verdreht auf der anderen Seite der Leiterplatte angebracht.
3. Kondensatoren mit niedriger Eigeninduktivität, die mit möglichst kurzen Verbindungen an den Kreuzungspunkten der Masseleitungen mit den spannungsführenden Leitungen angebracht sind.

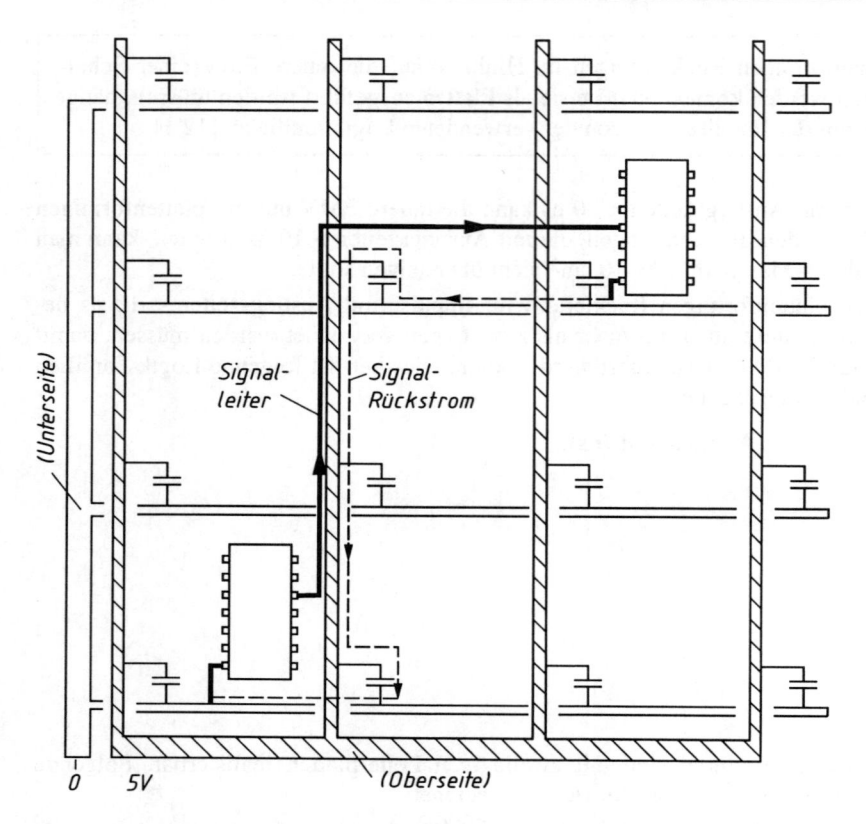

**Bild 12.8** Gekreuzte Leiter-Kämme für die Masse auf der einen und die Spannungszuführung auf der anderen Seite einer zweilagigen Leiterplatte [12.1].

Der Abstand zwischen Masse- bzw. Spannungsleitern sollte so gewählt werden, dass die rechteckigen „Fenster" keine grössere Fläche als 10 cm² einnehmen. Zwischen den Masseleitern auf der einen und den spannungsführenden Leitern auf der anderen Seite bleibt in der Regel genügend Raum, um Logikbausteine unterzubringen und Signalleitungen zu verlegen.
Durch die für hochfrequente Ströme wirksame Verbindung durch niederinduktive Kondensatoren zwischen den beiden Leiterkämmen an den Kreuzungspunkten entsteht für die Impulsströme ein Gitter, das den Rückströmen erlaubt, teils durch die Masseleiter und teils durch die spannungsführenden Leiter zu fliessen, so, wie es in Bild 12.8 angedeutet ist.

## 12.2.2 Rückführung der Impulsströme über Gitter mit parallelen Leiterkämmen in zweilagigen Leiterplatten

Bild 12.9 zeigt eine Anordnung mit kammförmigen Masseleitern auf der einen Seite einer zweilagigen Leiterplatte und einem ebenfalls kammförmigen spannungsführenden Leiter auf der anderen Seite. Die beiden Kämme sind aber nicht, wie im vorhergehenden Abschnitt beschrieben, gekreuzt, sondern parallel zueinander angeordnet. Masseleiter und spannungsführende Leiter sind in kurzen Abständen über niederinduktive Kondensatoren miteinander verbunden.

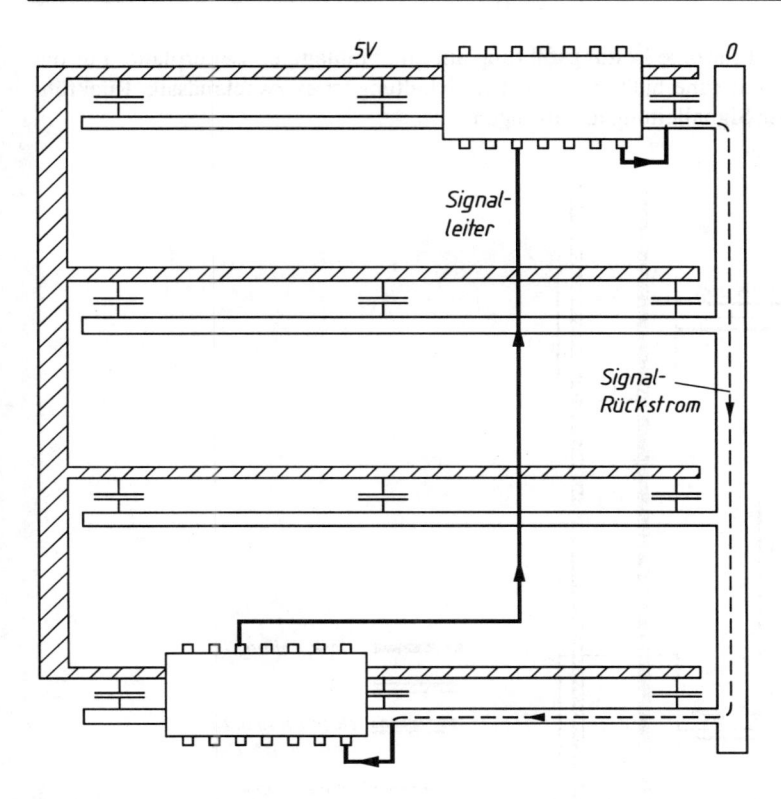

**Bild 12.9** Parallel zueinander verzahnte Leiter-Kämme für die Masse auf der einen und die Spannungszuführung auf der anderen Seite einer zweilagigen Leiterplatte [12.1].

---

Rückführungen mit parallel angeordneten Leitern für die Masse- und die Spannungszuführung sind sowohl im Hinblick auf die innere EMV der Schaltung als auch auf die Abstrahlung nach aussen wesentlich ungünstiger als gekreuzte Leiterkämme.

---

Das ungünstigere Abstrahlungsverhalten liegt darin begründet, dass die Rückströme nicht dicht am Hinstrom zurückfliessen können, sondern sich Wege aussen herum über die Basen der Leiterkämme suchen müssen. Dadurch entstehen erstens große Schleifen, die die Felder stärker in den Raum hinaustragen, und zweitens müssen alle Rückströme ähnliche Wege benutzen, was zu Beeinflussungen innerhalb der Schaltung führt.

### 12.2.3 Rückführung von Impulsströmen in einlagigen Leiterplatten

---

Das einzige Mittel, Impulsströme einschliesslich ihrer Rückströme auf einlagigen Leiterplatten auf vorbestimmten geordneten Bahnen zu halten und die Verbreitung von Feldern nach aussen zu begrenzen, besteht darin, die Leiter für Hin- und Rückführung jedes Stromes dicht zusammenzulegen.

Bild 12.10 zeigt ein Beispiel für eine Leitungsführung auf einer einlagigen Leiterplatte. Für die Übertragung der clock-Signale innerhalb einer solchen Schaltung ist es zweckmässig, Rückführungen an beiden Seiten der Signalleitung anzubringen.

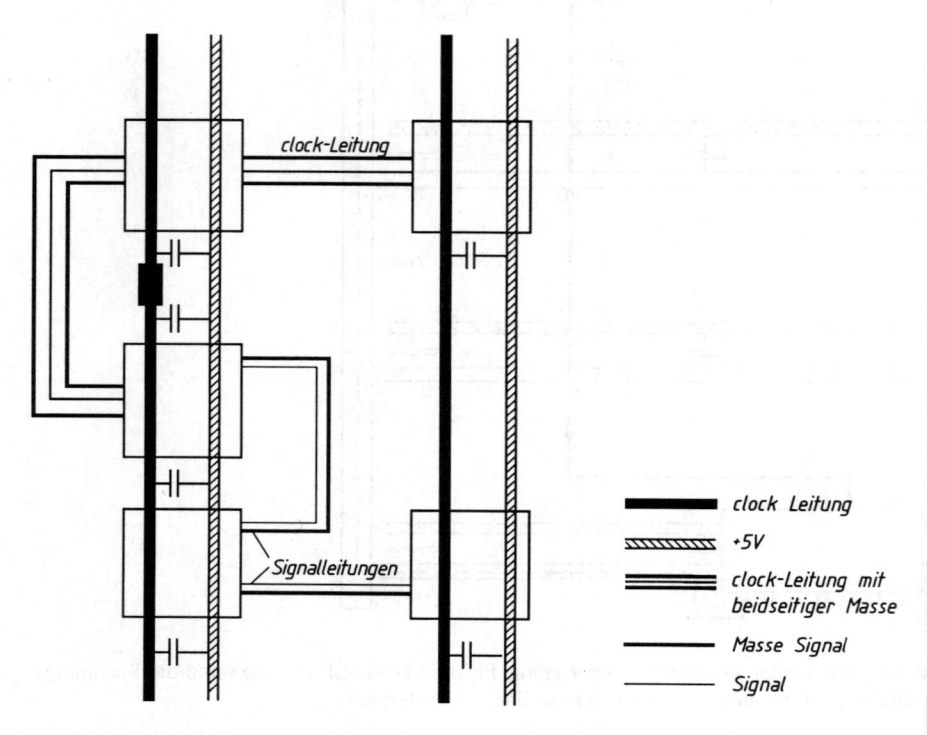

**Bild 12.10**  Beispiel einer Leitungsführung auf einer einlagigen Leiterplatte [12.1].

## 12.3  Stromrückführung in Geräten mit analogen Signaleingängen und digitaler Signalverarbeitung

> Bei gemischt analog-digitalen Systemen muss man neben der Trennung der Rückwege für die Signalströme und der Energieversorgung darauf achten, dass die Verschiebungsströme, die durch das elektrische Feld des Digitalteils fliessen, nicht in den Analogteil gelangen.

Um dies zu erreichen, müssen zwei Massnahmen getroffen werden:
- Die Rückführungen der Signal- und Energieversorgungsströme müssen mit dem Gehäuse verbunden werden. Falls dies nicht geschieht, beeinflussen die schnell veränderlichen Felder des Digitalteils mit ihrem Verschiebungsstrom den analogen Schaltungsteil (s. Abschnitt 4.6).
- Um eine direkte Rückführung der Verschiebungsströme zu ihrer Quelle, dem Digitalteil, zu gewährleisten, sollten der Analogteil und der Digitalteil mit einem Punkt des Gehäuses verbunden werden, der möglichst direkt am Digitalteil liegt (Bild 12.11).

## 12.3 Stromrückführung in Geräten mit analoger und digitaler Signalverarbeitung

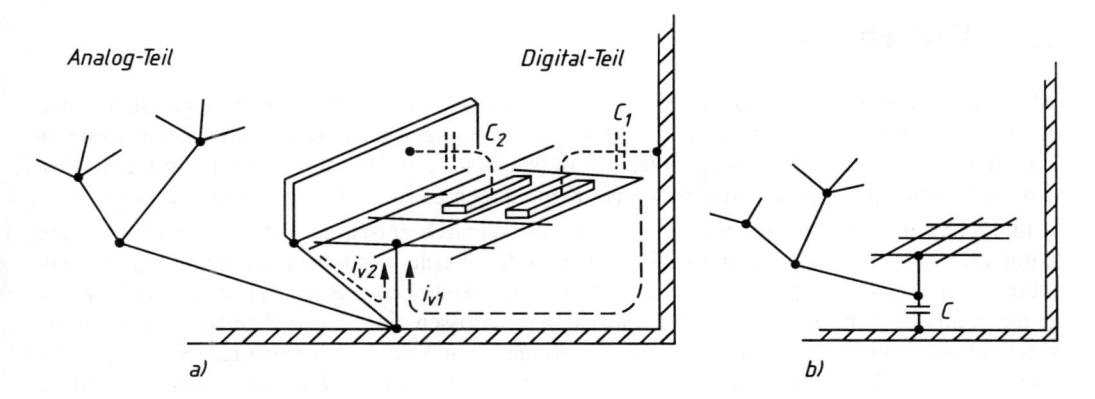

**Bild 12.11** Aufbau der Masseverbindungen in einer gemischt analog-digitalen Schaltung mit Rückführung des Verschiebungsstroms $i_v$ zum Digitalteil.
a) direkte Rückführung    b) Rückführung über Kapazität C

Die Nähe zum Digitalteil ist notwendig, damit der hochfrequente Verschiebungsstrom durch eine möglichst kurze Verbindung zurückfliessen und dadurch kein ausgedehntes störendes Magnetfeld entwickeln kann.

Auch der Nullpunkt des Netzgerätes ist mit diesem gemeinsamen Verbindungspunkt von Gehäuse, Analogmasse und Digitalmasse zu verbinden.

Mitunter ist es zum Schutz sehr empfindlicher analoger Schaltungen notwendig, zwischen Analog- und Digitalteil eine Metallwand als Abschirmung anzubringen, wie in Bild 12.11a skizziert.

Das Prinzip zur Verbindung von Analog- und Digitalteil auf dem Niveau der Masse lautet also:

> Die Masse des Analogteils, die Masse des Digitalteils und evtl. vorhandene Abschirmungen zwischen beiden Teilen sind sternförmig mit dem Gehäuse an einem Punkt zu verbinden, der sich möglichst dicht am Digitalteil befindet.

Es gibt Situationen, in denen es aus funktionalen Gründen notwendig oder sinnvoll ist, die Schaltung galvanisch nicht mit dem umgebenden Gehäuse zu verbinden. Damit trotzdem die vom Digitalteil ausgehenden Verschiebungsströme auf möglichst kurzem Wege zu ihrer Quelle zurückfliessen können, muss eine Verbindung zwischen der Schaltungsmasse und dem Gehäuse über einen Kondensator hergestellt werden (Bild 12.11b), der eine möglichst niedrige Eigeninduktivität aufweisen sollte. Es haben sich in diesem Zusammenhang Kapazitätswerte von ein bis zehn Mikrofarad bewährt.

## 12.4 Erdschleifen

Als Erdschleifen werden Maschen innerhalb der Masse eines Systems oder eines Gerätes bezeichnet, die neben den zur Masse zählenden Verbindungen oder Metallteilen keine weiteren Bauelemente enthalten. Man muss solche Maschen besonders beachten, weil die in ihnen fliessenden Ströme über ohmsche und induktive Kopplungen zu Beeinflussungen führen können.
Bild 12.12 zeigt als Beispiel eine Erdschleife, die dadurch entstanden ist, dass einerseits zwei räumlich weit voneinander entfernte Baugruppen durch eine unsymmetrisch betriebene Signalleitung miteinander verbunden sind, und dass andererseits beide Baugruppen aus Sicherheitsgründen an den Schutzleiter (PE) des Netzes angeschlossen sind. Diese Schutzleiterverbindungen sind notwendig, weil beide Systemteile getrennt vom Netz gespeist werden. Ein Strom, der über den Schutzleiter PE in das System eintritt und es wieder verlässt, fliesst dabei zu einem Teil über den Masseleiter der Signalleitung und beeinflusst die Signalübertragung über eine ohmsche oder induktive Kopplung.

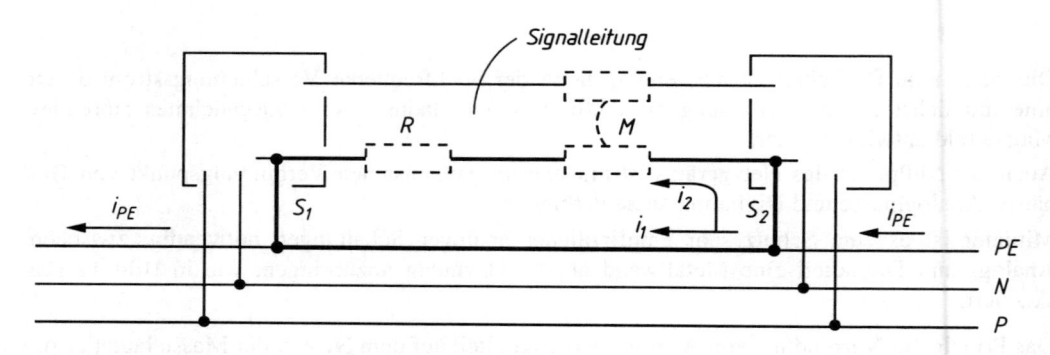

**Bild 12.12** Zwangsläufige Erdschleifenbildung durch Signalrückleitung, Schutzleiter und Verbindungen zum Schutzleiter.

---

Zur Beseitigung von Beeinflussungen über Erdschleifen gibt es grundsätzlich drei Möglichkeiten:
1. Auftrennung der Schleife, wenn die Schleifenbildung für die Funktion der Schaltung nicht notwendig ist.
2. Wahl eines Übertragungsverfahrens für die Signale, durch das die Erdschleife unterbrochen wird (z.B. optische Übertragung oder Signalverarbeitung mit Differenzverstärkern).
3. Wenn die Erdschleife funktional notwendig und der störende Erdschleifenstrom hochfrequenter Natur ist, kann man die Störung durch einen Ferritkern abschwächen.

---

Welche der drei Varianten in einer konkreten Situation anzuwenden ist, hängt davon an, ob eine einfache Auftrennung möglich ist, ob eine Abschwächung schon zu einem hinreichenden Ergebnis führt oder ob nur die Möglichkeit übrig bleibt, ein nichtgalvanisches Übertragungsverfahren zu wählen.

## 12.4 Erdschleifen

### 12.4.1 Die Entstehung von Erdschleifen

Erdschleifen können aus vier verschiedenen Gründen entstehen:

**Entstehungsursache 1:**
Die Bezugsleiter von Baugruppen innerhalb eines Systems werden ringförmig miteinander verbunden, ohne dass dies für die Funktion der Schaltung notwendig wäre.
In Bild 12.2 fliesst der Strom nicht nur, wie von der Funktion gefordert, direkt von $A_1$ nach $A_2$, sondern auch mit dem Teilstrom $i_2$ über die Erdschleife durch die Baugruppe B und verursacht dort möglicherweise über ohmsche oder induktive Kopplungen Störungen.

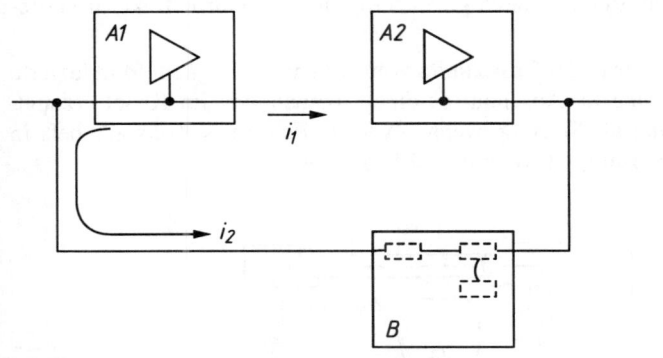

**Bild 12.2** Beispiel einer Fremdstromsituation.
(Von der Funktion her unnötiger Stromfluss von $A_1$ nach $A_2$ über $B$)

> Erdschleifen, die durch ringförmige Verbindungen zwischen Bezugsleiterabschnitten von Baugruppen entstehen, die für die Funktion des Systems nicht notwendig sind, sollten vermieden oder – falls vorhanden – aufgetrennt werden.

**Entstehungsursache 2:**
In einem System finden drahtgebundene Signalübertragungen von einer Baugruppe A zu zwei Baugruppen B und C statt und gleichzeitig gibt es noch eine Signalverbindung von B nach C (Bild 12.13).

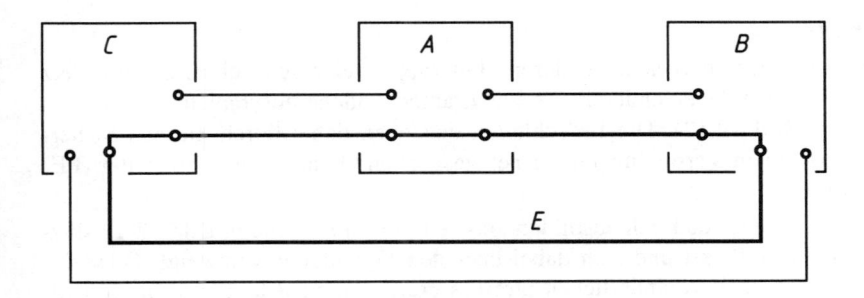

**Bild 12.13** Zwangsläufige Erdschleifenbildung durch mehrfache Signalverbindungen.

Wenn in einer solchen Konstellation Beeinflussungen auftreten, weil z.B. ein Strom, der von A nach B fliessen soll, teilweise auch über die Verbindung zwischen A und C fliesst, kann man diese für die Funktion des Systems notwendigen Verbindungen nicht einfach an einer Stelle auftrennen. Um die Situatuion zu verbessern, gibt es nur die Möglichkeit, eine andere Form der Signalübertragung zu wählen oder die Störung mit Ferritkernen abzuschwächen.

**Entstehungsursache 3:**

Eine Schaltungsmasche, in die ein schnell veränderliches Magnetfeld störend eingreift (Bild 12.14a), wird durch Anbringen einer Kurzschlussmasche gegen dieses Feld abgeschirmt (Bild 12.14b). Die Kurzschlussmasche, die aus dem leitenden Mantel eines Kabels und dessen beidseitiger Verbindung zur Masche besteht, ist also eine absichtlich angebrachte Erdschleife. Man kann deshalb diese Schleife nicht auftrennen, ohne gleichzeitig den Abschirmeffekt zu verlieren.

Ein Nebeneffekt besteht darin, dass der in der Erdschleife vom störenden Magnetfeld induzierte Strom über eine Kabelmantelkopplung (s. Abschnitt 6) eine Störspannung im Kabel erzeugt. Diese Spannung wirkt aber nur dann als Störung, wenn – wie im Fall eines Koaxialkabels in Bild 12.14b – der Kabelmantel gleichzeitig als Signalleiter benützt wird.

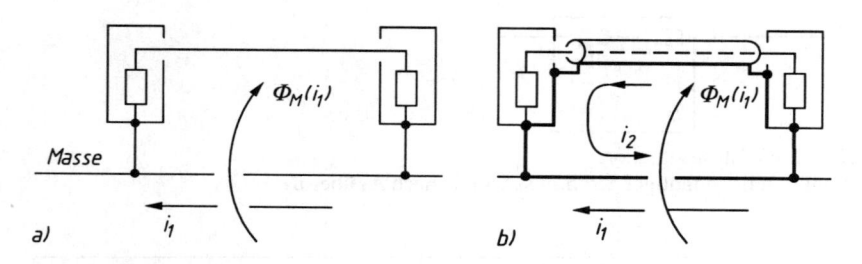

**Bild 12.14** Absichtliche Erdschleifenbildung durch Abschirmung gegen ein schnell veränderliches Magnetfeld.
    a) gestörte Masche      b) mit Kurzschlussmasche (Erdschleife) abgeschirmte Masche

Wenn der Nebeneffekt gegenüber dem zu übertragenden Signal ins Gewicht fällt, kann man – wie in Abschnitt 12.4.2 erläutert wird – $i_2$ und damit die Störung mit Hilfe eines Ferritkerns verringern. Falls diese Massnahme nicht ausreicht, muss man die Art der Signalübertragung verändern und eine der in Abschnitt 12.4.3 vorgeschlagenen Varianten wählen.

**Entstehungsursache 4:**

Erdschleifen bilden sich auch in Systemen, deren Baugruppen einerseits einzeln vom Netz gespeist werden und zwischen denen andererseits eine drahtgebundene unsymmetrische Signalübertragung stattfindet (Bild 12.12). Die Erdschleifen entstehen dabei durch die aus Sicherheitsgründen vorgeschriebenen Verbindungen der netzgespeisten Geräte zum Schutzleiter (PE) des Netzes oder zur Erde.

Störungen können sich entweder dadurch ausbilden, dass ein Strom $i_{PE}$, wie in Bild 12.12 skizziert, durch den Schutzleiter fliesst und sich dabei über den Signalleiter verzweigt. Oder das Magnetfeld eines zeitlich schnell veränderlichen Stromes greift, wie in Bild 12.15, in die Erdschleife ein und induziert in ihr einen Strom $i_2$.

## 12.4 Erdschleifen

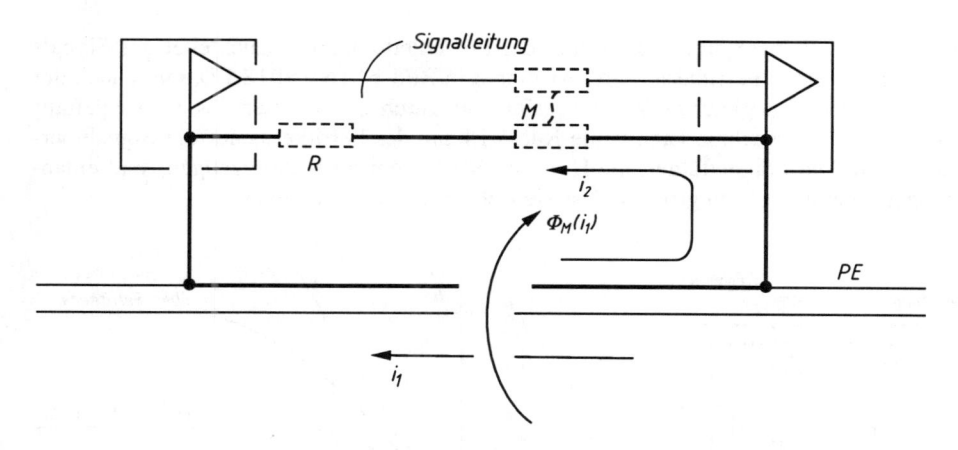

**Bild 12.15** Induktion eines Stromes $i_2$ durch das Magnetfeld eines benachbarten Stroms (Erdschleifenentstehung durch Schutzleiterverbindung).

Weil man mit Rücksicht auf die Sicherheitsvorschriften eine Erdschleife nicht dadurch auftrennen kann, dass man die Verbindungen zu den Schutzleitern unterbricht, bleiben – falls Störungen durch einen Erdschleifenstrom auftreten – nur zwei Möglichkeiten:
– Abschwächung des Erdschleifenstroms mit Ferritkernen oder
– Wahl einer anderen Art der Signalübertragung (z.B. optisch).

Im folgenden Abschnitt werden zunächst die Randbedingungen für die Abschwächung mit Ferritkernen beschrieben und anschliessend die alternativen Übertragungsverfahren.

### 12.4.2 Abschwächung von hochfrequenten Erdschleifen-Beeinflussungen durch Ferritkerne

Die störende Wirkung einer Erdschleife geht von dem Strom aus, der in ihr fliesst. Wenn es gelingt, diesen Strom zu verringern, geht auch die Störung zurück. In Abschnitt 3.4 wurde gezeigt, dass die Amplitude des Stromes $i_2$, der durch das Magnetfeld eines hochfrequenten Stromes $i_1$ in einer benachbarten Kurzschlussmasche induziert wird, durch die Gleichung

$$i_2 = \frac{M}{L_2} i_1 \qquad (12.1)$$

beschrieben wird. $M$ ist die Gegeninduktivität zwischen der Strombahn $i_1$ und der Kurzschlussmasche und $L_2$ deren Eigeninduktivität. Diese Gesetzmässigkeit gilt für jede Kurzschlussmasche innerhalb einer Masse, d.h. für jede Erdschleife.

Um den störenden Strom $i_2$ in einer Erdschleife zu verringern, muss man der obigen Gleichung zufolge entweder M verkleinern oder $L_2$ vergrössern oder beides tun. $M$ kann man verkleinern, indem man den Abstand zwischen der Strombahn $i_1$ und der Erdschleife vergrössert.

Die Eigeninduktivität $L_2$ einer Erdschleife kann man vergrössern und damit den störenden Erdschleifenstrom verringern, wenn man die Schleife an irgendeiner Stelle durch einen Ferritkern führt. Zur Vergrösserung der Eigeninduktivität der Erdschleife sind alle mit 1, 2 und 3 in Bild 12.16a bezeichneten Stellen gleichwertig.

Wenn man eine Signalleitung, in der der Leiter der Erdschleife und der Rückleiter des Signals identisch sind, durch einen Ferritkern führt (Position 3 in Bild 12.16 und 12.17), muss auch der Hin-Leiter des Signals im gleichen Windungssinn mit durch das Fenster des Kerns geführt werden. Durch diese Massnahme kann keine Rückwirkung des Ferritkerns auf die Signalübertragung stattfinden. Die Magnetfelder, die Hin- und Rückstrom im Kern erzeugen, sind einander entgegengerichtet und gleich gross, sodass sie sich gegenseitig aufheben.

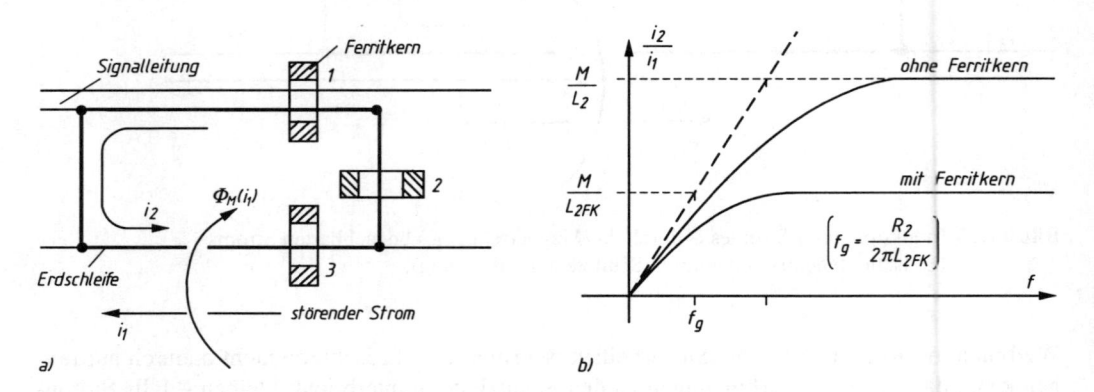

**Bild 12.16** Reduktion des Erdschleifenstroms durch Ferritkerne in einer von der störenden Strombahn getrennten Erdschleife.
a) Positionen, an denen der Ferritkern angebracht werden kann
b) Frequenzgang des Erdschleifenstroms

In Bild 12.16b ist dargestellt, wie sich das Einfügen einer Ferritkerns auf die Reduktion des Erdschleifenstroms $i_2$ in Abhängigkeit von der Frequenz des Störstroms $i_1$ auswirkt. Für die Darstellung wurde angenommen, dass sich die Eigeninduktivität der Erdschleife vom Wert $L_2$ ohne Ferritkern auf einen Wert $L_{2FK}$ mit Kern erhöht. Das Bild zeigt auch, dass die Reduktion von $i_2$ erst oberhalb der Grenzfrequenz $f_g$ nennenswerte Ausmasse annimmt. Die Frequenz $f_g$ liegt in der Praxis meistens im kHz-Bereich.

Es gibt Situationen, in denen die Erdschleife und die störende Strombahn nicht galvanisch voneinander getrennt sind und ein Teil der Strombahn zur Erdschleife gehört. Dies ist z.B. in der in Bild 12.12 skizzierten Anordnung der Fall, in der die Störung vom Strom $i_{PE}$ ausgeht.

Die Stromverteilung in einer solchen Anordnung wird, genauso wie in der galvanisch getrennten Erdschleife, bei hohen Frequenzen nicht von den ohmschen Widerständen, sondern den Induktionsvorgängen bestimmt. In der Erdschleife wird ein Kreisstrom $i_2$ induziert, der durch die Gleichung (12.1) beschrieben wird. Im oberen Teil der Schleife fliesst nur $i_2$ und im unteren die Differenz $i_1 - i_2$. Zur Beschreibung des Induktionsvorgangs, der von $i_1$ ausgeht und auf die Erdschleife einwirkt, ist, wie dies auch die Gleichung (12.1) ausdrückt, die Gegeninduktivität $M$ zwischen Leiter und Erdschleife verantwortlich und nicht die Eigeninduktivität des Leiters, der $i_1$ führt (s. Abschnitt 3.3).

Man kann auch in solchen Erdschleifen Ferritkerne zur Abschwächung einsetzen. Aber man darf dies nur in den Bereichen tun, die allein vom induzierten Strom $i_2$ und nicht auch noch vom störenden Strom $i_1$ durchflossen werden. In Bild 12.17 sind dies z.B. die Positionen 1 und 2. Wenn man einen Ferritkern auch in Position 3 anbringen würde, hätte dies zur Folge, dass nicht nur die Eigeninduktivität der Erdschleife, sondern auch die Gegeninduktivität $M$ zwischen Strombahn und Erdschleife vergrössert würde. Weil beide sich in gleichem Mass verändern, wäre ein Ferritkern an dieser Stelle wirkungslos.

## 12.4 Erdschleifen

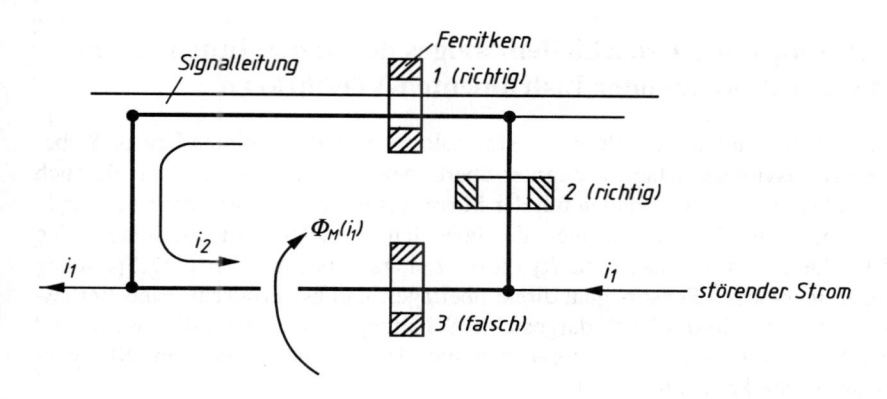

**Bild 12.17** Richtige (1), (2), und falsche (3) Positionen von Ferritkernen in Erdschleifen, die vom störenden Strom direkt durchflossen werden.

Wie sich eine Beeinflussung durch das Anbringen eines Ferritkerns verändert, erkennt man in den Beispielen 10.2, 11.2 und 3.8.

Bild 12.18 zeigt, an welchen Stellen in einem System, das aus drei Baugruppen besteht, Ferritkerne (FK) zur Entlastung der Erdschleifen eingesetzt werden können. Jede Baugruppe besteht aus einem Elektronikteil und einem Netzteil. Die beiden Erdschleifen, die sich über die Signalrückleiter und die Schutzleiter des Netzes bilden, werden sowohl mit Kernen über der Signalleitung (Position 1 in Bild 12.17) als auch mit Kernen über der Netzzuführung (Position 2 in Bild 12.17) abgeschwächt. Die Ferritkerne wirken sowohl gegen Störungen, die nach dem Modell von Bild 12.17 von einem hochfrequenten Strom im PE-Leiter ausgehen als auch gegen Störungen durch das Magnetfeld benachbarter Ströme, entsprechend dem Modell 12.16.

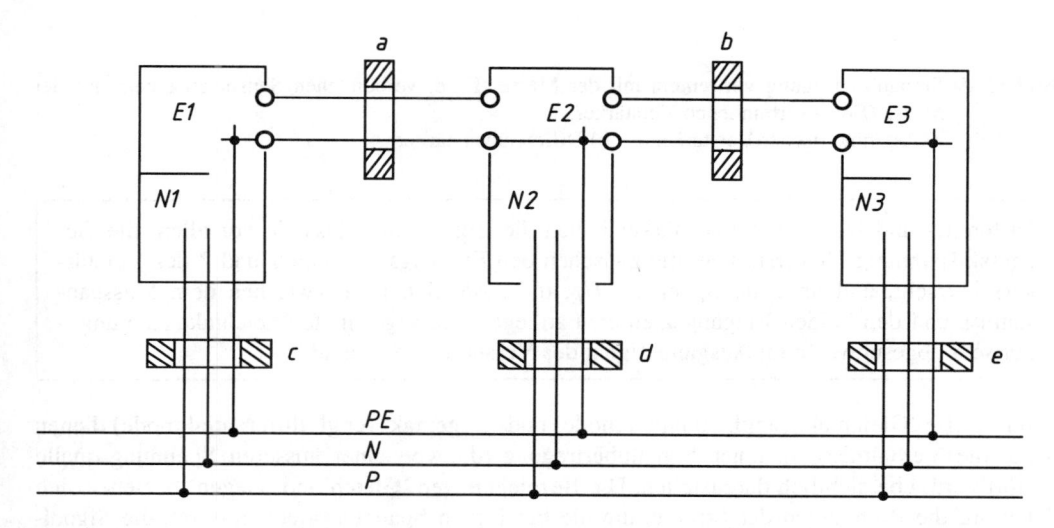

**Bild 12.18** Ferritkernpositionen zur Abschwächung von Erdschleifenströmen in den Signalleitungen (a, b) und den Netzleitungen (c, d, e) in einem System mit den vom Netz gespeisten Baugruppen.
N: Netzteil    E: Elektronikteil

### 12.4.3 Auftrennung eines Erdschleifenzweiges durch den Innenwiderstand von Differenz- oder Instrumenten-Verstärkern

In Bild 12.19 ist eine Schaltung dargestellt, in der ein analoges Signal von einem Sensor $S$ über eine Leitung zu einem asymmetrischen Verstärker übertragen wird. Sowohl Sensor als auch Verstärker sind aus übergeordneten Gründen mit der Masse verbunden, sodass eine Erdschleife entsteht. Dadurch nimmt ein Teil des Stromes, der über den Masseleiter fliesst, seinen Weg über den Signal-Rückleiter. Am Widerstand $R_1$ dieses Leiters entsteht dabei eine Spannung $U_{R1}$, die sich dem zu messenden Sensorsignal direkt überlagert und es verfälscht. Eine Verbesserung ergibt sich mit der in Bild 12.19b dargestellte Schaltung, in der ebenfalls Sensor und Verstärker mit der Masse verbunden sind, in der aber statt des asymmetrischen ein Differenz- oder ein Instrumentenverstärker benützt wird.

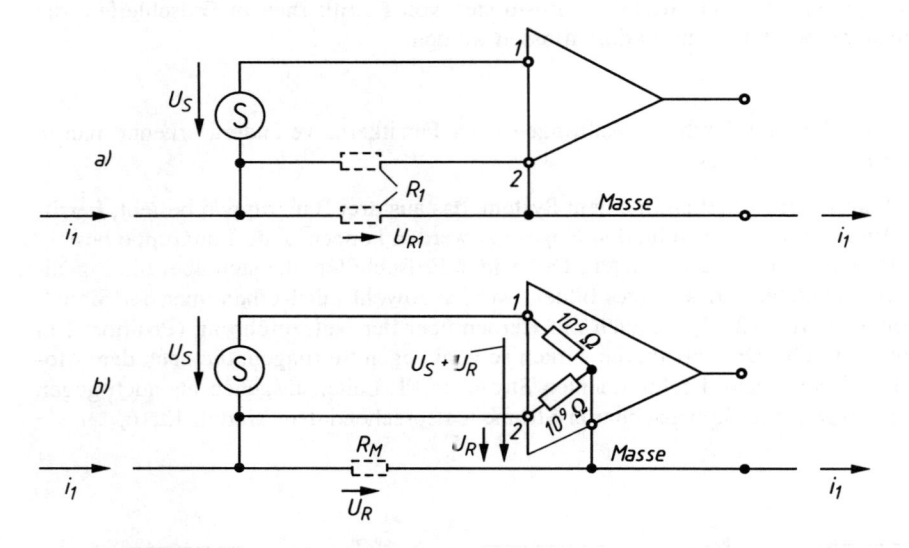

**Bild 12.19** Signalübertragung von einem mit der Masse (Erde) verbundenen Sensor zu einem mit der Masse (Erde) verbundenen Verstärker.
a) Asymmetrischer Verstärker    b) Differenzverstärker

---

Differenz- und Instrumentenverstärker haben die Eigenschaft, dass sie vor allem die Gegentaktspannung $U_S$ verstärken, die zwischen den Eingangsklemmen 1 und 2 des Verstärkers herrscht, und dass die Spannung $U_R$, die zusätzlich noch zwischen dem Masseanschluss und den beiden Eingangsklemmen anliegt – die sogenannte Gleichtaktspannung – nur sehr abgeschwächt im Ausgangssignal des Verstärkers erscheint.

---

Die Begriffe `Gleichtakt`(engl. common mode) und `Gegentakt`(engl. differential mode) dienen dazu, die Verhältnisse in einer Signalübertragung, die von einer äusseren Spannungsquelle gestört wird, übersichtlich darzustellen. Die Bezeichnungen `Gleich`und `Gegen` beziehen sich dabei auf die Richtungen der Ströme, die die beteiligten Spannungsquellen durch die Signalleitung treiben. In Bild 12.20 ist erkennbar, dass die Signalquelle $U_S$ eine Gegentaktquelle ist, weil die von ihr verursachten Ströme in der Signalleitung im Gegentakt, d.h. in einem Leiter hin- und im anderen zurückfliessen.

## 12.4 Erdschleifen

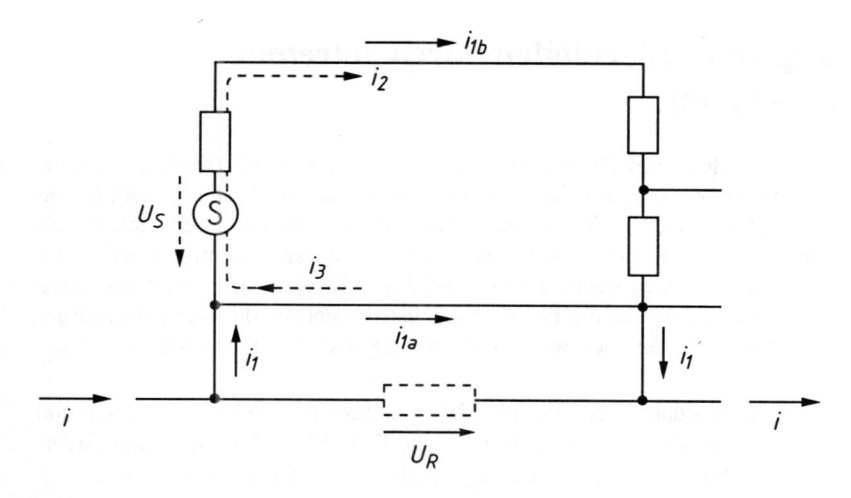

**Bild 12.20** Gleichtaktströme ($i_{1a}$, $i_{1b}$) und Gegentaktströme ($i_2$, $i_3$) in einem Dreileitersystem mit zwei Spannungsquellen.

Die störende Spannungsquelle ist die Spannung $U_R$, die der Strom $i_1$ in dem Abschnitt der Masseleitung erzeugt. Sie ist eine Gleichtaktquelle, weil sie die Ströme $i_{1a}$ und $i_{1b}$ in der gleichen Richtung durch die Signalleiter fliessen lässt.

Die Fähigkeit von Differenzverstärkern, störende Gleichtaktspannungen zu unterdrücken – in Bild 12.19 ist das die Spannung $U_R$ – wird durch die sogenannte Gleichtaktunterdrückung (engl. commen mode rejection CMR) beschrieben.

$$\text{CMR} = \frac{\text{Spannungsverstärkung für Differenzsignale}}{\text{Spannungsverstärkung für Gleichtaktsignale}}$$

*Typische CMR-Werte sind:*

| | |
|---|---|
| Differenzverstärker | 40 dB |
| Instrumentenverstärker ohne Guard-Schirm ohne Potentialtrennung | 80 dB |
| Instrumentenverstärker mit Guard-Schirm mit Potentialtrennung | 120 dB |

> Die Gleichtaktspannung darf bei der Verwendung von Differenz- oder Instrumentenverstärkern nicht beliebig hoch sein. Man muss die im Datenblatt angegebenen Obergrenzen beachten. Sie liegen in der Regel unterhalb der Speisespannungen der Verstärker. Wenn diese Grenzen überschritten werden, treten Sättigungserscheinungen auf und verfälschen die Signalübertragung.

Die erreichbare Gleichtaktunterdrückung wird nicht nur durch den Verstärker bestimmt, sondern auch durch die Art der Abschirmung des Signalkabels (s. Abschnitt 13.1).

## 12.5 Vermeidung von Erdschleifen durch getrennte Energieversorgung

Eine Auftrennung einer Erdschleife mit Hilfe eines Trenntransformators im Netzteil ist, ohne die Sicherheitsvorschriften zu verletzen, nur dann möglich, wenn auf der Ausgangsseite Kleinspannungen abgegeben werden, für die keine Schutzerdung erforderlich ist. Aber auch in solchen Fällen wird die Trennung durch eine Streukapazität des Trenntransformators überbrückt, die in der Grössenordnung von einigen hundert Picofarad liegt. Damit ist die Trennung eines Netzteils mit Hilfe eines Trenntransformators nur für Gleichstrom und niederfrequente Störungen wirksam. Steile Störimpulse finden nach wie vor ihren Weg über die Trennstelle durch die Streukapazität.

In Laboraufbauten und Versuchsschaltungen, die mit Kleinspannungen (< 60 V =) arbeiten und die keinen sehr grossen Energiebedarf haben, kann man eine Erdschleife über die Energieversorgung dadurch leicht vermeiden, indem man die Baugruppen einzeln aus Batterien speist.

## 12.6 Vermeidung von Erdschleifen durch galvanisch unterbrochene Signalübertragung

Im Gegensatz zu den Einschränkungen, mit denen eine Trennung auf der Netzseite möglich ist, kann man Erdschleifen in Signalübertragungen leichter auftrennen. Bei der Wahl der Technologie, mit der die Trennung vorgenommen werden soll, sind vor allem folgende Aspekte zu beachten:

– Eignung für analoge oder digitale Signale
– Frequenzbereich
– Streukapazität zwischen Ein- und Ausgang
– Länge der Signalleitung

Wenn die Signalleitungen höchstens einige Meter lang sind, genügt in der Regel eine Trennung mit Übertragern, Optokopplern oder Trennverstärkern. Bei längeren Übertragungswegen ist es häufig sinnvoll, nicht nur an einer Stelle zu unterbrechen, sondern die gesamte Übertragungsstrecke in Lichtwellenleiter-Technik auszuführen.

**Trennung mit Transformatoren**

Transformatoren mit voneinander isolierten Wicklungen sind zur Übertragung von analogen Wechselspannungssignalen bis in den kHz-Bereich geeignet. Sie weisen relativ große Kapazitäten (> 100 pF) zwischen den Wicklungen auf, die als Kopplungsweg für schnelle Störimpulse wirken können.

**Trennung mit Optokopplern**

Handelsübliche Optokoppler sind Bauelemente, in deren Eingang sich eine Leuchtdiode befindet. Ihr steht am Ausgang eine Fotodiode oder ein Fototransistor gegenüber.

> Wegen der Temperaturabhängigkeit und der Alterung der Leuchtdioden eignen sich Optokoppler nur zur Übertragung digitaler Signale.

## 12.6 Vermeidung von Erdschleifen durch galvanisch unterbrochene Signalübertragung

Es gibt Optokoppler, die auf der Empfängerseite bereits Schaltungen enthalten, die Ausgangssignale in den verlangten digitalen Signalpegeln abgegeben. Mit solchen Bauelementen können Übertragungsfrequenzen von einigen 10 MHz erreicht werden.

Die Streukapazität zwischen Ein- und Ausgang von Optokopplern liegt in der Grössenordnung von einigen Picofarad. Kapazitäten in dieser Grössenordnung können sich für Stromimpulse mit Anstiegszeiten von einigen Nanosekunden durchaus noch als Kopplungsweg bemerkbar machen.

Die Ansteuerung der Leuchtdiode erfolgt über einen Signalstrom. Dies ist gleichzeitig die Energiezufuhr für die Eingangsseite des Optokopplers. Auf der Ausgangseite werden die Fototransistoren von der Energieversorgung der Signalempfangsschaltung gespeist.

Die Isolation zwischen Ein- und Ausgang von Optokopplern wird in der Regel für etwa $5\ kV_{RMS}$ ausgelegt.

Bild 12.21 zeigt als Beispiel die Auftrennung einer RS 232-Schnittstelle mit Optokopplern des Typs CNY 17.

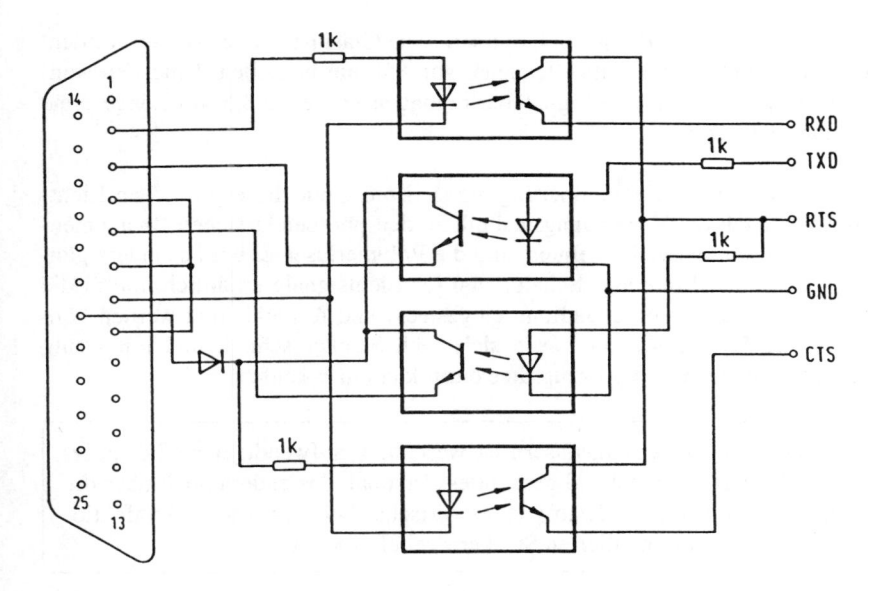

**Bild 12.21** Trennung einer RS 232-Schnittstelle mit Optokopplern.

### Trennung mit Trennverstärkern

> Zur Übertragung von analogen Signalen grosser Bandbreiten über eine galvanische Trennstelle eignen sich Trennverstärker mit optischer Signalübertragung, in denen die erwähnten Nichtlinearitäten und Alterungen der Optikelemente durch schaltungstechnische Massnahmen kompensiert werden. Es lassen sich mit ihnen analoge Signale mit einer Genauigkeit < 0,1 % in einem Frequenzband von Null bis zu 100 MHz übertragen.

Trennverstärker mit optischer Signaltrennung benötigen Energieversorgungen für die Verstärkerschaltungsteile sowohl auf der Sende- als auch auf der Empfangsseite.

**Trennung mit Lichtwellenleiter-Technik**

Lichtwellenleiter werden bevorzugt in industriellen Signalübertragungen eingesetzt, wenn es um die Kommunikation zwischen sehr weit auseinanderliegenden Systemteilen geht und wenn gleichzeitig verhältnismässig starke Gefährdungen der EMV vorliegen, z.B. durch weit auseinanderliegende Erdungspunkte oder verbreitetes Auftreten schnell veränderlicher Störströme durch Leistungselektronik.

Im Hinblick auf die Wahl der Lichtleiter ist es wirtschaftlich sinnvoll, folgende Unterschiede zu beachten:

- Die preiswerteste Form von Lichtleitern, sowohl in Bezug auf die Kabel als auch auf ihre Anschlusstechnik, sind Polymerfaser-Kabel. Sie werden bei einer Lichtwellenlänge von 660 nm eingesetzt. Wegen ihrer verhältnismässig hohen Dämpfung ist ihre Anwendung aber auf Distanzen bis 70 m beschränkt.

- Für Distanzen bis 400 m sind Hybridfasern aus Glas/Kunststoff (HSC) wirtschaftlich am günstigsten.
- Erst bei Distanzen, die grösser als 400 m sind, müssen reine Glasfasern angewendet werden. Sie werden in der Regel mit einer Lichtwellenlänge von 850 nm betrieben. Unter Verwendung von Multimode-Fasern kann man Signalübertragungen von etwa 3,5 km Länge ohne Zwischenverstärkung realisieren.

Für die Einrichtungskosten einer Lichtleiterübertragung sind nicht nur die eigentlichen Lichtleiter von Belang, sondern auch die Verbindungstechnik zu den photoelektrischen Bauelementen am Anfang und am Ende. In dieser Beziehung sind die Polymerfaser-Kabel besonders günstig. Im Handel sind Sende- und Empfangs-Schaltungen für Lichtsignale erhältlich, die in die Kabel dieses Typs ohne besondere Vorbehandlung eingesteckt und festgeklemmt werden können. An den Polymer- und Hybrid-Kabeln lassen sich auch Stecker schnell und mit wenig Hilfsmitteln anbringen, entsprechende Werkzeugsätze dafür kann man kaufen.

Das Anbringen der Stecker an reinen Glasfasern ist wesentlich aufwendiger als bei Polymerfaser-Kabeln und erfordert entsprechend geschultes Personal, das zudem noch über die notwendigen Hilfsmittel verfügen muss. Häufig ist es wirtschaftlich sinnvoll, vorkonfektionierte Kabel zu verwenden, die mit montierten Steckern geliefert werden.

Für die meisten Bus-Typen (RS 232, Ethernet, usw.) und für eine Reihe spezieller Anwendungen, wie z.B. die Übertragung von analogen Audiosignalen, sind Übertragungssysteme über Lichtleiter mit den zugehörigen elektrischen Ein- und Ausgängen im Handel erhältlich.

## 12.7 Literatur

[12.1]  M.I. Montrose: EMC and the Printed Circuit Board
        IEEE Press, 1999

# 13 Abschirmpraxis

In der Abschirmpraxis geht es vor allem um folgende Fragen:
- Müssen metallische Kabelmäntel an beiden Enden oder nur an einem mit der Masse verbunden werden?
- Wie müssen die Kabelenden an die Abschirmungen von Räumen oder Geräten angeschlossen werden?
- Welches Material und welche Materialdicke wird für ein Abschirmgehäuse benötigt?
- Wie gross dürfen Löcher und Schlitze in Abschirmgehäusen sein?

Jede Antwort auf eine dieser Fragen ist mit einer Randbedingung verbunden, und zwar mit der Art des Feldes, gegen das die Abschirmung wirksam sein soll.
Mit anderen Worten:

> Es gibt kein allgemein gültiges Abschirmverfahren, sondern es müssen für die Feldarten
> - elektrische Felder
> - niederfrequente Magnetfelder
> - hochfrequente Magnetfelder
> 
> unterschiedliche Abschirmtechnologien eingesetzt werden.

Wenn man feststellen möchte, welche Feldform in einer konkreten Situation vorliegt, kann man die in Bild 13.1 skizzierte Schaltung benutzen:
- Wenn bei offenem Schalter S ein Signal registriert wird, das beim Schliessen von S verschwindet, wird das Signal von einem elektrischen Feld erzeugt.
- Wenn sich das registrierte Signal durch das Öffnen und Schliessen des Schalters nicht ändert, wird in der Schleife eine Spannung durch ein zeitlich veränderliches Magnetfeld erzeugt.

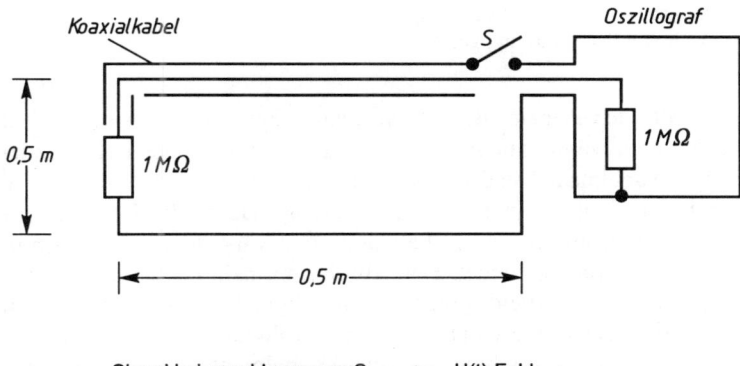

Signal bei geschlossenem S: ⟶ H(t)-Feld
kein Signal bei geschlossenem S: ⟶ E-Feld

**Bild 13.1** Test zur Feststellung der Feldart (E oder H?).

Von Bildverzerrungen, Farbfehlern oder Farbschwankungen in Bildröhren kann man auf die Existenz von statischen, langsam schwankenden oder niederfrequenten Magnetfeldern schliessen (s. Beispiel 1.4).

## 13.1 Einseitiger oder beidseitiger Masseanschluss von Kabelschirmen?

Metallmäntel von Signalkabeln aus Kupfer oder gelegentlich auch aus Aluminium werden häufig als Abschirmung bezeichnet. Dies ist insofern irreführend, als die Metallmäntel allein keine Abschirmwirkung entfalten, sondern dies erst dann tun, wenn sie in geeigneter Weise mit der Masse der betreffenden Schaltung verbunden werden.

### 13.1.1 Abschirmung mit Kabelschirmen gegen elektrische Felder

Um gegen ein elektrisches Feld abzuschirmen, muss ein leitender Kabelmantel mindestens an einer Stelle mit der Schaltungsmasse verbunden werden (Bild 13.2)

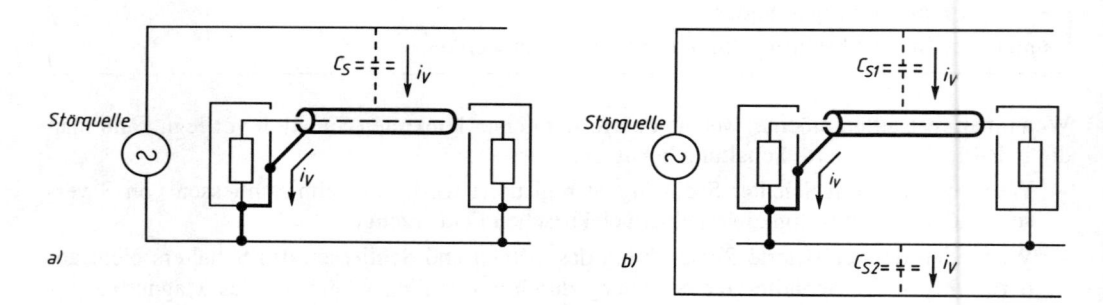

**Bild 13.2** Abschirmung eines Signalleiters gegen ein elektrisches Feld.
  a) Störquelle mit Schaltungsmasse verbunden
  b) Störquelle galvanisch von der Schaltung getrennt

Aus der Schilderung des physikalischen Prinzips der Abschirmung gegen ein elektrisches Feld anhand von Bild 13.2a wird deutlich, warum zur Abschirmung gegen ein solches Feld mindestens eine Verbindung zwischen Kabelmantel und Masse ausreicht: Das störende E-Feld wird durch eine Störquelle zwischen dem Leiter 1 und der Masse erzeugt. Durch die Kapazität $C_S$ des Feldes fliesst ein Verschiebungsstrom auf den Kabelmantel und wird durch eine Verbindung zur Masse und dann zur Quelle zurückgeleitet. Das Abschirmprinzip besteht also darin, dass der störende Verschiebungsstrom des E-Feldes nicht auf den Signalleiter gelangt, sondern vorher durch den Kabelmantel abgefangen und dann mit einer Verbindung zur Masse am Innenwiderstand vorbeigeführt wird. Die Verbindung zwischen Kabelmantel und Schaltungsmasse ist auch dann wirksam, wenn die Störquelle nicht galvanisch mit der Masse verbunden ist (Bild 13.2b). Die Grundlagen der Abschirmung gegen elektrische Felder sind in den Abschnitten 4.4 bis 4.6 ausführlich beschrieben.

## 13.1 Einseitiger oder beidseitiger Masseanschluss von Kabelschirmen?

Zur Abschirmung niederfrequenter Felder ist es in den meisten Fällen nicht von Belang, an welcher Stelle eine Verbindung zwischen Kabelmantel und Masse hergestellt wird, ob an einem der Enden oder irgendwo dazwischen. Ausnahmen sind in diesem Zusammenhang Schaltungen, die sehr kleine elektrische Signale, z.B. Spannungen von Thermoelementen im $\mu$V-Bereich, verarbeiten. Was bei der Verbindung zwischen Abschirmung und Schaltung in solchen Anordnungen zu beachten ist, wird in Abschnitt 13.1.4 erläutert.

Bei der Abschirmung hochfrequenter E-Felder ist zu beachten, dass die Verbindungen zwischen Kabelmantel und Masse Ströme führen, die mit ihren Magnetfeldern störende Spannungen induzieren können. Wenn die Ableitung des Verschiebungsstroms über ein Ende des Kabelmantels erfolgt, sollten dort Verbindungen angebracht werden, die den Strom konzentrisch zu den Innenleitern auf einem rohrförmigen Aussenleiter zum Gerätegehäuse abführen.

### 13.1.2 Abschirmung mit Kabelschirmen gegen schnell veränderliche Magnetfelder

Zur Abschirmung gegen ein schnell veränderliches Magnetfeld muss der leitende Mantel eines Kabels an beiden Enden mit der Masse der Schaltung verbunden werden (Bild 13.3).

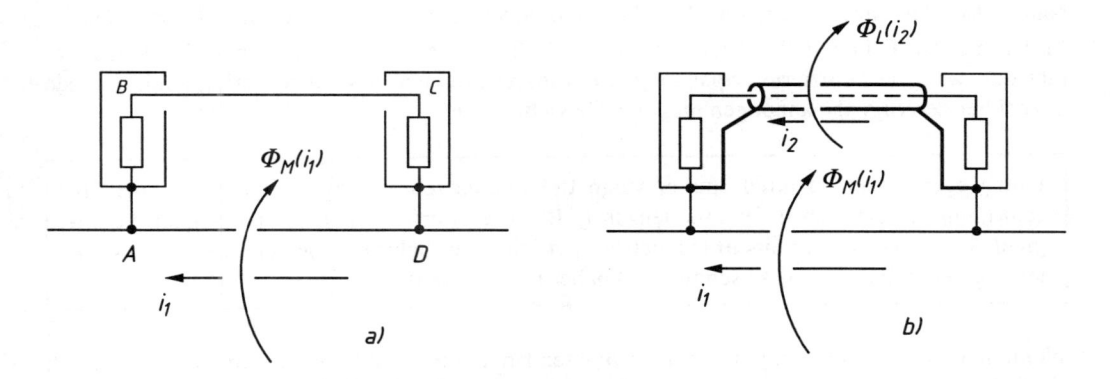

**Bild 13.3** Abschirmung einer Masche gegen ein schnell veränderliches Magnetfeld.
  a) abzuschirmende Masche
  b) abgeschirmte Masche

Das Abschirmprinzip gegen schnell veränderliche Magnetfelder besteht darin, dass durch das störende Magnetfeld in der Abschirmung ein Strom induziert wird, dessen Magnetfeld dem störenden entgegengerichtet ist und es dadurch abschwächt. Wie dieses Prinzip zur Abschirmung von Schaltungsmaschen angewendet wird, ist in Bild 13.3 skizziert. Bild 13.3a zeigt die abzuschirmende Schaltungsmasche, in die das Magnetfeld eines benachbarten Stroms eingreift und dort eine störende Spannung induziert. Die Abschirmung besteht aus einer Kurzschlussmasche (Erdschleife), die durch den Kabelmantel, seine beidseitige Verbindung zu den Baugruppengehäusen, deren Verbindung zur Masse und der Masseverbindung gebildet wird (Bild 13.3b). In die Masche wird ein Strom $i_2$ induziert, dessen Magnetfeld dem störenden entgegengerichtet ist und es dadurch abschwächt. Damit der Strom $i_2$, der mit seinem Magnetfeld den

Abschirmeffekt bewirkt, fliessen kann, müssen beide Enden des Kabelmantels mit der Masse verbunden werden.

Die beschriebene Abschirmmethode ist mit einem Nebeneffekt verbunden. Er besteht darin, dass der Strom $i_2$ über eine Kabelmantelkopplung (siehe Abschnitt 6) eine Spannung längs des Kabelmantels erzeugt. In den Fällen, in denen – wie Bild 13.3b – der Kabelmantel als Signalrückleiter benutzt wird, überlagert sich die Spannung am Kabelmantel dem zu übertragenden Signal als Störung. Es gibt zwei Möglichkeiten, diesen Effekt zu verringern:

– Wahl eines Kabels mit einem geringeren Kopplungswiderstand (s. Abschnitt 6) und
– Verringerung von $i_2$ mit Ferritkernen, wie in Abschnitt 12.4.2 beschrieben.

### 13.1.3 Abschirmung von Signalkabeln gegen niederfrequente Magnetfelder

> Für niederfrequente Magnetfelder (z.B. 50 Hz) ist das Abschirmungverfahren mit beidseitig angeschlossenem Kabelmantel praktisch unwirksam. Nennenswerte Dämpfungen treten erst bei Störfrequenzen in der Grössenordnung von etwa einem kHz ein und eine weitgehende Unterdrückung des Magnetfeldes findet erst im Frequenzbereich oberhalb 10 kHz statt.

Nähere Begründungen zu diesem Verhalten sind in den Abschnitten 3.4.1 und 3.4.2 zu finden.

In den meisten Fällen stellen Magnetfelder niederfrequenter Ströme für Signalkabel keine Gefahr dar, weil die induzierten Spannungen in diesem Frequenzbereich so gering sind, dass sie gegenüber den Signalspannungen nicht ins Gewicht fallen.

> Falls wegen ausserordentlich starker Magnetfelder oder sehr niedriger Signalpegel eine Abschirmung im Bereich tiefer Frequenzen (z.B. 50 Hz) erforderlich ist, muss man das Signalkabel entweder mit einem magnetisch gut leitenden Schirm umgeben oder die Signalleitung verdrillen (wie in Abschnitt 13.3 näher beschrieben).

Wenn man die Variante mit gut magnetisch leitendem Schirm wählt, muss man das Kabel durch ein Rohr aus Eisen oder einem Metallschlauch (z.B. aus Mu-Metall) führen. Rohre aus rostfreien Stählen sind für diesen Zweck nur dann geeignet, wenn ihre Legierung ferromagnetisch ist. Die Abschirmung durch ferromagnetisches Material beruht auf dem Prinzip des magnetischen Nebenschlusses (s. Abschnitt 3.4.9). Dazu genügt es, dass das Kabel von dem ferromagnetischen Rohr umgeben ist. Es muss keine Verbindung zwischen Rohr und Kabelmantel hergestellt werden. Aber man kann natürlich das Rohr mit einer Verbindung zur Masse auch zur Abschirmung gegen elektrische Felder benutzen.

### 13.1.4 Anschluss von Kabelschirmen in Schaltungen mit Instrumentenverstärkern

In der Automatisierungstechnik müssen gelegentlich analoge Spannungen in der Grössenordnung von Mikrovolt von Signalgebern zu Verstärkern übertragen werden (Bild 13.4). Um der Gefahr von Erdschleifenbildungen auszuweichen, setzt man bei derart niedrigen Spannungen

## 13.1 Einseitiger oder beidseitiger Masseanschluss von Kabelschirmen? 217

häufig Instrumentenverstärker ein, weil sie über eine sehr hohe Gleichtaktunterdrückung (CMR) verfügen.

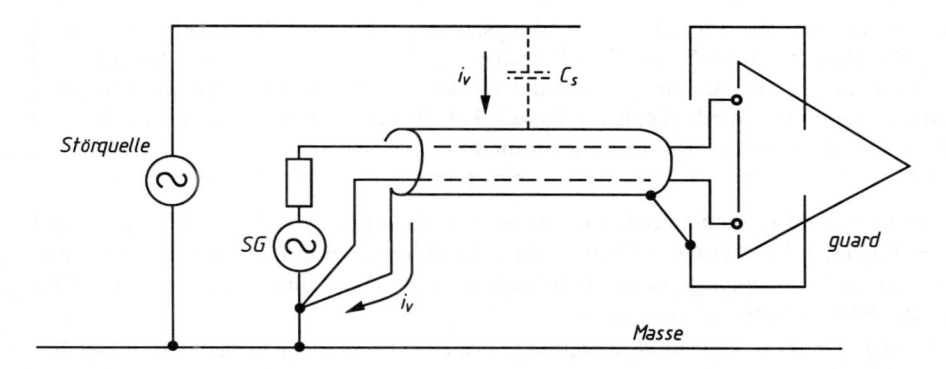

**Bild 13.4** Aufbau der Abschirmung einer Sensor-Verstärkerschaltung gegen eine kapazitive Kopplung für den Niederfrequenzbereich.

Um kapazitive Kopplungen auf die Signalleitung in Schaltungen mit Signalgebern und Instrumentenverstärkern zu vermeiden, muss die Leitung von einem Metallmantel umschlossen werden, dessen geberseitiges Ende mit dem Fusspunkt des Gebers zu verbinden ist.

Mit einer Masseverbindung des Gebers kann der vom Feld auf den Kabelmantel fliessende Verschiebungsstrom zur Masse und dann zu seiner Quelle zurückfliessen, ohne die Schaltung zu beeinträchtigen.

Falls der Verstärker mit einem guard-Schirm versehen ist, müssen guard und das verstärkerseitige Kabelmantelende wie in Bild 13.4 miteinander verbunden werden.

Das geschilderte Abschirmungsprinzip funktioniert – was die Abschirmung der Leitung betrifft – auch dann, wenn der Signalgeber nicht mit der Masse verbunden ist und der Weg des Verschiebungsstroms sich über eine Streukapazität schliesst. Es besteht dann aber die Gefahr, dass durch kapazitive Einkopplungen die zulässige Gleichtaktunterdrückung überschritten wird.

Ein Pol des Signalgebers in solchen Schaltungen sollte, wenn immer möglich, mit der Masse verbunden werden. Dadurch ist die Gefahr, dass die Grenze des höchstzulässigen Gleichtaktsignals durch kapazitive Einkopplungen auf den Geber überschritten wird, deutlich kleiner als in einer sogenannten „schwebenden" Schaltung.

Eine schwebende Schaltung ist deshalb so empfindlich gegen kapazitive Kopplungen, weil die Eingangswiderstände von Instrumentenverstärkern sehr hoch sind (Grössenordnung $10^9 \, \Omega$), und hochohmige Schaltungen, wie in Abschnitt 4.4 erläutert wurde, sehr stark auf eine kapazitive Kopplung reagieren. Eine Koppelkapazität von wenigen pF zwischen einer benachbarten Netzleitung und dem Signalgeber würde bei schwebender Schaltung dazu führen, dass die Netzspannung praktisch in voller Höhe auf den Verstärkereingang übertragen wird.

Induktive Kopplungen spielen im Zusammenhang mit Sensoren und Instrumentenverstärkern in der Regel eine untergeordnete Rolle, weil in den meisten Schaltungen dieser Art nur Signale im Niederfrequenzbereich verarbeitet werden. In diesem Bereich sind induktive Störungen meistens nur schwach und mit verdrillten Signalleitungen beherrschbar (siehe Abschnitt 13.3).

## 13.1.5 Brumm in Audiosystemen durch beidseitige Masseanschlüsse von Kabelschirmen

In Audiosystemen mit ungeschirmten Verbindungsleitungen treten in der Regel mehr oder weniger starke Brummgeräusche auf. Ein Brummen ist meistens auch dann festzustellen, wenn Koaxialkabel als Signalleitung verwendet werden und der Mantel an beiden Enden mit der Masse verbunden wird. Wenn der Koaxialkabelmantel nur einseitig an die Masse angeschlossen wird, ist die Anlage meistens brummfrei.

Der Umstand, dass das Brummgeräusch nur mit einer Verbindung zwischen Kabelmantel und Masse zu beseitigen ist, lässt darauf schliessen, dass die Störung auf eine kapazitive Kopplung, d.h. auf eine störende Spannungsquelle zurückzuführen ist. Die Brummfrequenz von 50 Hz verweist auf die Netzspannung als Störquelle.

Die Abschirmung gegen die kapazitive Kopplung, ausgehend von einer benachbarten Netzleitung, ist in Bild 13.5 skizziert. Die kapazitive Kopplung wird vom Kabelmantel aufgenommen und der störende Verschiebungsstrom kann über eine Verbindung zur Masse und damit zu seiner Quelle zurückfliessen. Dadurch wird die Signalleitung wirkungsvoll gegen die kapazitive Kopplung abgeschirmt.

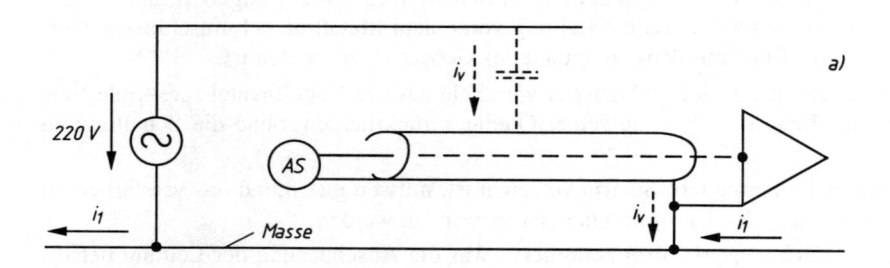

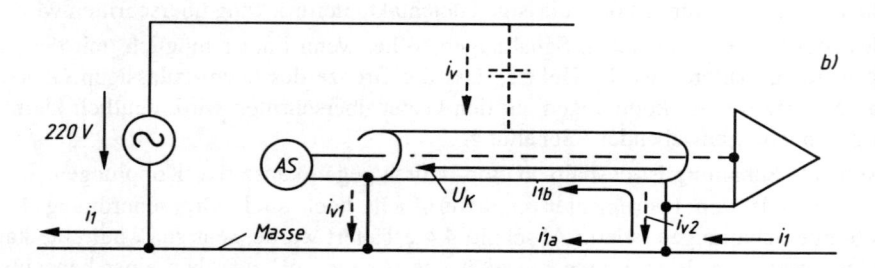

**Bild 13.5** Übertragung eines Signals von einer Audio-Signalquelle (AS) zu einem Verstärker.
    a) brummfrei mit einseitiger Mantel-Masse-Verbindung
    b) mit Brumm durch beidseitigen Mantelanschluss an die Masse

Erfahrungsgemäss geht vom Magnetfeld eines 50 Hz-Stroms $i_1$, der in der Masseleitung fliesst, keine Störung aus. Die Induktionsvorgänge sind bei einer Frequenz von 50 Hz und den in Masseleitern auftretenden Strömen im mA-Bereich so schwach, dass dadurch keine nennenswerten Störungen auftreten.

Ein Strom im Masseleiter macht sich jedoch als Störquelle bemerkbar, wenn der Mantel des Signalleiters an beiden Enden mit der Masse verbunden wird. Dann fliesst, wie das in Bild 13.5b dargestellt ist, ein Teil des Masseleiterstroms über den Kabelmantel und erzeugt dort längs des Mantels die Spannung $U_K$. Diese Spannung überlagert sich dem Audiosignal und führt zu einem Brummgeräusch.

> Über ein Signalkabel können also auf zwei verschiedenen Wegen Brumm-Signale eingekoppelt werden:
> – entweder wirkt eine kapazitive Kopplung auf eine ungeschirmte Signalleitung (Störquelle ist die Netzspannung)
> – oder ein Strom in der Masseleitung fliesst über den Mantel eines Koaxialkabels mit beidseitigen Masseverbindungen.

## 13.2 EMV-gerechte Abschlüsse geschirmter Kabel

Metallmäntel von Kabeln, die zur Abschirmung schnell veränderlicher Magnetfelder eingesetzt werden, führen Ströme, die mit ihren Magnetfeldern die Schwächung der störenden Felder bewirken.

> Steckverbindungen an den Kabelenden oder direkte Einführungen von Kabeln in Abschirmgehäuse müssen so gestaltet werden, dass die Magnetfelder der Ströme, die in den Kabelmänteln fliessen, nicht in das Kabel, in den Stecker oder in den abzuschirmenden Raum gelangen können.

Wenn eine Schaltung gegen ein äusseres Feld geschützt werden soll, ist der zu schützende Raum das Gehäuseinnere. Falls durch die Abschirmung verhindert werden soll, dass eine Schaltung ein störendes Feld nach aussen abgibt, ist der zu schützende Raum die Umgebung des Gehäuses.
Die folgenden Darstellungen in den Abschnitten 13.2.1 und 13.2.2 beziehen sich auf die zuletzt beschriebene Situation der Abschirmung eines Gehäuses gegen ein äusseres Feld. Für die Schirmung nach aussen muss man nur die Bezeichnungen sinnvoll vertauschen.

### 13.2.1 EMV-gerechte Steckverbindungen

> Damit kein Magnetfeldanteil des Mantelstroms in das Innere einer Steckverbindung gelangen kann, müssen drei Bedingungen erfüllt sein:
> 1. Sowohl Stecker als auch Steckdose müssen über einen Metallmantel verfügen, der elektrisch die Fortsetzung des Kabelmantels darstellt (Bild 13.6).
> 2. Die Befestigung des Kabelschirms am Stecker oder an der Steckdose muss mit einer Rundumkontaktierung erfolgen (Bild 13.6 und 13.8a).
> 3. Der Übergang zwischen den Mänteln des Steckers und der Steckdose muss am gesamten Umfang gut leitend sein, z.B. durch Gewinde oder Lamellenkontakte (Bild 13.6 und 13.8b).

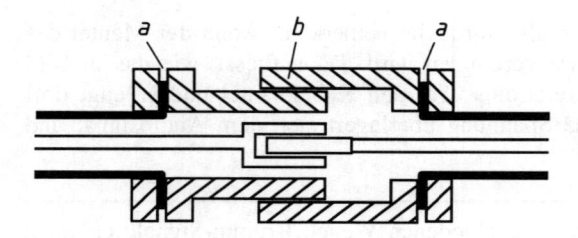

**Bild 13.6**
EMV-gerechte Form einer Steckverbindung.
Mit Rundumkontaktierung des Schirmes (a) und der Steckergehäuse (b)

Bild 13.7 zeigt ein Beispiel von nicht-EMV-gerechter Steckverbindung, in der die Mäntel und die Seelen von zwei Koaxialkabeln mit Bananensteckern verbunden sind. In dieser Anordnung kann das Magnetfeld des in der Mantelverbindung fliessenden Stromes zwischen Seele und Mantel eingreifen und dort eine Spannung induzieren.

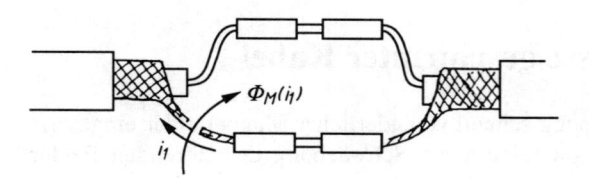

**Bild 13.7**
Nicht-EMV-gerechte Steckverbindung mit Bananensteckern.

In Abschnitt 3.4.4 wird gezeigt, dass ein Stromimpuls mit einer Amplitude von etwa 70 mA und einer Anstiegszeit von 20 ns in einer mit Bananensteckern ausgeführten Verbindungsstelle eine Spannung von 50 mV induziert.

Bild 13.8 zeigt zwei Varianten einer Mehrfachsteckverbindung:

Die Variante a ist EMV-gerecht mit rundumkontaktiertem Übergang zwischen Kabelmantel und dem metallischen Stecker- und Steckdosengehäuse.

In der nicht-EMV-gerechten Variante b wird die Mantelverbindung im Inneren des Steckers über einen der Steckkontakte geführt. Dadurch kann ein Mantelstrom mit seinem Magnetfeld zwischen die Signalleiter eingreifen und Störungen verursachen.

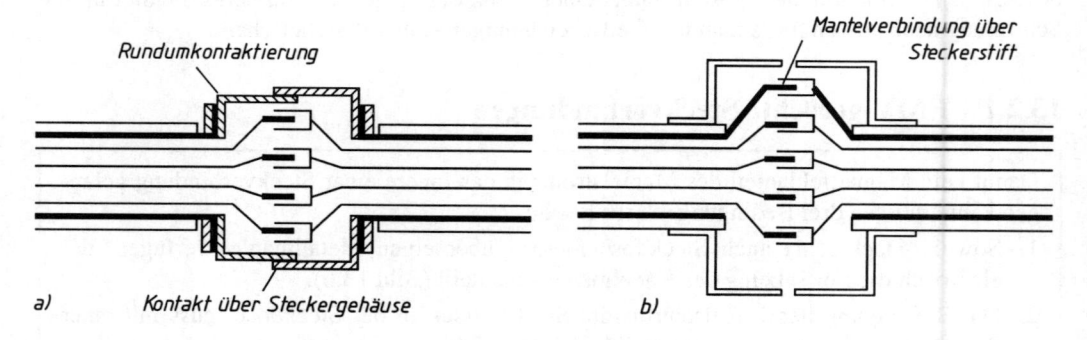

**Bild 13.8** Verbindung mit Mehrfachsteckern.
a) EMV-gerecht
b) nicht-EMV-gerecht

## 13.2.2 EMV-gerechte Einführung von geschirmten Kabeln in Abschirmgehäuse

> Das wesentliche Kennzeichen einer EMV-gerechten Einführung eines geschirmten Kabels in ein Abschirmgehäuse ist eine rundumkontaktierte Verbindung zwischen Kabelmantel und Schirmwand.

Es gibt dazu mehrere Lösungen, deren Komponenten im Handel erhältlich sind. Bild 13.9 zeigt zwei Beispiele. Variante a ist eine Kabeleinführung mit einer Stopfbuchse, in der der Kabelmantel auf einem Konus eingeklemmt wird. In Variante b wird die Kunststoffschicht, die den Kabelmantel in der Regel abdeckt, an der Eintrittsstelle entfernt und über leitende Vergussmasse mit der Wand des Abschirmgehäuses verbunden. Mit dieser Methode können mehrere geschirmte Kabel durch die gleiche Öffnung geführt werden.

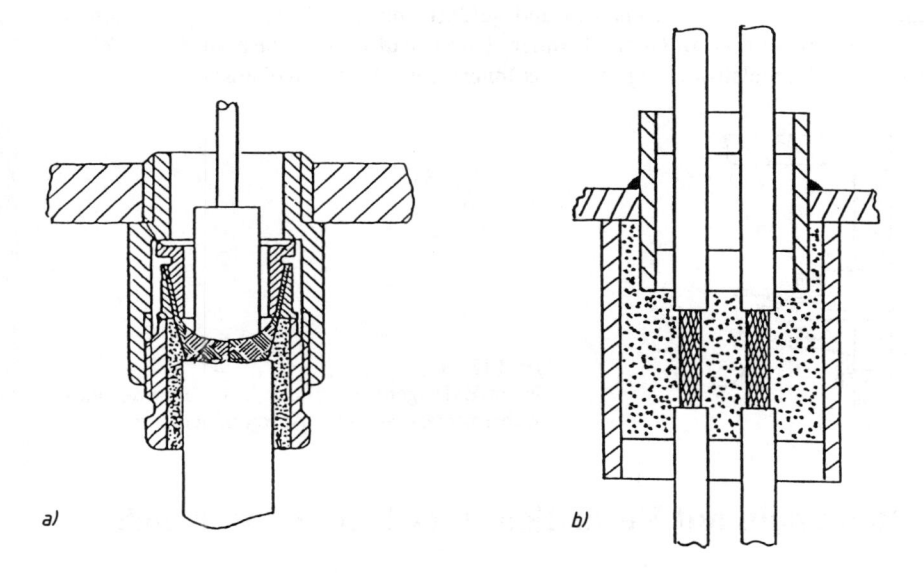

**Bild 13.9** EMV-gerechte Einführung geschirmter Kabel in Abschirmgehäuse.
  a) mit Stopfbuchse
  b) mit leitfähiger Vergussmasse

In Bild 13.10 ist ein typisches Beispiel einer nicht-EVM-gerechten Kabeleinführung über eine Klemmleiste dargestellt. In dieser Anordnung kann, wie in der Bananensteckerverbindung oder dem nicht-EMV-gerechten Mehrfachstecker, das Magnetfeld des Mantelstroms in die Signalleitungen eingreifen.

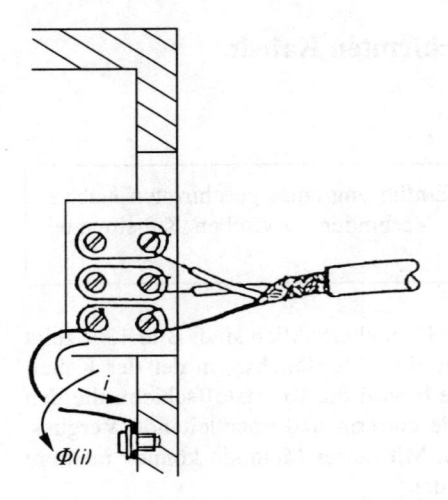

**Bild 13.10**
Beispiel einer nicht-EMV-gerechten Kabeleinführung über eine Klemmleiste.

Eine ebenfalls nicht-EMV-gerechte Kabeleinführung zeigt Bild 13.11. Dort ist das Kabel mit dem Kabelmantel isoliert durch die Gehäusewand geführt und die Verbindung zwischen Kabelmantel und Masse findet erst im Gehäuse-Inneren statt. Auf diese Weise wird ein Teil des Magnetfeldes, das den Mantelstrom umgibt, in das Innere des Abschirmgehäuses getragen.

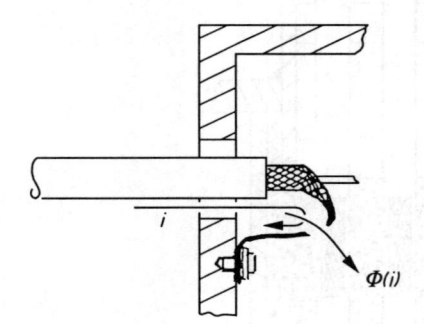

**Bild 13.11**
Nicht-EMV-gerecht isolierte Durchführung eines Kabelmantels durch ein Abschirmgehäuse

## 13.3 Was kann man mit Verdrillen erreichen und was nicht?

Verdrillen ist kein Abschirmverfahren, durch das ein Feld in einem bestimmten räumlichen Bereich geschwächt wird, sondern eine Form der Leitungsführung, die den störenden Zugriff des Feldes erschwert.

Das Verfahren wirkt aber nicht für alle Feldarten:

> Verdrillen ist wirksam gegen zeitlich veränderte Magnetfelder, die von aussen auf eine Leitung einwirken (Bild 13.12a).

– Durch das Verdrillen wird die Fläche zwischen den beiden Leitern und der Leitung dem störenden Feld in wechselndem Umlaufsinn ausgesetzt. Dadurch werden Teilspannungen in der Leitung induziert, die sich gegenseitig kompensieren. Mit etwa 20 Verdrehungen (soge-

## 13.3 Was kann man mit Verdrillen erreichen und was nicht?

nannten Schlägen) pro Meter Leitungslänge kann man eine Reduktion der induzierten Spannung um 20 bis 30 dB erreichen, verglichen mit einer Leitung mit gleichem Leiterabstand ohne Verdrillung.
- Der Kompensationseffekt ist nicht wirksam, wenn – wie in Bild 13.12b – das starke Magnetfeld von einem Strom ausgeht, der in einem der Signalleiter fliesst. Das Feld, von dem die Störung ausgeht, dreht sich mit dem Verdrillen mit und behält seinen einsinnigen Eingriff zwischen die beiden Leiter der Leitung.

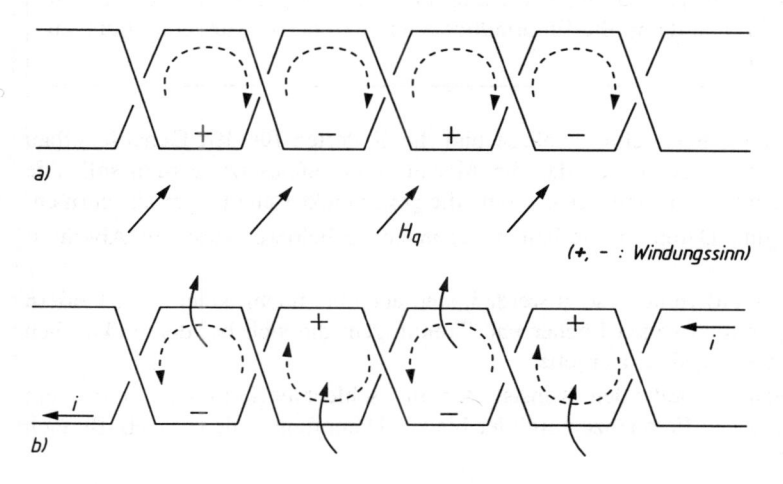

**Bild 13.12** Induzierte Spannungen in verdrillten Leitungen.
    a) gegenläufige Induktion durch äusseres Magnetfeld
       (Verdrillung wirksam)
    b) gleichsinnige Induktion durch Magnetfeld des Stroms in einem Leiter
       (Verdrillung unwirksam)

> – Verdrillen ist gegen Störungen, die von elektrischen Feldern ausgehen (kapazitive Kopplungen), praktisch unwirksam.

Die Überdeckung des spannungsführenden Leiters durch den Querschnitt des Rückleiters bei jeder Drehung des Leiterpaares bewirkt keine nennenswerte Abschwächung der kapazitiven Kopplung.

Wenn also in einer Schaltung, die einen hochohmigen Innenwiderstand aufweist, trotz verdrillter Leitungen niederfrequente Störungen auftreten, sollte man überprüfen, ob nicht die Signalleitungen elektrischen Feldern benachbarter Leitungen (z.B. Netzleitungen) ausgesetzt sind.

## 13.4 Abschirmgehäuse

### 13.4.1 Gehäuse gegen elektrische Felder

> Jedes metallische Gehäuse schirmt im Frequenzbereich von Null bis zu einigen Hundert Megahertz elektrische Felder sehr gut ab. Die Dämpfungswerte liegen in der Regel weit über 120 dB und überschreiten damit die Empfindlichkeitsgrenzen von Messeinrichtungen für Dämpfungsmessungen.

Die Wahl des Materials für ein Abschirmgehäuse und die Kriterien für den Gehäuseaufbau hängen von der Art des Feldes ab, gegen das die Abschirmung eingesetzt werden soll. Die geringsten Voraussetzungen müssen Gehäuse erfüllen, die gegen elektrische Felder abschirmen. Die Ursache für dieses gute Dämpfungsverhalten gegenüber E-Feldern wurde in Abschnitt 4.6.2 näher erläutert.

Abschirmungen, die nur E-Feldern ausgesetzt werden, sind auch bei hochfrequenten E-Feldern bis etwa 10 MHz unempfindlich gegen Löcher und Trennfugen, die sich bei der praktischen Ausführung von Gehäusen zwangsläufig ergeben.

Bei E-Feld-Abschirmungen aus leitenden Kunststoffen mit schlechter Leitfähigkeit tritt ein Abfall der Dämpfung bei hohen Frequenzen ein, der bis zur Dämpfung Null im MHz-Bereich führen kann (s. Abschnitt 4.6.4).

### 13.4.2 Gehäuse gegen niederfrequente Magnetfelder

> Beim Entwurf von Abschirmgehäusen gegen Magnetfelder muss man drei Frequenzbereiche voneinander unterscheiden:
> - Im Bereich 0 - 1 kHz ist es notwendig, dass die Gehäusewände aus permeablem Material (Eisen, Mu-Metall) bestehen.
> - Im Frequenzbereich 1 kHz bis etwa 10 MHz wird das Dämpfungsverhalten durch die elektrische Leitfähigkeit der Gehäusewände bestimmt (Materialart, Wanddicke).
> - Im Bereich oberhalb 10 MHz spielen die Materialart und die Wanddicke eine untergeordnete Rolle. Das Abschirmverhalten wird sehr stark durch die Öffnungen (Trennfugen, Lüftungslöcher, Bedienelemente) bestimmt.

Im Frequenzbereich von 0 bis 1 kHz kann man hohe Dämpfungswerte nur mit Gehäusen erreichen, deren Wände aus hochpermeablem Material bestehen. In Bild 13.13 ist die Dämpfung eines hochpermeablen Gehäuses aus Beispiel 3.10 dem Abschirmverhalten einer nichtpermeablen Abschirmung aus Beispiel 3.9 gegenübergestellt.

Die Dämpfungswerte lassen sich, wenn man die Permeabilität des Wandmaterials kennt, leicht rechnerisch mit der Gleichung (3.32) abschätzen.

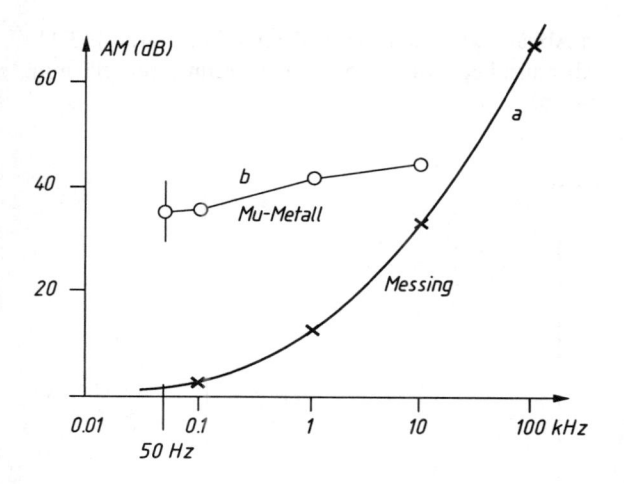

## 13.4 Abschirmgehäuse

**Bild 13.13**
Gemessene Dämpfung von Magnetfeldern durch Abschirmgehäuse im Niederfrequenzbereich.
a) Gehäuse aus Messing (Beispiel 3.9)
b) Haube aus Mu-Metall (Beispiel 3.10)

---

Das Abschirmverhalten des magnetischen Nebenschlusses mit hochpermeablen Metallen (Mu-Metall, Permaloy, u.a.) ist nur im Frequenzbereich von Null bis etwa 1 kHz anwendbar, weil die Permeabilität mit zunehmender Frequenz stark abnimmt (Bild 13.14).

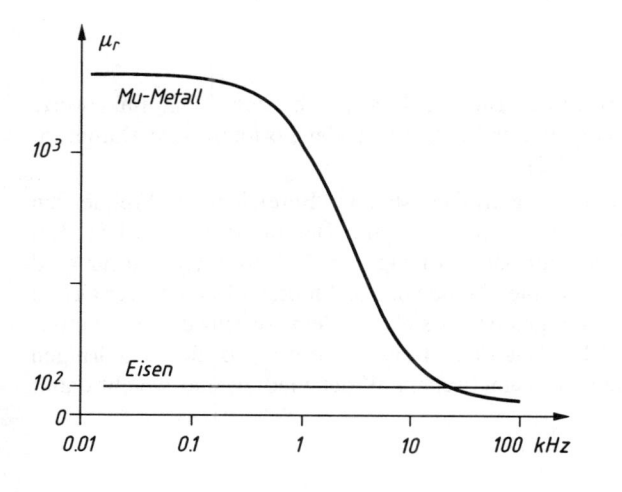

---

**Bild 13.14**
Das Absinken der Permeabilität in Funktion der Frequenz.

Beim Umgang mit hochpermeablen Metallen ist zu beachten, dass die Permeabilität durch Bearbeitungsvorgänge, z.B. Biegen, stark beeinträchtigt wird. Kompliziert geformte Werkstücke, wie Abschirmungen für Oszillografenröhren oder auch nur abgewinkelte Bleche, müssen nach der Verformung beim Hersteller des Materials erneut metallurgischen Prozessen unterworfen werden, um die Permeabilität des Ausgangsmaterials wieder zu erreichen. Man muss deshalb entweder Abschirmgehäuse aus solchen Materialien nach Mass herstellen lassen oder vorgefertigte Teileelemente verwenden – wie z.B. abgekantete Bleche – aus denen man Gehäuse durch Aufeinanderlegen von Blechteilen aufbaut.

Weiterhin ist bei der Verwendung von hochpermeablem Material zu beachten, dass durch hohe magnetische Beanspruchung Sättigungserscheinungen auftreten. Bild 13.15 zeigt das Dämpfungsverhalten verschiedener Materialien in Abhängigkeit der magnetischen Feldstärke [13.1]. Die Dämpfungswerte wurden an kleinen Abschirmbechern mit 50 mm Durchmesser, 55 mm Höhe und einer Wanddicke von 1 mm gemessen.

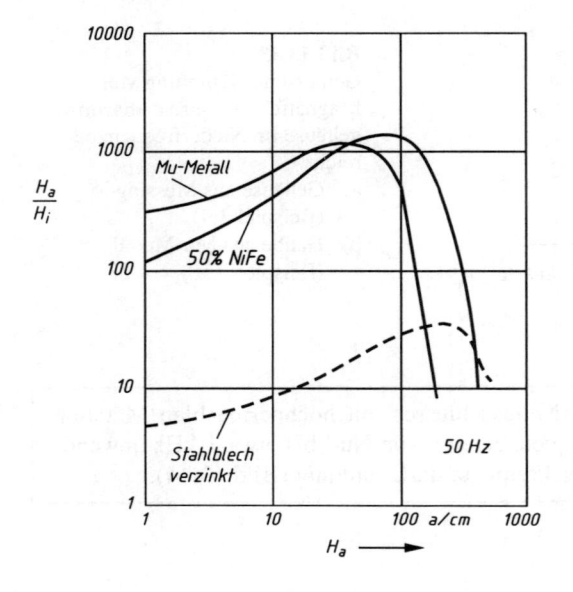

**Bild 13.15**
Sättigungserscheinungen in der Wand einer Abschirmung aus hochpermeablem Material.
$H_a$ äussere Feldstärke
$H_i$ Feldstärke in der Gehäusewand

Mit Gehäusen aus geschichteten hochpermeablen Blechen lassen sich leicht Dämpfungswerte von 40 dB erzielen. Mit hohem Materialaufwand und entsprechender Formung sind Dämpfungen von 100 dB bis 50 Hz erreicht worden [13.2].

Öffnungen in Gehäusen mit hochpermeablen Materialien sind im Bereich tiefer Frequenzen unkritisch. Selbst mit grossen Öffnungen lassen sich noch gute Dämpfungen erreichen. Ein Beispiel ist die in Bild 3.37 skizzierte Haube zur Abschirmung von Bildschirmen. Mit ihr wird eine Dämpfung von etwa 40 dB erzielt, obwohl die Haube vorn und hinten offen ist. Der Grund für diese Unempfindlichkeit gegenüber Öffnungen ergibt sich aus dem Verlauf des Magnetfeldes ausserhalb der Abschirmung (Bild 3.12c): Das Feld strebt schon weit vor dem Eindringen in die Abschirmzone der Wand mit geringem magnetischem Widerstand zu und weicht damit den Öffnungen in der Abschirmung aus.

## 13.4.3 Gehäuse gegen Magnetfelder im Frequenzbereich 1 kHz bis 10 MHz

In diesem Frequenzbereich benützt man zur Abschirmung in den weitaus meisten Fällen das Prinzip des induzierten Gegenfeldes. Damit ist gemeint, dass vom störenden Feld Ströme in den Abschirmungen induziert werden, die mit ihrem Magnetfeld dem störenden Feld entgegenwirken und es dadurch abschwächen. Nur in Sonderfällen, in denen man besonders hohe Dämpfungen anstrebt, werden zusätzlich noch magnetische Nebenschlüsse mit hochpermeablem Material angebracht, die sich vor allem im Bereich von 1 kHz bis 100 kHz auswirken [13.2].

## 13.4 Abschirmgehäuse

> Für Abschirmungen, die im Frequenzbereich 1 kHz bis 10 MHz nach dem Prinzip des induzierten Gegenfeldes arbeiten, müssen vor allem zwei Kriterien beachtet werden:
> 1. Möglichst gute elektrische Leitfähigkeit der Gehäusewände
> 2. Damit die Ströme, die mit ihrem Magnetfeld die Abschirmung bewirken, ungehindert in den Wänden fliessen können, dürfen die Stromwege in der Gehäusewand nicht durch Trennfugen unterbrochen werden.

Die Leitfähigkeit der Gehäusewände wird zum einen durch das Material und zum anderen durch die Wandstärke bestimmt. Bild 13.16 zeigt Beispiele für die Dämpfung durch verschiedene Materialien [13.6]. In Bild 13.17 ist dargestellt, welchen Einfluss die Wandstärke hat.

|           | 1 kHz | 10 kHz | 100 kHz |
|-----------|-------|--------|---------|
| Mu-Metall | 18    | 25     | 28      |
| Eisen     | 13    | 30     | 45      |
| Kupfer    | 4     | 20     | 40      |
| Aluminium | 3     | 15     | 30      |
| (Dämpfungen in dB) | | | |

**Bild 13.16** Beispiel für gemessene Dämpfungen von Magnetfeldern durch verschiedene Materialien bei verschiedenen Frequenzen (Gehäuse 1,2 x 1,2 x 1,2 m, Wandstärke 0,75 mm).

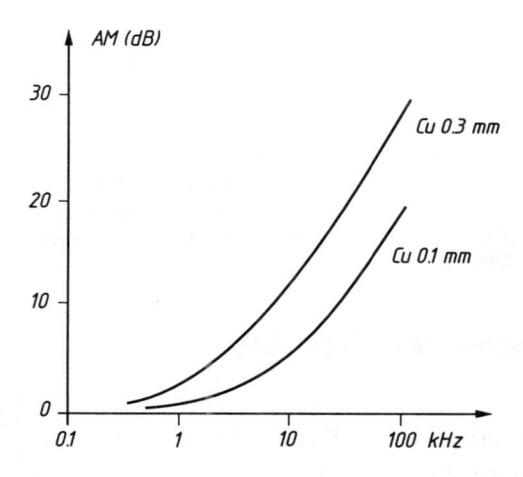

**Bild 13.17** Magnetfelddämpfung in Abhängigkeit von der Wandstärke eines Abschirmgehäuses.

Zu den Dämpfungswerten von Eisen (relative Permeabilität 200) und Mu-Metall ist zu bemerken, dass sie sich zu einem Teil aus den induzierten Gegenfeldern und zu einem anderen Teil aus der Nebenschlusswirkung ergeben.

Der Anstieg der Dämpfung in Abhängigkeit von der Frequenz wird mathematisch durch die Gleichung (3.28) und (3.29) in Abschnitt 3.48 beschrieben.

Weil sich das Prinzip des induzierten Gegenfeldes auf induzierte Ströme stützt, die in der Gehäusewand fliessen, führt jede Beeinträchtigung des Stromflusses zur Reduktion der Dämpfung. Typische Beeinträchtigungen sind Löcher (z.B. für Lüftungen) und Trennstellen von Blechen.

Für die Reduktion der Schirmwirkung durch kreisförmige Löcher wurde bereits in Abschnitt 3.4.8 eine Näherungsformel angegeben und mit experimentellen Ergebnissen bestätigt. Dem Dämpfungsverlust kann man durch metallische Abdeckungen in Form von Maschendraht oder Lochblechen entgegenwirken (Bild 13.18) [13.3].

Besondere Beeinträchtigungen des Abschirmverhaltens entstehen durch Übergänge zwischen eloxierten Aluminiumblechen, weil die Schicht, die durch diese Art von Oberflächenbehandlung entsteht, elektrisch sehr schlecht leitet. Durch die Berührung solcher Bleche beim Aufbau eines Gehäuses entstehen deshalb keine gut leitenden Kontakte, sondern schlecht leitende Trennfugen. Eine Abschirmung, in der sich zwei Aluminiumbleche mit eloxierter Oberfläche 10 mm überlappen, zeigt ein etwa um 30 dB schlechteres Dämpfungsverhalten als ein Gehäuse mit Aluminiumblechen, deren Oberfläche mit Iridium behandelt wurde.

Gehäuse mit überlappenden verzinnten Eisenblechen zeigen ein um etwa 20 dB besseres Dämpfungsverhalten als vergleichbare Anordnungen mit unbehandelten Aluminiumblechen [13.4].

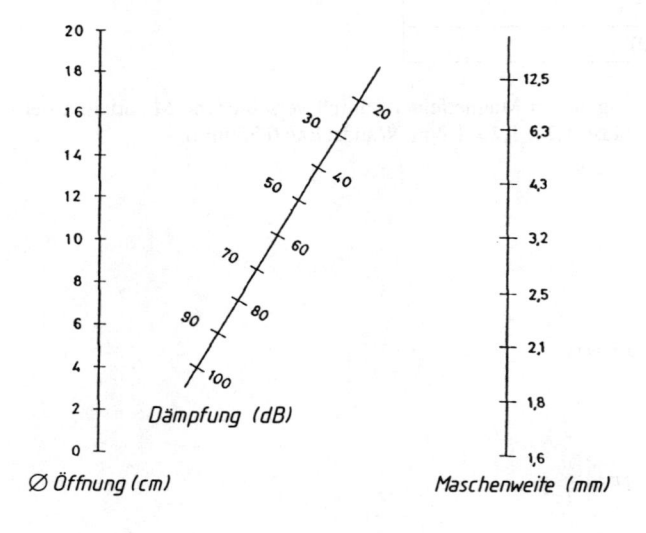

**Bild 13.18**
Schirmdämpfung eines Loches in einem Metallgehäuse durch Abdeckung mit Maschendraht [13.3].

## 13.4.4 Gehäuse gegen elektromagnetische Strahlungsfelder im Bereich > 10 MHz

Das Dämpfungsverhalten von metallischen Abschirmungen im Frequenzbereich > 10 MHz wird weitgehend von den Öffnungen in den Gehäusen bestimmt, die sich teils aus der Funktion des Gerätes und teils aus dem Aufbau des Gehäuses ergeben. Die für die Gehäusewände verwendete Metallart sowie die Wanddicke haben nur geringen Einfluss auf die Dämpfung.

Während Trennfugen in Abschirmungen bei tiefen Frequenzen (< 10 MHz) dazu führen, dass die Strompfade für die zur Abschirmung notwendigen Wirbelströme in den Gehäusewänden unterbrochen werden, beeinträchtigen die gleichen Öffnungen das Dämpfungsverhalten bei hohen Frequenzen > 10 MHz dadurch, dass sie als Antennen wirken.

## 13.4 Abschirmgehäuse

Nach dem Babinet'schen Prinzip wirkt ein Schlitz in einer stromführenden Fläche wie eine Dipol-Antenne, die die gleiche Länge wie der Schlitz aufweist (Bild 13.19). Diese Antennenwirkung macht sich nicht erst dann bemerkbar. Wenn die Schlitzlänge gleich der Wellenlänge des abzuschirmenden Feldes ist, sondern schon bei Frequenzen, die wesentlich tiefer sind als die Eigenfrequenzen der Antenne.

Bild 13.20a zeigt, wie sich die Schlitzlänge bei einer Frequenz von 200 MHz auf die Dämpfung des elektromagnetischen Feldes auswirkt [13.3]. Die Länge der wirksamen Schlitze wird durch den Abstand der Verbindungsschrauben am Gehäuse bestimmt.

Die Schlitzabstrahlung wird geringer, wenn man die Spalte zwischen den Blechteilen mit leitenden Dichtungen versieht. Aber auch dann spielt der Schraubenabstand eine Rolle, wenn auch eine geringere (Bild 13.20b).

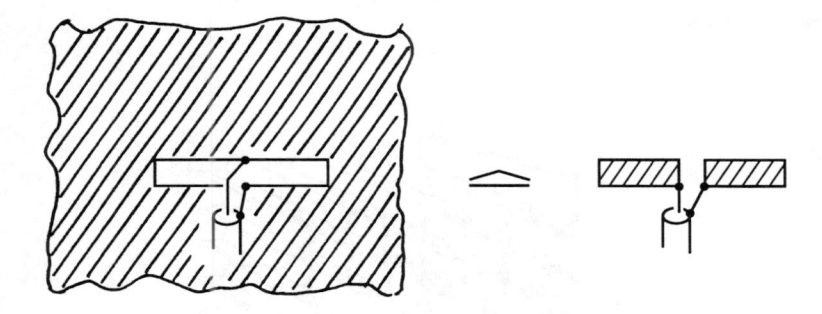

**Bild 13.19** Die Äquivalenz eines Schlitzes in einem Gehäuse mit einem Antennendipol (Babinet'sches Prinzip).

Mitunter sind in Geräten, die mit hohen Frequenzen betrieben werden, große Öffnungen aus funktionalen Gründen unvermeidlich, z.B. für die Lüftung. In solchen Fällen lässt sich der damit verbundene Verlust an Schirmdämpfung in Grenzen halten, wenn man über der Öffnung ein Stück eines Metallrohres anbringt (Bild 13.21a). Man kann auch sogenannte Wabenkaminfenster verwenden, in denen eine große Zahl von kleinen Rohren vor der Öffnung parallel gebündelt sind (Bild 13.21b). Mit dieser Methode wird das Verhalten von Hohlleitern ausgenützt, die weit unterhalb der Grenzfrequenz jedes in das Rohr eindringende Feld stark dämpfen. Die Grenzfrequenz beträgt:

$$f_g = \frac{1{,}5 \cdot 10^8}{d} [\text{Hz}]$$

In dieser Gleichung ist $d$ der Rohrdurchmesser in Metern.. Die Dämpfung $A_R$ für ein Rohr beträgt [13.5]

$$A_R = 27{,}3 \frac{L}{d} [\text{Hz}]$$

Darin ist $L$ die Rohrlänge.

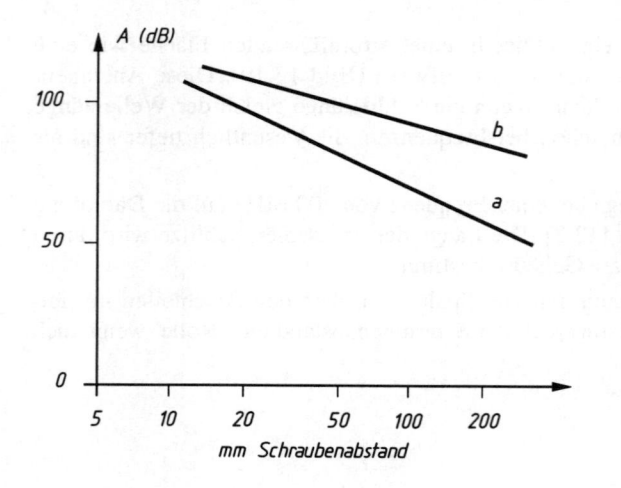

**Bild 13.20**
Abhängigkeit der Gehäusedämpfung vom Abstand der Verbindungsschrauben.
a) Al auf Al
 (2,5 mm dick, 12 mm überlappt)
b) Al - Al mit Dichtung aus Stahl-
 gewebe
(Messfrequenz 200 MHz)

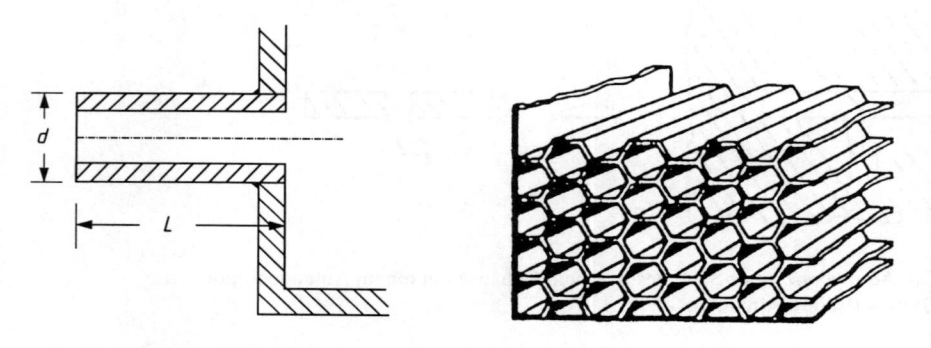

**Bild 13.21** Einzelner Hohlleiter und Wabenkaminfenster zur Behinderung des Feldeintritts in Öffnungen.

## 13.5 Literatur

[13.1] *K.-J. Best, J. Bork*: Abschirmkabinen in medizinischer Diagnose und Halbleiter-
 technologie
 Etz, Bd. 110 (1989), S. 814 - 818

[13.2] *R. Boll, L. Borek*: Elektromagnetische Schirmung
 NTG-Fachbericht Bd. 76, VDE-Verlag

[13.3] Electromagnetic Compatibility Bulletin No. 7
 EIA Engineering Department, Washington, 1966

[13.4] *L. O. Hoeft*: The case to identifying contact impendance as the major electromagnetic
 hardness degradation factor
 IEEE EMC-Symposium, 1986

[13.5] *C. R. Paul, S. A. Nasar*: Introduction to Electromagnetic Fields, Second edition,
 Mc Graw-Hill, N.Y., 1987

[13.6] *J.R. Moser*: Low-Frequency Low-Impendance Electromagnetic Shielding
 IEEE Transactions on EMC 1988 p. 202 - 210

# 14 Filtereinsatz

> Im Rahmen der EMV-Praxis gibt es drei Bereiche, in denen besonders häufig Filter eingesetzt werden:
> - die Funkentstörung
> - der Störschutz
> - die Verhinderung von Beeinflussungen zwischen Schaltungsteilen über die gemeinsame Gleichspannungsversorgung.

Mit der Funkentstörung wird, u.a. durch Einsatz von Filtern, sichergestellt, dass von Geräten, in denen absichtlich oder unabsichtlich hochfrequente elektrische Vorgänge stattfinden, nur soviel Hochfrequenzenergie nach aussen dringen kann, wie gesetzlich zulässig ist. In den Bildern 2.9 und 2.17 sind solche gesetzlichen Grenzen eingezeichnet.

Während es bei der Funkentstörung darum geht zu verhindern, dass Hochfrequenzenergie nach aussen gelangt, besteht die Aufgabe des Störschutzes darin, das Eindringen störender hochfrequenter Vorgänge in eine empfindliche Schaltung zu verhindern.

## 14.1 Zusammenwirken von Funkentstörungs- und Störschutzfiltern mit ihrer elektrischen Umgebung

Filterwirkungen beruhen auf dem Prinzip der Spannungsteilung in dem Sinn, dass ein möglichst geringer Spannungsanteil in die Störsenke gelangt. An dieser Teilung sind auch die Innenwiderstände der Schaltungen beteiligt, die sich zu beiden Seiten des Filters befinden.

> Wenn Filter sehr einfach aufgebaut sind und z.B. nur aus einer Spule, einem Kondensator oder einem LC-Glied bestehen, hängt die Filterwirkung stark von den Innenwiderständen der Störquelle und der Störsenke ab.

Bild 14.1 vermittelt einen Überblick über die einfachen Filtertypen, die bei verschiedenen Kombinationen von Innenwiderständen der Störquellen und Störsenken einzusetzen sind, damit die erwünschte Spannungsteilung der Störspannung zustande kommt.

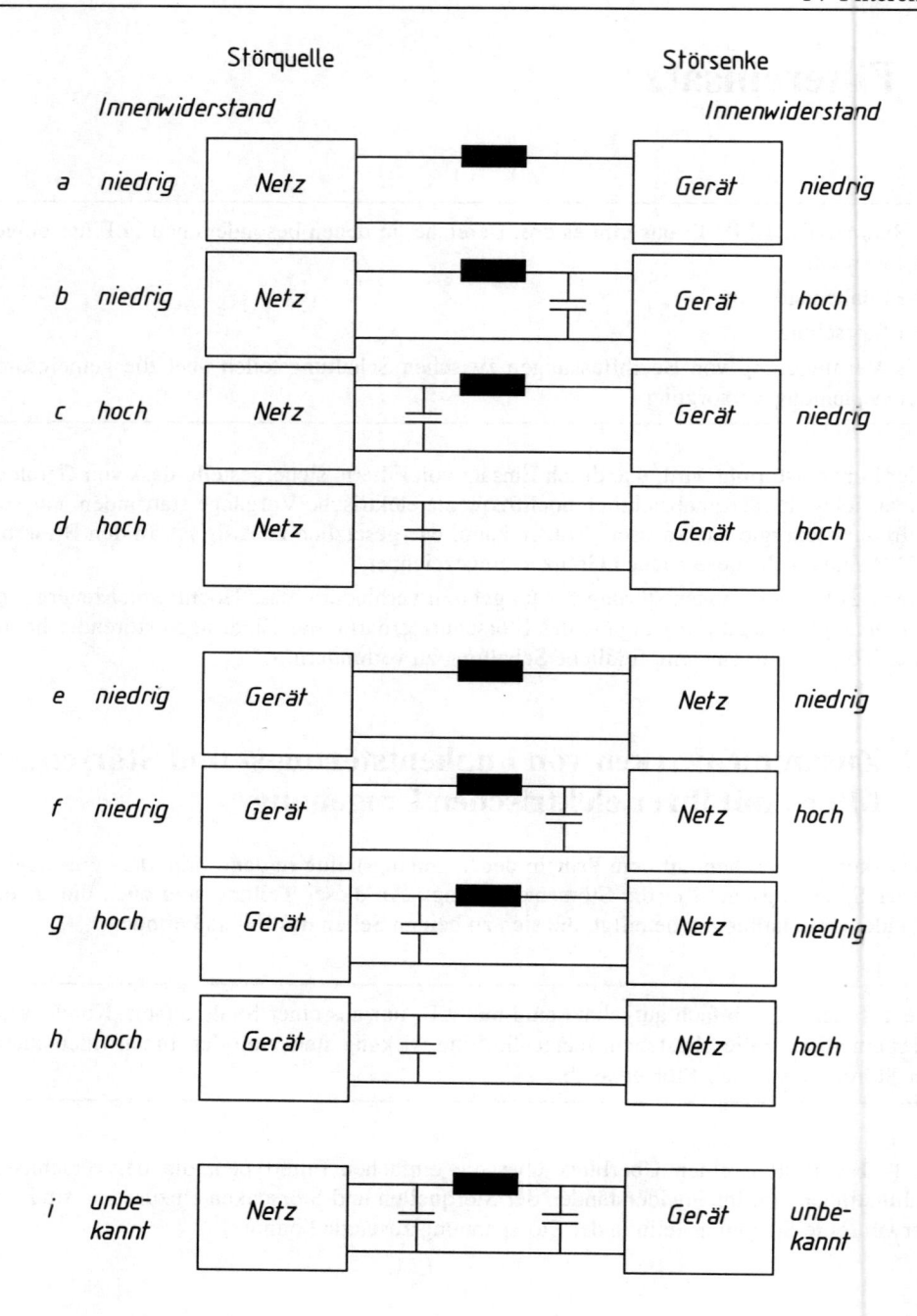

**Bild 14.1** Einfache Entstör- und Störschutz-Filtertypen bei verschiedenen Innenwiderständen von Störsenke und Störquelle.

## 14.2 Filter in den Netzanschlüssen

In Bild 14.2 ist die Spannungsteilung am Beispiel der Schaltungen b und c aus Bild 14.1 mit Hilfe verschieden langer Spannungspfeile dargestellt:

- In der Schaltung b speist die niederohmige Störspannungsquelle einen Spannungsteiler, der aus der Längsinduktivität und der Querkapazität besteht. Bei hohen Frequenzen übernimmt die Kapazität nur einen geringen Teil der Störspannung. Weil die Störsenke parallel zur Querkapazität angeschlossen ist, wird sie auch nur mit einem reduzierten Anteil der Störspannung beansprucht.
- In der Schaltung c tritt eine Spannungsteilung zwischen dem hohen Innenwiderstand der Störquelle und der Querkapazität ein. Eine zweite Spannungsteilung findet zwischen der Längsinduktivität und dem niedrigen Innenwiderstand der Störsenke statt. Durch diese doppelte Spannungsteilung gelangt nur ein geringer Teil der Störspannung in die Störsenke.

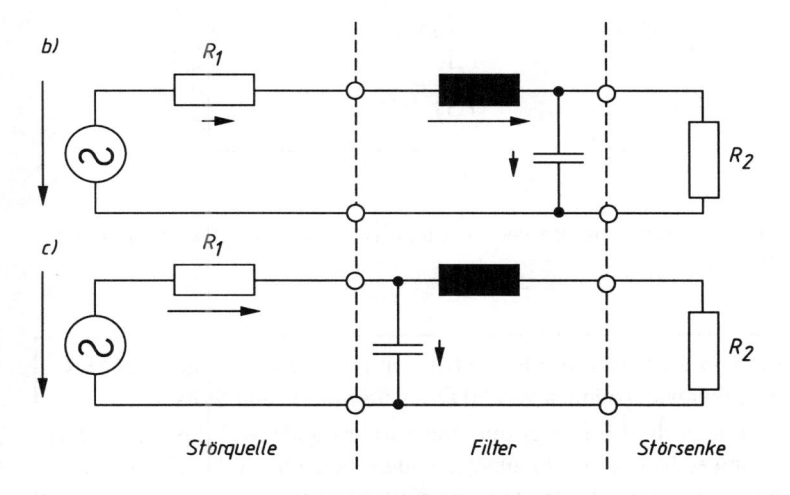

**Bild 14.2**   Spannungsaufteilung zwischen den Innenwiderständen von Störquelle und Störsenke sowie den Elementen eines LC-Filters.
(b) $R_1$ niedrig,   $R_2$ hoch
(c) $R_1$ hoch,     $R_2$ niedrig

In den Anordnungen a, b, c und d von Bild 14.1 wirken die Filter als Störschutz und in den Schaltungen e, f, g und h als Entstörfilter: Die Filter-Innenwiderstand-Kombinationen sind der besseren Übersicht wegen einpolig dargestellt. Sie können sinngemäss auf Mehrleiterstrukturen, wie Netze mit Schutzleitern oder Drehstromnetze, übertragen werden.

## 14.2 Filter in den Netzanschlüssen

Die Wirksamkeit eines Netzfilters drückt sich zum einen in der bewirkten symmetrischen und zum anderen in der asymmetrischen Dämpfung aus. Die symmetrische Dämpfung ist ein Mass dafür, wie stark eine Störspannung verringert wird, die zwischen dem P- und dem N-Leiter des Netzes auftritt. Die asymmetrische Dämpfung führt zu einer Reduktion der Störspannung, die zwischen den P- und N-Leitern einerseits und dem Schutzleiter oder der Erde andererseits wirksam ist.

Die Normen zur Messung der Dämpfungswerte von Filtern schreiben vor, dass in der Messeinrichtung die Innenwiderstände von Störsenke und Störquelle durch ohmsche Widerstände mit einem Widerstandswert von 50 Ω simuliert werden. In Bild 14.3 sind die Schaltungen zur Messung der beiden Dämpfungskomponenten dargestellt.

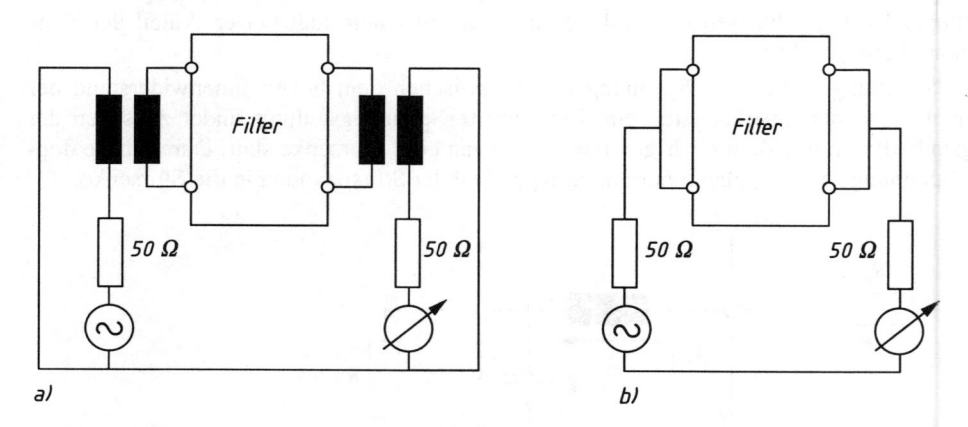

**Bild 14.3** Schaltungen zur Messung der symmetrischen (a) und asymmetrischen Dämpfungskomponente (b) eines Filters.

> Die Dämpfungsangaben in den Katalogen der Hersteller von Netzfiltern beruhen auf Messungen mit den genormten Innenwiderständen von 50 Ω für Störquelle und Störsenke.
>
> Beim praktischen Einsatz finden die Filter meistens Innenwiderstände vor, die mehr oder weniger stark von 50 Ω abweichen. Deshalb unterscheiden sich die praktisch erzielten Dämpfungswerte auch mehr oder weniger stark von den Katalogwerten.

Bild 14.4 zeigt das Dämpfungsverhalten von zwei einfachen Filterelementen, und zwar einer Längsspule und eines Querkondensators in einer Leitung. Dabei wurde ein gewickelter Kondensator mit Drahtanschlüssen verwendet. In beiden Fällen wäre der Dämpfungsverlauf eines idealen Kondensators bzw. einer idealen Spule in der logarithmischen Darstellung eine ansteigende Gerade.

Beim Kondensatorfilter (Bild 14.4a) ist die gemessene Abweichung vom idealen Verlauf auf die Eigeninduktivität des Kondensators und seiner Drahtanschlüsse zurückzuführen. Kapazität und Eigeninduktivität bilden einen Reihenschwingkreis, der im Bereich von etwa 3 MHz in Resonanz gerät und wie ein Saugfilter die Dämpfung erhöht. Mit steigender Frequenz überwiegt die Eigeninduktivität des Kondensators und die Dämpfung nimmt dadurch ab.

Im Spulenfilter (Bild 14.4b) ergibt sich eine Abweichung vom idealen Verlauf durch die Streukapazität, die parallel zur Spule wirksam ist. Dadurch entsteht ein Parallelschwingkreis mit einer Eigenfrequenz bei etwa 30 MHz mit entsprechendem Dämpfungsanstieg. Bei hohen Frequenzen überwiegt der Einfluss der Streukapazität und dadurch nimmt die Dämpfung mit zunehmender Frequenz ab.

## 14.2 Filter in den Netzanschlüssen

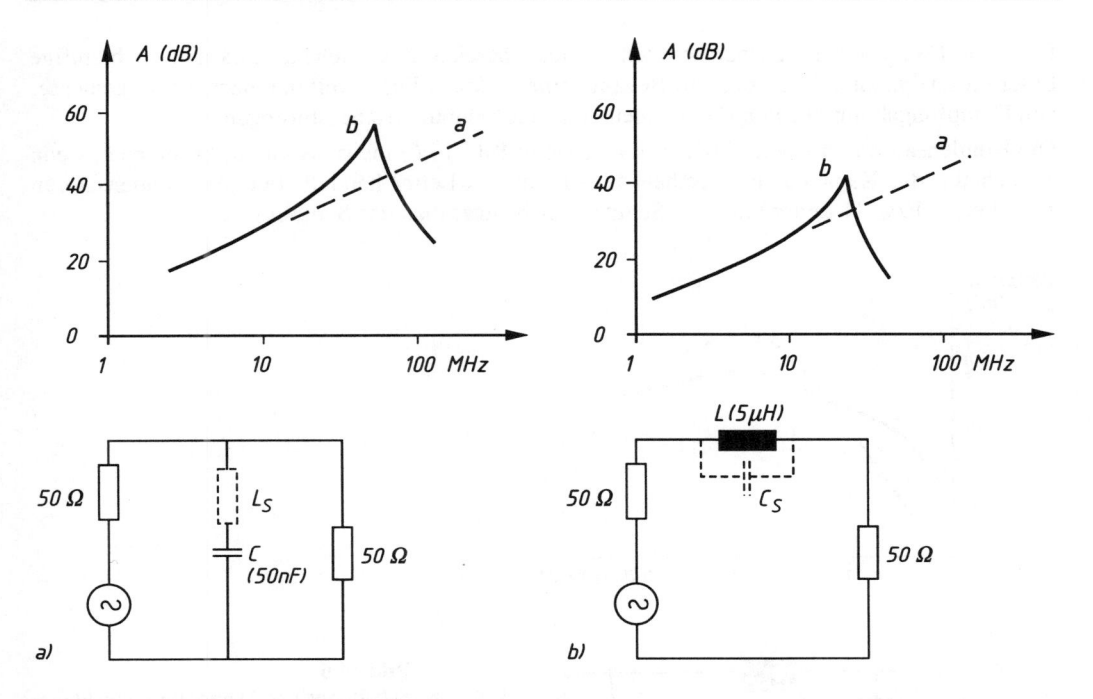

**Bild 14.4** Ideales (a) und reales (b) Dämpfungsverhalten einer Spule und eines Kondensators mit Drahtanschlüssen.

Die Wirkung eines einfachen Kondensatorfilters lässt sich wesentlich verbessern, wenn man anstelle von Kondensatoren mit Drahtanschlüssen sogenannte Durchführungskondensatoren verwendet (engl. feedthrough capacitors). Das Bild 14.5 zeigt den Unterschied im Dämpfungsverlauf zwischen den beiden Kondensatortypen.

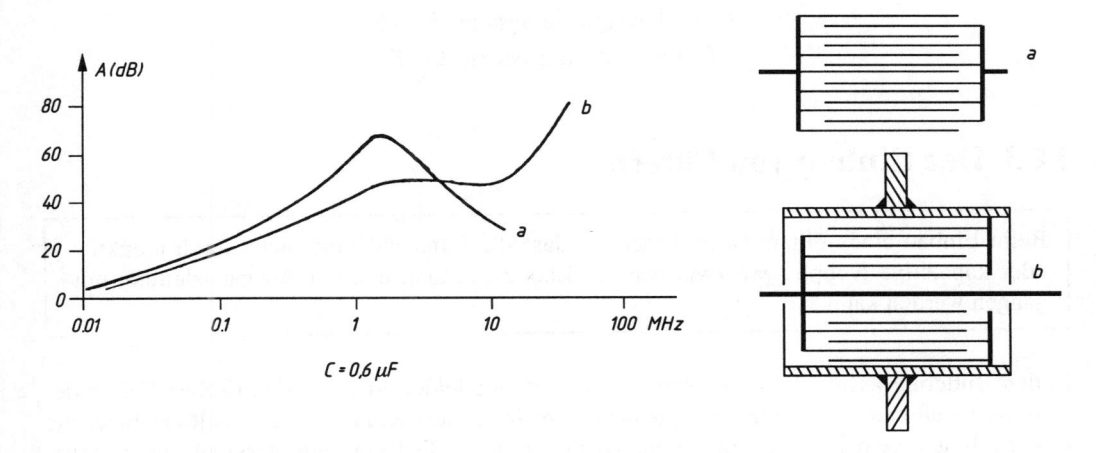

**Bild 14.5** Dämpfungsverhalten eines Kondensators mit Drahtanschlüssen (a) und eines Durchführungskondensators (b), gemessen in der Normschaltung mit $R_i = 50\ \Omega$.

Um hohe Dämpfungen in einem breiten Frequenzbereich zu erreichen, muss man mehrstufige Filter einsetzen. Bild 14.6 zeigt ein Beispiel eines solchen Filters mit den nach Norm gemessenen Dämpfungskomponenten für symmetrische und asymmetrische Störungen.

Die Kondensatoren in einem Filter werden (wie in Bild 14.6) meistens mit $C_x$ bezeichnet, wenn es sich um die Kapazitäten zwischen dem P- und N-Leiter handelt. Für die Kondensatoren zwischen P- bzw. N-Leiter und dem Schutzleiter benutzt man das Symbol $C_y$.

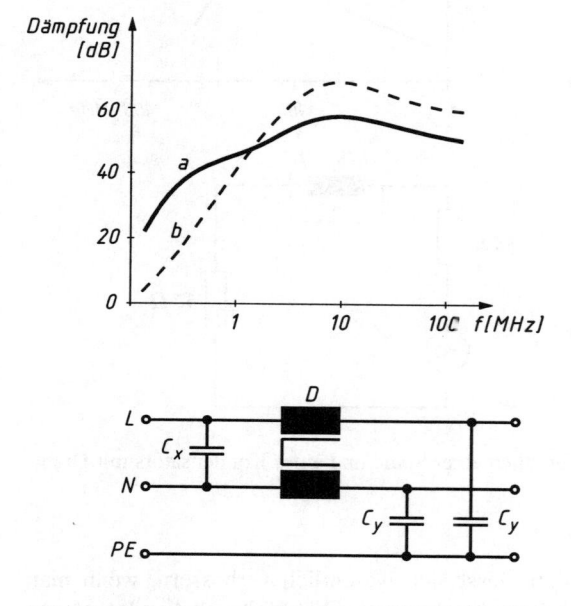

**Bild 14.6**
Schaltungs und Dämpfungscharakteristik eines typischen mehrstufigen Netzfilters.
a) asymmetrisch
b) symmetrisch

Die $C_y$-Kondensatoren dürfen nicht beliebig gross gewählt werden, damit bei der Unterbrechung des Schutzleiters keine Personengefährdungen entstehen können. Damit die nach VDE 0875, VDE 0470 und VDE 0550 zulässigen Körperströme nicht überschritten werden, müssen folgende Grenzwerte eingehalten werden:

$C_y$ für bewegliche Systeme 2,5 nF

$C_y$ für ortsfeste Systeme 25 nF

## 14.3 Der Einbau von Filtern

> Beim Einbau eines Filters ist zu beachten, dass die Filterschaltung nicht durch induktive oder kapazitive Kopplungen zwischen der Eingangsleitung und der Ausgangsleitung umgangen werden kann.

In den Bildern 14.7a und 14.7b haben z.B. die Magnetfelder oder die elektrischen Felder der störungsbehafteten Netzleitung Gelegenheit, um das Filter herum in die Schaltung bzw. die Leitung hinter dem Filter einzugreifen. Damit wird ein Teil der Filterwirkung zunichte gemacht. Wenn jedoch, wie in Bild 14.7c, das metallische Gehäuse des Filters in die Gehäuseabschirmung integriert wird, ist diese Gefahr gebannt.

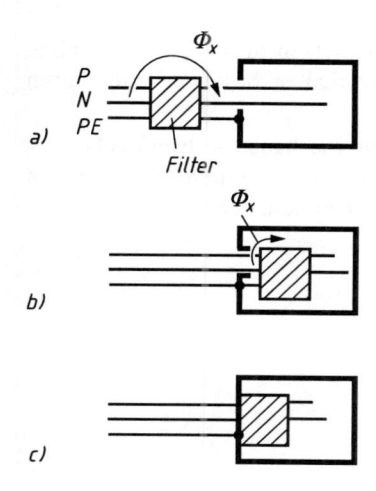

14.4 Filter in Signalleitungen

**Bild 14.7**
Anordnung eines Netzfilters am Netzanschluss eines abgeschirmten Gerätes.
(a) (b)   ungeeignete Lösung
(c)       guter Aufbau

## 14.4 Filter in Signalleitungen

In Signalleitungen werden Filter vor allem dazu eingesetzt, um in Systemen mit symmetrischer Signalübertragung asymmetrische Störanteile zu dämpfen. Zu diesem Zweck werden z.B. Kondensatoren zwischen den Signalleitern und der Masse angebracht. Da sie aber gleichzeitig das Nutzsignal belasten, dürfen sie nicht beliebig gross sein. Die Höhe der noch tolerierbaren Kapazität richtet sich nach der im konkreten Fall zulässigen Verzerrung des zu übertragenden Signals.

Eine zweite Möglichkeit zur Filterung besteht darin, die asymmetrische Komponente dadurch zu dämpfen, indem man beide Leiter der Signalleitung gleichzeitig durch einen Ferritkern führt. Besonders empfehlenswert sind in diesem Zusammenhang sogenannte Klapp-Kerne, die aus zwei Hälften zusammengesetzt sind und deshalb leicht über einer bestehenden Leitung angebracht werden können.

Für standardisierte Datenleitungen – wie z.B. RS 232 oder Centronics – sind Stecker mit integrierten Filtern im Handel erhältlich.

## 14.5 Filter in der Gleichspannungsversorgung

In der Gleichspannungsversorgung eines Systems sind Filter dann notwendig, wenn in einem Schaltungsteil steile Impulse oder sinusförmige hochfrequente Spannungen erzeugt werden und verhindert werden muss, dass Teile dieser Vorgänge über die gemeinsame Spannungsversorgung als Störung in andere Systemteile gelangen. Es gibt drei Bereiche in elektrischen Systemen, die in diesem Zusammenhang besonders beachtet werden müssen:

- der Ausgang von Schaltnetzteilen
- die Spannungsversorgung von clock-Generatoren in digitalen Schaltungen
- die Zuführung der Gleichspannung zum Digitalteil in einer gemischt analog-digitalen Schaltung

Am Ausgang von Schaltnetzteilen werden Filter angebracht, die Netzentstörfiltern sehr ähnlich sind. Alle Filterhersteller bieten Filter an, deren Dämpfungsverhalten besonders auf diesen Zweck zugeschnitten ist.

Für die Filterung der Spannungsversorgung von clock-Generatoren haben sich einfache LC-Filter als ausreichend erwiesen, die zur Vermeidung von Resonanzerscheinungen mit einem Widerstand gedämpft sind. Bild 14.8 zeigt ein Beispiel einer solchen Schaltung.

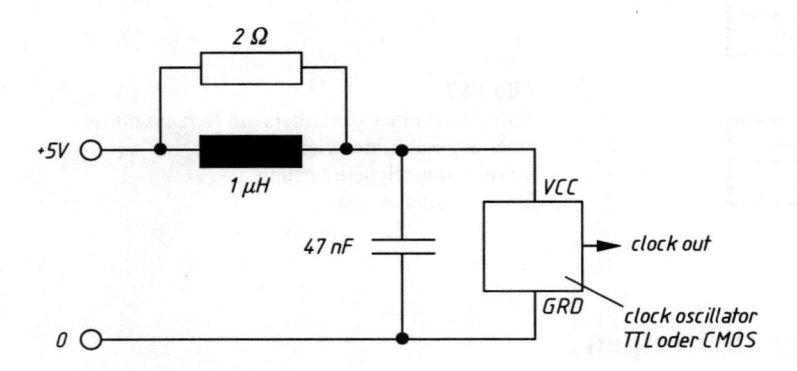

**Bild 14.8** Gedämpftes LC-Filter in der Spannungszuführung eines clock-Generators.

Die Frequenz, bei der eine Dämpfung von 20 dB erreicht wird, ist

$$f_{20dB} = \frac{3{,}2}{\sqrt{LC}} \; .$$

Für die aperiodische Dämpfung ist ein Widerstand notwendig von

$$R = \frac{1}{2}\sqrt{\frac{L}{C}} \; .$$

Man kann den gleichen Filtertyp verwenden, um die Spannungsversorgung eines Digitalteils von der eines analogen Schaltungsteils zu trennen.

# 15 Stützkondensatoren in digitalen Schaltungen

> Stützkondensatoren haben zwei Aufgaben:
> - Als lokale Energiequelle sorgen sie dafür, dass keine starken Spannungseinbrüche beim Schalten von Logikgattern entstehen und verhindern damit, dass benachbarte Gatter durch Unterschreiten der Speisespannung unabsichtlich schalten (s. Beispiel 8.1).
> - Sie wirken als Filter gegen die Verbreitung von Spannungssprüngen in der Gleichspannungsversorgung nach dem Schalten von Logikgattern und reduzieren damit die Störabstrahlung der Schaltung.

Stützkondensatoren (engl. decoupling capacitors) sind Bauelemente, die in der Nähe der Anschlüsse zur Spannungsversorgung der einzelnen Module in logischen Schaltungen angebracht werden.

In Bild 15.1 sind die Stromflüsse skizziert, die in Logikgattern bei Zustandsänderungen von high to low (H - L) und von low to high (L - H) mit und ohne Stützkondensatoren stattfinden. Die Darstellung macht deutlich, dass der Einbau der Kondensatoren dazu führt, dass sich der Stromfluss beim Schalten auf die unmittelbare Umgebung des Gatters konzentriert.

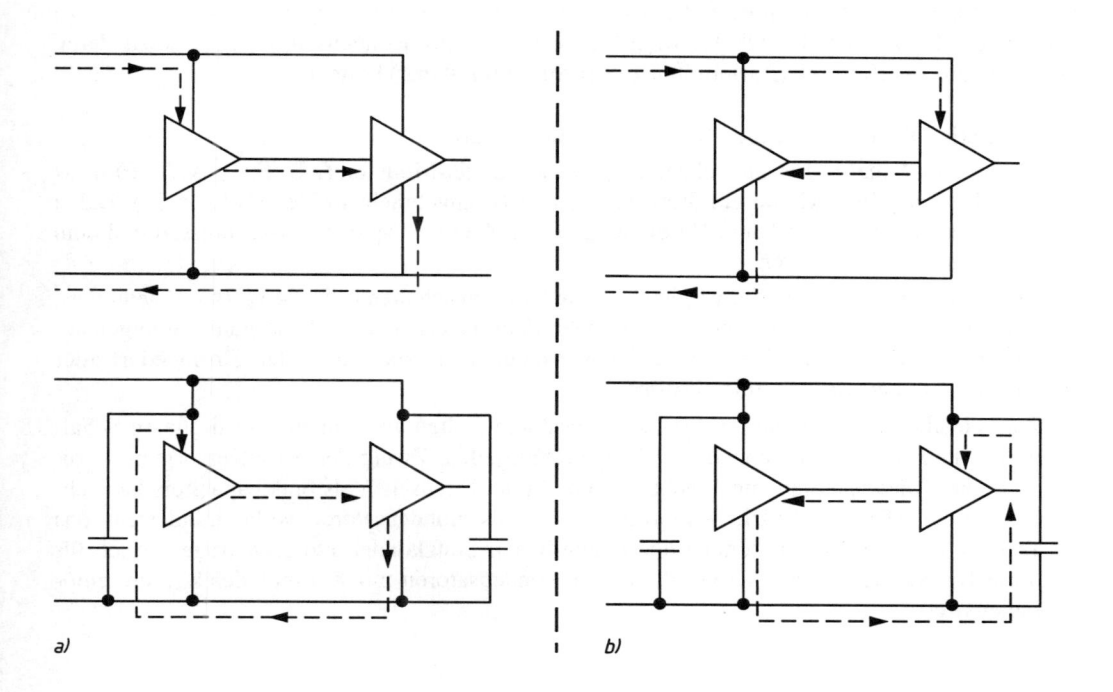

**Bild 15.1** Stromfluss in einem schaltenden Logikgatter mit und ohne Stützkondensatoren.
  a) Schaltung high - low
  b) Schaltung low - high

Die Wahl der Kapazitätswerte für die Stützkondensatoren hängt von drei Parametern ab:
- der Höhe des Spannungseinbruchs $U_E$, den man mit Rücksicht auf die zulässige untere Grenze der Speisung der benachbarten Logikgatter erlaubt,
- der Zeit $t_a$, in der das Gatter schaltet,
- dem Strom $i_a$, der während des Schaltvorgangs fliesst.

Die nötige Stützkapazität $C$ ergibt sich dann aus der Gleichung

$$C = \frac{i_a t_a}{U_E}$$

Mit dieser Gleichung ergibt sich dann z.B. für einen ECL-10 k-Modul mit den Kenndaten $i_a$ = 5 mA, $U_E$ = 0,4 V und $t_a$ = 2 ns ein Kapazitätswert von 250 pF.

---

Es ist nicht sinnvoll, mit möglichst grossen Kapazitätswerten einen möglichst kleinen Spannungseinbruch $U_E$ anzustreben. Mit einer Erhöhung der Kapazität erniedrigt man die Eigenresonanz des Kondensators mit seinen Anschlussleitungen. Eine Eigenresonanz der Stützkapazität ist schädlich, weil der Kondensator damit seine Eigenschaft als Kapazität verliert.

---

Um möglichst hohe Resonanzfrequenzen zu erreichen, ist es neben der Wahl einer möglichst kleinen Stützkapazität auch notwendig, Kondensatoren mit einer niedrigen Eigeninduktivität zu verwenden. Es werden deshalb für diesen Zweck meistens Kondensatoren eingesetzt, deren Dielektrikum aus Keramik (Bariumtitanat oder Strontiumtitanat) besteht.

In der Praxis haben sich folgende Konstellationen bewährt:
- In digitalen Schaltungen mit schnell schaltenden Logik-Modulen (z.B. ECL, ACT, F) muss an jedem einzelnen Modul ein Stützkondensator $C_s$ angebracht werden (Bild 15.2a). Dabei ist besonderer Wert auf kurze Verbindungen zwischen den Spannungsanschlüssen und dem Stützkondensator zu legen.
- In digitalen Schaltungen, die vergleichsweise langsam schalten (z.B. 74 L, 74 C), genügt es, Stützkondensatoren in Abständen von einigen Zentimetern an den Versorgungsleitungen anzubringen (Bild 15.2b). Die Grösse der Kapazität wird dabei durch den Strombedarf aller dazwischenliegenden Module bestimmt.
- Zur schnellen Nachladung der Stützkondensatoren sollten am Eingang der digitalen Schaltung – und bei schnell schaltenden Modulen an jedem Zweig der Stromversorgung – zusätzliche Kondensatoren angebracht werden, die im Englischen als bulk capacitors bezeichnet werden (Bild 15.2). Die Kapazität dieser bulk-Kondensatoren sollte mindestens das Zehnfache der Kapazitätssumme der zugeordneten Stützkondensatoren betragen. Auch für diese Kapazitäten ist die Verwendung von Kondensatoren mit Keramikdielektrikum empfehlenswert.

bulk-Kondensatoren

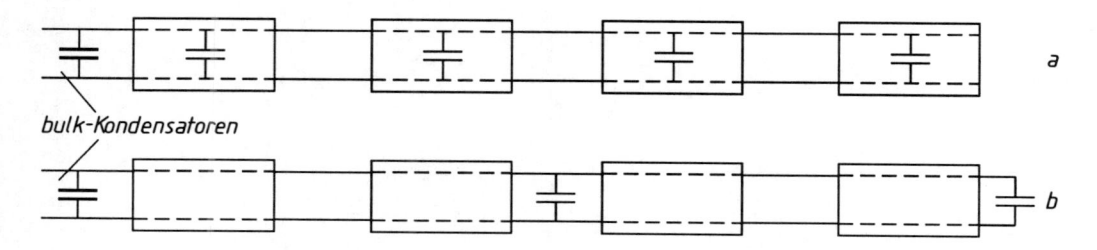

**Bild 15.2** Anordnung von Stütz- und bulk-Kondensatoren an Logik-Modulen für (a) schnell und (b) langsam schaltende Logikfamilien.

Elektrolytkondensatoren sind wegen ihrer schlechten Hochfrequenzeigenschaften für den Einsatz als bulk- oder Stützkondensatoren nicht geeignet.

# 16 Schutz von Netzzuführungen und Signalleitungen mit Überspannungsableitern

Ein solcher Schutz hat die Aufgabe, gelegentlich auftretende impulsartige Überspannungen, die über den Netzanschluss auf ein Gerät zukommen, am Eingang des Apparates auf eine bestimmte Amplitude zu begrenzen. Es werden dafür hauptsächlich drei Ableitertypen eingesetzt:
- edelgasgefüllte Funkenstrecken
- spannungsabhängige Widerstände aus Zinkoxid (ZnO)
  (Varistoren (variable resistors))
- Halbleiter auf Siliziumbasis

Jeder der drei Typen hat besondere Eigenschaften im Hinblick auf Ansprechverhalten und Eigenkapazität, die bei seinem Einsatz unbedingt zu beachten sind.

## 16.1 Schutz von Netzzuführungen

Zum Schutz von Netzzuführungen werden meistens Varistoren oder edelgasgefüllte Funkenstrecken eingesetzt.
**Varistoren** sind spannungsabhängige Widerstände mit einer symmetrischen nichtlinearen Strom-Spannungskennlinie (Bild 16.1).

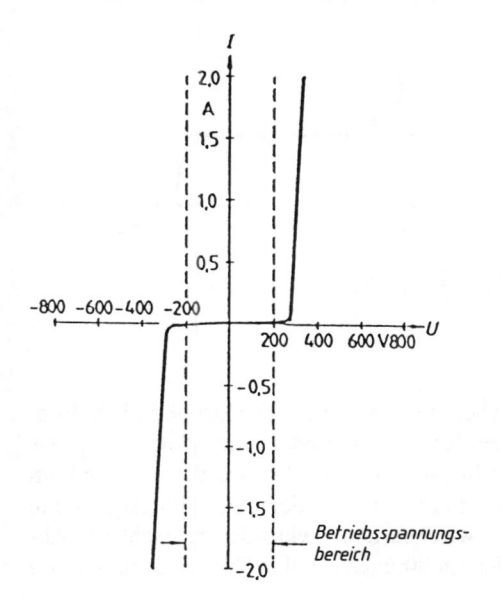

**Bild 16.1**
Kennlinie eines ZnO-Varistors
(Siemens Typ SIOV-S 10 K 150) [16.1].

Sie begrenzen Spannungen je nach Typ auf Werte von etwa 3 V bis in den Hochspannungsbereich. Man darf aber solchen Bauelementen nicht zu hohe Spannungen zur Begrenzung anbieten, weil dann die Ströme durch das nichtlineare Widerstandsmaterial zu gross werden und zu irreversiblen Schäden führen. In den Datenblättern findet man Grenzwerte für die Amplituden von rechteckförmigen Strömen mit 10 $\mu$s Dauer, die z.B. durch Blitzüberspannungen verursacht werden, und Werte für Ströme mit 2 ms Dauer, die bei der Begrenzung von Wechselspannungen vorkommen. Zusätzlich spielt dabei noch eine Rolle, ob ein solcher Strom während der gesamten Lebensdauer des Varistors nur einmal oder wiederholt auftritt.

Nach dem Abklingen der Überspannung begeben sich ZnO-Varistoren von selbst wieder in den Anfangszustand zurück. Ihr Widerstand ist im Spannungsbereich unterhalb des Begrenzungsniveaus so hoch, dass sie ohne zusätzliche Trennfunkenstrecken direkt mit der Netzspannung betrieben werden können, ohne sich unzulässig zu erwärmen.

◆ **Beispiel 16.1**
Der Varistor SIOV-S 10 K 150, dessen Kennlinie in Bild 16.1 dargestellt ist, kann zum Beispiel direkt an eine Leitung angeschlossen werden, die eine Spannung von 200 Volt Scheitelwert führt, weil der Widerstand bis zu dieser Spannung so hoch ist, dass keine nennenswerten Verluste und damit thermische Probleme entstehen.

Dieses Bauelement verträgt einen Impulsstrom von 20 $\mu$s Dauer mit einer Amplitude von 25 A beliebig oft. Hingegen verkraftet es einen Strom von 2500 A gleicher Dauer nur ein einziges Mal.

Die entsprechenden Beanspruchungsgrenzen für einen länger andauernden Rechteckstrom (2 ms) lauten: 5 A beliebig oft und 30 A einmalig. ◆

Wenn ein steil ansteigender Strom einem Varistor eingeprägt wird, z.B. durch einen Blitzeinschlag (Stirnzeit > 100 ns), reagiert er für kurze Zeit mit einem leichten Anstieg der Begrenzungsspannung (Bild 16.2).

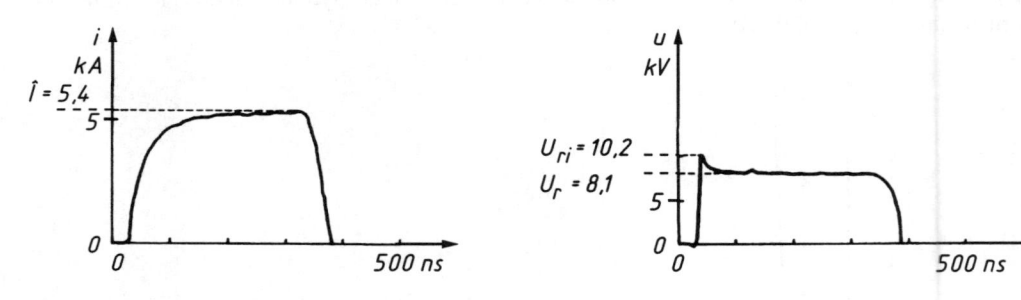

**Bild 16.2** Strom- und Spannungsverläufe eines ZnO-Widerstands [16.2].

**Edelgasgefüllte Funkenstrecken**

Diese Überspannungsableiter bestehen im wesentlichen aus den beiden Elektroden einer Funkenstrecke, die sich in einem Gefäss aus Glas oder Keramik befinden, das gleichzeitig das Gasentladungsmedium für die Funkenbildung einschliesst (Bild 16.3). Bei diesem Medium handelt es sich meistens um Argon. Die Spannung wird auf den Wert der Überschlagsspannung der Funkenstrecke begrenzt. Nach dem Überschlag zwischen den Elektroden herrscht am Ableiter dann nur noch die Spannung des Funkens oder Lichtbogens in der Grössenordnung von 10 V.

## 16.1 Schutz von Netzzuführungen

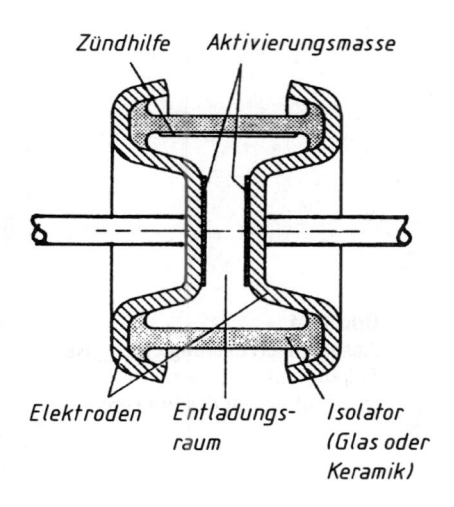

**Bild 16.3**
Prinzipieller Aufbau einer edelgasgefüllten Funkenstrecke (Siemens).

Beschriftungen: Zündhilfe, Aktivierungsmasse, Elektroden, Entladungsraum, Isolator (Glas oder Keramik)

> Edelgasgefüllte Funkenstrecken haben, verglichen mit den Varistoren, den Vorteil, dass sie wesentlich grössere Ströme ohne bleibende Schäden führen können und zwar im $\mu s$ Bereich bis zu einigen $10^4$ A. Sie können dies auch beliebig oft tun, ohne ihre Charakteristik zu verändern.

Dem stehen aber zwei Nachteile gegenüber:

☐ Zum einen kehren die Funkenstrecken nicht wie die Varistoren von selbst in den Ruhezustand zurück, sondern der Strom muss mit irgendeinem Hilfsmittel unterbrochen werden, damit der Funke löscht. Man kann dies zum Beispiel mit einer Sicherung erreichen.
☐ Der zweite Nachteil besteht darin, dass der Begrenzungseffekt erst mit einer zeitlichen Verzögerung einsetzt.

Die Verzögerung ergibt sich aus dem Zeitbedarf für den Aufbau eines Funkens, der wie folgt stattfindet: Wenn die Spannung an der Funkenstrecke die sogenannte Anfangsspannung $U_a$ erreicht, setzen ausgehend von einem einzelnen Elektron Ionisationsprozesse ein, deren Zahl lawinenartig zunimmt. Erst wenn etwa $10^8$ solcher Ionisationen stattgefunden haben, kommt es zur Funkenbildung und damit zum Begrenzungseffekt.

In erster Näherung kann man davon ausgehen, dass für die Zeit vom Beginn der Ionisation bis zum Funken eine feste Aufbauzeit $t_a$ benötigt wird. Während dieser Zeit steigt aber die Spannung über die Anfangsspannung $U_a$ hinaus noch weiter an, und zwar umso höher, je steiler die zu begrenzende Spannung verläuft. (Bild 16.4).

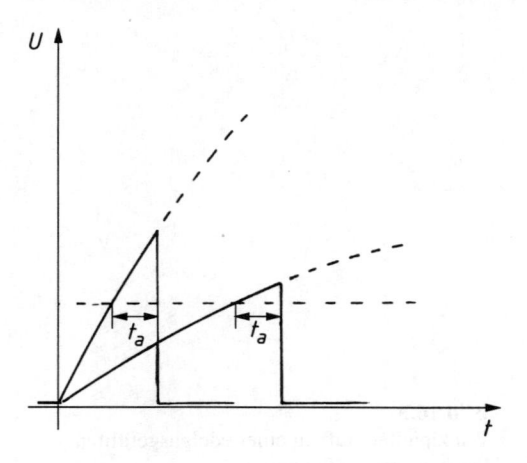

**Bild 16.4**
Ansprechverzögerung einer gasgefüllten Funkenstrecke.
($t_a$ = Aufbauzeit des Funkens)

◆ **Beispiel 16.2**
Bild 16.5 zeigt das Verhalten einer edelgasgefüllten Funkenstrecke bei Beanspruchungen mit mehr oder weniger steilen Impulsen [16.3].
Bei einer langsam ansteigender Spannung – z.B. einer Gleichspannung – spricht der Ableiter bei 90 V an. Die Oszillogramme machen deutlich, dass bei steil ansteigender Spannung die Ansprechschwelle, verglichen mit derjenigen bei Gleichspannung, bis auf das Zehnfache ansteigt. ◆

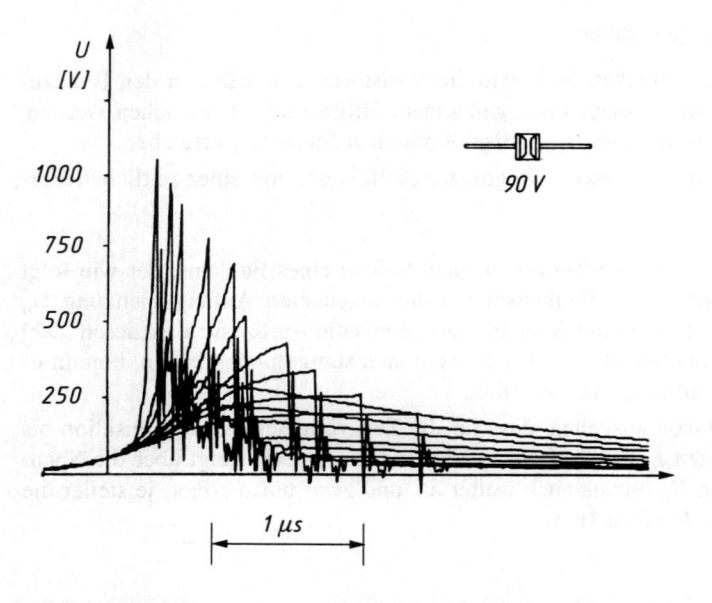

**Bild 16.5** Verhalten einer gasgefüllten Funkenstrecke gegenüber mehr oder weniger steilen Impulsen.

## 16.2 Schutz von Signal- und Datenleitungen durch Überspannungsableiter

Die Betriebsspannungen auf Signalleitungen liegen meistens im Bereich von einigen Volt bis herab zu einigen Mikrovolt. Die Überspannungsableiter müssen deshalb sicherstellen, dass die Spannungen an den Leitungseingängen höchstens auf einige Volt ansteigen. Zur Begrenzung von Spannungen auf derart niedrige Werte werden entweder Halbleiter in Form von Zenerdioden bzw. gewöhnlichen Dioden eingesetzt, oder es werden nichtlineare Widerstände (Varistoren) mit einer tiefen Knickspannung verwendet.

Beim Einsatz dieser Überspannungsableiter, muss man vor allem zwei Gesichtspunkte beachten:
☐ Die Schutzelemente dürfen die Nutzsignale, die auf der zu schützenden Leitung übertragen werden müssen, nicht in unzulässiger Weise verfälschen,
☐ Die Schutzwirkung muss schnell einsetzen, weil insbesondere aktive Bauelemente der Nachrichtentechnik und Signalverarbeitung ausserordentlich empfindlich auf Überspannungen reagieren.

Um ein Bild davon zu erhalten, wie die verschiedenen Ableiterarten Signale auf der Leitung verfälschen, wurde untersucht, wie sie auf einen Rechtecksprung mit einer Amplitude von 140 mV und einer Stirnzeit von 0,5 Nanosekunden reagieren (Bild 16.6). Die Amplitude von 140 mV liegt für alle untersuchten Bauelemente unterhalb der Begrenzungsschwelle.

Um zu erkennen, wie die Dioden und Varistoren als Begrenzer reagieren, wurden sie zusätzlich noch der gleichen Impulsform mit einer Amplitude von 10 V ausgesetzt.

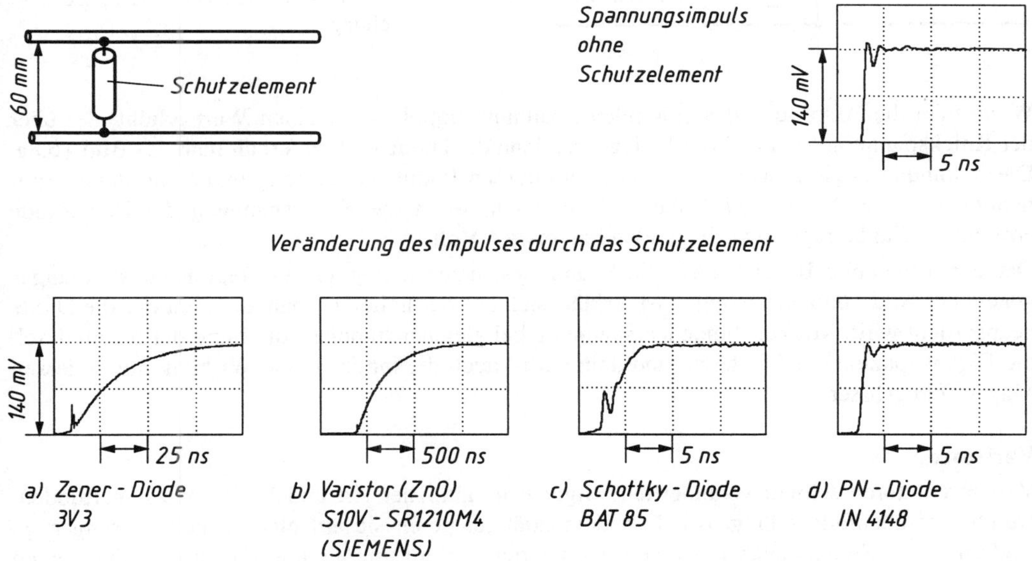

**Bild 16.6** Verzerrung eines rechteckigen Spannungsimpulses durch verschiedene Schutzelemente.

## Zenerdioden

Zunächst ein Versuch, der die Verfälschung eines Signals unterhalb der Begrenzungsschwelle deutlich macht. Bild 16.6a zeigt, dass eine Zenerdiode den Sprung zu einem exponentiellen Anstieg mit einem kurzen Impuls zu Beginn umformt.

Der exponentielle Verlauf der verfälschten Spannung ist so zu erklären, dass die Zenerdiode wie ein Kondensator wirkt, der für dieses konkrete Bauelement einen Kapazitätswert von etwa 500 pF aufweist. Die Zeitkonstante des exponentiellen Anstiegs ist gleich dem Produkt aus dem Wellenwiderstand Z und dieser Kapazität.

Der kurze Sprung zu Beginn der verfälschten Spannung beruht auf einem transformatorischen Induktionsvorgang. Er geht von dem Magnetfeld des Stromes $i_c$ aus, der als Folge der sprungartigen Spannungsänderung durch die Kapazität der Diode fliesst. Ein Teil $\Phi_M$ dieses Magnetfeldes greift in die Fläche zwischen den Drähten der Übertragungsleitung ein und induziert dort einen kurzen Spannungsimpuls $U_{ix}$. Wenn man diesen induzierenden Fluss mit Hilfe einer Gegeninduktivität $M_x$ beschreibt, erhält man das Ersatzschaltbild 16.7. Hinter dem Ableiter herrscht eine Spannung, die sich aus der exponentiell ansteigenden Spannung $U_c$ an der Kapazität der Diode und dem induzierten Spannungsimpuls $U_{ix}$ zusammensetzt.

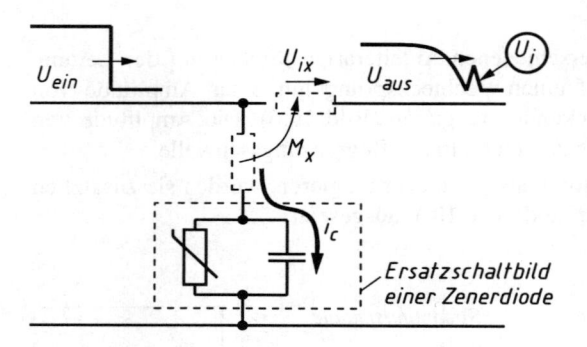

**Bild 16.7**
Ersatzschaltbild einer Zenerdiode und ihrer Verbindung zu der zu schützenden Leitung.

Wenn man die Amplitude des störenden Spannungsimpulses auf einen Wert erhöht, der über der Knickspannung der Zenerdiode liegt und dann die Diode einfügt, erhält man das Bild 16.8a. Die Spannung beginnt auch wieder mit dem kurzen Impuls am Anfang und steigt dann exponentiell an. Der Anstieg wird aber unterbrochen, wenn die Knickspannung der Zenerdiode erreicht ist. Sie beträgt im vorliegenden Fall etwa 4 Volt.

Der experimentelle Befund, dass die Spannungsspitze zu Beginn des Begrenzungsvorganges gegenüber Bild 16.6a angestiegen ist, erklärt sich aus der höheren Spannung, mit der die Diode beansprucht wird. Mit zunehmender Spannung bei gleicher Impulsform nimmt der Strom durch die Eigenkapazität der Diode zu, und damit wird auch die induzierende Wirkung durch dessen Magnetfeld grösser.

## Varistoren

Varistoren stören schnell veränderliche Signale in ähnlicher Art und Weise wie Zenerdioden. Durch ihre ebenfalls sehr grosse Eigenkapazität reagieren sie auf eine schnelle sprungartige Änderung des Signals auch mit einem induzierten Anfangsimpuls und einem anschliessenden exponentiellen Anstieg. (Bilder 16.6b und 16.8b).

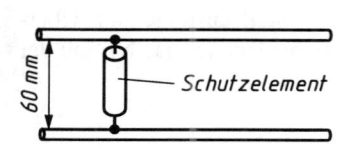

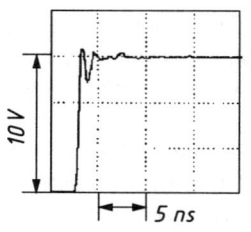

## 16.2 Schutz von Signal- und Datenleitungen durch Überspannungsableiter 249

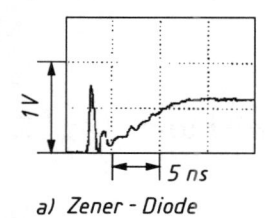

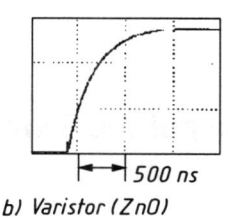

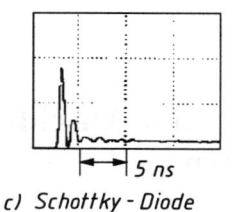

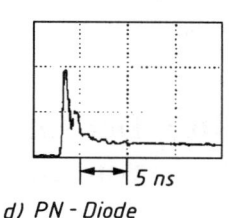

**Bild 16.8** Die Begrenzung eines rechteckförmigen Spannungsimpulses von 10 V durch verschiedene Schutzelemente.

### Schottky-Dioden

Schottky-Dioden verhalten sich im wesentlichen wie Zenerdioden. Auch sie verfälschen ein rechteckförmiges Signal, dessen Amplitude unterhalb der Begrenzungsschwelle bleibt, mit ihrer Eigenkapazität. Das heisst, sie reagieren mit einem kurzen Impuls zu Beginn, an den sich ein exponentieller Anstieg anschliesst (Bild 16.6c). Nur spielt sich der ganze Vorgang in einer kürzeren Zeitspanne ab, weil die Eigenkapazität dieser Bauelemente sehr viel kleiner ist als die der Zenerdioden und Varistoren. Wenn die Diode eine hohe Spannung begrenzen muss, kann die induzierte Spannungsspitze die Schwellspannung bei weitem übersteigen (Bild 16.8c).

> Schottky-Dioden, Zenerdioden oder Varistoren können zum Überspannungsschutz von Signal- oder Datenleitungen nur dann eingesetzt werden, wenn die Anstiegszeit der zu übertragenden elektrischen Vorgänge grösser ist als die Zeitkonstante $ZC$ ($Z$ = Wellenwiderstand; $C$ = Eigenkapazität der Diode oder des Varistors).

### pn-Dioden

Dioden auf der Basis von p- und n-dotierten Siliziumschichten lassen Signale mit einer Anstiegszeit von einer Nanosekunde praktisch ungestört passieren, sofern die Spannungsamplitude unterhalb der Schwellenspannung von etwa 1 Volt bleibt. (Bild 16.6d).

Spannungen, deren Amplitude höher ist als 1 Volt, werden aber nur dann auf diesen Schwellwert begrenzt, wenn ihre Anstieggeschwindigkeit nicht zu hoch ist. Bild 16.8d zeigt eine Beanspruchung einer Diode mit einer Spannung, die in etwa einer Nanosekunde auf 10 Volt ansteigt. Die Diode reagiert darauf mit einer hohen Spannungsspitze, bevor die Begrenzung auf etwa 1 Volt erfolgt. Die höhere Spannung zu Beginn ist auf den sogenannten „Vorwärts-Erhol-Effekt" dieses Diodentyps zurückzuführen. Bei flacher ansteigenden Spannungen ist diese Spannungserhöhung weniger ausgeprägt.

Durch den Vorwärts-Erhol-Effekt bieten pn-Dioden gegenüber sehr steil ansteigenden Überspannungen keinen nennenswerten Schutz, weil die Spannungsspitze bis fast auf das Niveau der auftreffenden Überspannung ansteigt.

**Edelgasgefüllte Funkenstrecken**
Diese Bauelemente haben zwar, wie bereits im Zusammenhang mit dem Schutz von Netzleitungen geschildert wurde, den Nachteil, dass sie zeitlich verzögert und erst bei verhältnismässig hohen Spannungen ansprechen. Sie haben aber in Bezug auf den Schutz von Signalleitungen die vorteilhafte Eigenschaft einer niedrigen Eigenkapazität in der Grössenordnung von nur einigen pF.

## 16.3 Der Einfluss der Anschlüsse auf die Schutzwirkung von Ableitern

Beim Schutz durch Zenerdioden, Varistoren und Schottky-Dioden tritt als erste Reaktion beim Auftreffen einer steilen Störspannung ein kurzer Spannungsimpuls auf. Er ist, wie bereits anhand von Bild 16.7 geschildert wurde, auf eine transformatorische Induktion durch das Magnetfeld des Stromes zurückzuführen, der als Folge der schnellen Spannungsänderung durch die Kapazitäten der aufgezählten Schutzelemente fliesst.

Die Stärke des Induktionsvorgangs hängt von der Änderungsgeschwindigkeit des Stromes und von der Grösse des Magnetfeldes ab, das vom Strom $i_c$ ausgeht und in die Fläche zwischen den Drähten der Leitung rechts vom Ableiter eingreift. Der magnetische Fluss, bzw. die zugehörige Gegeninduktivität zwischen Ableiter und Leitung nimmt mit der Länge der Verbindungsdrähte zu, über die das Schutzelement mit den Leitungsdrähten verbunden wird. Es ist deshalb zu erwarten, dass die induzierte Spannungsspitze zunimmt, wenn man bei sonst gleicher Beanspruchung die Zenerdioden über längere Verbindungen anschliesst, und dass sie abnimmt, wenn man die Anschlussdrähte kurz hält. Bild 16.9 bestätigt diese Vermutung. Der Vollständigkeit halber sei noch erwähnt, dass die Oszillogramme über das Verhalten der Schottky-Dioden, Zener-Dioden und Varistoren in den Bildern 16.6 und 16.8 mit beidseitig 30 mm langen Anschlussdrähten zu den Schutzelementen aufgenommen wurden. Zur Messung wurde eine Anordnung benutzt, bei der die Leitung 0,1 m hinter dem Einbauort des Schutzelements und dem Wellenwiderstand abgeschlossen war. Gemessen wurde die Spannung $U_E$ an diesem Abschlusswiderstand. Mit dieser Methode war es möglich, nicht nur den Einfluss des eigentlichen Schutzelements zu erfassen, sondern auch die Wirkung des Magnetfeldes, das von den Anschlüssen dieser Bauelemente (entsprechend Bild 16.10) erzeugt wird.

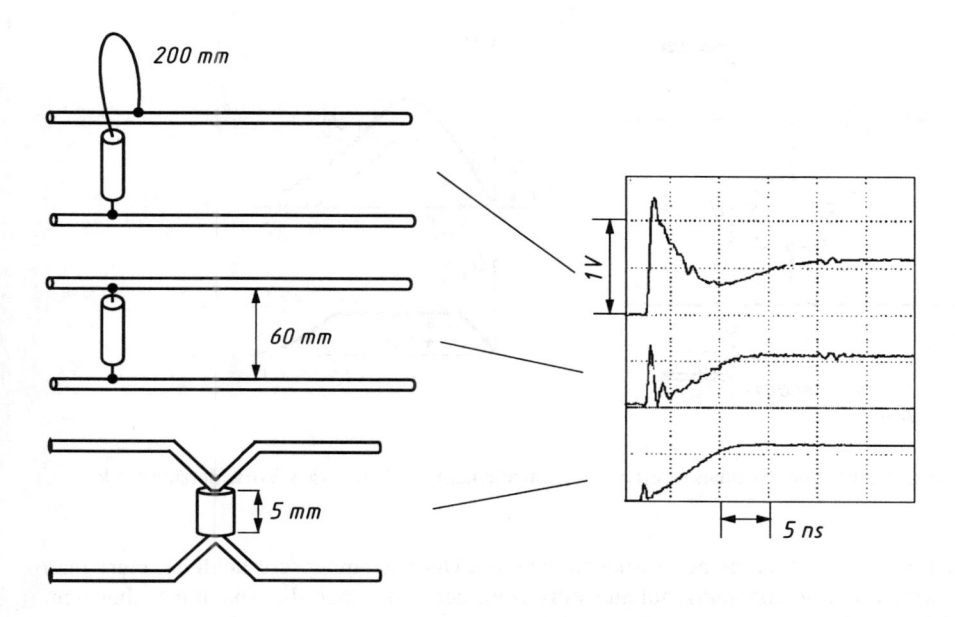

**Bild 16.9** Der Einfluss der Länge der Anschlussdrähte auf die anfängliche Spannungsspitze bei einer Zenerdiode (3V3).
(Beanspruchung mit Rechteckstoss mit 1 ns Stirnzeit)

---

Es ist besonders bemerkenswert, dass eine lange Verbindung zwischen dem Ableiter und der Leitung dazu führen kann, dass bei der Begrenzung sehr steiler und sehr hoher Überspannungen die erste induktive Spannungsspitze höher ist als das später folgende stationäre Niveau. Falls steile Überspannungen in der hier vorgestellten Grössenordnung von etwa $10^{11}$ V/s zu erwarten sind, muss man also sehr darauf achten, dass die Verbindungen zwischen dem Ableiter und den Drähten der zu schützenden Leitung kurz sind.

## 16.4 Überlastungsschutz von Überspannungsableitern

Die geschilderten Dioden, insbesondere die Schottky- und pn-Typen, haben zwar als Schutzelement den Vorteil, dass sie praktisch verzögerungsfrei auf niedrige Spannungsniveaus begrenzen, aber ihre Belastbarkeit ist beschränkt.

Falls die Dioden Überspannungen begrenzen müssen, die weit über ihre Schwellspannungen hinaus gehen, besteht deshalb die Gefahr, dass sie durch zu hohe oder zu lang andauernde Ströme zerstört werden. Um dies zu verhindern, muss man auf jeden Fall den Strom $i_a$, der von der Überspannung durch das Schutzelement getrieben wird, unter der jeweils zulässigen Grenze halten, und zwar mit einem Widerstand $R_v$ vor dem Ableiter (Bild 16.10).

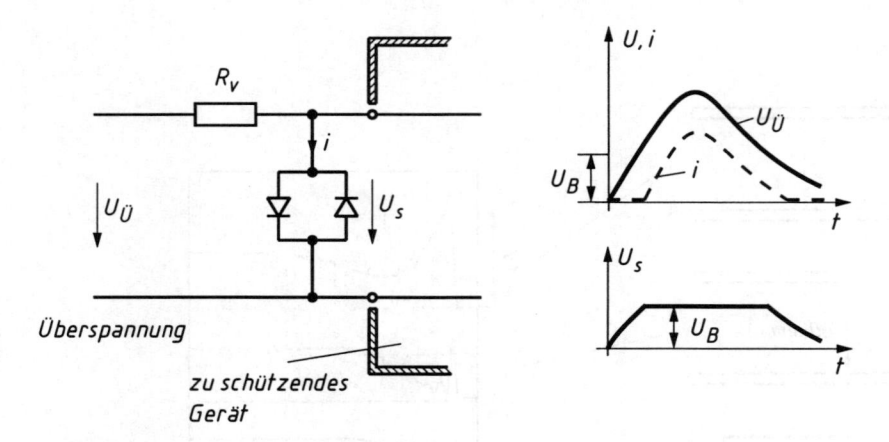

**Bild 16.10** Begrenzung eines Stromes $i$ durch ein Schutzelement mit Hilfe eines Vorwiderstandes $R_v$.

Sollte diese Massnahme noch nicht ausreichen, weil die Überspannung sehr hoch ist, muss man noch einen weiteren Überspannungsableiter einsetzen, der zum einen die Spannung über dem Widerstand $R_v$ und dem ersten Schutzelement begrenzt, und zum anderen in der Lage ist, einen entsprechend hohen Strom $i_b$ zu führen (Bild 16.11). Mit dem Ansprechen des zweiten Ableiters wird der zuerst wirksame Schutz durch die Dioden abgelöst. Das in Bild 16.11 dargestellte Ansprechverhalten des zweiten Ableiters ist das einer edelgasgefüllten Funkenstrecke.

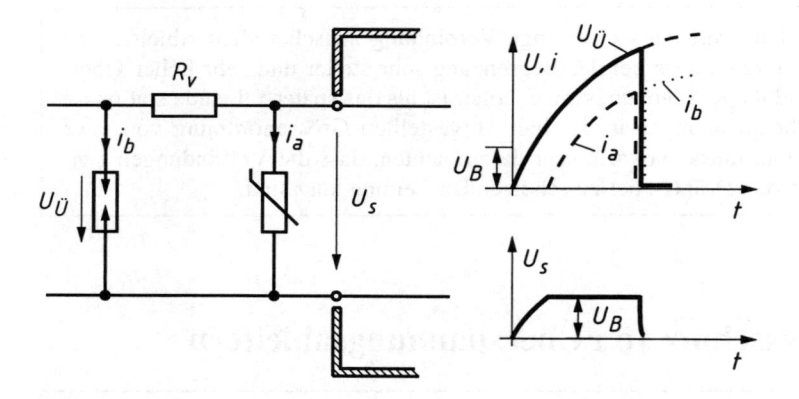

**Bild 16.11** Begrenzung des Stromes $i_a$, der durch ein Schutzelement fliesst, durch einen Widerstand $R_v$ und einen vorgeschalteten stärkeren Überspannungsbegrenzer.

Das gleiche Verfahren kann man natürlich auch beim Schutz von Netzleitungen anwenden, um z.B. Varistoren durch Funkenstrecken zu entlasten. Um dabei ohmsche Verluste durch den Netzstrom zu vermeiden, werden dort anstelle des Widerstandes $R_v$ Drosselspulen verwendet.

## 16.5 Der räumliche Schutzbereich von Überspannungsableitern

Mit dem räumlichen Schutzbereich ist das Leitungsstück gemeint, dass sich zwischen einem Ableiter und dem zu schützenden Objekt befindet. Es stellt sich dabei die Frage, wie sich die Begrenzung eines Spannungsimpulses durch den Ableiter auf die Spannung am Schutzobjekt auswirkt.

Bild 16.12 zeigt die Begrenzung eines Spannungsimpulses in einer Leitung durch einen Ableiter in Form einer Diode (BAT 85). Das zu schützende Objekt ist durch den Widerstand $R_E$ repräsentiert. Er befindet sich – aus der Sicht des auftreffenden Impulses – 1 m hinter der Diode. Die Spannung $U_1$ am Einbauort der Diode wird von 4 V auf die Schwellenspannung der Diode von etwa 0,5 V begrenzt. Auf dem Leitungsstück zwischen Ableiter und Widerstand $R_E$ läuft eine Wanderwelle mit einer Amplitude von 0,5 V nach rechts.

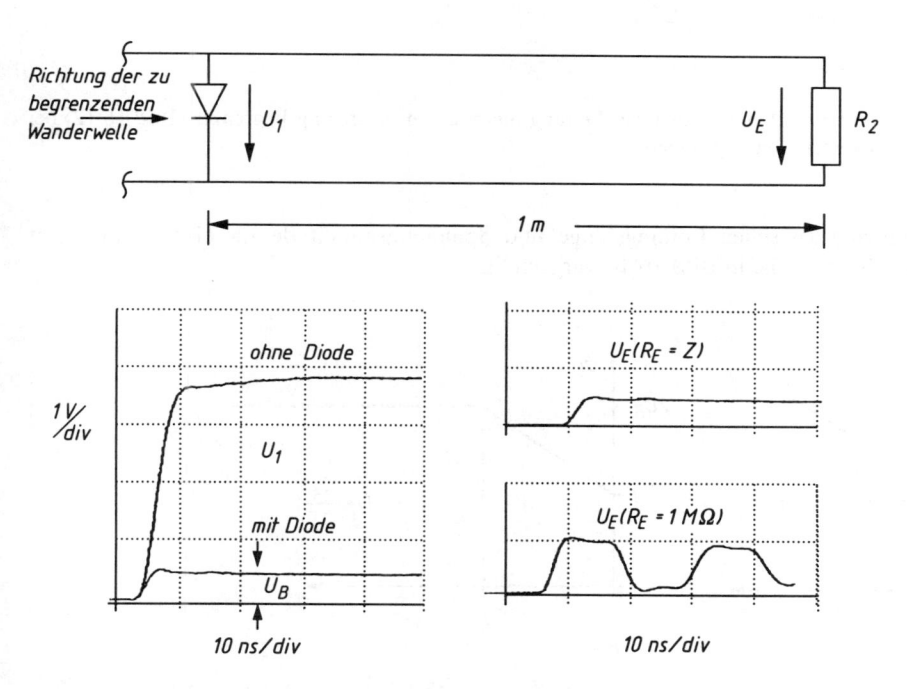

**Bild 16.12** Die Spannung an einem Überspannungsbegrenzer (Diode BAT 85) und am Ende einer Leitung hinter dem Begrenzer.

Der Verlauf der Spannung $U_E$ am Ende der Leitung hängt vom Widerstand $R_E$ ab:
- Wenn $R_E$ gleich dem Wellenwiderstand der Leitung ist, hat die Spannung am Leitungsende den gleichen zeitlichen Verlauf und die gleiche Amplitude, wie die Spannung am Ableiter.
- Wenn $R_E$ wesentlich grösser ist als der Wellenwiderstand, kommt es zu Reflexionen der umlaufenden Wanderwelle am Ende der Leitung und der zurücklaufenden am Ableiter. Dies hat eine rechteckförmige Schwingung der Spannung am Schutzobjekt zur Folge, verbunden mit einer Verdoppelung der Spannungsamplitude.

Wenn die Länge des Leitungsstücks zwischen Ableiter und Schutzobjekt variiert wird, kann man erkennen, dass bei geringer Leitungslänge durch die Reflexionen in der Wanderwellenstirn ebenfalls nur geringe Spannungserhöhungen eintreten (Bild 16.13). Erst wenn die Laufzeit des Impulses auf der Leitung etwa gleich der doppelten Stirnzeit des Impulses ist, wird die Begrenzungsspannung des Ableiters am Leitungsende verdoppelt.

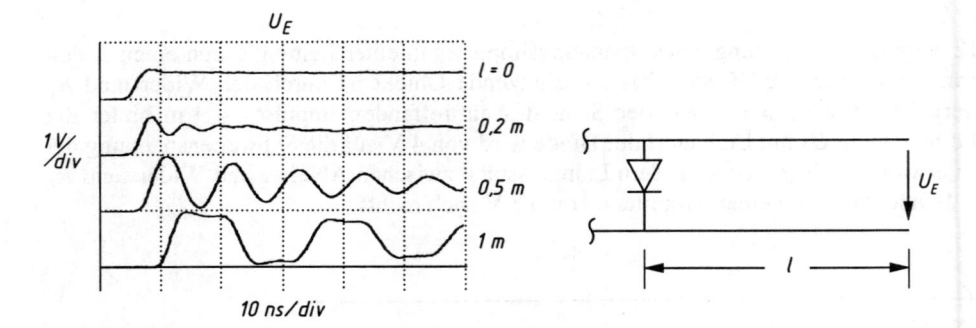

**Bild 16.13** Spannung am offenen Ende einer Leitung hinter einem Spannungsbegrenzer (Bild 16.12) bei verschiedenen Leitungslängen.

Der Zusammenhang zwischen Leitungslänge und Spannungsamplitude für eine Leitung mit hochohmigem Abschluss ist in Bild 16.14 dargestellt.

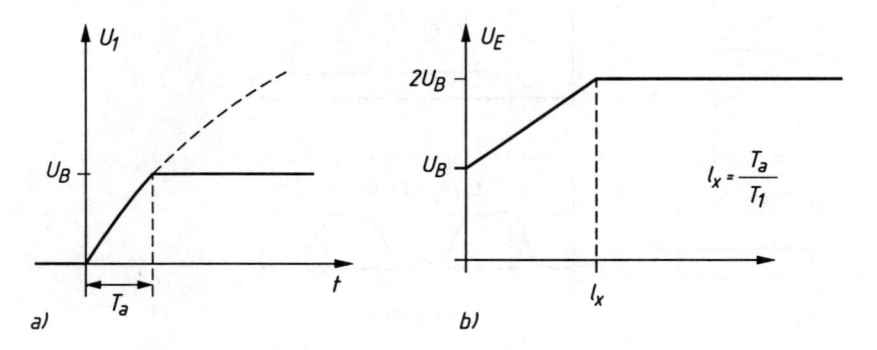

**Bild 16.14** Spannung am Begrenzer (a) und Spannungsscheitelwert am Ende einer offenen Leitung hinter dem Begrenzer (b). ($T_1$: Impulslaufzeit pro Meter auf der Leitung)

Aus den bisherigen Ausführungen ergibt sich:

> Wenn sich zwischen dem Überspannungsableiter und dem zu schützenden Objekt ein längeres Leitungsstück befindet und die Impedanz des Objektes wesentlich grösser ist als der Wellenwiderstand der Leitung, wird beim Auftreffen steiler Impulse die zu schützende Schaltung mit der doppelten Ansprechspannung des Ableiters beansprucht.

## 16.6 Literatur

[16.1] Siemens Datenbuch 1985/86
Edelgasgefüllte Überspannungsableiter und Metalloxid-Varistoren
[16.2] *Feser, K.* et al.
Ansprechverhalten des MO-Ableiters bei steilen Stromimpulsen
EM Kongress Karlsruhe 1988 S. 311 - 325
(Hrsg. H.R. Schmeer und M. Bleicher)
[16.3] *Wiesinger, J. ; Hasse, P.*
Handbuch für Blitzschutz und Erdung
1. Auflage VDE-Verlag 1977

# 17 Komponentenauswahl und Schaltungstechniken im Hinblick auf niedrige Störaussendung

Von den einschlägigen Normen werden, wie in Kapitel 2.5 bereits erwähnt, Grenzwerte für die Störaussendung von Geräten vorgeschrieben. In diesem Zusammenhang ist es sinnvoll, wenn immer möglich Schaltungstechniken und Bauelemente zu wählen, die sich durch eine geringere Störaussendung auszeichnen als alternative Varianten.

Lösungsansätze in diesem Zusammenhang sind:
- Hin- und Rückführungen von Strömen möglichst dicht zusammenlegen (u.U. sogar verdrillen)
- Auswahl einer Logik-Familie mit möglichst flachen Impulsflanken
- Verwendung von power-MOSFET's mit vergleichsweise flachen Steuerimpulsen anstelle von Thyristoren mit steilem Spannungszusammenbruch
- Verwendung gekreuzter statt paralleler Leiterkämme für Spannung und Masse in digitalen Schaltungen (siehe Abschnitt 12.2.1 und 12.2.2).

In Bild 17.1 sind die Störaussendungen verschiedener Logik-Familien einander gegenübergestellt [17.1]. Sie wurden alle in der gleichen Schaltung und Messanordnung ermittelt. Die verschiedenen Messwerte innerhalb einer Familie sind die Daten, die mit verschiedenen Exemplaren dieses Typs ermittelt wurden. Die gemessenen elektrischen Feldstärken der Störaussendung sind in Bild 17.1 nicht in absoluten Werten, sondern relativ zum Verhalten der Familie 74 ACT dargestellt, in der besonders kurze Impulsanstiegs- und Abfallzeiten (1 ns) auftreten.

Bild 17.1 zeigt, dass die höchste Störaussendung innerhalb der 4000 B-Familie mit einem relativen Wert von -15 dB deutlich niedriger ist als in der zweitbesten Familie 74 LS mit -5 dB. Ebenfalls recht beachtlich ist der Unterschied von 74 LS zu 74 F von etwa 7 dB.

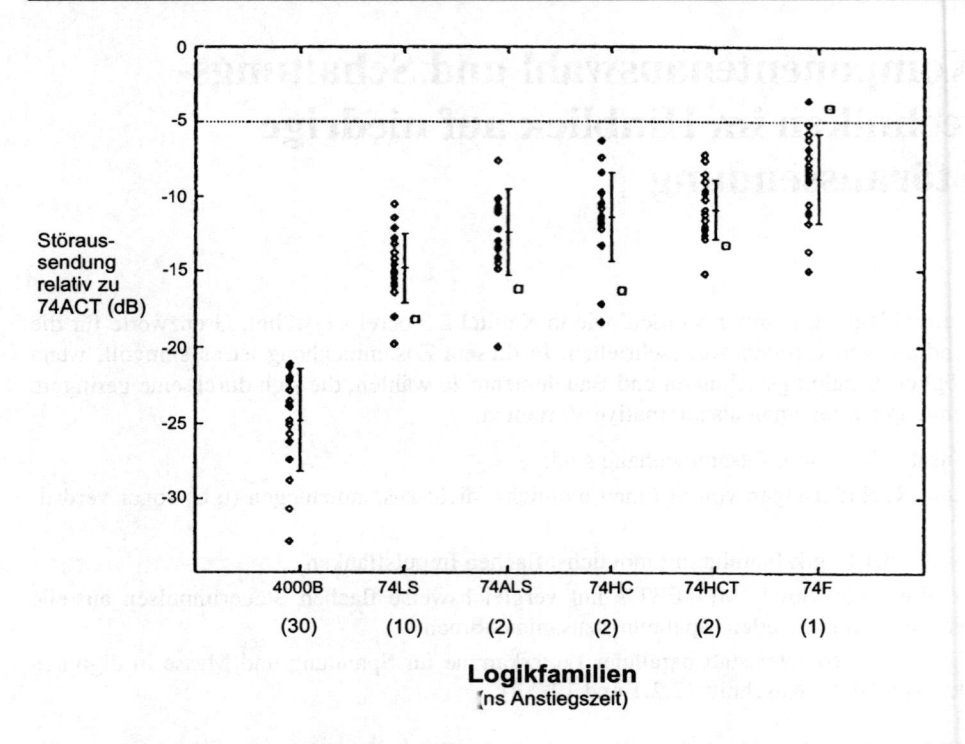

**Bild 17.1** Scheitelwerte der Störaussendung (E-Feld) verschiedener Logik-Familien relativ zur Familie 74 ACT.

Für die Praxis kann man aus diesen Messergebnissen folgende Schlüsse ziehen:

1. Man beeinflusst mit der Wahl der Logik-Familie die Höhe der Störaussendung.
2. Bei der Überprüfung, ob ein entwickeltes Gerät die vorgeschriebenen Grenzen der Störaussendung einhält, sollte man die Exemplarstreuung der verwendeten Logik-Module beachten.

## 17.1 Literatur

[17.1] *M. P. Robinson* et. al. : Effect of Logic Family on Radiated Emissions from Digital Circuits.
IEEE Transactions on EMC, Vol. 40 (1988), p. 288 - 293

# 18 Strategien zur Sicherung der EMV

Die elektromagnetische Verträglichkeit eines Gerätes oder eines Systems muß man in dreierlei Hinsicht sichern:

1. Es darf sich nicht von außen stören lassen.
2. Es darf nicht nach außen als Störquelle wirken.
3. Es darf sich nicht selbst stören.

Um all diese Ziele zu erreichen, gibt es Ansatzpunkte auf sieben verschiedenen Ebenen. Sie werden im folgenden aufgelistet und jeweils durch Beispiele oder Hinweise ergänzt.

I **Wahl des allgemeinen Schaltungskonzepts**
Beispiele für Schaltungskonzepte sind:
- Mit der Wahl einer hochohmigen Schaltung nimmt man stärkere kapazitive Kopplungen in Kauf als mit einer niederohmigen (siehe Kap. 4).
- Digitale Schaltungen haben ein Schwellenverhalten, unterhalb dessen überhaupt keine Störsignale zur Wirkung kommen.
- Bei großer räumlicher Distanz zwischen Sensor und Signalverarbeitung im $\mu$V- oder mV-Bereich ist eine symmetrische Signalverarbeitung oder eine optische Signalübertragung angezeigt (Abschnitte 12.4.3 und 12.6).

II **Wahl der Bauelemente**
Beispiele für die Wahl geeigneter Bauelemente sind:
- Digitale Bausteine mit hoher Störsicherheit und mit möglichst langsamem Schaltverhalten auswählen (siehe Kap. 7 und 17).
- Bildschirme mit Elektronenstrahlen reagieren stärker auf niederfrequente Magnetfelder als Flüssigkristallanzeigen.

III **Bildung von Zonen mit einheitlichen Störfestigkeits- und Störemissionswerten**
- zum Beispiel durch Trennung von digitalem und analogem Schaltungsteil innerhalb eines Gerätes.

IV **Der räumliche Aufbau der Schaltung**
Er beeinflußt die Kopplung zwischen benachbarten Leitungen ohmisch (Kap. 5), induktiv (Kap. 3), kapazitiv (Kap. 4), bzw.impulsförmig (Kap. 7).
Er bietet durch die mehr oder weniger räumliche Ausdehnung Angriffsflächen für Felder, die von außen einwirken (siehe z.B. VG 95376 Teil 3: Verkabelung und Verdrahtung von Geräten (VDE Verlag Berlin)).

V **Abschirmungen und Filter**
(Siehe Kap. 13 und 14 sowie die Norm VG 95376 Teil 4: Schirmung von Geräten (VDE Verlag Berlin)).

VI **Die Art und Weise, wie die Leitungen zwischen Systemteilen verlegt werden**
(siehe z.B. VG 95376 Teil 3: Verkabelung und Verdrahtung von Geräten (VDE Verlag Berlin).)

VII **Die Topologie der Erd- und Masseverbindungen**
(siehe Kapitel 12).

Wenn man ein Gerät oder System zunächst einmal ohne Rücksicht auf die Belange der elektromagnetischen Verträglichkeit entwirft und baut, und erst am fertigen Gerät versucht, auftretende Beeinflussungen zu beseitigen, braucht man etwas Glück, weil zur einigermaßen kostengünstigen Verbesserung der Situation nur die Möglichkeiten aus den Ebenen V und VI zur Verfügung stehen. Falls es nicht gelingt, die Störungen auf diesen Ebenen zu beseitigen, muß man mit entsprechendem Aufwand an Zeit und Kosten auf die Ebenen IV, III, II oder gar I zurückgehen.

Mit anderen Worten, es ist am wirtschaftlichsten, wenn man schon beim Entwurf einer Schaltung beginnend und bei allen folgenden Realisierungsschritten fortlaufend die EMV-Gesichtspunkte neben den funktionalen Erfordernissen mitberücksichtigt.

## 18.1 Spezifische EMV-Planung

Die detaillierte quantitative EMV-Planung erfolgt am besten in einer sogenannten Beeinflussungsmatrix:

Die Analyse beginnt mit dem ersten Schaltungsentwurf, wobei mit ihm nicht nur das ins Auge gefaßte Schaltschema, sondern auch eine grobe Vorstellung über den räumlichen Aufbau der Schaltung gemeint ist. Ohne diese Vorstellung würden die Abschätzungen möglicher Kopplungsvorgänge völlig in der Luft hängen.

**Schritt 1** Es wird eine Liste aller möglichen Störquellen aufgestellt und zwar

    a) von den Schaltungsteilen der entworfenen Schaltung, die unter Umständen als Störquellen wirken könnten und

    b) von Feldstärken, die von außen auf das System einwirken, sowie denjenigen Störungen, die leitungsgebunden auf das System zukommen.

**Schritt 2** Es wird eine Liste aller empfindlichen Schaltungsteile der entworfenen Schaltung aufgestellt, die als mögliche Störsenke in Frage kommen. Die Liste enthält auch die Grenzen der zugehörigen Störfähigkeiten.

**Schritt 3** Es wird eine Liste aller möglichen Kopplungswege zwischen den möglichen Störquellen und Störsenken angefertigt.

**Schritt 4** Es wird eine Matrix aufgezeichnet – die sogenannte Kopplungsmatrix –, in der die Störquellen und die Störsenken einander gegenübergestellt sind. Im Kreuzungspunkt der entsprechenden Zeilen und Spalten wird das von der jeweiligen Quelle auf die jeweilige Senke übertragene Ausmaß der Störung eingetragen.

**Schritt 5** Die zu jeder Störsenke gehörenden Störungen werden zusammengezogen und der Störfestigkeit gegenübergestellt.

Wenn das Ergebnis der ersten Analyse unbefriedigend ist, d.h. wenn eine Störsenke über die Grenze ihrer Störfestigkeit hinaus beansprucht zu sein scheint, müssen Veränderungen geplant werden wie z.B.

– Verringerung der störenden Kopplung durch Änderung des Aufbaus,

– Verringerung der störenden Kopplung durch Abschirmung der beteiligten Felder,

- Filter oder Überspannungsbegrenzer gegen zu hohe Störungen einbauen, die auf Leitungen zu der entworfenen Schaltung gelangen,
- Wahl einer unempfindlichen Schaltung in der Störsenke.

## 18.2 Experimentelle Überprüfung der elektromagnetischen Verträglichkeit

Wie weit die Planung der EMV noch Schwachstellen übersehen hat, zeigt sich mitunter schon nach dem ersten Einschalten, wenn sich herausstellt, ob sich die Schaltung selbst stört oder nicht und ob sie zufällig vorhandenen äußeren Störquellen gewachsen ist.

Darüber hinaus ist dann noch mit Störsimulatoren zu überprüfen, ob die vorgesehene Verträglichkeit gegenüber den sonst noch als möglich erachteten äußeren Störungen gegeben ist [18.1].

Schließlich muß noch mit geeigneten Meßgeräten festgestellt werden, ob die neuen Schaltungen die geltenden Vorschriften oder Verabredungen im Hinblick auf die Abgabe von Störsignalen nach außen einhalten.

## 18.3 Literatur

[18.1] *P. Fischer, G. Balzer, M. Lutz*:
EMV – Störfestigkeitsprüfungen.
Franzis Verlag München 1992

# Anhang 1

# Die äußeren Induktivitäten von Magnetfeldern, die durch Ströme erzeugt werden

Im Zusammenhang mit einem magnetischen Fluß $\Phi(i)$, der von einem Strom $i$ ausgeht, wird der Begriff Induktivität $IN$ durch die Gleichung

$$IN = \frac{\Phi(i)}{i} \qquad (A1.1)$$

definiert. Eine Induktivität ist also ein normierter magnetischer Fluß, und zwar normiert auf den Strom $i$, der ihn erzeugt.
Es ist in der Elektrotechnik üblich, Induktivitäten im Hinblick auf ihre Wirkung mit besonderen Symbolen zu kennzeichnen:
- Wenn ein zeitlich veränderliches Magnetfeld eines Stromes induzierend auf die Bahn dieses Stromes zurückwirkt, dann bezeichnet man die Induktivität dieses Feldes als Eigeninduktivität und kennzeichnet sie mit dem Symbol $L$.
- Wenn ein zeitlich veränderliches Magnetfeld eines Stromes auf eine der Stombahn benachbarte Masche wirkt, nennt man die Induktivität dieses Feldes Gegeninduktivität und bezeichnet sie mit dem Symbol $M$.

Im folgenden werden zunächst ganz allgemein Induktivitäten ($IN$-Werte) berechnet, ohne Rücksicht darauf, ob sie eine $L$- oder $M$-Wirkung haben. Es werden dann anschließend zwei Beispiele vorgestellt, in denen $IN$ die Funktion einer Gegeninduktivität bzw. einer Eigeninduktivität hat.
Mit den Berechnungen in diesem Anhang werden nur die Induktivitäten der Felder außerhalb der stromführenden Leiter erfaßt. Gegebenenfalls muß man noch die inneren Induktivitätswerte hinzuzählen. Sie erreichen jedoch bei zylindrischen Leitern höchstens 50 nH pro Meter Strombahn (siehe Anhang 3).

### Das Berechnungsverfahren
Die Schilderung des Berechnungsverfahrens soll vor allem deutlich machen, daß die berechneten $IN$-Werte, und damit auch die daraus abgeleiteten $L$- und $M$-Werte, quasistationären Charakter haben.
Ausgangspunkt der Berechnung ist das Gesetz von Biot und Savart. Es beschreibt die magnetische Feldstärke dH, die von einem differentiellen Element $ds$ einer unendlich dünnen Strombahn $i$ im Abstand $r$ erzeugt wird (Bild A1.1)

$$dH(r,i) = \frac{i}{4\pi} \frac{\vec{ds} \times \vec{r}}{r^3} \qquad (A1.2)$$

Die Feldstärke $H$, die in der Nähe eines räumlich ausgedehnten Stückes $W$ einer Strombahn entsteht, ist gleich der Summe aller dH-Werte, die von den differentiellen Strombahnelementen erzeugt werden.

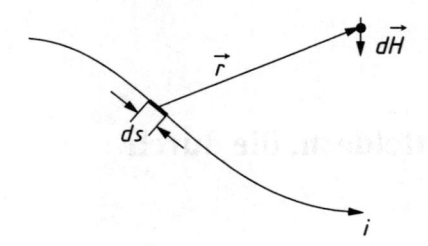

**Bild A1.1**

Wenn sich der Strom $i$ zeitlich nur so langsam ändert, daß keine nennenswerten Laufzeiterscheinungen auftreten, so daß an allen Stellen einer geschlossenen Strombahn zur gleichen Zeit der gleiche Strom fließt, kann man alle $dH$-Werte mit Hilfe einer einfachen Integration der $ids$-Werte längs der Strombahn $W$ addieren.

$$H(W,i,r) = i\int_W dH(r) \qquad (A1.3)$$

Für die Feldstärke $H(r)$ im Abstand $r$ von einem geraden Drahtstück, gemäß Bild A1.2, führt die Integration zu der Feldstärke

$$H(r) = \frac{i}{2\pi r}\sin\left(\frac{\alpha}{2}\right) \qquad (A1.4)$$

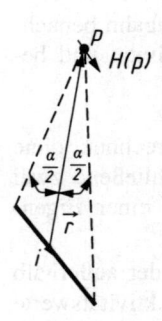

**Bild A1.2**

Das heißt, die Feldstärke an einem Punkt $P$ ist eine Funktion des Abstandes $r$ und des Blickwinkels $\alpha$, unter dem der stromführende Leiter vom Punkt $P$ aus gesehen wird [A1.1].

Ein unendlich langer Leiter wird unter dem Winkel von 180° gesehen. Also herrscht in seiner Nähe im Abstand $r$ die Feldstärke

$$H_\infty(r) = \frac{i}{2\pi r} \qquad (A1.5)$$

Um zum Beispiel zu der mathematischen Beschreibung für den quasistationären magnetischen Fluß zu gelangen, der eine rechteckige Masche durchdringt, die parallel zu einer unendlich langen Strombahn liegt, muß man die nach Gleichung (A1.5) berechnete magnetische Feldstärke über die Fläche dieser Masche integrieren und noch mit der Permeabilität $\mu_o$ multiplizieren (Bild A1.3).

$$\Phi = \frac{i\mu_o}{2\pi} c \int_{r=a}^{r=b} \frac{1}{r}dr = i\frac{\mu_o}{2\pi} c \ln\frac{b}{a} \qquad (A1.6)$$

Mit $\mu_o = 0{,}4\,\pi\ \mu H/m$ ergibt sich

$$\Phi = i \cdot 0{,}2 \cdot c \cdot \ln\frac{b}{a}\,[\mu Vs].\qquad(A1.6\ a)$$

Da es sich um einen Fluß handelt, der in eine Masche neben der Strombahn eingreift, ist es üblich, seine Induktivität als Gegeninduktivität zu bezeichnen und mit dem Symbol $M$ zu versehen

$$\frac{\Phi(i)}{i} = IN_M = M = 0{,}2 \cdot c \cdot \ln\frac{b}{a}\,[\mu H].\qquad(A1.7)$$

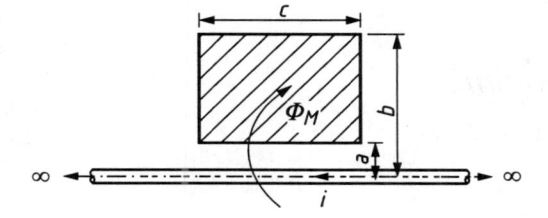

**Bild A1.3**

Wenn man sich die Aufgabe stellen würde, die äußere Eigeninduktivität einer homogenen Zweidrahtleitung zu berechnen, müßte man für ein Leitungsstück der Länge $c$ ebenfalls eine Integration wie in Gleichung (A1.6) ausführen. Nur wären die Integrationsgrenzen nicht $a$ und $b$, sondern der Leiterradius $r_a$ und $r_b$ bis zum Rand des benachbarten Leiters (Bild A1.4). Weiterhin müßte das Ergebnis noch mit einem Faktor 2 multipliziert werden, da auch der Rückstrom noch ein gleich großes Magnetfeld liefert, das zur Eigeninduktion beiträgt. Das Ergebnis wäre dann, bezogen auf Bild A1.4,

$$\frac{\Phi(i)}{i} = IN_L = L = \frac{\Phi_{Hin}}{i} + \frac{\Phi_{Rück}}{i} = 0{,}4 \cdot c \cdot \ln\frac{r_b}{r_a}\,[\mu H].\qquad(A1.8)$$

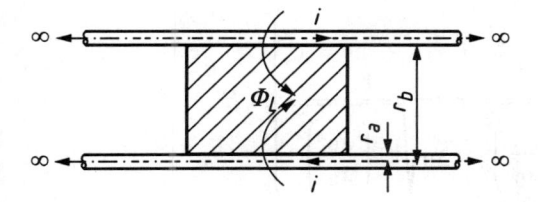

**Bild A1.4**

Mit diesen beiden Beispielen wird erkennbar, daß man die gleiche Methode der Magnetfeldberechnung entweder zur Bestimmung einer Eigen- oder einer Gegeninduktivität heranziehen kann. Dies ist vom physikalischen Standpunkt aus betrachtet ein selbstverständliches Ergebnis, da es in beiden Fällen nur darum geht, zwei verschiedene Teile ein und desselben Magnetfeldes zu erfassen.

Wenn die Verhältnisse nicht quasistationär sind, weil Laufzeiterscheinungen auftreten, und längs der Strombahn nicht überall zum gleichen Zeitpunkt der gleiche Strom fließt, kann man die Integration (A1.3) nicht ausführen. Deshalb sind auch die folgenden Rechenschritte bis zur Ermittlung der Induktivitäten hinfällig. Mit anderen Worten, man kann unter diesen Umständen die Begriffe Eigeninduktivität und Gegeninduktivität nicht für räumlich ausgedehnte Stromkreise anwenden.

**Einige IN-Bausteine [A.1.2]**

In diesem Abschnitt werden auf der Grundlage des oben geschilderten Berechnungsverfahrens einige *IN*-Werte zusammengestellt, die sich auf Ausschnitte von Magnetfeldern in der Nähe von Strombahnstücken beziehen. Solche Strombahnstücke sind natürlich physikalisch nicht einzeln realisierbar, sondern sie haben lediglich eine rechentechnische Bedeutung. Man kann mit ihnen aber durchaus, wie sich zeigen wird, physikalisch sinnvolle Anordnungen zusammenfügen.

**Baustein 1** (Bild A1.3)

$$IN_1 = 0{,}2 \cdot c \cdot \ln\frac{b}{a} \ [\mu H]$$

($c$ in $m$)

**Baustein 2** (Bild A1.5)

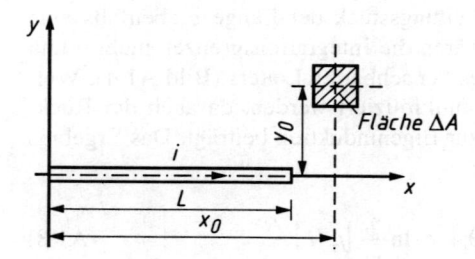

**Bild A1.5**

$$\Delta IN = 10^{-7} \cdot \Delta A \left( \frac{1}{y_0 \sqrt{1+\left(\dfrac{y_0}{L-x_0}\right)^2}} + \frac{1}{y_0 \sqrt{1+\left(\dfrac{y_0}{x_0}\right)^2}} \right) \text{ in } H$$

mit

$\Delta A$    die Teilfläche in m², 
$x_0, y_0$    die Koordinaten des Schwerpunktes der Teilfläche $\Delta A$ in m, 
$l$    die Länge des Ableiterstückes in m.

**Baustein 3** (Bild A1.6)

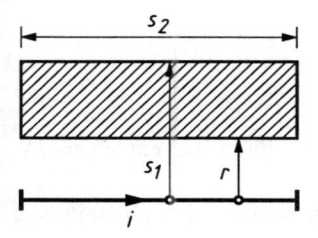

**Bild A1.6**

$$IN_3 = 0{,}2\left(\sqrt{S_1^2+S_2^2}-\sqrt{S_2^2+r^2}+r-S_1+S_2\cdot\ln\frac{S_1\left(1+\sqrt{1+(r/S_2)^2}\right)}{r\left(1+\sqrt{1+(S_1/S_2)^2}\right)}\right)[\mu H]$$

(alle Maße in m)

**Baustein 4** (Bild A1.7)

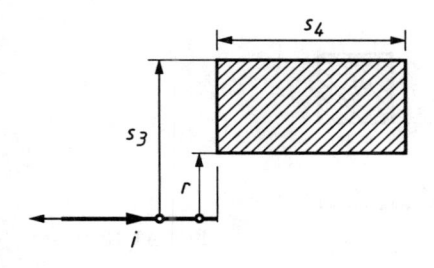

**Bild A1.7**

$$IN_4 = 0{,}1\left(\sqrt{S_4^2+r^2}-\sqrt{S_3^2+S_4^2}+S_3-r+S_4\cdot\ln\frac{1+\sqrt{1+(S_3/S_4)^2}}{1+\sqrt{1+(r/S_4)^2}}\right)[\mu H]$$

(alle Maße in m)

**Das Zusammenfügen von Gegen- und Eigeninduktivitäten mit Hilfe der *IN*-Bausteine**

Die Gegeninduktivität zwischen einer U-förmigen Strombahn und einer rechteckigen Masche, die sich an der Schmalseite des *Us* befindet, ergibt sich gemäß Bild A1.8 durch die Überlagerung

$$M = IN_3 - 2IN_4.$$

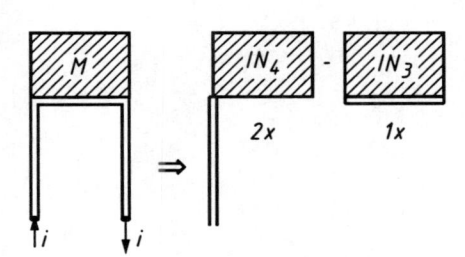

**Bild A1.8**

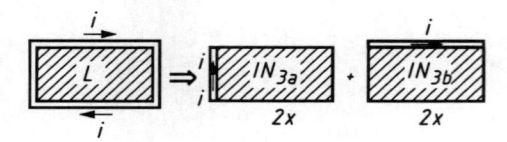

Bild A1.9

Man kann die *IN*-Werte einfach addieren, weil die magnetischen Flüsse der einzelnen *IN*-Anteile die Fläche in der gleichen Richtung durchdringen.

Die Eigeninduktivität einer rechteckigen Masche (Bild A1.9) kann man aus den *IN*-Beiträgen der vier Seiten für die Innenfläche des Rechtecks zusammensetzen

$$L = 2IN_{3a} + 2IN_{3b}$$

Auch hier kann man die *IN*-Werte addieren, weil die erfaßten magnetischen Flußanteile alle die gleiche Richtung haben.

Eine Gegeninduktivität außerhalb der Ecke einer Strombahn (Bild A1.10) muß man aus drei Teilen zusammensetzen

$$M = IN_{4a} - IN_{4b} + IN_{4c}$$

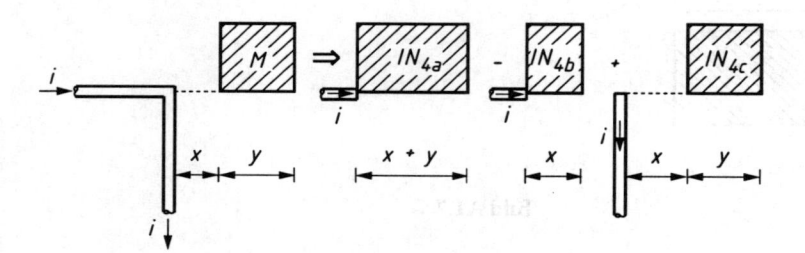

Bild A1.10

Es ist dabei zu beachten, daß man mit $IN_{4a}$ einen zu großen Teil des Magnetfeldes erfaßt hat. Man muß deshalb $IN_{4b}$ wieder in Abzug bringen.

# Literatur Anhang 1

[A1.1]  S. Sabaroff:
Calculation of magnetic fields due to line currents
IEEE Transactions on Electromagnetic Compatibility 1973 pp. 58-60

[A1.2]  P. Hasse; J. Wiesinger:
Handbuch für Blitzschutz (2. Aufl.)
VDE-Verlag 1982

# Anhang 2

## Der Zusammenhang zwischen dem Feldbild und der Kapazität eines elektrischen Feldes

Ein Teil eines Feldbildes entsteht dadurch, daß die elektrische Spannung bzw. die beschreibende Potentialfunktion $\varphi$ zwischen den spannungsführenden Elektroden in gleichmäßige Abschnitte unterteilt wird. In Bild A2.1 ist zum Beispiel das Feld zwischen einer Ebene und einem unendlich langen Zylinder in fünf Abschnitte unterteilt. Auf jeden dieser Abschnitte entfällt in diesem Beispiel die Spannung

$$\Delta U = \varphi_n - \varphi_{n-1} = \frac{U_o}{5}.$$

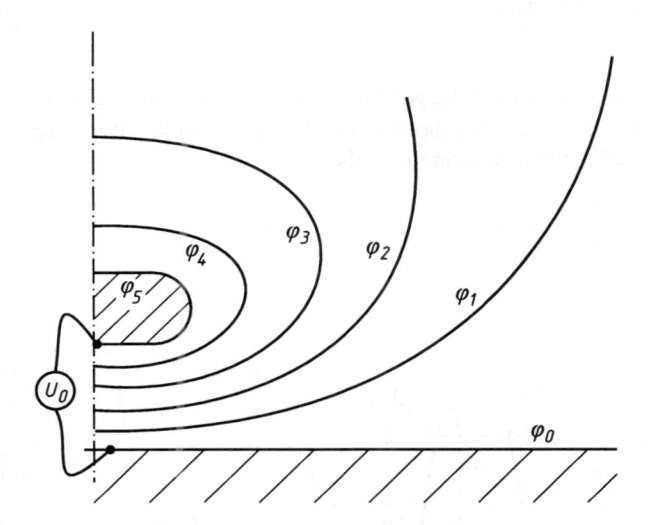

**Bild A2.1**

Die dargestellten Linien, die die Unterteilung markieren, sind im Sprachgebrauch der darstellenden Geometrie die Spuren von Flächen gleichen Potentials in der Zeichenebene.

Mit Hilfe dieses Feldbildes kann man näherungsweise die elektrische Feldstärke E an irgendeiner Stelle $P_1$ des Raumes ermitteln (Bild A2.2). Wenn man bedenkt, daß die Feldstärkevektoren senkrecht auf den Äquipotentialflächen stehen, kann man mit einer Linie senkrecht zu diesen Flächen den Abstand $X_1$ bestimmen und erhält

$$E(P_1) \approx \frac{\Delta U}{X_1}.$$

Man gelangt zu einem weiteren Ausbau des Feldbildes, wenn man den Raum auch noch senkrecht zu den Äquipotentialflächen einteilt. Eine sinnvolle Einteilung entsteht dann, wenn man den elektrischen Fluß $\Psi$, der von einer spannungsführenden Elektrode zur anderen strömt, in gleiche Abschnitte aufteilt.

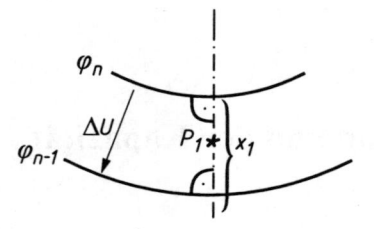

**Bild A2.2**

Die Dichte $D$ des elektrischen Flusses $\Psi$ wird Verschiebungsdichte genannt. Sie ist über die Dielektrizitätskonstante $\varepsilon$ mit der Feldstärke $E$ verbunden

$$D = \varepsilon \cdot E.$$

Wenn man in der Nähe von $P_1$ eine Einteilung des Feldes mit dem Abschnitt $Y_1$ vornimmt (Bild A2.3a), hat man damit einen elektrischen Flußanteil pro Längeneinheit

$$\Delta \Psi' = Y_1 \cdot D = Y_1 \cdot \varepsilon \cdot E$$

erfaßt.

Nach diesen Vorbereitungen ist es jetzt möglich, die Kapazität $\Delta C$ des viereckigen Feldausschnitts in Bild A2.3 zu ermitteln. Die Kapazität eines elektrischen Feldes ist bekanntlich der elektrische Fluß, bezogen auf die den Fluß treibende Spannung, also

$$\Delta C' = \frac{\Delta \Psi'}{\Delta U} \approx \frac{Y_1 \cdot \varepsilon \cdot E}{X_1 \cdot E}.$$

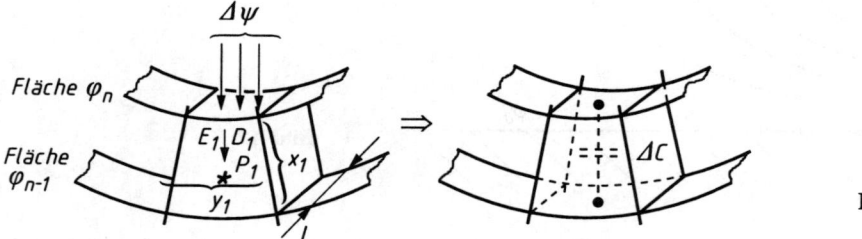

**Bild A2.3**

Das heißt, die Kapazität des Feldausschnitts hängt nur vom Seitenverhältnis dieses Ausschnitts ab und von der Dielektrizitätskonstante des Materials, in dem sich das Feld befindet.

Wenn man das gesamte Feld mit Hilfe der Spuren der Äquipotentialflächen und den Linien senkrecht dazu so einteilt, daß überall viereckige Feldausschnitte mit dem gleichen Seitenverhältnis $Y_1/X_1$ entstehen (Bild A2.4), dann sind die Kapazitäten dieser Ausschnitte alle gleich groß. Die Gesamtkapazität des Feldes ergibt sich aus der Reihen- und Parallelschaltung aller Teilkapazitäten. Wenn m parallele Feldausschnitte existieren und n in Reihe, dann ist die Gesamtkapazität

$$C = \varepsilon \cdot \frac{Y_1}{X_1} \cdot l \cdot \frac{m}{n}. \tag{A2.1}$$

In dem Feldbild A2.4, das nur die Hälfte eines Gesamtfeldes darstellt, ist beispielsweise das Verhältnis $Y_1/X_1$ gleich 1. Weiterhin kann man abzählen, daß etwa 14,5 Feldausschnitte parallel liegen. Das bedeutet, m ist gleich 2 x 14,5. Weil jeweils fünf Feldausschnitte in Reihe angeordnet sind, ist $n = 5$. Wenn man weiter annimmt, das Feld befände sich in Luft mit $\varepsilon = \varepsilon_0 = 8,86$ pF/m, dann ergibt sich für die Gesamtkapazität pro Meter Leitungslänge (l = 1 m)

$$C' = 8,86 \frac{2 \cdot 14,5}{5} \approx 51 \, pF/m.$$

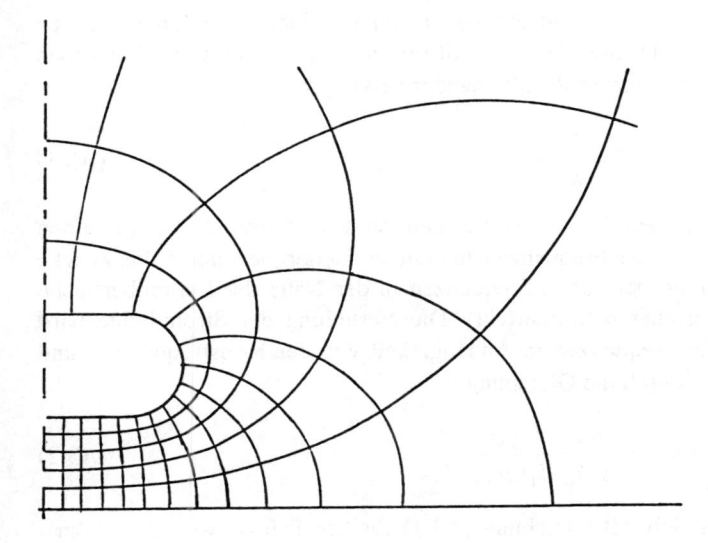

**Bild A2.4**

Man kann also die Kapazität eines ebenen Feldes aus einem gleichmäßig eingeteilten Feldbild durch einfaches Abzählen der Feldausschnitte ermitteln.

Felder werden in der Regel zunächst so eingeteilt, daß $n$ eine ganze Zahl ist (Einteilung in $\varphi$-Abschnitte). Wenn man dann anschließend eine Einteilung in $\Delta Y$-Abschnitte vornimmt, geht die Einteilung in der Regel nicht ganz auf, d.h. $m$ ist meistens keine ganze Zahl.

# Anhang 3

## Die Spannung an der Oberfläche eines stromdurchflossenen zylindrischen Leiters

Die räumliche Verteilung der elektrischen Feldstärke $E$ im Innern eines stromdurchflossenen Leiters hängt davon ab, mit welcher Dichte $G$ sich der Strom im Leiter verteilt. Beide Größen sind über die Leitfähigkeit $\varkappa$ des Leitermaterials miteinander verknüpft:

$$E = \frac{1}{\varkappa} \cdot G \qquad (A3.1)$$

Wenn ein sinusförmiger Strom mit dem Effektivwert $i_1$ und der Kreisfrequenz $\omega$ durch einen zylindrischen Leiter fließt, ist bei tiefen Frequenzen überall im Leiterquerschnitt die gleiche Stromdichte vorhanden, während sie bei hohen Frequenzen in der Nähe der Leiteroberfläche wesentlich höher ist als im Leiterinneren (Skineffekt). Die Verteilung der Stromdichte wird sowohl für tiefe als auch für hohe Frequenzen in Abhängigkeit von der Kreisfrequenz $\omega$ und der radial gerichteten Koordinate $r$ durch die Gleichung

$$G(r) = \frac{i_1 k}{2\pi r_o} \frac{I_0(kr)}{I_1(kr_o)} \qquad (A3.2)$$

beschrieben [A3.1]. Damit ergibt sich mit Gleichung (A3.1) für den Effektivwert der elektrischen Feldstärke der Ausdruck

$$E(r) = \frac{i_1 k}{2\pi r_o \varkappa} \frac{I_0(kr)}{I_1(kr_o)} \qquad (A3.3)$$

$I_0$ und $I_1$ sind Besselsche Funktionen erster Art mit einem komplexen Argument, denn die Größe $k$ hat die Form

$$k = (1-j)\sqrt{\frac{1}{2}\omega\mu\varkappa} \qquad (A3.4)$$

Die Symbole in der Gleichung A3.3 bis A3.4 bedeuten

$\omega$ : Kreisfrequenz

$\mu$ : magnetische Permeabilität

$\varkappa$ : Leitfähigkeit des Leitermaterials.

Wenn man in Gleichung A3.3 für die Variable $r$ den Radius $r_o$ des stromführenden Leiters einsetzt, erhält man zunächst die Oberflächenstärke

$$E_{ob} = \frac{i_1 k}{2\pi r_o \varkappa} \frac{I_0(kr_o)}{I_1(kr_o)} = E_{ob\Re} + jE_{obim} \qquad (A3.5)$$

**Bild A3.1**

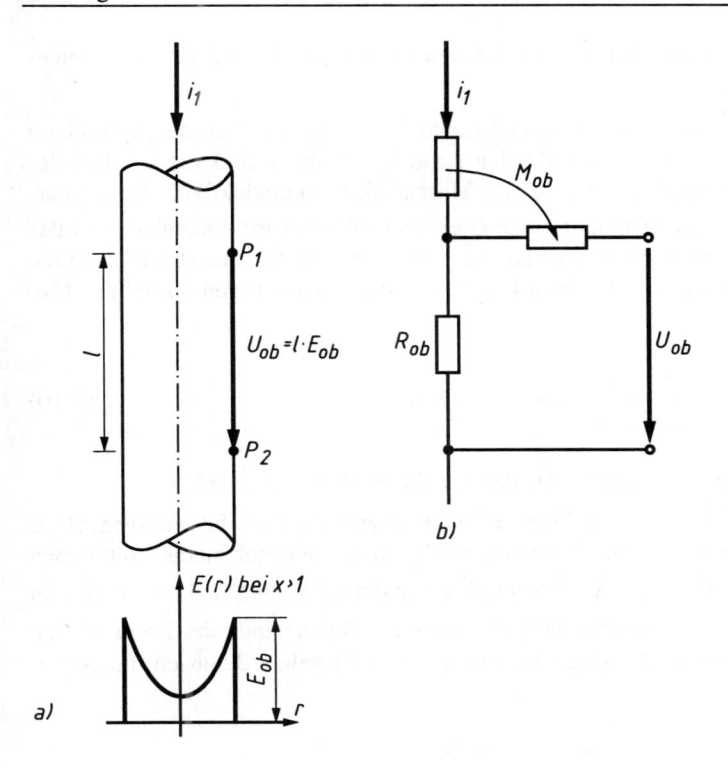

Der Realteil und der Imaginärteil der Oberflächenfeldstärke haben unterschiedliche Frequenzgänge. Man kann ihre Verläufe mit Hilfe des Gleichstromwiderstandes des stromführenden Leiters

$$R_o^{'} = \frac{1}{r_o^2 \pi \varkappa} \quad [\Omega/m] \tag{A3.6}$$

und der dimensionslosen Größe

$$x = \frac{r_o}{2\sqrt{2}} \sqrt{\omega \mu \varkappa} \tag{A3.7}$$

besonders übersichtlich darstellen, wenn man die Bessel-Funktionen für große und für kleine Werte von $x$ in Potenzreihen entwickelt [A3.1] und von diesen Reihen als erste Näherung nur die ersten Glieder der Reihe berücksichtigt. Man erhält dann

**für $x \ll 1$ (tiefe Frequenzen)**

$$E_{ob} = i_1 \left( R_o^{'} + j x^2 R_o^{'} \right) \tag{A3.8}$$

**und für $x \gg 1$ (hohe Frequenzen)**

$$E_{ob} = i_1 x R_o^{'} (1 + j) \tag{A3.9}$$

Bei tiefen Frequenzen wird also, wie zu erwarten, der Realteil der Spannung durch den Gleichstromwiderstand $R_o'$ bestimmt.

Der zugehörige Imaginärteil beschreibt die induzierende Wirkung, die vom Magnetfeld im Inneren des Leiters ausgeht. Sie macht sich für den stromführenden Stromkreis als Teil der Eigeninduktivität und für die benachbarte berührende Masche als Gegeninduktivität bemerkbar. Durch eine kleine Umformung des Imaginärteils in Gleichung (A3.9) wird erkennbar, daß das innere Magnetfeld bei tiefen Frequenzen, unabhängig vom Durchmesser des stromführenden Leiters, bei magnetisch neutralem Leitermaterial ($\mu_r = 1$) eine Induktivität von 50 nH pro Meter Leiterlänge darstellt:

$$R_o' x^2 = \frac{1}{r_o^2 \mu \varkappa} \frac{r_o^2}{8} \omega \mu \varkappa = \omega \frac{\mu}{8\pi} = \omega M_i' \qquad (A3.10)$$

Mit $\mu = \mu_0 = 0{,}4\,\pi\,\mu$H/m erhält man dann für $M_i'$ den erwähnten Wert von 50 nH/m.

Man kann die Verhältnisse insgesamt in Form eines Ersatzschaltbildes beschreiben (Bild A3.1b). Dabei wird der Realteil auf eine Spannung an einem frequenzabhängigen ohmschen Widerstand $R_{Ob}(\omega)$ zurückgeführt. Die Ausdrücke $R_o' x^2$ in der Gleichung (A3.8) und $R_o' x$ in Gleichung (A3.9) sind in diesem Zusammenhang als induktive Widerstände der Form $\omega M$ zu interpretieren. Für die ohmschen Widerstände im Ersatzschaltbild gelten demnach die Beziehungen

$$R_{Ob}' = \begin{cases} R_o' & (x<1) \\ R_o' x & (x>1) \end{cases} \qquad (A3.11)$$

Der Imaginärteil wird im Ersatzschaltbild für tiefe Frequenzen durch eine konstante, und für hohe Frequenzen durch eine frequenzabhängige Gegeninduktivität repräsentiert.

$$M_{Ob}' = \begin{cases} 50\,[\text{nH}] & (x<1) \\ \dfrac{50}{x}\,[\text{nH}] & (x>1) \end{cases} \qquad (A3.12)$$

In Bild A3.2 sind als Beispiel die Verläufe für $R_{ob}$ und $M_{ob}$ für einen zylindrischen Cu-Leiter mit einem Durchmesser von 1 mm in Abhängigkeit der Frequenz dargestellt.

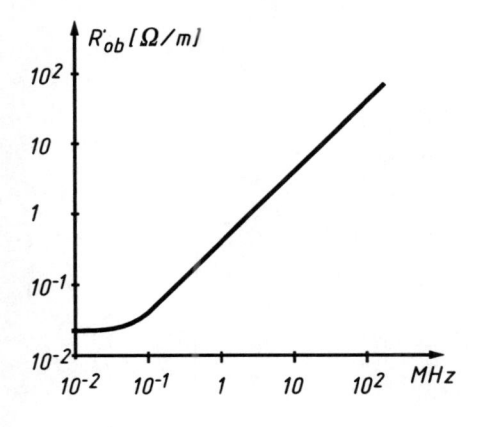

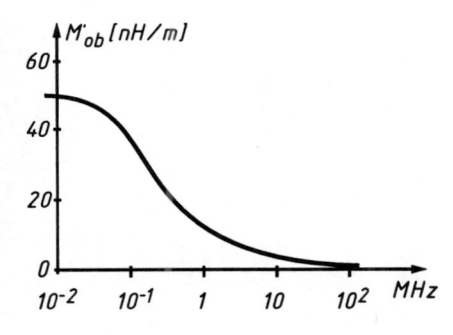

Bild A3.2

## Literatur Anhang 3

[A3.1]   K. *Kupfmüller:* Einführung in die theoretische Elektrotechnik.
2. Auflage; Berlin 1984

# Sachwortverzeichnis

**A**
Ableitertypen 243
Abschirmen 62, 108
–, niederfrequentes 82
Abschirmgehäuse 221
– gegen elektrische Felder 224
– – Magnetfelder 224
Abschirmpraxis 213
Abschirmung 72, 119, 215, 216
– gegen elektrisches Feld 95
Abstrahlungsverhalten 199
Anfangsbedingungen 151
Anschlussdrähte 250
Antennenwirkung 178
Antistatic-Spray 169
Antriebe, elektrische 193
äquivalente Kugel 81
asymmetrische Dämpfung 233
Audiosysteme 218
Aufbauzeit 245
aufgeladene Personen 169
Aufladungen, elektrostatische 167
äußere Induktivitäten 263
Austrittsarbeit 168

**B**
Babinet'sches Prinzip 229
backward crosstalk 131
Bahnen 115
Bananenstecker 77, 220
Basic Standard 30
Bauelemente 259
Beeinflussungswege 15
Berührungsspannung 117
Betrachtungsweise, quasistationäre 45
Bewegungsinduktion 37
Bezugsleiter 191
Bezugspotential 33, 191
Bildröhre 83
Bildschirm 8
Bildschirmabschirmungen 84
Bildung von Zonen 259

Biot, Gesetz von ... und Savart 263
Blitzeinschläge 111, 115
Blitzparameter 172
Blitzschutz 173
Blitzstrom 172
BNC-Stecker 72
Bodenbeläge 168f.
Brechung 152
Brumm 218
bulk capacitors 240
Burst 164
– -Prüfgenerator 165

**C**
CENELEC 28
clock-Generatoren 237
clock-Signale 200
common mode rejection CMR 208f.
crosstalk 129

**D**
Dämpfung, asymmetrische 233
–, symmetrische 233
decoupling capacitors 239
Differenzverstärker 202, 208
digitale Schaltungen 27, 131, 146, 196
– Signalverarbeitung 193
Durchführungskondensatoren 235
Durchlaufverzögerung 131
dynamische Störfestigkeit 131

**E**
edelgasgefüllte Funkenstrecken 243
Eigeninduktivität 263, 268, 274
einfache Kopplungen 12
Einfluß von Löchern 82
einlagige Leiterplatten 199
Einwirkzeiten 117
Eisen 227
Eisenblech 228
elektrische Antriebe 193
elektrisches Feld 214

Elektrolytkondensatoren 241
Elektronenstrahl 83
elektrostatische Aufladungen 149, 167
– Entladungen 32, 149
eloxierte Oberfläche 228
EMV-Planung 260
Energie-Massepunkt 194
EN-Normen 28, 29
Erdelektrode 116
Erdreich 118
Erdschleifen 202, 210, 215
Erdschlüsse 115
Erdungsspannung 118
Ersatzschaltbilder 38, 45f.
Ersatzschaltung 42
ESD (electrostatic discharge) 169
ESD-Simulator 171
even-Mode 148

F
Fangstange 173
Farbfernsehgerät 8
Farbverschiebung 8
Feld, leitungsgebundenes 18
Fehlerabschaltzeit 117
Fehlerströme 111
Feld, elektrisches 214
–, radiofrequentes 32
Feldarten 213
Feldbild 269
Feldimpedanz 101
Feldstruktur 17
Feldsymmetrie 138
Fernüberkoppelspannung 131
Ferritkern 76, 205, 207
Filtereinsatz 231
Flächenerder 118
flächenhafte Leiter 193
Flachkabel 135, 141
Fläche, leitende 196
Flankensteilheit 27
forward crosstalk 131
Freiluftschaltanlage 161
Fremdstromsituation 192, 203
Frequenzspektrum 22, 26
Funkenbildung 159
Funkenstrecken 244
– edelgasgefüllte 243

Funkentstörung 231
Funksprechgerät 9

G
Gebäude-Blitzschutz 119, 174
gedämpftes LC-Filter 238
geflochtener Mantel 125
Gegenfelder 65
–, magnetische 62
Gegeninduktivitäten 54, 56, 263, 274
Gegentakt 208
Gehäuse 107
– aus Kunststoff 104
– gegen Magnetfelder 1 kHz bis 10 MHz 226
Gehäusewände 62, 100
gemeinsames Leitungsstück 111
gemischt analog-digital 201
–, Schaltung 237
Generatorspannung 44
Generic EMC Standard 30, 32
Gerätenorm 30
Gesetz von Biot und Savart 263
gewendelter Mantel 125
Gewitter 168
Gewitterentladungen 149, 172
Gleichtakt 208
Gleichtaktunterdrückung 209

H
Hochspannungsprüfkreis 160
Hochspannungsschalter 162
Hohlleiter 229
Hohlraumresonanzen 64, 179

I
idealer Schalter 156
Impulsanstiegszeiten 197
Impulsfolge 26
Impulskopplungen 141
Impulsverhalten, kapazitives 93
IN-Bausteine 266
Induktivitäten, äußere 263
Induktion, transformatorische 38
induktive Kopplungen 13, 49, 112
Innenwiderstand 87, 108, 231
inneres Magnetfeld 59
Instrumentenverstärker 208, 216

# Sachwortverzeichnis

## K
Kabeleinführung 222
Kabelende 213, 219
Kabelkanäle 67
Kabelmäntel 67, 77, 123, 213, 215f., 218
Kabelmantel-Kopplung 71, 123, 186, 189, 204
Kabelschirme 214
Kabeltypen 126
Kabelwanne 68
Kapazität 270
–, elektrisches Feld 269
kapazitive Kopplungen 13, 87, 89, 106, 132, 135, 217f., 223
kapazitives Impulsverhalten 93
Kirchhoffsche Regeln 40, 45
Kleinsignalverarbeitung 193
Klemmleiste 221
Koaxialkabel 123, 178
Kondensatorfilter 234
Kontakt 159
Kontaktabstand 162
Kontaktdruck 114
Kopplungen 11
–, einfache 12
–, induktive 13, 49, 112
–, paralleles Leitungsstück 132
–, parallele Leitungen 129
–, zusammengesetzte 14
Kopplungswiderstand 72, 74
Körperströme, zulässige 236
korrodierte Metallteile 114
korrodierter Kontakt 111
Kugel, äquivalente 81
Kugelfunkenstrecke 160
Kurzschlußmaschen 62, 64, 68, 70, 75, 77, 123, 204, 215

## L
Laufzeit 130
LC-Filter, gedämpftes 238
Leistungselektronik 193
leitende Flächen 196
Leiter, flächenhafte 193
–, Oberfläche 272
Leiterplatten, einlagige 199
–, zweilagige 197f.
leitfähige Vergussmasse 221
leitungsgebundenes Feld 18

Leitungsparameter 138
Leitungsstück, gemeinsames 111
Lichtwellenleiter 212
Lochblech 228
Löcher 224, 228
–, Einfluß von 82
Lochradius 81
Lochwirkung 74, 75
Logik-Familien 197, 257
Logikgatter 239
logischer Schaltkreis 158, 193
Lorentz-Kopplung 13
Lorentzkraft 83
Lüftungen 228
Luftwiderstand 100

## M
Magnetfeld, inneres 59
–, netzfrequentes 32
–, veränderliches 215
magnetische Gegenfelder 62
– Nebenschlüsse 62, 83, 216
Mantel, geflochtener 125
–, gewendelter 125
Mantelströme 123, 125
Maschendraht 228
Masse 107, 191, 197, 201, 214, 217f.
Materialtransport 169
mehrfache Signalverbindungen 203
Mehrfachstecker 220
Mehrleitersystem 138
Meßwandler 161
Meßwiderstand 6
Metallteile, korrodierte 114
Modellbildung 40
– quasistationäre 33, 40
Multimode-Fasern 212
Mu-Metall 224

## N
Nahüberkoppelspannung 131
Nahzone 158
– des Schalters 152
Nebenschluss 119
Nebensprechen 129
Netzfilter 233f.
netzfrequentes Magnetfeld 32
nichtlinearer Widerstand 111
niederfrequente Magnetfelder 216

niederfrequentes Abschirmen 82
Normenorganisation 28

## O

Oberfläche eines Leiters 272
–, eloxierte 228
Oberflächenfeldstärke 113
Oberflächenspannung 58
Oberflächenstärke 272
Oberflächenwiderstand 169
Oberwellen 114
odd-Mode 148
Öffnungen 226
Ohmsche Kopplung 13, 111
– Spannung 37
optische Übertragung 202
Optokoppler 210
Oszillografenröhre 225

## P

Paschen 159
Paschen-Kurve 163
Permaloy 225
Permeabilität 225
Personen, aufgeladene 169
–, Sicherheit 117
Personengefährdungen 236
pn-Dioden 249
Polymerfaser-Kabel 212
Potentialausgleich 119, 173
Potentialdifferenz 33, 38
Potentialtrichter 119
power-MOSFET's 257
Product Family EMC Standards 30, 32
Prozeßrechner 10
Punktspannung 36

## Q

quasistationäre Betrachtungsweise 45
– Modellbildung 33, 40

## R

radiofrequentes Feld 32
räumlicher Schutzbereich 253
Raumskizze 45f.
reale Schaltungen 38
Reflexion 152
Reibungselektrizität 168
Reihenschaltung 195

Rohrleitungen 169
RS 232-Schnittstelle 211
Rückströme 194
Rückzünden 164
Rückzündungen 162
Rundumkontaktierung 219
rusty bolt 114

## S

Sättigung 225
Savart, Gesetz von Biot und ... 263
Schaltanlage 161
Schalter, idealer 156
Schalter-Nahzone 153
Schaltkreis, logischer 158, 193
Schaltschema 45f.
Schaltungen, digitale 27, 131, 146, 196
–, gemischt analog-digitale 201
–, reale 38
Schaltungsaufbau 108
Schaltungskonzept 108, 259
Schaltvorgänge 149
Schienen 115
Schlitzabstrahlung 229
Schottky-Dioden 249
Schraubenabstand 229f.
Schutzbereich, räumlicher 253
Schutzleiter 191, 202, 205
schwebende Schaltung 217
Sender 115
Sicherheit von Personen 117
Sicherheitstechnik 169
Sicherung 245
Signal-Massepunkt 194
Signalverarbeitung, digitale 193
Signalverbindungen, mehrfache 203
Skineffekt 102, 272
Sondenanschlussarten 189
Spannung 33
–, wiederkehrende 165
Spannungsabgriff 186
Spannungssonden 185
Spannungszusammenbruch 158
Spulenfilter 234
Steckdose 219
Stecker 219
Steckergehäuse 220
Steckverbindungen 171
Stopfbuchse 221

# Sachwortverzeichnis

Störaussendung 22, 257
Störfestigkeit, dynamische 131
Störquellen 11, 193, 231
Störschutz 231
Störschutzfiltern 231
Störsenken 11, 193, 231
Störsicherheitsschwelle 131
Störsimulatoren 261
Strahlungsfelder 10, 18, 228
Strahlungs-Kopplung 13
Strategien 259
Streukapazität 89
Strombahnen 193
Stromfäden 196
Stromrückführung 192f, 196
Stromsteilheit 158
Strömungsfelder 115
Stromverdrängung 59
Stützkondensatoren 158, 239
Symmetrieren 107
symmetrische Dämpfung 233

## T
Teilkapazitäten 138
transformatorische Induktion 38
Trennfugen 224
Trennschalter 161
Trennstellen 228
Trenntransformator 210
Trennverstärker 210

## U
Überlastungsschutz 251
Übertragung, optische 202
UKW-Sender 10

## V
Varistoren 243
veränderliches Magnetfeld 215
Verbraucherspannung 44
Verdrillen 57, 178, 222
Vergussmasse, leitfähige 221
Verpackung 170
Verschiebungsstrom 87, 97, 101, 201
Vorwärts-Erhol-Effekt 249

## W
Wabenkaminfenster 230
Wanderwellen 129, 150
Wandstärke 227
Wandströme 72
Wegspannung 36
wiederkehrende Spannung 165
Widerstand, nichtlinearer 111

## Z
Zenerdioden 248
Zonen, Bildung von 259
zulässige Körperströme 236
zusammengesetzte Kopplungen 14
Zusatzkapazitäten 107
zweilagige Leiterplatten 197f.

# Weitere Titel aus dem Programm

Wolfgang Böge (Hrsg.)
**Vieweg Handbuch Elektrotechnik**
Nachschlagewerk für Studium und Beruf
1998. XXXVIII, 1140 S. mit 1805 Abb., 273 Tab. Geb. DM 168,00
ISBN 3-528-04944-8

Dieses Handbuch stellt in systematischer Form alle wesentlichen Grundlagen der Elektrotechnik in der komprimierten Form eines Nachschlagewerkes zusammen. Es wurde für Studenten und Praktiker entwickelt. Für Spezialisten eines bestimmten Fachgebiets wird ein umfassender Einblick in Nachbargebiete geboten. Die didaktisch ausgezeichneten Darstellungen ermöglichen eine rasche Erarbeitung des umfangreichen Inhalts. Über 1800 Abbildungen und Tabellen, passgenau ausgewählte Formeln, Hinweise, Schaltpläne und Normen führen den Benutzer sicher durch die Elektrotechnik.

Alfred Böge (Hrsg.)
**Das Techniker Handbuch**
Grundlagen und Anwendungen der Maschinenbau-Technik
15., überarb. und erw. Aufl. 1999. XVI, 1720 S. mit 1800 Abb., 306 Tab. und mehr als 3800 Stichwörtern, Geb. DM 148,00
ISBN 3-528-34053-3

Das Techniker Handbuch enthält den Stoff der Grundlagen- und Anwendungsfächer im Maschinenbau. Anwendungsorientierte Problemstellungen führen in das Stoffgebiet ein, Berechnungs- und Dimensionierungsgleichungen werden hergeleitet und deren Anwendung an Beispielen gezeigt. In der jetzt 15. Auflage des bewährten Handbuches wurde der Abschnitt Werkstoffe bearbeitet. Die Stahlsorten und Werkstoffbezeichnungen wurden der aktuellen Normung angepasst. Das Gebiet der speicherprogrammierbaren Steuerungen wurde um einen Abschnitt über die IEC 1131 ergänzt. Mit diesem Handbuch lassen sich neben einzelnen Fragestellungen ganz besonders auch komplexe Aufgaben sicher bearbeiten.

vieweg

Abraham-Lincoln-Straße 46
65189 Wiesbaden
Fax 0611.7878-400
www.vieweg.de

Stand 1.4.2000
Änderungen vorbehalten.
Erhältlich im Buchhandel oder im Verlag.

# Weitere Titel aus dem Programm

Martin Vömel, Dieter Zastrow
**Aufgabensammlung Elektrotechnik 1**
Gleichstrom und elektrisches Feld.
Mit strukturiertem Kernwissen,
Lösungsstrategien und -methoden
1994. X, 247 S. (Viewegs Fachbücher der Technik) Br. DM 29,80
ISBN 3-528-04932-4

Die thematisch gegliederte Aufgabensammlung stellt für jeden Aufgabenteil das erforderliche Grundwissen einschließlich der typischen Lösungsmethoden in kurzer und zusammenhängender Weise bereit. Jeder Aufgabenkomplex bietet Übungen der Schwierigkeitsgrade leicht, mittelschwer und anspruchsvoll an. Der Schwierigkeitsgrad der Aufgaben ist durch Symbole gekennzeichnet. Alle Übungsaufgaben sind ausführlich gelöst.

Martin Vömel, Dieter Zastrow
**Aufgabensammlung Elektrotechnik 2**
Magnetisches Feld und Wechselstrom.
Mit strukturiertem Kernwissen,
Lösungsstrategien und -methoden
1998. VIII, 258 S. mit 764 Abb. (Viewegs Fachbücher der Technik) Br. DM 29,80
ISBN 3-528-03822-5

Eine sichere Beherrschung der Grundlagen der Elektrotechnik ist ohne Bearbeitung von Übungsaufgaben nicht erreichbar. In diesem Band werden Übungsaufgaben zur Wechselstromtechnik, gestaffelt nach Schwierigkeitsgrad, gestellt und im Anschluss eines jeden Kapitels ausführlich mit Zwischenschritten gelöst. Jedem Kapitel ist ein Übersichtsblatt vorangestellt, das das erforderliche Grundwissen gerafft zusammenträgt.

vieweg

Abraham-Lincoln-Straße 46
65189 Wiesbaden
Fax 0611.7878-400
www.vieweg.de

Stand 1.4.2000
Änderungen vorbehalten.
Erhältlich im Buchhandel oder im Verlag.

# Weitere Titel aus dem Programm

Lothar Papula
**Mathematische Formelsammlung**
Für Ingenieure und Naturwissenschaftler
6., durchges. Aufl. 2000. XXVI, 411 S. mit zahlr. Abb. und Rechenbeisp. und einer ausführl. Integraltafel. (Viewegs Fachbücher der Technik) Br. DM 48,00
ISBN 3-528-54442-2

Inhalt: Allgemeine Grundlagen aus Algebra, Arithmetik und Geometrie – Vektorrechnung – Funktionen und Kurven – Differentialrechnung – Integralrechnung – Unendliche Reihen, Taylor- und Fourier- Reihen – Lineare Algebra – Komplexe Zahlen und Funktionen – Differential- und Integralrechnung für Funktionen von mehreren Variablen – Gewöhnliche Differentialgleichungen – Fehler- und Ausgleichsrechnung – Laplace-Transformationen – Vektoranalysis

Diese Formelsammlung folgt in Aufbau und Stoffauswahl dem dreibändigen Werk Mathematik für Ingenieure und Naturwissenschaftler desselben Autors. Sie enthält alle wesentlichen für das naturwissenschaftlich-technische Studium benötigten mathematischen Formeln und bietet folgende Vorteile:
- Rascher Zugriff zur gewünschten Information durch ein ausführliches Inhalts- und Sachwortverzeichnis.
- Alle wichtigen Daten werden durch Formeln verdeutlicht.
- Rechenbeispiele, die zeigen, wie man die Formeln treffsicher auf eigene Problemstellungen anwendet.
- Eine Tabelle der wichtigsten Laplace-Transformationen.
- Eine auf eingefärbtem Papier gedruckte ausführliche Integraltafel im Anhang.

In der vorangegangenen Auflage wurden neu aufgenommen die Kapitel Komplexe Matrizen und Eigenwertprobleme in der linearen Algebra, Differentialgleichungen nter-Ordnung und Systeme von Differentialgleichungen im Kapitel Differentialgleichungen sowie das Kapitel Vektoranalysis. Deshalb konnte die Bearbeitung dieser 6. Auflage sich auf das Durchsehen der neu aufgenommenen Kapitel und die Beseitigung von Druckfehler beschränken.

Abraham-Lincoln-Straße 46
65189 Wiesbaden
Fax 0611.7878-400
www.vieweg.de

Stand 1.4.2000
Änderungen vorbehalten.
Erhältlich im Buchhandel oder im Verlag.

**vieweg**